优质安全羊肉生产、加工及质量控制关键技术

主编　　唐善虎　牛春娥
副主编　李思宁　曾维才　章轶峰

U0232431

科学出版社

北　京

内 容 简 介

本书在阅读大量国内外最新发表的科研成果的基础上，结合作者的科研成果，对我国优质安全羊肉生产及加工涉及的关键技术问题进行论述，系统提出优质安全羊肉生产、产品加工及安全控制的关键技术。全书主要介绍肉羊宰前营养调控和管理与肉质控制技术、肉羊屠宰加工与肉质控制关键技术、羊肉低温保藏与肉质控制关键技术、羊肉制品加工关键技术、肉副产物加工利用关键技术、优质安全羊肉及制品的质量保障体系等。本书能为我国的畜牧业和肉羊产业化发展提供技术支撑，对我国的羊肉加工具有理论意义。

本书可作为科研院所、高等院校和相关企业从事动物科学、食品科学及相关专业科学研究及产品开发人员的参考书，也可作为大专院校学生、政府相关部门的管理人员和决策人员、肉类企业技术人员的参考资料。

图书在版编目（CIP）数据

优质安全羊肉生产、加工及质量控制关键技术/唐善虎，牛春娥主编. —北京：科学出版社，2018.5

　ISBN 978－7－03－057124－3

　Ⅰ. ①优… Ⅱ. ①唐… ②牛… Ⅲ. ①羊肉－食品加工②羊肉制品－质量控制

Ⅳ. ①TS251.5

中国版本图书馆 CIP 数据核字（2018）第 074256 号

责任编辑：冯　铂　韩雨舟/责任校对：江　茂
责任印制：罗　科/封面设计：墨创文化

科 学 出 版 社 出版

北京东黄城根北街 16 号
邮政编码：100717
http://www.sciencep.com

成都锦瑞印刷有限责任公司印刷
科学出版社发行　各地新华书店经销

*

2018 年 5 月第 一 版　开本：16（787×1092）
2018 年 5 月第一次印刷　印张：17.75
字数：400 千

定价：**188.00 元**

（如有印装质量问题，我社负责调换）

《优质安全羊肉生产、加工及质量控制关键技术》

编　委

前　言

　　羊为我国最早的六畜之一,早在母系氏族社会,我国北方草原地区的原始居民就已开始选择水草丰茂的沿河、沿湖地带牧羊狩猎。羊肉蛋白质含量高,脂肪和胆固醇含量低,肉质细嫩,容易消化,风味独特,是我国西北地区居民重要的食品资源,是改善我国城乡居民膳食结构、提高身体素质、优化生活品质的重要食材。我国的羊肉消费主要集中在新疆、内蒙古、宁夏、青海等西北地区。但随着消费的多元化发展,内地消费者对羊肉的需求越来越高,羊肉的消费量持续增加。

　　我国是羊肉生产大国,自 20 世纪 90 年代以来我国的羊存栏量、出栏量和羊肉产量均居世界首位。羊存栏量从 1990 年的 21002.1 万只上升至 2014 年的 30314.9 万只。1990～2014 年肉羊出栏总量方面,除个别年份有较大波动外,其余年份基本呈现稳定增长,由 8931.4 万只上升至 28343.0 万只,15 年间增长了 2.2 倍。在最近几年,我国肉羊存栏量基本保持在 28000 万～30000 万只,数量变化相对稳定;而出栏量却在持续增长,年均增长率达到 3.37%。据统计,我国 2003 年肉羊出栏率为 78.0%,2012 年为96.7%,年均增长率为 2.42%;随着出栏率的提高,羊肉产量也保持了高增长势头,羊肉消费水平也持续增长。据统计,2003 年国内羊肉消费总量为 306.8 万 t,2013 年增长至 433.7 万 t,年均增长率达到 3.52%;人均羊肉消费量从 2003 年的 2.35 kg 上升至2013 年的 3.13 kg,年均增长率为 2.91%。2011 年我国居民人均羊肉消费量已超过世界平均消费量,略低于西亚和澳洲一些国家的消费量。从羊肉消费量占肉类总消费量的比例看,我国的羊肉消费比例基本维持在 5.0%～5.5%,过去 10 多年我国羊肉消费量年均增长率超过 4%。

　　然而,现阶段我国的羊肉加工技术比较落后,羊肉加工以屠宰加工为主,大部分通过冻结保藏和贮运。深加工产品主要有冷鲜羊肉、酱卤羊肉、熏烧烤羊肉、羊肉干、羊肉香肠、羊肉灌肠制品、腌腊羊肉、风羊腿等产品。我国的羊肉加工业普遍存在加工装备简陋、加工方法简单、加工技术含量低等问题,作坊式加工普遍、标准化和规模化生产程度低、产品质量和安全难以有效控制,存在着各种产品质量安全隐患;最大特点是加工产品地方风味浓郁,以腌腊和肉干制品类产品为主导产品。随着我国经济生活水平的日益提高,消费市场对羊肉制品的品种和质量提出了更高的要求,产品加工方式与产品质量的缺陷日益明显。为了合理利用我国的肉羊资源,提升羊肉加工产业化程度,促进产业发展，带动牧区脱贫致富，本书在查阅大量国内外研究成果的基础上，结合作者的科研成果和实际工作经验，全面剖析和总结肉羊的肉质控制及加工关键技术，为我国羊肉加工产业的标准化、现代化和安全保障提供坚实的基础。全书包括肉羊宰前营养调控和管理与肉质控制关键技术、肉羊屠宰加工与肉质控制关键技术、羊肉低温保藏与肉质控制关键技术、羊肉制品加工关键技术、羊肉副产物加工利用关键技术、优质安全羊肉及制品的质量保障体系等 6 部分内容。

第 1 章：主要针对羊肉组织结构及化学成分特点、肉羊饲养常用饲料特点、肉羊饲养与羊肉品质控制技术、肉羊宰前管理与羊肉品质控制技术等内容阐述肉羊宰前营养调控和管理与肉质控制关键技术。

第 2 章：从肉羊屠宰工艺入手，详细叙述肉羊屠宰加工方法与肉质控制技术、肉羊屠宰分割与分级和屠宰加工过程微生物控制技术等。

第 3 章：在归纳总结肉羊宰后羊肉品质变化特点的基础上，阐述冷却羊肉低温保鲜关键技术、羊肉冷冻保藏关键技术、羊肉包装与保藏关键技术等。

第 4 章：首先对羊肉制品加工需要的辅料进行分析和归纳，然后对腌腊羊肉制品加工、酱卤羊肉制品加工、熏烧烤羊肉制品加工、羊肉干制品加工、油炸羊肉制品加工、羊肉香肠制品加工、羊肉火腿加工、羊肉罐头制品加工和调理羊肉制品等肉制品加工关键技术进行阐述。

第 5 章：主要是对现阶段肉羊骨利用的关键技术、肉羊头和蹄及内脏利用的关键技术、肉羊其他副产品利用的关键技术进行剖析、分析和汇总。

第 6 章：主要介绍现有羊肉食用品质评价技术、优质安全羊肉生产质量认证体系、GAP 在羊肉生产中的应用、HACCP 在羊肉屠宰与加工中的应用以及羊肉品质检测技术、羊肉质量安全可追溯体系等优质安全羊肉及制品的质量保障体系。

本书是国家科技支撑计划项目"新丝路经济带少数民族地区畜产品优质安全技术与品牌创新模式研究及应用示范"（2015BAD29B02）的阶段性成果。本书的公开出版，得到了国家科技支撑计划科研基金的资助，在此表示感谢。

本书由唐善虎、牛春娥、李思宁、郑维才、章轶峰、张正帆、郭春华、郭婷婷等编著，研究生也参加了部分编写工作。

由于时间仓促、写作水平有限，本书存在一些不妥和疏漏之处，恳请同仁和读者批评指正。

编者

2018 年 2 月

目　　录

第1章 肉羊宰前营养调控和管理与肉质控制技术

1.1 羊肉组织结构及化学成分

1.1.1 羊肉的组织结构

羊肉的组织结构（胴体）主要包括肌肉组织、脂肪组织、结缔组织和骨骼组织。其肌肉组织和结缔的组织含量分别为49%～56%和20%～35%，高于猪肉；而脂肪组织和骨骼组织的含量比猪胴体更低，分别为4%～18%和7%～11%（马俪珍等，2006）。羊肉各部分组织结构的组成比例因羊的品种、年龄、性别和饲粮营养状况而异。

1. 肌肉组织

肌肉组织在组织学上可以分为骨骼肌、心肌和平滑肌。羊胴体中几乎全部是骨骼肌，包括约300块骨骼肌肉，其基本结构大致相同。羊胴体中部分骨骼肌见图1-1。

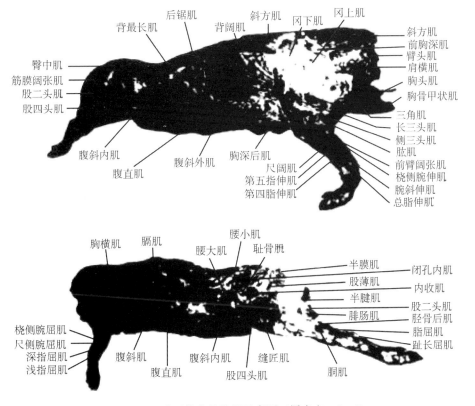

图 1-1 羊胴体中骨骼肌示意图（周光宏，2008）

1）肌肉的一般结构

肌肉组织和其他组织一样，由细胞即肌纤维构成，是决定肉类质量的重要因素。一般肉羊随着育肥时间的延长，肌肉组织比例会下降，公畜的比母畜的高。同一个体不同部位的肌肉组织比例也有差异，如臀部、腰部和背部的肌肉组织较其他部位多。肉羊的肌肉组织结构见图1-2。

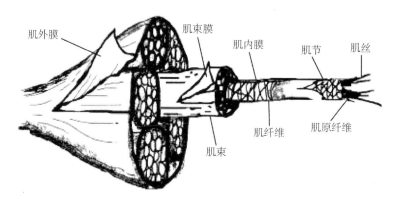

图1-2　羊肌肉结构示意图（尹靖东，2011）

2）肌肉的微结构

肌肉的微结构由肌纤维、肌膜、肌原纤维、肌浆和肌细胞核组成。

（1）肌纤维。通常肌纤维根据其所含色素不同可分为红肌纤维、白肌纤维和中间型纤维三类。羊肉的肌纤维大多数是由两种或三种肌纤维混合而成。肌纤维大小受羊的品种、年龄、性别、部位和营养状况影响。动物在生长过程中，肌纤维数目不变，随着年龄和体重的增长，肌纤维变粗，如初生羔羊的肌纤维直径约为 $11~\mu m$，5月龄之前，肌纤维直径快速增加，从6月龄开始增长速度变缓，至成年时肌纤维直径可达 $50~\mu m$。肌纤维直径与肉品质密切相关，肌纤维越细肉越嫩。

（2）肌膜。肌纤维本身具有的质膜叫肌膜，由蛋白质和脂质组成，具有很好的韧性，因而可承受肌纤维的伸长和收缩。

（3）肌原纤维。肌原纤维是肌细胞独特的器官，也是肌纤维的主要成分，约占肌纤维固形成分的 $60\%\sim70\%$，是肌肉的伸缩装置。一根羊肉肌纤维含有 $1000\sim2000$ 根肌原纤维。肌原纤维由粗丝和细丝两种肌丝组成，两者整齐平行地排列于肌原纤维中。

（4）肌浆。肌纤维的细胞质称为肌浆，填充于肌原纤维间和肌核细胞周围，是细胞内的胶体物质，含水 $75\%\sim80\%$。肌浆内富含肌红蛋白、细胞核、高尔基体、肌糖原及其代谢产物和无机盐类等。

2. 脂肪组织

脂肪组织是仅次于肌肉组织的第二个重要组成部分，具有较高的食用价值，对于改善肉质，提高风味均有影响。脂肪在肉中的含量变动较大，其含量取决于动物的品种、年龄、去势与否、性别及肥育程度。脂肪的构造单位是脂肪细胞。脂臀尾型羊的脂肪主要蓄积在臀部，如大脂尾羊和小脂尾羊；短瘦尾羊和长瘦尾羊的脂肪主要蓄积在内脏、皮下及肌间；幼龄羊的脂肪多蓄积在肌间，皮下及内脏较少；老龄羊的脂肪多蓄积在皮下及内脏，肌间较少；去势羊比不去势羊更容易蓄积脂肪。

脂肪对肌肉组织的风味有很大影响，脂肪过多则油腻，过少则肉质粗糙。适宜的肌间脂肪和肌内脂肪可以防止水分蒸发，使肉质细嫩，增加羊肉风味。

3. 结缔组织

结缔组织是肉的次要成分，在动物体内对各器官组织起支持和连接作用，使肌肉保持一定的弹性和硬度。结缔组织包括筋腱、肌内膜、韧带、血管、淋巴、神经、毛皮等，由细胞、纤维和无定形基质组成。

羊胴体结缔组织的含量取决于羊的年龄、性别、营养状况及运动等因素。老龄、公畜、消瘦及使役的动物，结缔组织含量高。同一羊胴体不同部位的结缔组织含量也不同，胴体前半部分比后半部分多，下半部分比上半部分多。

4. 骨组织

骨组织的食用价值和商品价值较低，在运输和贮藏时要消耗一定能源。成年羊骨骼的含量比较恒定，变动幅度较小，占胴体的 8%～17%。

1.1.2　羊肉的化学成分

羊肉的化学成分主要是指肌肉组织中各种化学物质的组成，包括水分、蛋白质、脂类、碳水化合物及少量的矿物质和维生素等。通常水占 75%、蛋白质占 18%～20%、脂肪占 3%、碳水化合物占 1%、矿物质占 1%，还有一些维生素。

1. 水分

水分在羊肉中占绝大部分，一般肌肉含水 70%、皮肤含水 60%、骨骼含水 12%～15%，脂肪组织含水很少，所以育肥日龄越长，羊胴体水分含量越低。

羊肉中水分含量的多少及存在状态影响羊肉的加工质量及贮藏时间。水分多容易导致细菌、霉菌繁殖，引起肉的腐败变质。肉脱水干缩不仅使肉品失重，而且影响肉的颜色、风味和组织状态，并引起脂肪氧化。

羊肉中的水分以结合水、不易流动水和自由水组成。其中，结合水占肌肉总含水量的 5%，不易流失，不能被微生物利用；不易流动水占肌肉总含水量的 80%，通常肌肉系水力及其变化主要指这部分水，存在于细胞内；自由水占肌肉总含水量的 15%，指存在于细胞外间隙中能自由流动的水，加工过程易流失。

2. 蛋白质

羊肉中蛋白质占 12%～20%，占肉中固形物的 80%。蛋白质按其在肌肉组织中的位置可分为三类：肌原纤维蛋白、肌浆蛋白和结缔组织蛋白，分别占总蛋白质的 40%～50%、20%～30%、10%。

(1) 肌原纤维蛋白。肌原纤维蛋白质是构成肌原纤维的蛋白质，通常利用离子强度 0.5 以上的高浓度盐溶液抽出，被抽出后，即可溶于低离子强度的盐溶液中。属于这类蛋白质的有肌球蛋白、肌动蛋白、原肌球蛋白、肌原蛋白、肌动蛋白素等。

（2）肌浆蛋白。肌浆中的蛋白质为可溶性蛋白质，溶于水，因此在加工和烹调过程中容易流失。肌浆蛋白质不是肌纤维的结构成分，主要包括：肌红蛋白、肌溶蛋白、肌浆酶、肌粒蛋白等。

（3）结缔组织蛋白。结缔组织蛋白质是构成肌内膜、肌束膜、肌外膜和腱的主要成分，包括胶原蛋白、弹性蛋白、网状蛋白及黏蛋白等，存在于结缔组织的纤维及基质中。

3. 脂肪

脂肪对肉的食用品质影响很大，主要影响肌肉的嫩度、多汁性和风味。羊胴体粗脂肪含量一般为 16%～17%，在育肥阶段可达 30%～40%。家畜的脂肪组织中 90% 为中性脂肪，此外还有少量的磷脂和固醇脂。

肉类脂肪中饱和脂肪酸以硬脂酸和软脂酸居多；不饱和脂肪酸以油酸居多；其次是亚油酸。其中硬脂酸是造成羊肉膻味的重要脂肪酸，放牧时间延长羊肉膻味会随之增加。葵酸是造成羊肉膻味的另一个重要脂肪酸。羊脂肪的脂肪酸组成见表 1-1。

肌肉内磷脂占全组织脂肪的 25%～50%，肥育后磷脂含量减少，中性脂肪含量增高。磷脂的氧化会导致肉在空气中暴露后发生颜色和气味的改变。由于磷脂中多不饱和脂肪酸比脂肪高，所以肉类的氧化在含磷脂的部分比在仅含中性脂肪的部分更大。

表 1-1 羊脂肪的脂肪酸组成

脂肪酸种类	硬脂酸	油酸	棕榈酸	亚油酸
脂肪酸占比/%	34.7	31.0	23.2	7.3

4. 碳水化合物

碳水化合物在动物体内含量很少，它们以游离或结合的形式广泛存在于动物组织或组织液中，如葡萄糖是动物体组织中肌肉收缩能量的来源、核糖是细胞核的组成部分、糖原是葡萄糖的聚合体。动物体的能量贮藏形式与肉的风味有关。

5. 浸出物

浸出物广义为煮肉时浸出的物质；狭义为与风味有关的物质。浸出物包括有含氮浸出物和无氮浸出物。

1）含氮浸出物

含氮浸出物为非蛋白质的含氮物质，如游离氨基酸、磷酸肌酸、核苷酸类及肌苷、尿素等。这些物质能左右肉的风味，是香气的主要来源，如 ATP 除供给肌肉收缩的能量外，迫于逐级降解为肌苷酸，肌苷酸是肉香的主要成分；磷酸肌酸分解成肌酸，肌酸在酸性条件下加热则为肌酐，可增强熟肉的风味。

2）无氮浸出物

无氮浸出物为不含氮的可浸出的有机化合物，包括糖类化合物和有机酸。其中，糖类化合物主要有糖原、葡萄糖、麦芽糖、核糖、糊精；有机酸主要有乳酸及少量的甲酸、乙酸、丁酸、延胡索酸等。

6. 矿物质

矿物质是指一些无机盐类和元素，这些物质在羊肉中有的以游离形式存在，如 Mg^{2+}、Ca^{2+} 等；有的以螯合形式存在；有的以与糖蛋白和脂结合的方式存在，如硫、磷有机物。不同品种羊肉中的矿物质含量和不同部位羊肉中的矿物质含量见表 1-2 和表 1-3。

表 1-2　不同品种羊肉中的矿物质含量（杨树猛等，2009）　　　单位：mg/kg

品种	钾	铁	锌	铜
藏羊	372	32	3	0.25
滩羊	281	2	3	0.24
小尾寒羊	316	3	2	0.25
蒙古羊	396	28	3	0.37

表 1-3　苏尼特羊不同部位的矿物质含量（罗玉龙等，2016）　　　单位：mg/kg

部位	钙	钾	钠	锰	锌	铁
股二头肌	4.17	239.13	393.37	1.12	8.46	4.56
臂三头肌	4.25	230.61	383.01	0.12	8.53	4.32
背最长肌	4.23	238.46	371.03	0.12	5.42	4.14

7. 维生素

羊肉中的维生素主要有维生素 A、维生素 D、维生素 E、维生素 K、烟酸、叶酸等，其中脂溶性维生素较少，水溶性维生素较多。羊肉中维生素的含量见表 1-4。

表 1-4　羊肉中的维生素含量（周光宏，2009）　　　单位：mg/kg

品种	维生素 A	维生素 D	维生素 E	维生素 K	维生素 B_{12}
藏羊	30.90	23.17	2.22	0.96	0.18
小尾寒羊	30.73	21.23	2.08	0.28	0.02

1.2　肉羊常用饲料及特点

1. 青绿饲料

青绿饲料种类很多，包括牧草（天然牧草和人工栽培牧草）、蔬菜、水生植物、树叶及青饲作物等。青绿饲料的水分一般都在 60% 以上。禾本科牧草和蔬菜的粗蛋白含量为 1.5%～3.0%，豆科牧草的粗蛋白含量为 3.2%～4.4%。按干物质基础计算，粗纤维含量为 1%～30%。维生素含量丰富。一般青绿饲料钙含量为 0.25%～0.50%，磷含量为 0.20%～0.35%，比例较适中。其中，豆科牧草钙含量较高。因此，提供充足的青绿饲料基本上能满足肉羊对钙的需要。因牧草含钠少，放牧羊需补给适量食盐。

1）干草

干草是青绿饲料经自然晒制或人工干燥至水分含量为 14％～17％时，制成的一种饲料。

青饲料干制过程中营养物质损失 5％～20％，高于青贮过程的损失。干草粗蛋白含量变化较大，平均为 7％～17％，个别豆科牧草的粗蛋白含量高达 20％；粗纤维含量为 20％～35％，但其中纤维素的消化率高达 70％～80％。

2）秸秆

秸秆粗纤维含量一般都在 30％以上，质地坚硬，粗蛋白含量一般不超过 10％，粗灰分含量高。可用作肉羊饲料的秸秆主要有玉米秸秆、稻草、花生藤、红苕藤、大豆秆、豌豆秆、胡豆秆、油菜秆等。

2. 青贮饲料

青贮饲料是由高水分青绿饲料进行厌氧发酵而制成。饲料经过青贮后，营养物质有所减少。青贮技术越好，营养物质总量损失越小。用添加剂青贮的饲料损失的营养物质总量比自然青贮损失的更小，其损失总量一般低于 6％。

3. 能量饲料

能量饲料主要有四类：①谷类籽实；②糠麸；③块根、块茎及瓜果类；④油脂。能量饲料在精料补充料中所占比例最大，一般为 50％～70％。

1）谷类籽实

（1）玉米。玉米适口性好，有效能值高，可大量用于反刍动物精料补充料。但玉米容重大，通常与容重小的糠麸配合使用。用于牛、羊饲料时不宜粉碎过细，宜磨碎或破碎后饲喂。对于青年期反刍动物，整粒玉米饲喂比粉碎效果好。

（2）小麦。小麦是牛、羊等反刍动物良好的能量饲料，但用量不宜超过 50％，否则易引起消化障碍，引起瘤胃酸中毒。饲喂时以粗碎为宜，整粒或粉碎过细均不好，压片和糊化处理可以提高其利用率。

（3）大麦。肉羊对大麦中的葡聚糖有较高的利用率，用于育肥时与玉米能量价值相近。

（4）燕麦。燕麦饲喂肉牛、肉羊只有玉米价值的 85％。

（5）稻谷。稻谷饲喂反刍动物时应粉碎后使用，其饲喂价值相当于玉米的 80％，但糙米的饲喂价值可与玉米等同。

（6）高粱。高粱是反刍动物良好的能量饲料，与玉米的营养价值相当，整理饲喂效果较差，压扁、水浸、蒸煮、膨化或粉碎后可以提高反刍动物对其 10％～15％的利用率。

2）糠麸类饲料

谷物籽实经加工后形成的一些副产品统称为糠麸类饲料。其中，制米的副产物通常称为糠，制面粉的副产物一般称为麸，主要包括小麦麸、大麦麸、米糠、玉米糠等。

（1）小麦麸。小麦麸是牛、羊等草食动物良好的饲料，在草食动物的日粮中用量可达 25%～30%。

（2）次粉。次粉容重比小麦麸高，能量价值高，饲喂反刍动物时宜搭配部分体积大的饲料。

（3）米糠。米糠是反刍动物的良好饲料，适口性好，有效能值高。

3）块根、块茎及瓜果类饲料

甘薯是反刍动物良好的能量来源，能取代能量饲料的 50% 左右，但需补充蛋白质饲料与合成氨基酸。马铃薯可添加到反刍动物的精料补充料中，与尿素等非蛋白氮配合使用效果更佳。木薯用于反刍动物时，使用量不宜超过 30%。

4）油脂

油脂的有效能值高于其他能量饲料，绵羊利用油脂，有效能值可达 34.3 MJ/kg。冷季时，在日粮中添加油脂可以降低动物的热增耗，提高日粮能量水平，改善能量利用率，减轻动物冷应激。反刍动物日粮中禁止使用动物油脂。油脂在反刍动物日粮中可用到 5%，添加比例过高会引起纤维素消化率降低，导致乳脂率降低。

4. 蛋白质饲料

蛋白质饲料也是精饲料的一种，是指干物质中粗蛋白质含量大于或等于 20%，粗纤维含量低于 18% 的饲料。为防止疯牛病的传播，我国禁止使用动物性蛋白质饲料。

（1）大豆。大豆用作反刍动物饲料时，用量不宜超过 50%，需配合胡萝卜素含量高的饲料使用。生大豆不宜与尿素通用。大豆膨化处理后，大部分抗营养因子失活，可提高大豆营养物质利用率，改善反刍动物组织的脂肪酸组成，提高共轭亚油酸含量。

（2）豌豆。豌豆不宜生喂。乳牛精料可用 20% 以下，肉牛不宜超过 12%，肉羊应在 25% 以下。

（3）豆饼/粕。豆饼/粕是反刍动物优质的蛋白质饲料，各阶段动物都可使用，适口性好，饲喂效果优于生大豆。

（4）菜籽饼/粕。菜籽饼/粕是我国最具潜力的蛋白质饲料，其氨基酸组成平衡，蛋氨酸含量丰富，与豆粕配合使用，可以补充和促进氨基酸平衡，饲喂效果优于单独使用。适度加热、焙炒、膨化等方法可提高动物对菜籽饼/粕的利用率。目前，经过育种选育已得到低硫苷、低芥酸的双低菜粕。

（5）棉籽饼/粕。棉籽饼/粕对反刍动物不存在中毒问题，是反刍动物良好的蛋白质来源。配合软便性饲料使用时，可占精料的 20%～40%。

（6）花生饼/粕。花生饼/粕有效能值在饼/粕类饲料中最高，约为 12.26 MJ/kg。花生饼/粕易感染黄曲霉，在使用中应避免使用霉变饲料，防止动物出现黄曲霉毒素中毒。

（7）玉米蛋白粉。玉米蛋白粉可用作反刍动物部分蛋白质饲料，用量不宜超过 30%，使用时应注意黄曲霉毒素。

（8）酱油渣。酱油渣多用于牛、羊精料补充料中，用量可达 20%，饲喂时应配合高能饲料。酱油渣因无机盐含量高，羊过量采食会造成饮水量上升和腹泻等问题。

（9）DDGS。DDGS 可直接饲喂反刍动物，添加量超过 20% 时，需补充赖氨酸和色氨酸以保持日粮氨基酸平衡。

（10）单细胞生物蛋白质饲料。单细胞生物蛋白质饲料主要由细菌、酵母、藻类等低等微生物繁殖生长而来。其粗蛋白质含量为 40%～80%，适口性较差（味苦）。

（11）非蛋白氮补充饲料。非蛋白氮补充饲料主要包括氨、酰胺、胺、氨基酸和无机氮化合物。一般以氨的衍生物形式（尿素、双缩脲、异丁脲等）添加到反刍动物日粮中，可以起到节约蛋白质饲料的作用。尿素纯品的氮含量约 46%，相当于粗蛋白含量的288%，是反刍动物日粮中应用最多、最广泛的非蛋白氮。非蛋白氮的用量可用到日粮总氮含量的 20%～30%，小羊可用到 30%，育肥羊可用到 25% 左右，妊娠产奶羊可用到35% 左右。山羊和绵羊每天可喂 20～30 g 非蛋白氮补充饲料，占总日粮的 1%～1.5%，低质量的粗料加尿素无效。

5. 维生素饲料

维生素依据其溶解性能可分为脂溶性维生素和水溶性维生素两类。常用的脂溶性维生素有维生素 A、维生素 D、维生素 E 和维生素 K 等；水溶性维生素主要有维生素 B_1、维生素 B_2、烟酸、烟酰胺、维生素 B_6、维生素 C、叶酸、泛酸和维生素 B_{12} 等。

6. 矿物质饲料

在动物饲料中通常添加的常量元素包括：钙、磷、钠、氯等；微量元素有铁、铜、锰、锌、碘、硒和钴等。

1）常量矿物质元素

饲料中常用矿物质原料中的元素含量见表 1-5。

表 1-5　常用矿物质原料中的元素含量

饲料名称	化学分子式	矿物元素含量
轻质碳酸钙	$CaCO_3$	钙 38.42%
饲料级石粉	$CaCO_3$	钙 35.84%
磷酸氢钙（无水）	$CaHPO_4$	钙 29.60%、磷 22.77%
磷酸氢钙（二水）	$CaHPO_4 \cdot 2H_2O$	钙 23.29%、磷 18.00%
磷酸二氢钙（一水）	$Ca(H_2PO_4)_2 \cdot H_2O$	钙 15.90%、磷 24.58%
磷酸三钙（磷酸钙）	$Ca_3(PO_4)_2$	钙 38.76%、磷 20.00%
磷酸氢铵	$(NH_4)_2HPO_4$	磷 23.48%
磷酸二氢铵	$NH_4H_2PO_4$	磷 26.93%
磷酸氢二钠	Na_2HPO_4	钠 31.04%、磷 21.82%
磷酸二氢钠	NaH_2PO_4	钠 19.17%、磷 25.81%
氯化钠（食盐）	$NaCl$	钠 39.50%、氯 59.00%
碳酸氢钠	Na_2CO_3	钠 27.00%
硫酸镁（七水）	$MgSO_4 \cdot 7H_2O$	镁 9.86%、硫 13.01%

续表

饲料名称	化学分子式	矿物元素含量
氯化钾	KCl	钾 52.44%、氯 47.56%
硫酸钾	K_2SO_4	钾 44.87%、硫 18.40%

2）微量矿物质元素

饲料中常用的微量矿物质饲料见表 1-6。

表 1-6　常用的微量矿物质饲料和估测的生物学利用率[a]

微量元素与来源	化学分子式	元素含量/%	相对生物学利用率/%
铁（Fe）			
水硫酸亚铁	$FeSO_4 \cdot H_2O$	30.0	100
七水硫酸亚铁	$FeSO_4 \cdot 7H_2O$	20.0	100
碳酸亚铁	$FeCO_3$	38.0	15～80
三氧化二铁	Fe_2O_3	69.9	—
六水氯化铁	$FeCl_3 \cdot 6H_2O$	20.7	40～100
氧化亚铁	FeO	77.8	—
铜（Cu）			
五水硫酸铜	$CuSO_4 \cdot 5H_2O$	25.2	100
碱式氯化铜	$Cu_2 (OH)_3Cl$	58.0	100
氧化铜	CuO	75.0	0～10
一水碱式碳酸铜	$CuCO_3 \cdot Cu (OH)_2 H_2O$	50.0～55.0	60～100
无水硫酸铜	$CuSO_4$	39.9	100
锰（Mn）			
一水硫酸锰	$MnSO_4 \cdot H_2O$	29.5	100
氧化锰	MnO	60.0	70
二氧化锰	MnO_2	63.1	35～95
碳酸锰	$MnCO_3$	46.4	30～100
四水氯化锰	$MnCl_2 \cdot 4H_2O$	27.5	100
锌（Zn）			
一水硫酸锌	$ZnSO_4 \cdot H_2O$	35.5	100
七水硫酸锌	$ZnSO_4 \cdot 7H_2O$	22.3	100
氧化锌	ZnO	72.0	50～80
碘（I）　碘化钾	KI	68.8	100
碘酸钾	KIO_3	59.3	—
碘酸钙	$Ca (IO_3)_2$	63.5	100
硒（Se）			
亚硒酸钠	Na_2SeO_3	45.0	100
十水硒酸钠	$Na_2SeO_4 \cdot 10H_2O$	21.4	100

微量元素与来源		化学分子式	元素含量/%	相对生物学利用率/%
钴（Co）	六水氯化钴	$CoCl_2 \cdot 6H_2O$	24.3	100
	一水氯化钴	$CoCl_2 \cdot H_2O$	39.9	100

注：数据来源于《中国饲料学》（张子仪，2000）中相关数据。

a 列于每种微量元素下的第一种元素来源通常作为标准，其他来源与其相比较估算相对生物学利用率。

7. 添加剂

肉羊饲料中常用的饲料添加剂包括饲料级氨基酸、维生素、矿物质微量元素、酶制剂、益生素、诱食剂、抗氧化剂、着色剂和药物饲料添加剂等。

1.3 肉羊饲养与羊肉品质控制技术

羊肉品质的衡量主要有感官特征（肉色、气味等）、理化特性、营养价值、货架期等。随着时代的发展和科技水平的提高，评定肉品质的指标既包括最初的嫩度、pH、肉色、系水力，又包括新增加的风味、肌内脂肪含量、脂肪酸以及氨基酸含量。但目前，对羊肉品质的研究主要集中在肉羊的饲喂方式、日粮营养水平和非营养性添加剂的使用对羊肉品质的影响上，而对羊肉肌内脂肪、脂肪酸和氨基酸含量对羊肉品质影响的研究还较少。

1. 饲喂方式

徐小春和闫宏（2010）研究发现肌肉理化指标、肌纤维直径和肌纤维面积在放牧组和舍饲组的羊中无显著差异（表1-7）。

表 1-7　饲养方式对肉羊肉品理化性状的影响

测定指标	放牧	舍饲
pH	6.21 ± 0.07	6.25 ± 0.30
肉色	4.00 ± 0.00	3.71 ± 0.09
大理石纹	6.74 ± 0.37	7.11 ± 0.56
系水力/%	89.28 ± 2.43	89.05 ± 2.71
熟肉率/%	58.59 ± 2.21	58.34 ± 1.65
肌纤维直径/μm	27.09 ± 2.13	26.97 ± 2.56
肌纤维面积/μm^2	546.77 ± 96.42	537.45 ± 83.59
肌纤维密度/（N/mm^2）	$972.36^a\pm97.36$	$991.72^b\pm97.36$

注：同行数字上标没有字母表示差异不显著，有不同字母表示差异显著（$P<0.05$）。

有研究表明，不同饲养方式下羊肉的肉色和系水力不同。吴铁梅等（2015）从肌肉理化特性的角度研究了舍饲育肥与放牧补饲育肥对阿尔巴斯白绒山羊羔羊肉品质的影响，结果显示，二者的理化特性、失水率和嫩度无显著差异，肉色变红（表1-8～表1-12）。

表 1-8　饲养方式对羯羊肌肉肉色的影响

饲养方式	背最长肌	臂三头肌	股二头肌	臀肌
牧补饲	2.83	2.67	2.50[b]	2.83
舍饲	3.17	3.00	3.83[a]	2.67
SEM	0.167	0.149	0.325	0.321
P	0.188	0.145	0.016	0.096

注：同列数据上标相同字母或不标字母表示差异不显著（$P > 0.05$），上标不同小写字母表示差异显著（$P < 0.05$）。

表 1-9　饲养方式对羯羊肌肉剪切力的影响

饲养方式	背最长肌	臂三头肌	股二头肌	臀肌
牧补饲	8.27	6.29[b]	8.84	8.23
舍饲	8.87	8.54[a]	9.26	8.90
SEM	0.863	0.586	0.969	0.627
P	0.640	0.022	0.763	0.466

注：同列数据上标相同字母或不标字母表示差异不显著（$P > 0.05$），上标不同小写字母表示差异显著（$P < 0.05$）。

表 1-10　饲养方式对羯羊肌肉 pH 的影响

测定指标	饲养方式	背最长肌	臂三头肌	股二头肌	臀肌
pH_{1h}	牧补饲	6.57	6.65	6.55	6.60
	舍饲	6.59	6.59	6.51	6.66
	SEM	0.048	0.053	0.041	0.025
	P	0.810	0.463	0.593	0.098
pH_{24h}	牧补饲	5.61	5.58	5.71	5.70
	舍饲	5.67	5.75	5.74	5.72
	SEM	0.069	0.063	0.066	0.064
	P	0.531	0.082	0.794	0.822

表 1-11　饲养方式对羯羊肌肉失水率和熟肉率的影响　　　　　单位：%

测定指标	饲养方式	背最长肌	臂三头肌	股二头肌	臀肌
失水率	牧补饲	27.84	24.88	24.06	29.13
	舍饲	28.05	23.63	25.25	26.92
	SEM	1.164	1.810	2.468	1.702
	P	0.931	0.636	0.740	0.382

续表

测定指标	饲养方式	背最长肌	臂三头肌	股二头肌	臀肌
熟肉率	牧补饲	67.91	69.75	62.65	65.39
	舍饲	67.08	66.50	63.92	62.41
	SEM	2.060	2.179	3.824	1.424
	P	0.782	0.317	0.819	0.170

表 1-12　饲养方式对羯羊肌肉导电率的影响

饲养方式	背最长肌	臂三头肌	股二头肌	臀肌
牧补饲	1.02	1.23	1.12	1.17
舍饲	1.03	1.13	1.07	1.18
SEM	0.026	0.056	0.046	0.037
P	0.664	0.234	0.484	0.756

　　钱勇等（2015）对南方农区舍饲育肥和农田放牧饲养条件下的 6 月龄羔羊进行屠宰性能测定和肉质分析发现，农田放牧羔羊羊肉的失水率高于舍饲组；熟肉率低于舍饲组；嫩度值高于舍饲组，但差异不显著；色差值 a^* 值高于舍饲组，L^* 值和 b^* 值差异不显著（表 1-13、表 1-14）。

表 1-13　饲喂方式和类群对肉羊屠宰性能的影响

项目	舍饲杂交羊Ⅰ	舍饲波尔山羊Ⅱ	舍饲徐淮山羊Ⅲ	放牧杂交羊Ⅳ
宰前活重/kg	18.38±0.45[Aa]	19.29±0.52[Aa]	13.95±0.21[Bb]	15.50±0.34[Bb]
胴体重/kg	9.10±0.36[Aa]	9.56±0.38[Aa]	5.98±0.25[Bb]	6.83±0.41[Bb]
屠宰率/%	49.51±0.01[Aa]	49.56±0.01[Aa]	42.85±0.01[Bb]	43.94±0.02[Bb]
净肉重/kg	7.45±0.27[Aa]	7.83±0.29[Aa]	4.61±0.19[Bb]	5.27±0.28[Bb]
净肉率/%	40.60±0.02[Aa]	40.66±0.03[Aa]	33.10±0.02[Bb]	33.77±0.03[Bb]
骨重/kg	1.65±0.20	1.73±0.21	1.40±0.24	1.55±0.28
内脏重/kg	5.29±0.63[Aa]	5.55±0.65[Aa]	4.36±0.57[Bb]	4.74±0.60[Bb]
皮重/kg	1.53±0.18[Aa]	1.60±0.17[Aa]	1.26±0.15[Bb]	1.40±0.23[Bb]

　　注：同列数据上标相同字母或不标字母表示差异不显著（$P>0.05$），上标不同小写字母表示差异显著（$P<0.05$），上标不同大写字母表示差异极显著（$P<0.01$）。

表 1-14　饲喂方式和类群对肉羊肉质指标的影响

组别	肉质指标					
	失水率/%	熟肉率/%	嫩度/N	肌肉色差值		
				L^*	a^*	b^*
舍饲杂交羊Ⅰ	20.34±0.033	39.99±0.022	61.34±6.57	33.74±2.36	14.85±0.81[b]	3.90±0.78
舍饲波尔山羊Ⅱ	20.13±0.026	39.85±0.016	61.05±6.38	34.15±2.84	14.44±0.75[b]	4.05±0.82
舍饲徐淮山羊Ⅲ	20.42±0.041	39.14±0.025	62.45±7.82	33.62±3.14	15.06±0.87[b]	3.82±0.79

续表

组别	肉质指标					
	失水率/%	熟肉率/%	嫩度/N	肌肉色差值		
				L^*	a^*	b^*
放牧杂交羊Ⅳ	20.56±0.046	39.05±0.028	63.33±7.95	32.80±2.43	16.21±0.93[a]	3.63±0.67

注：同列数据上标相同字母或不标字母表示差异不显著（$P>0.05$），上标不同小写字母表示差异显著（$P<0.05$）。

马晓冰（2016）研究发现，圈养条件下苏尼特羊的背最长肌剪切力显著低于放牧组，肌内脂肪含量高于放牧组（表 1-15、图 1-3、图 1-4），与王柏辉（2017）的研究结果一致。放牧组羊肉的亮度值和黄度值均大于圈养组，红度值组间无差异。放牧育肥羔羊肉色深，系水力较差，肉质较放牧加补饲羔羊肉质差（表 1-16）。

表 1-15　不同饲养方式不同部位肉质指标

指标	饲养方式	背最长肌	股二头肌	臂三头肌
剪切力/N	放牧	41.84±5.50[aB]	43.45±5.46[aA]	57.27±5.81[bA]
	圈养	32.86±4.16[aA]	50.79±6.56[bA]	52.31±7.05[bA]
L^*	放牧	25.11±1.12[aB]	27.83±2.41[aB]	33.32±3.53[bB]
	圈养	23.19±1.53[aA]	24.74±1.64[aA]	28.92±1.81[bA]
a^*	放牧	17.22±3.71[aA]	20.73±1.76[aA]	20.58±4.40[aA]
	圈养	16.81±1.77[aA]	19.85±3.09[bA]	18.41±1.75[abA]
b^*	放牧	8.37±2.14[aB]	7.29±1.40[aB]	8.76±1.81[aB]
	圈养	3.94±0.37[aA]	4.22±1.50[aA]	3.46±0.62[aA]
pH_{1h}	放牧	6.68±0.28[aA]	6.38±0.26[aA]	6.38±0.05[aA]
	圈养	6.73±0.12[bA]	6.51±0.16[aA]	6.49±0.14[aA]
pH_{24h}	放牧	5.62±0.04[aA]	5.86±0.13[cA]	5.74±0.04[bA]
	圈养	5.60±0.05[aA]	5.87±0.15[bA]	5.83±0.10[bA]

注：同列数据上标相同字母或不标字母表示差异不显著（$P>0.05$），上标不同小写字母表示差异显著（$P<0.05$），上标不同大表示差异极显著（$P<0.01$）。

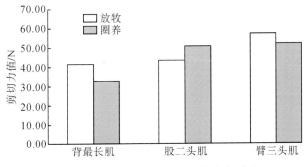

图 1-3　不同饲养方式不同部位色泽

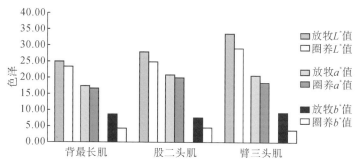

图 1-4　不同饲养方式不同部位剪切力值

表 1-16　饲养方式对苏尼特羊羊肉品质的影响

部位	指标	放牧组	舍饲组
肌肉组织	pH_{0h}	6.41 ± 0.31^a	6.50 ± 0.16^a
	pH_{24h}	5.86 ± 0.13^a	5.87 ± 0.15^a
	L^*	33.32 ± 3.53^a	28.58 ± 1.99^b
	a^*	16.58 ± 2.55^a	17.48 ± 2.34^a
	b^*	7.63 ± 1.97^a	3.38 ± 0.61^b
皮下脂肪	L^*	73.19 ± 3.17^a	73.31 ± 3.48^a
	a^*	7.49 ± 1.25^a	4.62 ± 1.09^b
	b^*	11.37 ± 0.82^a	7.26 ± 1.51^b

注：同列数据上标相同字母或不标字母表示差异不显著（$P>0.05$），上标不同小写字母表示差异显著（$P<0.05$）。

2. 日粮组成

有研究表明，日粮精粗比对肉羊肉质嫩度和肌内脂肪含量有直接影响。宋杰（2010）研究发现，随着日粮能量浓度的提高，羊肉肌内脂肪含量增加，失水率和剪切力降低，从而肉羊的嫩度提高。孙爽等（2013）研究表明，随着日粮蛋白水平下降，羊肉失水率增加，嫩度变差（表 1-17）。王子苑（2015）研究发现，日粮精粗比对大足黑山羊羊肉的pH、滴水损失和肉色无显著影响，高精粗比组蒸煮损失显著低于低精粗比组，肌肉粗蛋白和粗脂肪水平下降，总鲜味氨基酸无差异（表 1-18、表 1-19）。说明一定范围内增加日粮精粗比可以改善羊肉嫩度，提高保水性，促进羊肉肌内脂肪的沉积，改善肉质。程光明等（2016）研究发现，日粮精粗比对公母黑山羊的肉质影响不同，公羊适宜精粗比为45：55，母羊适宜精粗比为35：65（表 1-20）。

表 1-17　不同蛋白水平对屠宰品质和肉品质的影响

指标	组别		
	高蛋白组	中蛋白质	低蛋白组
净肉重/kg	9.49 ± 1.16	9.17 ± 2.16	9.07 ± 1.57
骨重/kg	3.26 ± 0.53	3.29 ± 0.32	3.18 ± 0.45

指标	组别		
	高蛋白组	中蛋白质	低蛋白组
屠宰率/%	42.16±1.71	41.96±3.82	41.35±2.87
L^*	20.02±7.20	21.30±6.30	23.98±7.65
a^*	18.74±11.68	20.16±11.95	14.18±7.30
b^*	5.83±3.32	5.10±2.61	7.64±3.40
滴水损失率/%	22.62±6.64	21.18±5.18	26.95±5.66
蒸煮损失率/%	18.65±5.18	18.87±5.98	22.78±4.76
失水率/%	4.44±2.24	5.19±1.44	4.95±1.38
剪切力/kg	5.31±1.36[a]	5.40±1.12[a]	9.87±5.48[b]
pH	6.33±0.23	6.34±0.17	6.16±0.18

注：同列数据上标相同字母或不标字母表示差异不显著（$P>0.05$），上标不同小写字母表示差异显著（$P<0.05$）。

表 1-18　日粮精粗比对大足黑山羊常规肉质指标的影响

精粗比	4:6	3:7	2:8	1:9
pH_{24h}	6.30±0.26	6.29±0.10	6.23±0.06	6.13±0.17
蒸煮损失/%	32.05±0.29[Cc]	33.74±0.64[Bb]	35.09±0.27[Aa]	35.81±0.69[Aa]
剪切力/kg	3.27±0.09[Cc]	3.47±0.09[Cc]	3.81±0.11[Bb]	4.17±0.07[Aa]
滴水损失/%	2.48±0.02	2.51±0.06	2.53±0.07	2.55±0.07
失水率/%	13.04±0.34[D]	13.50±0.23[C]	13.94±0.14[B]	14.44±0.13[A]
系水力/%	82.57±0.43[Aa]	81.79±0.44[ABb]	81.17±0.32[Bc]	80.44±0.28[BCd]
L^*	41.98±0.49	42.18±0.27	42.32±0.15	42.81±0.38
a^*	11.58±0.43	11.77±0.32	11.92±0.51	12.19±0.56
b^*	14.47±0.15	14.06±0.76	13.85±0.52	13.47±0.55

注：同列数据上标相同字母或不标字母表示差异不显著（$P>0.05$），上标不同小写字母表示差异显著（$P<0.05$），上标不同大写字母表示差异极显著（$P<0.01$）。

表 1-19　日粮精粗比对大足黑山羊肉质营养成分的影响　　　单位：%

精粗比	4:6	3:7	2:8	1:9
水分	74.80±0.42	74.17±0.66	74.04±0.60	73.83±0.38
粗蛋白	25.11±0.33[Aa]	23.76±0.62[ABb]	23.10±0.76[Bbc]	22.13±0.79[Bc]
粗脂肪	1.57±0.09[Aa]	1.30±0.10[Bb]	1.12±0.04[Bc]	1.08±0.04[Bc]
鲜味氨基酸	7.25±0.39	8.10±0.71	7.84±0.51	7.34±0.31

注：同列数据上标相同字母或不标字母表示差异不显著（$P>0.05$），上标不同小写字母表示差异显著（$P<0.05$），上标不同大写字母表示差异极显著（$P<0.01$）。

表 1-20 日粮精粗比对屠宰性能和羊肉品质的影响

项目	公羊			母羊		
精粗比	55：45	45：55	35：65	55：45	45：55	35：65
屠宰率/%	47.61±0.10[a]	47.16±0.12[a]	45.95±0.23[b]	44.83±0.12[b]	47.55±0.11[a]	45.91±0.01[b]
净肉率/%	37.17±0.08[b]	38.38±0.09[a]	37.10±0.19[b]	33.91±0.09[b]	35.71±0.09[a]	35.79±0.01[a]
熟肉率/%	57.97±0.01[b]	57.97±0.01[b]	62.92±0.01[a]	58.57±0.02[b]	56.44±0.01[c]	61.07±0.03[a]
pH_{1h}	6.61±0.05	6.47±0.01	6.56±0.01	6.61±0.02	6.35±0.01	6.41±0.03
pH_{24h}	6.50±0.05	6.05±0.05	6.14±0.01	5.91±0.01	6.24±0.01	5.92±0.01
嫩度/kg	6.81±0.01	7.52±0.03	7.01±0.05	7.21±0.05	6.72±0.04	7.11±0.01
失水率/%	23.50±0.03[a]	20.62±0.04[b]	22.65±0.01[a]	25.48±0.03[a]	24.62±0.01[a]	21.77±0.01[b]

注：同列数据上标相同字母或不标字母表示差异不显著（$P>0.05$），上标不同小写字母表示差异显著（$P<0.05$）。

3）饲料添加剂

有研究表明，在日粮中添加中草药、大叶枸草粉、番茄红素等饲料添加对提高羊肉品质有不同程度的作用。张荣祥（2014）研究发现，安徽白山羊日粮中添加 1% 和 2% 的超微粉复方中药制剂，能降低背最长肌的 pH、失水率、滴水损失，提高肉色 b^* 值 76.11%，显著降低背最长肌的剪切力值，提高背最长肌中粗脂肪、花生四烯酸等必需脂肪酸、肌苷酸、风味氨基酸的含量，改善肉质品质，提高风味（表 1-21）。

表 1-21 复方中药对羊肉常规成分和肉品质的影响

类别	项目	对照组	1%中药组	2%中药组
常规成分	水分/%	69.57±2.51	70.02±3.14	71.12±1.87
	粗蛋白/%	20.65±1.56	19.54±1.37	22.51±2.81
	粗脂肪/%	2.91±0.19[b]	3.82±0.25[a]	3.45±0.28[a]
	肌苷酸/%	0.98±0.24[B]	2.53±0.38[A]	2.39±0.27A
	花生四烯酸/%	0.61±0.32[b]	0.92±0.21[a]	0.83±0.22[a]
羊肉品质	pH	6.58±0.05	6.18±0.08	6.23±0.11
	失水率/%	10.21±0.19	9.38±0.33	9.14±0.50
	剪切力/kg	3.85±0.48[a]	2.97±0.61	3.22±0.45
	滴水损失/%	14.52±0.12	14.15±0.28	13.98±0.09
	熟肉率/%	58.21±5.14	54.81±6.89	55.95±4.92
	L^*	43.89±2.68	45.23±7.91	49.41±9.83
	a^*	17.51±1.73	21.25±1.58	19.87±0.27
	b^*	23.49±4.45[b]	29.86±3.21[b]	41.37±3.72[a]

注：同列数据上标相同字母或不标字母表示差异不显著（$P>0.05$），上标不同小写字母表示差异显著（$P<0.05$），上标不同大写字母表示差异极显著（$P<0.01$）。

赵国芬等（2007）报道油料籽与沙葱能对羊肉中必需氨基酸、非必需氨基酸和鲜味氨基酸的含量无显著影响（表 1-22）。

表 1-22　沙葱和油料籽实对羊肉中氨基酸的影响

氨基酸种类	对照组	沙葱组	油料籽实组织	沙葱+油料籽实
必需氨基酸	49.69±0.70	49.40±1.55	49.83±0.60	49.30±0.47
非必需氨基酸	50.31±0.71	50.61±1.54	50.18±0.61	50.70±0.46
鲜味氨基酸	42.41±0.07	42.72±0.78	42.50±0.57	42.40±0.40

张巧娥等（2008）在舍饲滩羊日粮中添加甘草，可明显增加肌肉中粗脂肪和蛋白质的含量（表 1-23）。

表 1-23　甘草对滩羊屠宰性能和羊肉品质的影响

组别	屠宰率/%	眼肌面积/cm²	粗蛋白/%	粗脂肪/%
对照组	44.3	11.9±3.1	80.91±0.04[b]	3.60±1.44[b]
甘草组	46.7	12.3±2.3	83.86±0.04[a]	4.92±0.24[a]

注：同列数据上标相同字母或不标字母表示差异不显著（$P>0.05$），上标不同小写字母表示差异显著（$P<0.05$）。

马美容等（2014）研究表明，在日粮中用 10% 大叶枸草粉替代 25% 豆粕能显著提高波杂山羊背最长肌中硒、天门冬氨酸、谷氨酸等鲜味氨基酸的含量（表 1-24）。

表 1-24　大叶枸草粉对羔羊屠宰性能和羊肉品质的影响

项目	对照组	10% 大叶枸草粉	20% 大叶枸草粉
屠宰率/%	41.3±0.91[b]	49.2±0.72[a]	45.1±0.86[a]
净肉率/%	29.6±0.65[b]	35.2±0.53[a]	31.9±0.60[a]
肉色	5.15±0.32	5.50±0.24	5.62±0.34
pH_{1h}	6.10±0.24	6.27±0.15	6.19±0.21
pH_{24h}	5.84±0.31	5.95±0.42	5.86±0.12
嫩度/kg	4.12±1.06	4.35±0.98	4.28±1.15
剪切力/kg	6.6±1.12	5.9±1.24	5.9±1.65
滴水损失率/%	22.19±3.65	21.65±4.25	21.86±3.86
熟肉率/%	48.24±1.25	52.83±1.68	52.92±1.16

注：同列数据上标相同字母或不标字母表示差异不显著（$P>0.05$），上标不同小写字母表示差异显著（$P<0.05$）。

蒋红琴（2015）研究指出，在巴美肉羊日粮中添加 50 mg/kg，100 mg/kg，200 mg/kg 番茄红素，24 h 背最长肌的亮度值 L^* 随添加水平的提高而显著降低，肌内脂肪和总饱和脂肪酸含量显著下降，多不饱和脂肪酸含量显著增加，满足了人们对健康肉的追求（表 1-25）。另外，还有报道指出，日粮中添加传统型抗氧化剂维生素 E 可以对羊肉品质产生有益影响，降低羊肉中的饱和脂肪酸含量，增加多不饱和脂肪酸、共轭亚油酸的含量。

表 1-25　番茄红素（mg/kg）对巴美肉羊屠宰性能和肉品质的影响

项目	LP$_0$	LP$_{50}$	LP$_{100}$	LP$_{200}$	SEM	P 值
屠宰率/%	46.30	47.08	46.82	46.78	0.35	0.735
净肉率/%	28.30	29.16	29.67	29.07	0.29	0.347
眼肌面积/cm²	18.50	19.39	20.63	18.74	0.36	0.608
pH$_{1h}$	6.96	6.98	6.98	7.01	0.05	0.837
pH$_{24h}$	5.86	5.88	5.98	5.95	0.02	0.104
L^*	41.94[a]	41.85[a]	39.59[b]	39.87[b]	0.36	0.004
a^*	12.80	13.21	13.73	13.55	0.24	0.201
b^*	12.42	12.43	11.96	12.13	0.13	0.261
滴水损失/%	4.21	3.52	3.44	3.46	0.18	0.146
蒸煮损失/%	30.73	30.25	30.59	28.72	0.64	0.344
剪切力/kg	4.69	3.94	3.93	4.27	0.17	0.408
肌内脂肪/%	4.37[a]	3.96[ab]	3.35[ab]	2.86[b]	0.23	0.017
饱和脂肪酸脂肪/%	57.15[a]	55.73[ab]	53.86[b]	54.67[b]	0.45	0.037
多不饱和脂肪酸/（g/100 g）	4.32[a]	5.08[ab]	6.25[b]	5.55[b]	0.19	0.030

1.4　肉羊宰前管理与羊肉品质控制技术

　　肉羊宰前管理是指肉羊屠宰放血前的装卸、运输、禁食、宰前检疫等步骤。宰前管理不当会给肉羊造成不良影响，导致肉羊面临应激源，如饥饿、颠簸、拥挤、混群等，使其产生惊恐、紧张等心理反应。但一些适当的宰前管理，如禁食和静养可能会消除部分应激反应。同时，良好的宰前管理也符合动物福利的要求。国内外大量研究表明，不当的宰前管理会导致畜禽产生应激反应，使宰后肉品质下降。

　　我国对肉羊宰前管理方式的相关研究较少，宰前管理环节缺乏统一操作规范。随着我国羊肉消费量的增长，消费者对羊肉品质的要求越来越高。因此，找到并控制影响羊肉品质的各种因素，制定一套适合我国肉羊生产实际的宰前管理操作规范，将有效避免宰前管理对羊肉品质造成的消极影响，为我国优质羊肉的生产提供保障。

1.4.1　装载和卸载

1. 运输前准备、混群

　　大多数动物在运输前需要禁食，但要保证饮水充足，这将起到镇静作用，从而减少运输过程中的损伤和应激。有学者提出，绵羊混群可以减少打斗，普遍认为羊混群造成的福利问题要比其他动物更少。绵羊和山羊可以混合装载。生病、受伤、瘦弱或怀孕羊不适合运输。夏安琪等（2014）指出，宰前禁食 12 h 和 24 h 与 0 h 相比，有益于羊肉卫生品质，对食用品质及感官品质无影响（表 1-26）。

表 1-26 不同禁食时间对羊肉卫生品质和宰后 24 h 肌节长度的影响

检测指标	宰前禁食时间		
	对照（0 h）	12 h	24 h
菌落总数/（lg CFU/g）	4.88±0.27	5.32±0.14	4.82±0.50
大肠杆菌总数/（MPN/100 g）	920	<300	<300
肌节长度/μm	1.35±0.02c	1.41±0.03b	1.45±0.04a

2. 驱赶方法

羊只装卸的首要原则是要避免羊只受到刺激或兴奋。羊只在装卸车后需要 30 min 恢复。驱赶时，应使用塑料卷、报纸卷或有旗子的长杆，确保能有效引导，促进羊移动，减少应激反应。对于犹豫不前的羊群，可以用一直温顺的羊领头，先进入围栏或车辆，其他羊只将尾随进入。

3. 装载过道设计

将羊装卸车时或将其赶入围栏或屠宰设施时，设置一定的过道让羊只通过非常必要。过道应适当狭窄，使羊只不能转身或两两平行。如果羊变得恐慌或受到人为的粗暴对待，会使其受伤。通道宽度应根据羊的品种和大小而定。有条件的地方，过道应做成曲线形以便羊只移动。

4. 斜坡或平台

将羊装载上运输车辆或赶到屠宰厂装卸时，设置斜坡和平台都有很大作用。斜坡要有交叉的绊条或台阶（10 cm 高，30 cm 宽），以防止羊只滑倒。斜坡坡度应当低于 20°，且斜坡台应设置不低于 90 cm 高的护栏。斜坡和车辆间的缝隙不应使羊蹄露出，避免其蹄部受伤。

1.4.2 运输

运输对于肉羊的影响通常被称作运输应激，即在运输途中的禁食、混群、颠簸、心理压力等应激原的综合作用下，肉羊产生的本能适应性和防御性反应，是影响羊肉品质的重要宰前因素之一。

1. 运输车辆

用于运输羊只的车辆应通风充足，地板防滑，且有适当的排水系统，并提供适当的防护，以防日晒雨淋。两侧围栏要光滑不能有突出物，且不能全封闭。

（1）通风。运输车辆不能全封闭，缺少通风会造成羊应激甚至是窒息，尤其天气炎热时，通风差会使运输中产生的气体蓄积，造成羊只中毒。

（2）地板。为防止羊只滑倒，所有运输车辆必须安装防滑地板，可以选用交叉式木条或铁条制成的栅格。栅格应可以移动，以便车辆做其他用途。其他形式的防滑设施，如稻草或木屑则不适宜使用。车辆的地板要与卸载台持平，否则羊在爬坡或人为驱赶时易受到伤害。

（3）车辆围栏。车辆围栏应当足够高，以防止羊跳出或受到伤害。车辆内部也需要通过隔离物分成围圈,避免运输过程中晃动。运输绵羊或山羊时,围栏长度应超过3.1m。围栏不能有较大的间距,以防羊将腿伸出造成损伤。

(4)顶棚、照明。只要天气不是过于炎热,运输车辆可以不用顶棚。若使用的是箱式运输车,应在车厢内设有照明设施。因为车厢内的阴影会使羊感到恐惧而不愿意进入车厢内。

2. 运输空间

运输空间主要指羊只站立和躺下时所需的地板面积和羊只所在车厢的高度。空间高度要求的最低值是由羊只身体尺寸决定的。

运输过程中羊需要充足的空间,装载过于拥挤会加重羊的应激反应,严重者会造成损伤或死亡。但装载过于松散,会导致运输成本增加,同时运输过程中的颠簸同样会造成羊只的应激反应。装载相对紧凑可以减少羊只在运输途中失去平衡或滑倒的概率。运输空间应考虑运输路程的距离、路况条件、驾驶技术及车辆缓冲系统等因素。同时应考虑羊的体重、羊毛及其厚度、有无角等因素。英国动物福利委员会提出适用于各种类型动物运输面积的最低标准的公式为:$A=0.021W^{0.67}$。其中,A 为最低地面面积,W 为动物体重。由此,欧盟动物卫生和动物福利委员会推荐羊的运输密度为 30 kg 体重/$0.25m^2$。绵羊或山羊装载时所需要的空间面积为 $0.2\sim0.5m^2$,具体可参照表 1-27 和表1-28。

表 1-27　羊(绵羊或山羊)的公路运输空间要求参考值

类别	体重/kg	每只羊占用面积/m²
25 kg 及以上的剪毛绵羊和羔羊	<55	0.20~0.30
	>55	>0.30
未剪毛的绵羊	<55	0.30~0.40
	>55	>0.40
较重的怀孕母绵羊	<55	0.40~0.50
	>55	>0.50

数据来源:良好农业规范第 11 部分:畜禽公路运输控制点与符合性规范(GB/T 20014.11—2005)。

表 1-28　推荐羊运输时最低地面面积(欧盟动物卫生和动物福利委员会)

品种	种类	体重/kg	运输时间/h	地板面积/m²
绵羊	剪毛	40	≤4	0.24
			4~12	0.31
			>12	0.38
	未剪毛	40	≤4	0.29
			4~12	0.37
			>12	0.44

3. 运输过程

为使羊只在运输过程中免受痛苦、受伤或死亡需要考虑很多因素,如运输方式、运输时间、路况及天气状况等。

1）运输方式

无论采取何种途径运输，都必须给羊提供舒适卫生的环境，以防止途中掉膘染病、死亡和疫病扩散。运输羊时应根据当地气候特点、路途远近选择合适的运输工具。温暖季节，运输不超过一昼夜时，可选用高敞车；天气较热时，应搭凉棚；寒冷季节，应使用棚车，并根据具体情况及时开关车窗，并沿地板斜坡设排水沟，在下层适当位置安放容器，接收粪水。凡无通风设备、车架不牢固的铁皮车厢或装运过腐蚀性药物、化学药品、矿物质、散装食盐、农药、杀虫剂等货物的车厢，都不可用来装运羊。

绵羊和山羊可徒步赶运，赶运过程需要考虑距离、放牧、饮水和夜间休息等。在一天中较冷的时间，如果要赶运一段路程到火车站，则需要在赶到后、装车前有充足的时间休息和饮水。赶运的最大距离取决于天气以及羊的健康状况、年龄等。绵羊和山羊赶运第一天的行程不应超过 24km。若需赶运多天，则在第一天赶运 24km 后，以后每天赶运 16km。

2）运输时间

羊的运输时间不能超过 36 h，运输时间超过 24 h 后，则要卸车并饲喂、饮水。一些发达国家拟将羊的运输时间缩短到 8 h 或更短。羊在装卸和运输的最初阶段应激性最强。运输时还应考虑环境温度，温度不超过 20 ℃时，运输 24 h 不会使羊脱水；若超过 20 ℃时，羊将会有明显的脱水反应。Zhong 等（2001）认为，8 h 运输会使羊肉肉色加深，降低剪切力并产生应激激素，且不同年龄的羊表现出的反应不同。Ekiz 等（2012）比较了羊未经运输与宰前运输 75 min 处理后肉品质的差异，发现运输 75 min 使羊肉极限值升高，剪切力上升，蒸煮损失降低，肉色加深。夏安琪等（2014）认为，宰前分别运输 1 h、3 h 和 6 h 造成肉羊宰后 24 h 的 pH、肉色、剪切力升高，蒸煮损失下降，肌浆蛋白溶解度升高。宰前运输会对羊肉品质造成不同程度的消极影响（表 1-29、图 1-5）。

表 1-29　不同宰前运输时间对羊肉品质的影响

品质指标	宰前运输时间			
	对照组（0 h）	1 h	3 h	6 h
L^*	42.51 ± 2.06^a	41.92 ± 1.40^a	38.00 ± 2.31^b	37.64 ± 2.49^b
a^*	17.01 ± 2.61	15.71 ± 1.25	15.31 ± 1.33	15.09 ± 1.40
b^*	8.52 ± 3.67^{ab}	9.92 ± 0.70^a	7.03 ± 1.83^b	6.79 ± 1.10^b
滴水损失/%	0.75 ± 0.22	0.78 ± 0.18	0.56 ± 0.12	0.54 ± 0.21
蒸煮损失/%	38.53 ± 1.27^{ab}	39.03 ± 4.48^a	35.94 ± 3.11^{bc}	35.69 ± 1.50^c
剪切力/kg	4.55 ± 0.29^b	5.67 ± 0.63^a	5.51 ± 0.91^a	5.26 ± 0.45^a
嫩度	4.78 ± 0.36^a	4.64 ± 0.58^{ab}	4.06 ± 0.53^b	4.33 ± 0.50^{ab}
总体可接受性	5.33 ± 0.42^a	5.11 ± 0.60^{ab}	4.61 ± 0.60^{bc}	4.22 ± 0.62^c

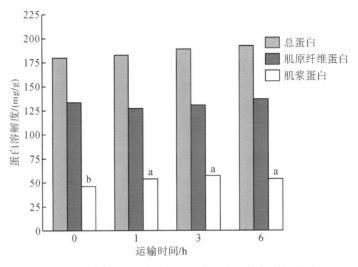

图 1-5　不同宰前运输时间对羊肉蛋白质溶解度的影响

1.4.3　宰前禁食管理

宰前禁食可使屠宰时羊胃中残留的食物量减少，降低屠宰时肠胃破裂的发生率或破裂后食物和粪便对胴体品质的影响，并且可以改善肉质，减少饲料消耗，在节约成本的同时提高动物福利。相关研究认为反刍动物装运前进行充分禁食（小于 24 h）可减少粪便对胴体的污染，但禁食时间过长会增加瘤胃中有害微生物的含量，加大瘤胃内容物对胴体污染的可能性。同时，长时间禁食（48 h）会对活体重和胴体重产生影响，还会过量消耗机体内的能量储备，致使肝糖原含量下降，最终导致肉中肌糖原的大量损失，肌肉宰后乳酸产生量不足，pH 升高，进而使肉品成熟所需的酶类活性不足，无法对肌肉蛋白质进行必要的分解，导致肉质过硬。一般推荐羊宰前禁食 12～24 h。目前，我国已颁布的羊屠宰标准与规程较少，仅有《牛羊屠宰产品品质检验规范》（GB 18393—2001）和《鲜、冻肉生产良好操作规范》（GB/T 20575—2006）提及羊的宰前禁食时间。夏安琪（2014）指出，宰前运输后分别禁食 12 h、24 h 后 pH 和剪切力显著下降，感官评价得分升高（表 1-30）。

表 1-30　运输后不同禁食时间对羊肉品质的影响

品质指标	运输后不同禁食时间			
	对照组	0 h	12 h	24 h
$pH_{48 h}$	5.76 ± 0.06^b	5.90 ± 0.05^a	5.79 ± 0.06^b	5.70 ± 0.09^c
L^*	40.31 ± 1.70^a	37.38 ± 3.24^b	40.31 ± 1.32^a	39.88 ± 2.52^a
a^*	16.93 ± 2.22	15.37 ± 1.27	16.99 ± 1.18	16.34 ± 1.41
b^*	8.07 ± 1.17^a	5.85 ± 0.93^c	8.16 ± 0.59^a	6.89 ± 1.11^b
滴水损失/%	0.92 ± 0.20^a	0.84 ± 0.18^{ab}	0.83 ± 0.31^{ab}	0.63 ± 0.30^b
蒸煮损失/%	30.12 ± 3.70	27.79 ± 2.01	29.18 ± 2.17	30.50 ± 3.13

续表

品质指标	运输后不同禁食时间			
	对照组	0 h	12 h	24 h
剪切力/kg	6.75 ± 2.40^b	8.40 ± 2.52^a	4.88 ± 0.69^c	6.04 ± 0.78^{bc}
嫩度	4.69 ± 1.35^{ab}	3.84 ± 1.43^b	4.94 ± 1.30^a	5.00 ± 1.55^a
总体可接受性	5.25 ± 1.81	4.84 ± 1.23	5.28 ± 1.13	5.56 ± 1.49

1.4.4 宰前电击晕

电击晕是牛、羊、猪和家禽宰前常用的致晕方式。电击晕的电压、电流强度和持续时间等对致晕效果有重要影响，并且可能影响畜禽宰后的肉品质，如肉色、嫩度、系水力等（胥蕾，2011）。目前，国内外学者针对猪和家禽电击晕参数及其对肉质影响的研究较多。大部分研究结果认为，电击晕对于猪、家禽和羊肉品质的影响多集中于游血点、骨折及放血率等胴体层面上，对于肉的食用品质影响的结论尚未有统一认识（尹靖东，2011）。Vergara 和 Gallego（2000）认为，宰前电击晕（125V，10s）对肉羊宰后 24 h 的肉质影响不显著，对宰后 5～7d 成熟的肉质影响显著。Velarde 等（2003）认为，电击晕（250V，3s）对羊肉质影响不显著。Bianchi 等（2011）对比羊宰前电击晕（400V，7s）与未击晕处理后羊肉的感官品质，认为宰前电击晕组的羊肉嫩度、风味和可接受性均显著高于未击晕组。夏安琪（2014）研究发现，宰前对肉羊进行瞬间高压电击晕处理（600V，0.5s 后 120V，2.5s），宰后初期值较高，宰后羊肉剪切力较高，感官评价嫩度和总体可接受性评分较低，高压电击晕对羊肉品质造成消极影响（表 1-31）。

表 1-31 电击晕对羊肉品质的影响

评定指标	对照组	电击晕
$pH_{45\,min}$	6.14 ± 0.23	6.28 ± 0.13
$pH_{24\,h}$	5.41 ± 0.11	5.41 ± 0.08
滴水损失/%	0.66 ± 0.22	1.05 ± 0.34
蒸煮损失/%	30.04 ± 0.93	31.19 ± 2.02
剪切力/kg	8.69 ± 1.44	10.0 ± 1.41
嫩度	4.43 ± 0.32	3.80 ± 0.20
总体可接受性	5.46 ± 0.25	4.98 ± 0.010

第 2 章　肉羊屠宰加工与肉质控制关键技术

2.1　肉羊屠宰加工工艺

肉羊屠宰业是肉羊产业中的重要环节，它联系着肉羊饲养业和消费市场，在肉羊产业中常担当龙头角色。它对于提高羊肉质量、加速羊产业进程等都有着不可替代的作用。

我国是羊肉生产大国，却不是屠宰加工强国。我国羊肉屠宰设备机械化水平低，在屠宰加工技术上，仍以传统的吊挂式手工屠宰加工工艺为主，其生产率低、加工质量差、屠宰加工设备也非常落后，且关键设备缺乏，可靠性差。但是近几年，随着大量现代化屠宰加工设备的引进，以及新技术在屠宰加工领域的积极应用，我国的屠宰业水平大幅提高。

我国的羊品种中，主要有绵羊和山羊两大类。因绵羊皮具有很高的经济价值，绵羊屠宰后通常做剥皮处理，其加工方法因生产规模不同分为人工宰杀和机械化宰杀两种。对于山羊，有剥皮加工和带皮加工两种，通常在江苏、湖南地区采用带皮加工。

肉羊屠宰加工工艺一般包括宰前检查、宰杀、宰后检验及处理、排酸、分割、冷加工、包装、贮存等工序。肉羊屠宰加工工艺流程见图 2-1。

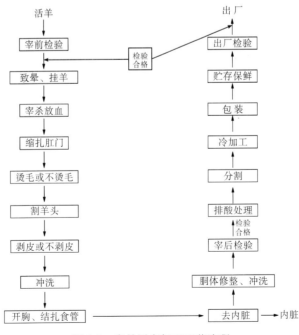

图 2-1　肉羊屠宰加工工艺流程

1. 宰前检验

肉羊进入屠宰场（厂、点）时，动物卫生监督机构的官方兽医查验其是否来自非疫区。羊只经初步判定为健康的，且手续合法，准予进入屠宰厂。

进入屠宰场的羊只至少静养 12 h。对个体检查中发现疑似疫病难于判断的，可将疑似病羊，或采集血液、分泌物、渗出物、粪、尿等样品送动物疫病预防控制机构进行实验室检测。

经检查确定为健康的羊只准予屠宰。经检查确诊为口蹄疫、炭疽、布鲁氏菌病等动物疫病时，一律不准屠宰，并做销毁处理；经检疫确认为一般性传染病和其他疫病，有治愈希望的，隔离观察，确认无异常的准予屠宰；凡确诊为物理性挤压、热应激性濒死的羊只，或患动物普通病、一般动物疫病且无碍食肉卫生的羊只，由官方兽医监督送急宰间实施急宰。

2. 宰杀

1）肉羊屠宰传统工艺

由于宗教原因，一些地区的羊宰前不采取致晕，而是直接割断喉咙和主要血管，然后放血及后续宰杀操作，即采用羊屠宰传统工艺，基本步骤如下。

（1）致晕。采用麻电致晕。致晕要适度，羊晕而不死。清真类屠宰厂可不采用致晕。

（2）挂羊、放血。用不锈钢吊钩吊挂待宰羊，由自动轨道传送到放血点。从击晕到放血之间的时间间隔不超过 1.5 min。放血时，从羊喉部下刀，横切断食管、气管和血管。羊清真屠宰厂由阿訇主刀按伊斯兰屠宰方式宰杀。宰后羊只放血时间不少于 5 min。

（3）缩扎肛门。冲洗肛门周围，并结扎肛门。

（4）烫毛。生产带皮羊肉需要烫毛工序。如不生产带皮羊肉，则跳过此工序。

（5）割羊头。沿放血刀口处割下羊头。

（6）剥皮。依次剥去后腿皮、去后蹄、剥胸、剥腹部皮、剥颈部及前腿皮、去前蹄、剥羊尾部位皮，并及时刮除皮张上的血污、皮肌和脂肪，及时送往加工处，不得堆压、日晒。若生产带皮羊肉，则跳过此工序。

（7）冲洗羊屠体。

（8）开胸、结扎食管。切开胸腔，剥离气管和食管。

（9）取内脏。取出羊肚、胃肠、心、肝、肺，扒净腰油。

（10）胴体修整、冲洗、检验。用温水冲洗羊胴体表面的污物，并检查内脏和胴体。

传统的肉羊宰杀工艺流程见图 2-2。

传统的肉羊屠宰加工工艺比较简单，设备投资少，主要依赖人工进行，但劳动强度大、出产效率低，不适合大规模的屠宰加工，出产率一般为 300 只/h，且由于人工剥皮，造成了皮张的拉伸不平均，影响了皮张质量。

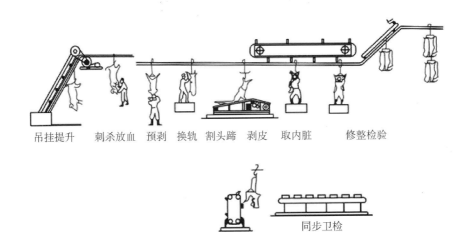

吊挂提升　刺杀放血　预剥　换轨　割头蹄　剥皮　取内脏　　修整检验

同步卫检

图 2-2　肉羊宰杀工艺流程

2）翻转式羊屠宰工艺

经过近 10 年的努力，新西兰农业研究所发明了翻转式羊屠宰加工工艺，其核心就是将传统的"头朝下"剥皮转变为"头朝上"剥皮。翻转式羊屠宰加工工艺在生产成本和产品卫生标准等方面给羊屠宰加工生产企业带来了巨大的效益。因此，自 20 世纪以来，众多的新西兰羊屠宰加工厂都对传统的羊屠宰加工工艺进行了改造。目前，翻转式羊屠宰加工工艺已在整个澳洲（包括新西兰和澳大利亚）的羊屠宰加工厂普遍采用，已成为世界上最先进和最完善的羊屠宰加工工艺系统。

所谓翻转式羊屠宰加工工艺，就是在羊的屠宰加工过程中，将羊胴体进行两次翻转。第 1 次翻转是在放血之后，将羊的前蹄悬挂起来，形成 4 腿悬挂，进行水平预剥。与传统预剥方式不同的是，预剥是从前腿开始的，预剥完成后，割掉后蹄，在悬挂前腿的情况下，将羊皮"从头到尾"剥下。第 2 次翻转是在完成剥皮之后，用钩穿到两条后腿的胫骨内，同时割掉前蹄，在悬挂后腿的情况下，完成取内脏和后续操作。

翻转式屠宰工艺的机械化、自动化水平大大提高，不仅降低了劳动强度，而且提高了劳动出产率，使得一条生产线的最大生产能力达到了 600 只/h。目前，国内一些大型肉羊屠宰企业，如蒙羊牧业股份有限公司等，都引进了翻转式屠宰加工工艺。翻转式羊屠宰生产线见图 2-3。

图 2-3　翻转式羊屠宰生产线（蒙羊牧业提供）

3. 宰后检验

羊只屠宰后应立即摘除内脏，同一屠体的头、胴体、内脏和皮张应统一编号，对照检验。检验部位包括头部、蹄部、心脏、肺脏、肝脏、肾脏、脾脏、胃和肠等，检查有无出血、淤血、坏死等；检查皮下组织、脂肪、肌肉、淋巴结以及胸腔、腹腔浆膜有无淤血、出血以及疹块、脓肿和其他异常等。

4. 排酸

宰后胴体应在 1 h 内进入预冷间，在 24 h 内使肉深层中心温度达到 $-1\sim7$ ℃。如果最终产品为热鲜肉，则跳过排酸工序。

5. 分割

分割分为热分割和冷分割，生产时可根据具体条件选用。

6. 冷加工

（1）冷却。冷却间温度 $0\sim4$ ℃、相对湿度 85%～90%。热分割切块应在 24 h 内中心温度降至 4 ℃以下后，方可入冷藏间或冻结间；冷分割羊肉直接入冷藏间或冻结间。

（2）冻结。冻结间温度应低于 -28 ℃、相对湿度 95%以上，切块中心温度应在 48 h 内降至 -15 ℃以下。

7. 包装

内包装材料应符合 GB/T 4456、GB 9681、GB 9687、GB 9688 和 GB 9689 的规定。包装纸箱应符合 GB/T 6543 的规定。包装箱应完整、牢固，底部应封牢。

包装箱内的分割羊肉应排列整齐，每箱内分割羊肉应大小均匀。定量包装箱内允许有一小块补加肉。

8. 贮存保鲜

冷却分割绵羊肉应入 $0\sim4$ ℃、相对湿度 85%～90%的冷藏间中，肉块中心温度保持在 $0\sim4$ ℃。

冷冻分割绵羊肉应入 -18 ℃以下、相对湿度 95%以上的冷藏间中，肉块中心温度保持在 -15 ℃以下。

2.2　肉羊屠宰加工与肉质控制技术

2.2.1　评价羊肉肉质的指标

肉质是肉品消费性能和潜在价值的体现，优质肉品更容易被消费者接受。丹麦学家将肉质分为食用品质、卫生品质、加工品质、营养品质及人文品质。其中，食用品质包括嫩度、肉色、风味、多汁性；加工品质包括 pH、系水力、结缔组织含量等；卫生品质包括新鲜度、致病微生物及其毒素含量、药物残留等；营养品质即六大营养素的含量和存在形式；人文品质即动物的饲养方式、环境、动物福利等。肉质与其内在的特性密切相关，主要反映在质构、肉色和风味等方面。人们常用肉的嫩度、色泽、风味、保水性、多汁性及 pH 等品质指标来评价肉质。

1. pH

pH 是鉴定正常肉和生理异常肉的依据，是反映宰后肌糖原降解速率的重要指标。活体动物肌肉的 pH 为 7.0～7.3，屠宰放血时动物供氧途径被阻断，动物体内转变为以糖酵解的方式供能。糖酵解的产物乳酸使宰后肌肉的 pH 不断下降，直至达到极限。一般以宰后不同时间的 pH 对肉质进行评价。通常认为 pH≤5.6，为 PSE 肉（pale，soft，exudative）；pH＞6.0，为 DFD 肉（dry，firm，dark）。pH 是一个中性性状，过高或过低均不利于肉品质。pH 对嫩度、肉色、多汁性、保水性等肉质指标均有影响，是改变肉质的最主要因素之一。

2. 嫩度

嫩度是消费者最重视的肉品质之一。肉的嫩度是指肉在咀嚼或切割时所需的剪切力，表明熟肉在入口后被咀嚼时柔软、多汁和容易嚼烂的程度。它决定了肉在食用时的口感，在一定程度上反映了肌肉中肌原纤维、结缔组织以及肌肉脂肪的含量、分布和化学结构。最常用来判定肉的嫩度的指标为剪切力，一般用切断一定肉断面所需要的最大剪切力表示，单位为 kg 或 N。一般来说肌肉的剪切力值越小，肉越易被嚼碎，肉质越嫩；肌纤维直径越细，肉质越嫩。此外，肉的嫩度也受如基因、宰前管理方式、肌肉的解剖部位、动物营养状况、肌内脂肪含量、宰后糖原酵解及内源蛋白水解酶耗蛋白酶的活性等因素的影响。

3. 色泽

肉的颜色由肌肉中肌红蛋白和血红蛋白产生，肉色的深浅与其含量呈正相关。动物屠宰放血后肉色 90% 由肌红蛋白决定。血红蛋白存在于血液中，对颜色的影响取决于放血的完全与否。经过良好屠宰的肉类中血红蛋白含量很少，当畜禽疲惫、患病或屠宰操作不当时可能会导致放血不完全，肉色加深。除屠宰方式外，肌肉中肌红蛋白含量还受到动物种类、部位、运动程度、年龄、性别等影响。一般羊肉呈浅红色。肉色对肉的营养价值和风味影响不大，但其是肌肉生理生化及微生物变化的外部体现，能够通过感官给消费者带来影响。目前在肉的颜色评价中利用感官评定和仪器评定结合的方法比较多，国内较常用的肉色测定方法为自动色差仪测定方法，其检测速度快，对肉不会产生破坏，并可以测出肉的亮度（L^* 值）、红度（a^* 值）、黄度（b^* 值）。

4. 保水性

肉的保水性是指肌肉受外力作用，如加压、加热、冷冻等加工保藏条件下保持其原有水分的能力，也称系水力。压力损失、滴水损失和蒸煮损失均可用来衡量肉的保水性。通常采用宰后 24～48 h 的滴水损失来衡量鲜肉的保水性。滴水损失一般为 0.5%～10%，平均为 2% 左右。保水性的好坏直接影响到肉的风味、颜色、质地、嫩度等，且具有重要的经济意义。年龄、种类、宰前管理、宰后肉的成熟度均会对保水性造成影响。当肌肉值接近蛋白等电点时静电荷数最低，肌肉系水力也最低。

5. 多汁性

由多汁性造成的肉质差异高达 10%～40%，是影响肉质的重要因素。多汁性与肉的脂肪含量和保水性呈正相关。脂肪含量越多，保水性越好，肉品的多汁性也越好。对多汁性的评定通常采用感官评价来测定，依据评价员咀嚼肉品时肉汁的含量及其释放的持续性、刺激唾液分泌的多少及肉中脂肪在牙齿、舌头和口腔黏附造成的多汁性的感觉来评价。

6. 风味

肉的风味是指生鲜肉的气味和加热后肉及肉制品的香气和滋味，是由肉中固有成分经复杂的生理生化反应产生的各种有机化合物所致。影响风味的成分复杂多样且含量甚微，用一般方法很难测定。风味是一个综合的指标，包括气味、滋味、质地、温度等，其中气味和滋味最为重要。气味是由肉中挥发性物质随气流进入鼻腔，刺激嗅觉细胞后产生的感觉。滋味则是溶于水的可溶性呈味物质刺激舌面味觉细胞产生的味感。

GB/T 9961—2008 对鲜、冻胴体羊肉在感官、理化及微生物指标方面的要求如下。

1. 感官要求

冷鲜、冻羊肉的感官要求见表 2-1。

表 2-1　鲜、冻羊肉的感官要求

项　目	冷鲜羊肉	冷冻羊肉（解冻后）
色　泽	肌肉红色均匀，有光泽；脂肪呈乳白色、淡黄色或黄色	肌肉有光泽，色泽鲜艳；脂肪呈乳白色、淡黄色或黄色
组织状态	肌纤维致密、坚实，有弹性。指压后凹陷立即恢复	肉质紧密，有坚实感，肌纤维有韧性
黏　度	外表微干或有风干膜，切面湿润，不黏手	表面微湿润，不黏手
气　味	具有新鲜羊肉固有气味，无异味	具有羊肉正常气味，无异味
煮沸后肉汤	透明澄清，脂肪团聚于液面，具特有香味	透明澄清，脂肪团聚于液面，无异味
肉眼可见杂质	不得检出	不得检出

2. 理化指标

鲜、冷冻羊肉的理化指标见表 2-2。

表 2-2　鲜、冻羊肉的理化指标要求

项　目	指　标	项　目	指　标
水分/%	≤78	六六六（再残留限量）/（mg/kg）	≤0.2
挥发性盐基氮/（mg/100 g）	≤15	滴滴涕（再残留限量）/（mg/kg）	≤0.2
总汞（以 Hg 计）	不得检出	溴氰菊酯/（mg/kg）	≤0.03
无机砷/（mg/kg）	≤0.05	青霉素/（mg/kg）	≤0.05
镉（Cd）/（mg/kg）	≤0.1	左旋咪唑/（mg/kg）	≤0.1
铅（Pb）/（mg/kg）	≤0.2	磺胺类（以磺胺类总量计）/（mg/kg）	≤0.1
铬（以 Gr 计）/（mg/kg）	≤0.1	氯霉素	不得检出
亚硝酸盐（以 $NaNO_2$ 计）/（mg/kg）	≤3	克伦特罗	不得检出
敌敌畏/（mg/kg）	≤0.05	己烯雌酚	不得检出

3. 微生物指标

鲜、冻羊肉的微生物指标见表 2-3。

表 2-3　鲜、冻羊肉的微生物指标要求

项　目	指　标
菌落总数/（CFU/g）	$\leqslant 5 \times 10^5$
大肠菌群/（MPN/100 g）	$\leqslant 1 \times 10^3$
沙门氏菌	不得检出
志贺氏菌	不得检出
金黄色葡萄球菌	不得检出
致泻大肠埃希氏菌	不得检出

2.2.2　屠宰加工方法对肉品质的影响

1. 致晕

为了提高动物福利，实行人道屠宰，许多国家提倡宰前致晕。致晕指利用物理或化学方法使动物在无痛苦或痛苦程度较低的状态下失去知觉（昏迷或死亡），并且保证在后续的屠宰流程中不再苏醒。致晕虽然可以减轻动物在屠宰时的疼痛感，但会诱导癫痫反应，使动物产生甩头、蹬脚等反应，造成肌肉渗血点、皮下出血、断骨等胴体损伤。另外，不恰当的致晕方式对肉的色泽、持水力、嫩度等造成不良影响。这些缺陷严重影响宰后胴体分割、分级和肉制品加工。因此在确保动物福利的同时，所采取的致晕方式和致晕程度应根据羊只个体大小及其对致晕的敏感程度而定。

1）致晕的方式

致晕方式可分 3 类：器械击晕、电击晕、CO_2 致晕。在羊屠宰加工中，通常采用电击晕和 CO_2 致晕。电击晕俗称"麻电"，是指电流经过畜体，麻痹中枢神经而致其晕倒。CO_2 致晕的原理是畜体对 CO_2 浓度增高产生呼吸加速的反应，因致晕装置中 CO_2 浓度可高达 90%，CO_2 的吸入量不断增加并聚集在血液中，血液中高浓度的 CO_2 影响到大脑的功能并产生酸中毒，从而使牲畜丧失知觉。

2）致晕对羊肉肉质的影响

致晕方式会对羊肉的肉色、嫩度、持水力等造成影响，也会引起宰后肉中的微生物差异。

（1）电击晕。

电击晕的电压、电流强度、频率、致晕时间等对羊肉品质有显著影响，适当的电击晕方式能够提高放血率，改善肉品质。头部麻电在羊的宰杀中使用最为广泛。头部麻电可以使羊在很短的时间内进入昏迷状态，整个刺杀放血过程在昏迷状态下进行，减少羊的痛苦，从而减少羊的应激反应，改善肉品质量。但是，如果电击时电压过低，达不到电麻效果，就会增加羊的应激反应；如果电击时电压过高，就会导致羊全身肌肉严重的痉挛收缩，肌肉活动增加，加快宰后肌肉糖酵解的速率，快速降低 pH，促进水分渗出，容易导致 PSE 肉（灰白肉）。另外，电压过高还极易引起羊只心脏停搏、停跳，血管痉挛、血流停止、血液凝固等，即"致电死"。此时，捅刀宰杀只能放出心脏和大血管内的血，而大量的血液仍残留在小血管内。这样不仅影响肉的品质，还会造成羊淋巴结不同程度地出现周边出血，影响检疫人员的结果判定。

王守经等（2014b）采用 85V、3000Hz 电击晕处理沂蒙黑山羊，导致羊胴体不同程度地产生出血点，出血点的数量个体间差异很大。王微（2018）研究了电刺激与非电刺激处理对滩羊肉质的影响，测定了屠宰后 30 min 内背最长肌，结果发现电刺激组在宰后 0.75 h、5 h、8 h 的 pH 和剪切力显著低于非电刺激组，滴水损失和蒸煮损失高于非电刺激组；贮藏 7d 后，电刺激组的挥发性盐基氮含量和 TBA 值显著上升，脂肪氧化的速度加快，滩羊肉腐败程度加深。说明电刺激能有效改善滩羊肉的嫩度，但不利于长期保存。

（2）CO_2 致晕。

CO_2 致晕使动物在安静状态下不知不觉地进入昏迷状态，因此肌糖原消耗少，极限 pH 较低，肌肉处于松弛状态，避免了内出血，从而改善肉质。CO_2 致晕被宰动物，应激小，能最大程度地减少营养的改变和流失，所以，生产中采用 CO_2 致晕较好。

有研究对比了不同的 CO_2 体积分数（80%、90%）和保持时间（60 s、90 s）对曼彻格羔羊肉嫩度和滴水损失的影响，发现 80% CO_2 致晕的羊肉的持水能力最低，滴水损失较高。研究结果表明，从宰后羊肉的嫩度和滴水损失看，在相同的保持时间下，采用高浓度 CO_2 致晕，才能保证羔羊胴体的屠宰品质。

但是由于宗教原因，一些地区的羊宰前不采取致晕，而是直接割断喉咙和主要血管（阿訇屠宰）。这样会使动物因突然大量失血失去知觉而死。一些研究表明，致晕屠宰比阿訇屠宰的 DFD 肉（黑干肉）发生率低。

2. 悬挂

羊只从待宰圈出来倒挂在机器设备上，会引起严重的挣扎，导致肌肉僵硬，血浆皮质酮升高，最终影响肌肉代谢。羊只悬挂在挂钩上，因应激使初始 pH 加速下降并且提高肉的红度值。羊只悬挂在挂钩上的反应不一，除了与羊只自身有关外，还与所处环境相关。

3. 放血

一般传送带上畜体的间距不到 1 m，传送速度为 6m/min。从致晕到刺杀放血工序，操作者判断牲畜的静脉和 1 根动脉进行放血。在刺杀时应避免损及牲畜的肩部，否则在脱毛、剥皮时会遭受严重感染。放血一定要干净，以免影响肉的颜色、降低肉的质量。羊的放血方式有多种，大多采用以下两种。

（1）卧式放血：用 V 形输送机将活羊输送到屠宰车间，在输送机上输送的过程中用电麻将羊击晕，然后在放血台上持刀刺杀放血。

（2）倒立放血：活羊用放血吊链拴住后腿，通过提升机或羊放血线的提升装置将羊提升进入羊放血自动输送线的轨道上，再持刀刺杀放血。

国外发达国家已采用空心放血刀刺杀，利用真空设备收集血液，卫生条件好。另外，为了确保宗教或传统宰杀作业时安全可靠，国外配有组合旋转式宰杀箱。王守经等

（2014b）研究了不同的放血方式对沂蒙黑山羊肉品质的影响，结果表明不同放血工艺组合对屠宰率无显著影响；宰后 72 h 排酸成熟结束时，电击晕＋平躺放血处理组的胴体综合损耗率显著高于三管齐断＋吊挂放血和电击晕＋吊挂放血处理组；不同屠宰工艺处理对羊肉的蒸煮损失和汁液损失无显著影响。不同的放血工艺组合对屠宰率、胴体损耗率、汁液损失率及蒸煮损失率的影响见表 2-4～表 2-7。

表 2-4　不同放血工艺组合对屠宰率的影响（王守经等，2014b） 单位：%

处理	屠宰率
三管齐断＋吊挂放血	44.851 ± 0.969a
三管齐断＋平躺放血	45.766 ± 0.961a
电击晕＋吊挂放血	45.971 ± 1.061a
电击晕＋平躺放血	47.950 ± 0.809a

注：同列上标相同字母表明差异不显著。

表 2-5　不同放血工艺组合对胴体损耗率的影响（王守经等，2014b） 单位：%

处理	45 min	12 h	24 h	48 h	72 h
三管齐断＋吊挂放血	0	0	0	0.959±0.147a	1.497±0.383b
三管齐断＋平躺放血	0	0	0.222± 0.006	0.636± 0.211a	1.624±0.253ab
电击晕＋吊挂放血	0	0	0	0.815±0.174a	1.504±0.344b
电击晕＋平躺放血	0	0	0.088±0.0003	1.010±0.202a	2.583±0.333a

注：同列上标相同字母表明差异不显著。

表 2-6　不同放血工艺组合对汁液损失率的影响（王守经等，2014b） 单位：%

处理	45 min	12 h	24 h	48 h	72 h
三管齐断＋吊挂放血	10.71±1.687	6.90±0.470	8.96±0.741	8.00±0.781	5.74±0.885
三管齐断＋平躺放血	9.69±0.513	6.72±0.833	8.12±0.735	7.06±0.631	5.12±0.42
电击晕＋吊挂放血	10.66±1.417	6.17±0.449	7.54±1.108	6.52±0.511	6.19±0.55
电击晕＋平躺放血	10.88±0.946	6.40±1.314	9.46±0.963	8.83±0.868	5.73±0.477

表 2-7　不同放血工艺组合对蒸煮损失率的影响（王守经等，2014b） 单位：%

处理	45 min	12 h	24 h	48 h	72 h
三管齐断＋吊挂放血	31.08±1.390a	25.019±1.292B	32.64±0.607a	31.08±1.419a	32.82±0.473a
三管齐断＋平躺放血	34.19±0.685a	31.60± 1.411A	32.61±1.213a	32.73±1.660a	31.30±0.829a
电击晕＋吊挂放血	31.68±0.696a	27.30±1.186AB	32.04±1.050a	31.07±1.536a	31.64±0.822a
电击晕＋平躺放血	31.68±1.952a	28.99±1.401AB	32.37±0.521a	33.06±1.673a	32.30±0.929a

注：同列上标相同字母表明差异不显著。

4. 排酸

所谓排酸，即动物经宰杀后，在严格控制的 0～4 ℃、相对湿度 90% 的冷藏条件下，放置 8～24 h，使屠宰后的动物胴体迅速冷却，肉类中的酶发生作用，将部分蛋白质分解成氨基酸，同时排空血液及占体重 18%～20% 的体液，从而减少有害物质的含量，改善肉品质的一系列肉类后成熟工艺。排酸不仅可以降低微生物生长，延缓肉品腐败变质，而且可避免因肌肉 pH 快速下降引起的 PSE 肉（灰白肉）。排酸肉具有安全卫生、滋味鲜美、口感细腻和营养价值较高等优点，已成为国内外肉品消费市场的主流产品。

1）排酸分类

目前，国内绝大多数企业都采取常规排酸（−1～7 ℃，16～24 h），其方式有吊挂排酸和平放排酸两种，以吊挂排酸为主。张雪晖等（2012）对比了排酸期间非吊挂排酸和吊挂排酸两种方式的羊肉在宰后 0.5～48 h pH 和 24～72 h 剪切力的变化规律。结果显示：非吊挂排酸羊的股二头肌、背最长肌、臂三头肌，均在宰后 6 h 或 8 h 的 pH 显著小于吊挂排酸羊；非吊挂排酸羊在宰后不同时间 pH 没出现显著下降，吊挂排酸羊在宰后不同时间 pH 出现显著下降；吊挂排酸羊 3 个指定部位的剪切力总体要比非吊挂排酸羊的低。

有少数企业采取两段式排酸：先快速排酸（−30 ℃，30 min，1～4m/s，1～2 h），然后胴体须转入常规排酸条件（−1～7 ℃）下继续排酸 20～24 h，使肉的中心温度达到 −1～7 ℃。排酸肉的生产是在受控的条件下，经历僵直硬化、解僵软化和成熟的全过程。相对于热鲜肉，排酸肉在肉的色泽、风味、嫩度方面都得到了改善。

2）排酸对羊肉肉质的影响

（1）色泽。在排酸过程中，羊肉的色泽由鲜红色逐渐转变为鲜亮色，颜色较深。由于羊胴体一直处于跟腱吊挂状态，血液和占体重 18%～20% 的体液基本全部溢出，加之低温效用，膻味逐渐减小，滋味和气味增加，风味更浓。口感由差到好的改变是由胴体的僵直和解僵导致的。排酸后，羊肉嫩度增加，口感更好。

（2）滋味和气味。在屠宰后的特定条件下，蛋白质在组织蛋白酶的作用下正常降解，肌肉的部分肌浆蛋白质分解成肽和氨基酸，成为肉浸出物的成分，同时在酶的作用下，经脱磷酸、脱氨等反应分解成 5'-次黄嘌呤核苷酸，使肉变得柔嫩多汁并具有良好的滋味和气味。

（3）嫩度。羊肉经排酸处理后主要结构蛋白的降解造成肌原纤维结构弱化，包括 Z 盘结构弱化、肌动蛋白与肌球蛋白的僵直连接弱化、肌联蛋白细丝分裂、伴肌动蛋白纤丝片断化等，从而提高肉的嫩度。

由于羊肉具有冷收缩的特性，在冷却加工过程中，容易造成嫩度下降，影响产品品质。为了提高羊肉的嫩度，羊肉排酸多采用跟腱吊挂的方式。据报道，将跟腱用钩挂起，主要是腰大肌受牵引，如果将臂部用钩挂起，不但腰大肌受到牵引，而且半腱肌、半膜肌、背最长肌都可受到拉伸作用可以得到较好的嫩度。马俪珍等（2006）研究了不同宰后排酸时间对羊肉嫩度、蒸煮损失的影响，以德国美丽奴肉羊为试验对象，屠宰后采用未预冷跟腱吊挂和预冷跟腱吊挂处理方式，研究其对羊肉品质的影响。结果表明，较佳的处理方式为宰后在 12～15 ℃ 下预冷 8 h 再跟腱吊挂排酸 108 h，这样可以很好地防止羊肉的冷收缩，背最长肌剪切力值为（1.32 ± 0.18）kg/cm^2，蒸煮损失率为（20.4 ± 0.0006）%。排酸过程中蒸煮损失和嫩度的变化见表2-8）。

表2-8 排酸过程中蒸煮损失和嫩度变化（马俪珍等，2006）

时间/h	蒸煮损失率/%		剪切力值/（kg/cm^2）	
	未预冷跟腱吊挂组	预冷跟腱吊挂组	未预冷跟腱吊挂组	预冷跟腱吊挂组
0	10.2 ± 0.030	10.2 ± 0.030	3.00 ± 0.56	3.00 ± 0.56
8	23.9 ± 0.012	14.8 ± 0.016	3.61 ± 0.44	4.67 ± 0.40
20	19.9 ± 0.012	22.9 ± 0.016	3.91 ± 0.40	2.57 ± 0.42
32	23.1 ± 0.027	20.4 ± 0.031	5.40 ± 0.39	2.42 ± 0.24
48	21.1 ± 0.006	25.4 ± 0.005	5.94 ± 0.85	3.37 ± 0.24
60	25.4 ± 0.008	23.7 ± 0.003	5.55 ± 0.71	2.91 ± 0.39
72	35.7 ± 0.010	25.9 ± 0.012	5.91 ± 1.00	3.11 ± 0.40
84	38.0 ± 0.013	23.7 ± 0.009	5.62 ± 0.70	1.65 ± 0.32
96	34.6 ± 0.008	24.3 ± 0.014	5.93 ± 0.85	2.55 ± 1.19
108	36.5 ± 0.006	20.4 ± 0.006	4.14 ± 0.63	1.32 ± 0.18

2.2.3 冷加工条件

目前市场上销售的羊肉主要有热鲜肉、冷鲜肉和冷冻肉三种。热鲜肉主要在农贸市场销售，商超中销售的以冷鲜肉和冷冻肉为主，其中又以冷冻肉占比居多。

冷鲜肉又名冷却肉、排酸肉，是指对严格执行检疫制度屠宰后的畜胴体迅速进行冷却处理，使胴体温度（以后腿内部为测量点）在24 h内降为0～4 ℃，并在后续的加工、流通和零售过程中始终保持在0～4 ℃的鲜肉。冷鲜肉在加工前经过预冷排酸，使肉完成了"成熟"过程，所以其质地柔软有弹性、汁液流失少、口感好、滋味鲜美。冷冻肉是指排酸肉在低于-28 ℃、相对湿度95%以上，切块中心温度在48 h内降至-15 ℃以下的肉。与冷鲜肉相比，冷冻肉的卫生安全性更高，利于长期保存，但营养物质和风味损失较大，肉质较老。

张红梅和哈斯其木格（2015）研究了锡林郭勒羊宰杀后1 h在不同冷加工条件下肉质的变化。发现全程0～4 ℃下贮藏的羊肉剪切力在第7d时达到最高，随后有所下降；蒸煮损失上升至第8d时，开始下降；pH先降后升。先在0～4 ℃下冷藏1d或3d或5d，再在-18 ℃下贮藏的羊肉剪切力都有所增加，冷冻处理后，剪切力又有所下降；冷藏1d后再冻藏的羊肉蒸煮损失率高于冷藏3d和5d的蒸者损失率；冷藏1d后再冻藏的羊肉，最终的pH为6.5，而冷藏5d后再冻藏的羊肉，最终的pH为5.6。全程-20 ℃下贮藏的羊肉剪切力在第1d时发生明显的下降，随后无显著变化；蒸煮损失一直上升；pH由7.02降为6.86，变化比较平缓。

2.3　肉羊屠宰分割与分级

2.3.1　肉羊屠宰分割

鲜胴体羊肉、冷却胴体羊肉、冻胴体羊肉在特定环境下按部位分割，并在特定环境下储存、运输和销售的带骨或去骨肉块。

1. 羊肉分割产品种类

羊肉的分割品种包括 38 种，其中带骨分割羊肉 25 种，去骨分割羊肉 13 种。

（1）带骨分割绵羊肉。未经剔骨加工处理的分割羊肉包括：躯干、带臀腿、带臀去腱腿、去臀腿、去臀去腱腿、带骨臀腰肉、去髋带臀腿、去髋去腱带股腿、鞍肉、带骨羊腰脊、羊 T 骨排、腰肉、羊肋脊排、法式羊肋脊排、单骨羊排、前 1/4 胴体、方切肩肉、肩肉、肩脊排/法式脊排、牡蛎肉、颈肉、前腱子肉/后腱子肉、法式羊前腱/羊后腱、胸腹腩、法式肋排。

（2）去骨分割绵羊肉。经剔骨加工处理的分割羊肉包括：半胴体肉、躯干肉、剔骨带臀腿、剔骨带臀去腱腿、剔骨去臀去腱腿、臀肉、膝圆、粗米龙、臀腰肉、腰肌肉、去骨羊肩、里脊、通脊。

2. 分割方法

根据分割间温度的不同，分割方法可分为热分割和冷分割两种，生产时可根据具体条件选用。

1）热分割

以屠宰后未经冷却处理的鲜胴体羊肉为原料进行分割，热分割车间温度应不高于 20 ℃，从屠宰到分割结束应不超过 2 h。

2）冷分割

以冷却胴体羊肉或冻胴体羊肉为原料进行分割，冷分割车间温度应为 10~12 ℃。冷却胴体羊肉切块的中心温度应不高于 4 ℃，冻胴体羊肉切块的中心温度应不高于 −15 ℃，分割滞留时间不超过 0.5 h。

根据羊胴体各部位肌肉组织结构的特点和消费者的需求，将羊胴体分割，以按质论价。分割方法按图 2-4 执行（羊胴体骨骼图见图 2-5）。

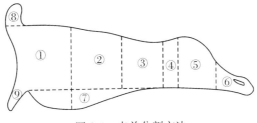

图 2-4　肉羊分割方法

①前 1/4 胴体；②羊肋脊排；③腰肉；④臀腰肉；⑤带臀腿；⑥后腿腱；⑦胸腹腩；⑧羊颈；⑨羊前腱

①前 1/4 胴体：主要包括颈肉、前腿和部分胸椎、肋骨及背最长肌等，由半胴体在分割前后，即第 4 或第 5 或第 6 肋骨处以垂直于脊椎方向切割得到的带前腿的部分。

②肋脊排：主要包括部分肋骨、胸椎及有关肌肉，由腰肉经第4或第5或第6或第7肋骨与第13肋骨之间切割而成。分割时沿第13肋骨与第1腰椎之间的背腰最长肌，垂直于腰椎方向切割，除去后端的腰肌肉和腰椎。

③腰肉：主要包括部分肋骨、胸椎、腰椎及有关肌肉等，由半胴体于第4或第5或第6或第7肋骨处切去前1/4胴体，于腰荐结合处切至腹肋肉，去后腿而得。

④臀腰肉：由带臀腿于距髋关节约12mm处以直角切去去臀腿而得。

⑤带臀腿：主要包括粗米龙、臀肉、膝圆、臀腰肉、后腱子肉、髂骨、荐椎、尾椎、坐骨、股骨和胫骨等，由半胴体分割而成，分割时自半胴体的第6腰椎经髂骨尖处直切至腹肋肉的腹侧部，除去躯干。

⑥后腿腱：由胫骨、跗骨和跟骨及有关的肌肉组成，位于膝关节和跗关节之间。分割时自胫骨与股骨之间的膝关节切割，切下后腱子肉。

⑦胸腹膈：俗称五花肉，主要包括部分肋骨、胸骨和腹外斜肌、升胸肌等，位于腰肉的下方。分割时自半胴体第1肋骨与胸骨结合处直切至膈在第11肋骨上的转折处，再经腹肋肉切至腹股沟浅淋巴结。

⑧羊颈：俗称血脖，位于颈椎周围，主要由颈部带肩肌、颈部脊柱肌和颈腹侧肌组成，包括第1颈椎与第3颈椎之间的部分。颈肉由胴体经第3和第4颈椎之间切割，将颈部肉与胴体分离而得。

⑨羊前腱：主要包括尺骨、桡骨、腕骨和肱骨的远侧部及有关的肌肉，位于肘关节和腕关节之间。分割时沿胸骨与盖板远端的肱骨切除线自前1/4胴体切下前腱子肉。

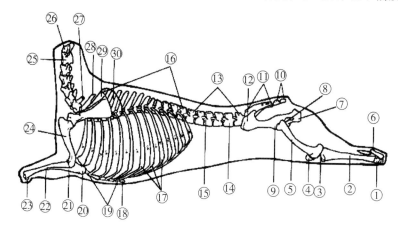

图 2-5　羊胴体骨骼图

①根骨管；②跗骨；③胫骨；④膝关节；⑤膝盖骨；⑥股骨；⑦坐骨；⑧闭孔；⑨髋关节；⑩尾椎；⑪1～4荐椎；⑫髂骨；⑬椎骨；⑭椎体；⑮1～6腰椎；⑯1～13胸椎；⑰肋软骨；⑱剑状软骨；⑲胸骨；⑳鹰嘴；㉑尺骨；㉒桡骨；㉓腕骨；㉔肱骨；㉕枢椎；㉖环椎；㉗1～7颈椎；㉘肩胛脊；㉙肩胛骨；㉚肩胛软骨

2.3.2　肉羊胴体分级

1. 新西兰肉羊胴体分级

新西兰是以畜牧业为主的经济发达国家，有羊肉王国的美誉，是世界上人均养羊、养牛最多的国家，也是世界上羊肉出口最主要的国家之一。新西兰主要是运用脂肪含量和胴体质量这两个指标对肉羊胴体进行分级。具体而言，胴体的脂肪含量是由胴体表面到肋骨间的脂肪厚度来确定，即肋肉厚。其测定部位是距胴体背脊中线 11 cm 处的第 12 肋和第 13 肋之间。其中，羔羊肉分为：A 级、Y 级、P 级、T 级、F 级、C 级、M 级；成年羊分为：MM 级、MX 级、ML 级、MH 级、MF 级、MP 级；后备羊肉分为：HX 级和 HL 级。其中，字母 L、M、H、X、F、P 表示级别的程度，分别为 Light、Middle、Heavy、Extra、Fix、Chop。所有公羊肉都属于 R 级（表 2-9）。

表 2-9　新西兰羊肉分级标准（Chandraratne et al.，2006）

分级类别		胴体质量/kg	脂肪含量	肋肉厚/mm
羔羊分级	A 级	9.0 以下	不含多余脂肪	
	Y 级		含少量脂肪	
	YL	9.0～12.5		<6.1
	YM	13.0～16.0		<7.1
	P 级		含中等量脂肪	
	PL	9.0～12.5		6～12
	PM	13.0～16.0		7～12
	PX	16.5～20.0		<12
	PH	20.5～25.5		<12
	T 级[①]		含脂肪较多	
	TL	9.0～12.5		12～15
	TM	13.0～16.0		12～15
	TH	16.5～25.5		12～15
羔羊分级	F 级[②]		含过多脂肪	
	FL	9.0～12.5		>15
	FM	13.0～16.0		>15
	FH	16.5～25.5		>15
	C 级[③]			
	CL	9.0～12.5		变化范围较大
	CM	13.0～16.0		变化范围较大
	CH	16.5～25.5		变化范围较大
羊肉分级	成年羊肉分级			
	M 级	胴体太瘦或受损伤	脂肪呈黄色	
	MM 级	任何质量	>2	
	MX 级	<22.0 或>22.5	2～9	
	ML 级	<22.0 或>22.5	9.1～17.0	
	MH 级	任何质量	17.1～25.0	

续表

分级类别		胴体质量/kg	脂肪含量	肋肉厚/mm
	MF级	任何质量	>25.1	
	MP级④			
	后备羊肉分级			
羊肉分级	HX级	任何质量	脂肪含量较少	<9.0
	HL级	任何质量	脂肪含量中等	9.1~17.0
	公羊肉分级			
	R级⑤	任何质量		

注：①②用作切块出售，出口前修整胴体，除去多余的脂肪；③胴体修整后仍不符合出口标准，仅腿和腰部有3~4个切块可供出口；④胴体不符合出口标准，只能做切块或剔骨后出售；⑤所有公羊肉均属此级。

2. 美国肉羊胴体分级

美国作为一个羊肉产业大国，于1931年发布了肉羊胴体分级评价标准。该标准将肉羊分为羔羊肉、1岁龄羊肉和成年羊肉。到1992年，该标准经过多次的修改和完善并最终成为国家标准沿用至今。具体而言，该标准在对肉羊胴体进行评价过程时，将肉羊胴体分为产量等级和质量等级。产量等级用来评价腰部、腿部、肩部和肋部的去骨零售切块肉的等级，计算公式为：YG＝0.4＋（25.4×脂肪厚度），共分为5个级别（表2-10）。

表2-10　产肉率与美国羊胴体分级关系（United States Department of Agriculture，1992）

项目	1.0	2.0	3.0	4.0	5.0
背膘厚/in	≤0.15	0.16~0.25	0.26~0.35	0.36~0.45	≥0.46
产肉率/%	50.3	49.0	47.7	46.4	45.1

质量等级是用来评价羊肉的食用特性和适口性的。根据肉羊胴体的生理成熟度和肌间脂肪，质量等级共分为5个级别（图2-6）。

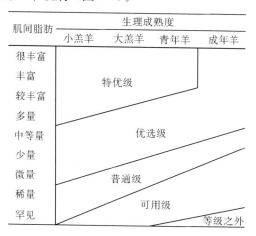

图2-6　生理成熟度、肌间脂肪与羊胴体质
量等级的关系（周光宏，2008）

3. 中国肉羊胴体分级

我国的肉羊业起步较晚，但发展很快。特别是进入20世纪90年代以来，全国养殖肉羊急剧升温，以新疆、内蒙古等为代表的牧区和农牧结合区及以山东、河北、河南等为代表的农区使肉羊业作为畜牧业生产的新型产业正在逐步形成规模化养殖体系，使我国羊业生产结构日趋合理和完善。就目前而言，在肉羊胴体分级评价方面，我国的研究起步比较晚。

我国根据屠宰时羊的年龄，将羊肉分为大羊肉、羔羊肉和肥羔肉。大羊肉指屠宰12月龄以上并已换一对以上乳齿的羊获得的羊肉。羔羊肉指屠宰12月龄以内、完全是乳齿的羊获得的羊肉。肥羔肉指屠宰4~6月龄、经快速育肥的羊获得的羊肉。《羊肉质量分级》（NYT 630—2002）根据大羊肉、羔羊肉和肥羔肉对羊胴体分级进行了规范，具体见表2-11。

表 2-11 羊胴体分级要求

项目	大羊肉				羔羊肉				肥羔肉			
	特等级	优等级	良好级	可用级	特等级	优等级	良好级	可用级	特等级	优等级	良好级	可用级
胴体重量/kg	>25	22~25	19~22	16~19	18	15~18	12~15	9~12	>16	13~16	10~13	7~10
肥度	背膘厚度0.8~1.2cm，腿肩背部脂肪丰富、肌肉不显露，大理石花纹丰富	背膘厚度0.5~0.8cm，腿肩背部覆有脂肪,腿部肌肉略显露，大理石花纹明显	背膘厚度0.3~0.5cm，腿肩背部覆有薄层脂肪,腿肩部肌肉略显露，大理石花纹略现	背膘厚度≤0.3cm，腿肩背部脂肪覆盖少、肌肉显露，无大理石花纹	背膘厚度0.5cm以上，腿肩背部覆有脂肪,腿肩部肌肉略显露，大理石花纹明显	背膘厚度0.3~0.5cm，腿肩背部覆有薄层脂肪,腿肩部肌肉略显露，大理石花纹略现	背膘厚度≤0.3cm，腿肩背部脂肪覆盖少，肌肉显露，无大理石花纹	背膘厚度≤0.3cm，腿肩背部脂肪覆盖少，肌肉显露，无大理石花纹	眼肌大理石花纹略显	无大理石花纹	无大理石花纹	无大理石花纹
肋肉厚/mm	≥14	9~14	4~9	0~4	≥14	9~14	4~9	0~4	≥14	9~14	4~9	0~4

续表

项目	大羊肉				羔羊肉				肥羔肉			
	特等级	优等级	良好级	可用级	特等级	优等级	良好级	可用级	特等级	优等级	良好级	可用级
肉脂硬度	脂肪和肌肉硬实	脂肪和肌肉较硬实	脂肪和肌肉略软	脂肪和肌肉软	脂肪和肌肉硬实	脂肪和肌肉较硬实	脂肪和肌肉略软	脂肪和肌肉软	脂肪和肌肉硬实	脂肪和肌肉较硬实	脂肪和肌肉略软	脂肪和肌肉软
肌肉发育程度	全身骨骼不显露，腿部丰满充实、肌肉隆起明显，背部宽平，肩部宽厚充实	全身骨骼不显露，腿部较丰满充实、微有肌肉隆起，背部和肩部比较宽厚	肩隆部及颈部脊椎骨尖稍突出，腿部欠丰满、无肌肉隆起，背和肩稍窄、稍薄	肩隆部及颈部脊椎骨尖稍突出，腿部窄瘦、有凹陷，背和肩部窄、薄	全身骨骼不显露，腿部丰满充实、肌肉隆起明显，背部宽平，肩部宽厚充实	全身骨骼不显露，腿部较丰满充实、微有肌肉隆起，背部和肩部比较宽厚	肩隆部及颈部脊椎骨尖稍突出，腿部欠丰满、无肌肉隆起，背和肩稍窄、稍薄	肩隆部及颈部脊椎骨尖稍突出，腿部窄瘦、有凹陷，背和肩部窄、薄	全身骨骼不显露，腿部丰满充实、肌肉隆起明显，背部宽平，肩部宽厚充实	全身骨骼不显露，腿部较丰满充实、微有肌肉隆起，背部和肩部比较宽厚	肩隆部及颈部脊椎骨尖稍突出，腿部欠丰满、无肌肉隆起，背和肩稍窄、稍薄	肩隆部及颈部脊椎骨尖稍突出，腿部窄瘦、有凹陷，背和肩部窄、薄
生理成熟度	前小腿至少有一个控制关节，肋骨宽、平	前小腿至少有一个控制关节，肋骨宽、平	前小腿至少有一个控制关节，肋骨宽、平	前小腿至少有一个控制关节，肋骨宽、平	前小腿有折裂关节；折裂关节湿润、颜色鲜红；肋骨略圆	前小腿可能有控制关节或折裂关节；肋骨略宽、平	前小腿可能有控制关节或折裂关节；肋骨略宽、平	前小腿可能有控制关节或折裂关节；肋骨略宽、平	前小腿有折裂关节；折裂关节湿润、颜色鲜红；肋骨略圆	前小腿有折裂关节；折裂关节湿润、颜色鲜红；肋骨略圆	前小腿有折裂关节；折裂关节湿润、颜色鲜红；肋骨略圆	前小腿有折裂关节；折裂关节湿润、颜色鲜红；肋骨略圆

续表

项目	大羊肉				羔羊肉				肥羔肉			
	特等级	优等级	良好级	可用级	特等级	优等级	良好级	可用级	特等级	优等级	良好级	可用级
肉脂色泽	肌肉颜色深红,脂肪乳白色	肌肉颜色深红,脂肪白色	肌肉颜色深红,脂肪浅黄色	肌肉颜色深红,脂肪黄色	肌肉颜色深红,脂肪乳白色	肌肉颜色深红,脂肪白色	肌肉颜色深红,脂肪浅黄色	肌肉颜色深红,脂肪黄色	肌肉颜色深红,脂肪乳白色	肌肉颜色深红,脂肪白色	肌肉颜色深红,脂肪浅黄色	肌肉颜色深红,脂肪黄色

2.4　屠宰加工过程微生物控制技术

羊肉在屠宰加工过程中,易因微生物的污染而腐败变质。在正常条件下,健康牲畜的肌肉、脂肪、心、肝、脾、肾组织内是无菌的。但有些组织如体表、消化道、上呼吸道是带菌的,甚至还可带有某些致病菌。这与牲畜屠宰前所处的环境、饲养和运输条件、机体健康状况、屠宰加工各工序的卫生及加工人员操作是否规范密切相关。

1. 屠宰加工过程中微生物污染的来源

羊在屠宰加工过程中,任何工序的不卫生操作,都可发生微生物污染。特别是将病、弱、残和体表不洁的羊,投入正常屠宰加工,是造成肉产品微生物污染的主要来源。

(1) 车间环境。血污、粪污、油污是微生物良好的培养基,在适宜的温度条件下,微生物会大量繁殖生长,一旦接触肉产品,就会造成严重污染。因此,屠宰加工车间地面、墙壁、天花板、屠宰分割设备及工具等的清洗消毒不彻底,会留有死菌角,以致污染羊肉。

(2) 加工用水。羊在屠宰加工中需用大量的水冲洗胴体、脏器和设备、容器、用具。但屠宰加工用水如不符合国家《生活饮用水卫生标准》或受到严重污染,就会直接污染胴体和其他可食部分,对食肉者健康造成危害。各种天然水中,特别是被污染的地下水和贮水池贮备水中,含有大量有机物质,适于微生物生长繁殖。由于未经无害处理的工业废水和生活污水随意排放,水中所含的物理、化学和生物因素进入土壤、水体,其数量、浓度和持续时间超过了环境的自净能力,造成地下水污染。此类水用于羊屠宰加工,必然会污染肉产品。

(3) 刺杀和放血。羊屠宰前未经检疫检验或检疫检验不严,使病、残、弱羊只进入刺杀放血工序;宰前未彻底清淋畜体;刺杀放血刀使用前和使用后不冲洗消毒及放血刀口过长等,都会导致羊体表所带的微生物污染肌肉和内部组织。此外,宰前应激等也会影响活羊的正常生理机能，致使血液循环加速，肌肉组织内的毛细管充满血液，严重时会造成胴体表面的微生物污染。

（4）开膛去脏。胃肠内容物是肉产品微生物污染的重要来源。牲畜在开膛取脏过程中，如割破胃肠使内容物进入腹腔和喷射到胴体上及被污染的刀具、容器等，不立即清洗消毒，会污染后续加工的胴体和内脏。

（5）劈半。无论是手扶电锯还是桥式电锯，在劈开胴体时，会沾染一些血液、体液、肉渣、骨渣等污染物。在劈开每个胴体后不对电锯冲淋消毒，可通过被污染的电锯污染胴体。

（6）分割。胴体修割刀和分割车间的分段锯、传送带、操作台、分割刀具、容器；操作人员和手套，在操作前和操作后，或在操作中外出后未经冲洗消毒，或用不洁胴体加工分割肉，都可造成肉产品污染。一些数据表明，在一些卫生控制不良的加工厂，分割肉中细菌总数是胴体开膛后（吊挂时采样）的 2～5 倍，有的高达 10～12 倍。

（7）包装和贮存。肉产品在包装和运输过程中，包装物料、包装操作、包装用具、运输和装卸用具不符合卫生要求，使用前后不进行清洗消毒，也会成为微生物污染的来源。

2. 羊肉屠宰加工环境中的微生物种类

近年来，一些学者对羊肉屠宰加工环境中可能带有的微生物菌相进行了研究，提出了导致羊肉微生物污染的几种微生物菌属。

（1）假单胞菌属。假单胞菌属是高氧环境下主要的腐败菌，但无氧环境可以使其生长受到很大抑制。假单胞菌属优先利用肉中的葡萄糖，当细菌数目达到一定量时，葡萄糖的供应将不能满足其生长要求，进而开始利用氨基酸作为生长基质，代谢产生有异味的含硫化合物、酸等。

（2）乳酸菌。乳酸菌通常是无氧包装羊肉类食品的优势腐败菌。乳酸菌通过产生乳酸菌素和产酸降低值，抑制其他菌群的生长。乳酸菌利用葡萄糖产生乳酸，当碳水化合物耗尽就利用氨基酸，产生挥发性脂肪酸，使肉品出现类似干酪的气味，不产生强烈的异味。因此，乳酸菌是致腐能力比较弱的一类菌，它的数量的增加不会对冷却肉的感观质量产生很严重的影响。

（3）热死环丝菌。热死环丝菌是肉类食品中一类重要的腐败菌，由于其具有微需氧的特性，因此在无氧包装肉类的腐败中起着很重要的作用。热死环丝菌利用葡萄糖作为生长底物，在有氧的条件下生成乙酸，产生甜的异味，在厌氧环境中发酵葡萄糖和核糖产生无异味的化合物，但同时又因侧链代谢氨基酸产生强烈的难闻气味，这种气味物质的积累使得肉产生较强的腐败气味。

（4）肠杆菌科。肠杆菌科菌发酵葡萄糖时，不产生难闻气味，只有当肉表面的葡萄糖耗尽，氨基酸作为替代能源被代谢时才会产生难闻气味。因为冷却肉含有相对较高的葡萄糖，由肠杆菌科引起的腐败会延迟到最大的细菌总数之后。因此，由热死环丝菌产生的酸腐败味先于肠杆菌科菌产生的酸腐败味。

宏观上来讲，避免羊肉被微生物污染可根据微生物可能产生的途径，及时做出反应，建立相应的 HACCP 管理体系（某羊肉加工厂 HACCP 管理体系见表 2-12），对生产加工中可能接触或感染的微生物进行阻挡与控制。

表 2-12　某羊肉加工厂 HACCP 管理体系（王兆丹等，2012）

生产程序	潜在危害	危害的显著性	对危害的判断依据	预防措施	是否关键点
宰前检验	生物危害：病原体	是	生羊携带疫病和致病菌	查验有效证明，根据接收、圈存和送宰活畜不同情况分别处理	是
	化学危害：药物残留		注射激素或饲喂重金属超标的添加剂		
电击晕	无		—	—	
刺杀放血	生物危害：微生物污染	是	微生物污染危害人体健康	每次宰杀前对刀具进行消毒	否
	物理危害：放血不足		污血残留影响肉的品质		
剥皮	生物危害：病原体	否	剥皮后清除体表绝大部分细菌	人员穿隔离服，用具消毒	否
开膛去内脏	生物危害：微生物污染	是	操作人员可能带入细菌，用具不卫生，划破胃、肠、膀胱、胆囊造成交叉污染	一旦划破，立即清洗，另行处理	是
冲洗	生物危害：病原体	是	用水不符合国家卫生标准；水温不够	保证水的清洁，用消毒剂；保证水温	是
排酸	生物危害：微生物污染	否	宰后存放的时间过长；冷却时间和温度不够	宰后 24 h 内冷却，保证胴体降温至 0～4 ℃	否
分割	生物危害：微生物污染	是	操作人员和用具不符合卫生要求；操作间温度过高	操作人员和用具消毒；操作间温度低于12 ℃，分割时间不超过 1 h	是
包装冷藏	生物危害：微生物污染	是	操作环境不卫生，温度过高；操作人员和用具不卫生	保证低温条件，冷藏温度低于 0～4 ℃；操作人员和用具消毒	是

3. 控制措施

防止和控制屠宰加工过程中的微生物污染，对保障羊肉产品安全具有极其重要的意义。羊屠宰加工企业要在严格遵守《肉类加工厂卫生规范》（GB 12694—1990）的前提下，建立并执行 ISO 质量卫生体系和 HACCP 质量控制体系。在认真实施《卫生标准操作程序》的基础上，重点抓好加工操作、严格检疫检验和彻底清洗消毒三项措施的实施。根据有关法规标准，结合羊屠宰加工特点，在主要屠宰加工工序上采取如下措施，以防止和控制羊肉产品的微生物污染。

1）活羊进厂

屠宰加工厂进厂羊的质量直接影响肉产品的质量，严格进厂活羊的验收和检疫，对防止和控制微生物对肉产品的污染具有重要作用。大、中型屠宰加工厂应建立活畜养殖基地，并加强对养殖基地的管理与监控，以保证基地提供健康合格的活羊。对于基地提供活羊存在不足或依靠外购活羊供宰的企业，要通过认真的调查，建立合格供应商档案，并定期进行检查、验证。当发现所供活羊质量问题时，及时提出改进意见或更换供应商，以保证进厂活羊的安全卫生。同时，详细了解进厂活羊的饲养环境、管理状况、饲料及饲料添加剂、防疫及治疗用药等情况，逐头进行严格的验收与检疫，健康合格的活羊方可收购留宰。任何带病特别是传染病羊均不可收购，以保证进厂活羊的质量。活羊进厂后至待宰期间，应尽量减少留养、待宰时间，但应不少于 12～24 h；尽量减少绝食时间，但应供给充足的饮水至宰前 2～3 h 为止；保持栏圈、地面、通道的清洁卫生，每批羊送宰后，对所在的栏圈及环境进行彻底清扫消毒，特别在发现病羊时，要及时处理和消毒。

2）屠宰环节

（1）羊在麻电或麻醉至晕前，要用温水（冬季水温应不低于 20 ℃）彻底冲洗羊体，以防止皮肤和被毛污染胴体，可将剥皮和浸烫过程中的污染降至最低限度。

（2）羊在刺杀放血时，要按国家有关规定，正确掌握刺杀刀口的大小和深度，减少胴体在浸烫时通过放血刀口污染胴体。

（3）羊在浸烫时，烫池应设溢水口和补充净水的设备，保持浸烫水的清洁。当浸烫水受污染要换为清水后再行操作。全天生产结束后，要放掉脏水，彻底清洁浸烫池，以备翌日生产。

（4）羊在剖腹和取脏时，要仔细操作，避免划破胃肠，防止内容物外溢污染胴体。

3）排酸环节

在排酸环节采取适当措施能够进一步减轻微生物污染，而且此工序是有效控制细菌污染的最后一道防线。通过对排酸阶段的胴体减菌能够使初始菌数大量减少，仅存的少数微生物在后续的加工、贮藏、运输过程中就更容易被抑制，而且能够减少后期形成腐败菌落的细菌数，从而延缓对数期的到来，还能改变菌落组成进而延长产品的货架期。

目前，被认为比较有效的减菌技术是添加化学减菌剂对胴体进行喷淋处理。在国外，有研究者使用乳酸、乙酸、柠檬酸、混合有机酸以及有机酸盐类等对屠宰中胴体表面进行减菌处理。其中，乙酸和乳酸的应用最为广泛。

4）分割、包装环节

胴体分割时，如发现胴体在屠宰加工中受到污染，轻者应用水冲洗干净，重者应切除污染部分。分割加工、包装、贮存运输过程中的温度控制，是抑制微生物生长繁殖的重要措施。分割车间温度控制在 10～12 ℃，肉温控制在 0～7 ℃；包装间温度控制在 10 ℃以下，贮存运输过程中肉温控制在 0～7 ℃，可抑制大多数微生物繁殖。

5）车间环境控制

屠宰车间内地面、墙壁、隔板及可能发生污染的地方及内脏整理间，应用不透水、易清洗的材料制作，并建立和实施班前、班后和定期冲洗消毒制度，保持清洁卫生。车间内每天都要用紫外线灯照射或采用臭氧进行消毒；屠宰设备、周转车、案台等工器具及墙壁、地面、空气等用消毒剂进行消毒（不同消毒剂的消毒效果见表 2-13）。根据消毒效果及经济成本，TC-101 是消毒设备、小车、案台的首选消毒剂，3% NaOH 是消毒墙壁、地面、空气的首选药物。

提供易于操作的消毒设备，如刀具消毒设备等，严格要求操作人员按规定坚持消毒和清洗。

教育并用制度约束加工人员养成良好的卫生习惯，严格执行卫生管理规定，并为操作人员提供洁净的工作服、帽、胶靴、围裙、手套等，每天用后应进行洗涤消毒后再使用。

表 2-13　不同消毒剂的消毒效果（敬淑燕，2004）　　　　　单位：%

消毒对象	消毒剂种类	菌落总数杀菌率	大肠菌群杀菌率	平均杀菌率
设备、小车、案台	0.3%过氧乙酸	88.46	99.07	93.77
	24 mg/kg TC-101	85.70	95.56	90.62
	0.3%新洁尔灭	82.05	92.76	87.41
墙壁、地面、空气	3%NaOH	89.83	98.42	94.13
	15%漂白粉	84.35	94.90	89.63
	0.3%过氧乙酸	90.70	93.79	92.25

4. 微生物监测

羊屠宰加工过程中，微生物监测是指保证肉品安全卫生的一项极为重要的工作。微生物检测包括活羊原料，肉产品，各个关键工序的机械设备、刀具、运输工具、墙壁、天花板、室内空气，操作人员的手及工作服、帽、手套等。检测项目主要是细菌总数、大肠菌群，必要时检测沙门菌、致病性大肠杆菌、金黄色葡萄球菌及部分致腐微生物。通过对微生物监测，可验证各项安全卫生制度和措施的落实情况，对受污染的部位及时进行卫生处理，并为以后的安全卫生管理提供科学依据，使肉产品充分脱离污染。同时，应积极采用快速检测技术，以适应肉产品生产和安全卫生的要求。

第3章 羊肉低温保藏与肉质控制关键技术

过去30年，我国羊肉产业取得长足发展，产量稳步提高，是名副其实的羊肉生产与消费大国。随着我国经济、社会的快速发展和人们生活水平的提高，消费者对羊肉品质的要求也越来越高。因此，找到并控制影响羊肉食用品质的各种因素，不仅是肉品科学家关心的问题，也是满足消费者需求和保证羊肉产品优良的关键。

3.1 肉羊宰后羊肉品质变化

3.1.1 羊肉的品质

肉质是肉品消费性能和潜在价值的体现，优质肉品更容易被消费者接受。丹麦学家 Anderson 将肉质分为五个方面：①营养品质：即六大营养素的含量和存在形式；②加工品质：包括 pH、保水性、凝胶性等；③食用品质：包括嫩度、肉色、风味、多汁性；④卫生品质：包括新鲜度、致病微生物及其毒素含量、药物残留等；⑤人文品质：即动物的饲养方式、环境、动物福利等。

1. 羊肉的营养品质

羊肉同其他畜禽肉一样，含有水分、蛋白质、脂肪、矿物质和维生素等。其蛋白质效价很高，氨基酸含量丰富，种类齐全，并含有精氨酸、赖氨酸、亮氨酸、组氨酸、苯丙氨酸等人体必需的 8 种氨基酸，组成极接近于人体且易被人体消化吸收。另外，羊肉还含有多种矿物质元素以及维生素，是我国传统的营养丰富、食药两用的肉类食品（杨富民，2003；孙熔林等，2014）。羊肉的主要营养成分见表 3-1。

表 3-1 羊肉和其他肉类的化学成分比较（马俪珍等，2006）

化学成分	绵羊肉	山羊肉	牛肉	猪肉
水分/%	48.0～65.0	61.7～66.7	55.0～60.0	49.0～58.0
蛋白质/%	12.8～18.6	16.2～17.1	16.2～19.5	13.5～16.4
脂肪/%	16.0～37.0	15.1～21.1	11.0～28.0	25.0～37.0
矿物质/（mg/100 g）	0.8～0.9	1.0～1.1	0.8～1.0	0.7～0.9
胆固醇/（mg/100 g）	70.0	60.0	106.0	126.0

2. 羊肉的加工品质

1）pH

pH 与肉的嫩度、肉色、系水力等指标均相关，是改变肉质的最主要因素之一。pH 是反应动物被宰杀后胴体肌糖原降解速率的重要指标。羊被屠宰后，供氧途径被阻断，机体由有氧代谢转变为无氧的糖酵解，糖酵解的产物乳酸使宰后肌肉 pH 不断下降，当机体内的 ATP 完全消耗，或因低 pH 导致糖酵解酶活力下降时，糖原的分解停止，达到极限 pH。肌肉 pH 下降的速率对羊肉品质起着决定性的影响，一般将宰后 1 h 和 24 h 的 pH 公认为区分生理正常和异常肉质的标准。

活体羊肌肉的 pH 为 7.0～7.3，宰后 1 h 下降至 6.2～6.4。一般当 ATP 下降到初始含量的 20% 以下时，肌纤维会产生交联，肌肉僵直，此时 pH 为 5.4～5.6，而后随着僵直的解除，pH 开始缓慢上升。若宰后 1 h 的 pH≤5.6，表明宰后 pH 下降速度过快，会导致蛋白质变质，肌肉组织色泽苍白，肌肉持水能力下降，质地松软，产生 PSE 肉；若宰后 24 h 的 pH>6.0 时，肌肉颜色发深，切面干燥，质地较硬，产生 DFD 肉（杜燕等，2009；尹靖东，2011）。

动物屠宰后肌肉经过酵解、僵直、成熟、自溶、腐败五个阶段，每一阶段的 pH 变化不同，可通过检测 pH 而对肉品质变化进行有效调控，从而选择原料肉的最佳贮存阶段进行生产加工和食用。

2）保水性

肉的保水性是指肌肉受外力作用时，如在加压、加热、冷冻等加工贮藏条件下保持其原有水分与添加水分的能力，也称系水力。肉的保水性与肉的嫩度、质地、颜色、风味等食用品质直接相关。目前一般采用压力损失、滴水损失、蒸煮损失和离心损失来衡量肉的系水力。学者通常采用宰后 24～48 h 的滴水损失来衡量生鲜肉的系水力，滴水损失一般为 0.5%～10%，平均 2% 左右（Schafer et al.，2002）。肌肉中的水以三种形式存在：结合水、自由水和不易流动水。存在于肌原纤维和肌纤维膜之间的主要是不易流动水，约占 80%，是决定肉的保水性的主要部分，其依赖于肌原纤维蛋白的空间结构，蛋白质处于紧缩状态，网络空间小，保水性就低，反之，保水性则高。肉在成熟、加工、贮藏和运输过程中，肌细胞结构的完整性被破坏或蛋白质收缩、细胞膜脂质氧化均会导致肉的保水性降低（罗鑫，2015）。

影响肌肉保水性的因素可分为两种：一种是肉品自身的因素，包括动物的年龄和品种、屠宰分割部位、宰后 pH 变化、饲养方式、营养水平和蛋白质水解酶活性等；另一种是外界因素，包括宰前运输方式、屠宰工艺流程、胴体贮存和加工方法等。

3）凝胶性

肌肉蛋白质的凝胶过程可以分为蛋白质的变性、蛋白质间的相互作用和蛋白质凝胶三个步骤。肌肉蛋白质的凝胶形成是不可逆的，且形成温度高于蛋白质的变性温度，由变性蛋白质分子间的相互作用形成。多种因素可影响肌肉蛋白的凝胶过程（表 3-2）。肌球蛋白在肌肉蛋白质热诱导凝胶形成的过程中具有不可替代的作用。研究发现，完整的肌球蛋白分子单体、肌球蛋白分子的尾部在加热过程中能形成高强度凝胶，而肌球蛋白分子中头部亚单位（SI）的凝胶性较差。因此，肌球蛋白的尾部是形成凝胶结构的主要组分，并在凝胶基质的功能特性方面起重要作用。肌球蛋白头部受热变性后，其疏水性基团暴露，肌球蛋白头部间通过疏水性结合，有序聚集在脂肪滴的外周构成吸附界面膜，而肌球蛋白的尾部则呈放射状延伸至周围的基质。在适宜的温度范围内，肌球蛋白的尾部发生不可逆的变性，由原来有序的螺旋结构转变为无序盘绕结构，这些无序盘绕的肌球蛋白尾部交联其他游离的肌球蛋白和肌动球蛋白形成凝胶基质的网状结构，构成了凝胶基质的基本框架。激动蛋白无凝胶特性，但肌动蛋白能促进和提高肌球蛋白的凝胶特性。当体系中肌球蛋白与肌动蛋白物质的量比为 2.7 时，肌动蛋白对肌球蛋白凝胶的促进作用最大，此时肌肉蛋白质总量的 15%～20% 以肌动球蛋白复合体的形式存在，而剩余的大部分以有利的肌球蛋白形式存在。也有学者认为肌动蛋白促进肌球蛋白凝胶作用的实质在于肌动蛋白和肌球蛋白结合形成肌动球蛋白，增加肉的凝胶强度，由于肌球蛋白微丝的解离是不完全的，所以未解离的肌球蛋白微丝可能通过其突出于微丝的头部彼此交联对肌球蛋白的胶凝起到促进作用，而且肌球蛋白微丝的长度影响肌球蛋白凝胶的强度，其他肌原纤维蛋白质在某些条件下可能也参与了凝胶的形成，但作用甚微。

表 3-2 肌肉蛋白质凝胶的影响因素（孔保华，2011）

因素	对凝胶的影响
pH	肌肉凝胶的最适 pH 为 5.8～6.1
离子强度	结构细腻的凝胶离子强度为 0.25 mol/L KCl，结构粗糙的为 0.60 mol/L KCl
蛋白质浓度	蛋白质临界浓度为 2 mg/mL，剪切力模数随蛋白质浓度的平方的增加而增加
温度	44～56 ℃加热比 58～70 ℃加热获得的蛋白质凝胶有更强的剪切力模数和弹性
肌肉类型	红肌比白肌形成的凝胶更为坚硬、质脆，且凝胶强度与肌球蛋白含量有关

4）抗氧化能力

肌肉的抗氧化能力会影响肌肉在环境中自身代谢的强弱和宰后肉品质的形成。当肌肉中含有较多的不饱和脂肪酸时，其肌肉细胞极易被氧化破坏，使得肌肉的抗氧化能力减弱，从而导致肉质下降。相反，若肌肉中含有较多的维生素 C、维生素 E 或亚硝酸钠等物质时，有助于加强肌肉的抗氧化能力，保持肌肉细胞的完整性。抗氧化能力强的肉类能在较长贮存时间内保持稳定，保鲜时间长，有利于加工。

3. 羊肉的食用品质

1）色泽

肉色是影响消费者购买行为的决定性因素，同时也是鲜肉货架期的一个重要影响因素，直接影响羊肉的各项经济指标。肉的颜色主要由肌肉中的肌红蛋白和血红蛋白产生，宰后羊胴体中肌红蛋白占总色素的 70%～80%，血红蛋白占总色素的 20%～30%，这两种蛋白质的含量、状态和类型共同决定了羊肉的颜色。此外，羊肉色泽还与微量色素代谢产物有关。肌红蛋白主要有三种存在形式：脱氧肌红蛋白、氧合肌红蛋白、高铁肌红蛋白。羊屠宰后肌肉中 O_2 缺乏，H_2O 代替了脱氧肌红蛋白中 O_2 结合的位置，肉变成暗红色；肉切割后，脱氧肌红蛋白被氧化成氧合肌红蛋白，肉变成鲜红色，此时肉色最易被消费者接受；肉长时间暴露在空气中，氧合肌红蛋白又被氧化成褐色的高铁肌红蛋白（也称变性肌红蛋白），此时肉色不能被消费者接受（王薇，2015）。

肉的色泽是评价肉新鲜程度的重要指标之一，很多因素会影响肌红蛋白（即肉色）

的深浅。主要影响因素包括湿度、光、pH、渗透压、氧分压、微生物和细菌的繁殖；同时动物的品种、年龄、性别和营养水平等在一定程度上都影响着肉色的变化（罗鑫，2015）。

2）嫩度

嫩度是消费者最重视的肉品质之一。肉的嫩度是指肉在咀嚼或切割时所需的剪切力，它是肉品的柔软度、多汁性、可咽性和易碎性的综合指标，决定了肉在食用时的口感，在一定程度上反映了肌肉中肌原纤维、结缔组织以及肌肉脂肪的含量、分布和化学结构。最常用来判定嫩度的指标为剪切力，一般用切断一定肉断面所需要的最大剪切力表示，以 kg 或 N 为单位。一般来说肌肉的剪切力值越小，肉越易被嚼碎，肉质越嫩。

肌纤维直径、肌节长度、肌纤维小片化指数（MFI）和保水性等对肉的嫩度都有重要影响。嫩度与肌纤维直径呈负相关，与肌节长度、肌纤维小片化指数、保水性呈正相关。宰后在内源蛋白水解酶-钙蛋白酶的催化作用下，肌纤维蛋白降解，肌肉结构被破坏，肌纤维强度降低，肉的嫩度提高。钙蛋白酶系统水解作用对肉的嫩度有很大影响，处于僵直阶段的肌肉由于肌动蛋白细丝与肌肉蛋白粗丝的重叠部分较多，肌节缩短，因此嫩度较低；与热鲜肉相比，冷却成熟过程使肌肉的肌动蛋白细丝与肌肉蛋白粗丝的重叠部分减少，肌节变长，嫩度较高。同时，肉的嫩度也受如基因、宰前管理方式、肌肉的解剖部位、动物营养状况、肌内脂肪含量、宰后糖原酵解等因素的影响（莎丽娜等，2008；Caxeque et al.，2004）。

3）多汁性

多汁性是影响肉食用品质的一个重要因素。有研究表明，由多汁性引起的肉质差异高达 10%～40%。多汁性与肉的脂肪含量和保水性呈正相关。脂肪含量越高，保水性越好，肉品的多汁性也越好。对多汁性的评定通常采用感官评价来测定，主要依据四个方面：一是咀嚼时肉汁释放的含量；二是咀嚼过程中肉汁释放的持续性；三是咀嚼时刺激唾液分泌的多少；四是肉中脂肪在牙齿、舌头和口腔黏附造成的多汁性的感觉。目前对多汁性还没有较好的客观评定方法（尹靖东，2011）。

4）风味

肉的风味是指生鲜肉的气味和加热后肉及肉制品的香气和滋味，是由肉中固有成分经复杂的生理生化变化产生的各种有机化合物所致（孔保华，2011）。形成风味的成分复杂多样，含量甚微，用一般方法很难测定。风味是一个综合的指标，包括气味、滋味、质地、温度和 pH 等。其中气味和滋味最为重要。气味是由肉中挥发性物质随气流进入鼻腔，刺激嗅觉细胞后产生的感觉。与气味有关的物质有醇、酸、酮、酯、醚等。滋味是溶于水的可溶性呈味物质刺激舌面味觉细胞产生的味感，主要与各种氨基酸的组成和含量以及乳酸、肌酸等有机酸的含量有关。

已经报道羊肉中的挥发性香味物质包括 10 种醛、3 种酮和 1 种内酯，含有烷烃、醛、酮、醇、内酯及杂环化合物。影响羊肉风味的因素有很多，如畜种、年龄、性别、脂肪含量和组成、肉品挥发性盐基氮含量、微生物种类和数量等。肉在成熟过程中，风味也会增强或改变（周洁等，2003）。

4. 羊肉的安全品质

1）肉的腐败及微生物数量

健康动物的血液和肌肉通常是无菌的，肉类的腐败主要是在屠宰、加工、流通等过程中受外界微生物污染所致。微生物不仅能改变肉的感官品质，而且能破坏肉的营养价值，或由于微生物生命活动的代谢产物形成有毒物质，从而可能引起食物中毒。肉类的腐败通常是由外界环境中好氧微生物污染肉表面开始，随后沿着结缔组织向深层扩散，特别是临近关节、骨骼和血管，微生物分泌的胶原蛋白酶使结缔组织的胶原蛋白水解成黏液，分解产生氨基酸、水、二氧化碳、氨气，在有糖原存在时发酵形成醋酸和乳酸，造成恶臭。肉及其制品发生严重的腐败并不单纯由微生物引起，而是空气中氧、光线、温度以及金属离子共同作用的结果。

鲜肉发生腐败的外观特征主要表现为色泽、气味恶化和表面发黏。在产品流通中，当肉表面的微生物总数达 10^7 个/cm^2 时就有黏液出现，并伴有不良气味，达到这种状态所需的时间与最初污染情况有关，污染菌数目越大，腐败越快，同时也受环境温度、湿度等因素影响（张德权，2016）。

2）兽药和重金属离子残留

兽药在防治疾病、提高生产效率、改善羊肉产品质量等方面起着非常重要的作用，然而可能导致兽药滥用的情况。滥用兽药极易造成羊肉中有害物质的残留，这不仅极大程度地威胁人体健康，而且对肉羊产业的发展和生态环境也会造成极大危害。兽药残留是指用药后蓄积或存留于肉羊机体或产品中的原型药物或其代谢产物，成分主要有抗生素、合成抗菌药、抗寄生虫药和促生长剂等，兽药残留会引起人体肠道菌群失衡，产生毒性反应、过敏反应等。

影响羊肉品质的重金属离子主要包括镉、汞、砷、铅等。重金属污染羊肉产品的途径主要为含金属化学物质的使用、含重金属工业"三废"的肆意排放和受污染的自然环境等。通过生物富集作用，重金属在羊肉中的含量还会显著增加，然后通过食物链对人体造成更大的危害。如由镉污染引起慢性中毒主要表现为对肾脏的损害，同时引发贫血、高血压、动脉硬化等；汞污染所引起的急性食物中毒可损伤肾脏和肠胃系统，引起肠道黏膜发黏，引发剧痛和呕吐，导致虚脱；铅污染导致的食物慢性中毒主要表现为对神经系统、消化系统和血液系统的损害，导致血红蛋白合成障碍，引起贫血；砷污染能够引起人体的急性和慢性中毒，急性中毒可引起消化道糜烂、溃疡出血，表现为口渴，摄入量大时，可出现中枢神经系统麻痹、四肢痉挛、意识丧失，甚至死亡；慢性中毒表现为食欲下降、肠胃障碍、体重下降、末梢神经炎、角膜硬化和皮肤发黑等。

5. 羊肉的品质评定标准

羊肉的品质评定主要有感官要求、理化指标要求、微生物指标要求三个方面，具体指标参照《鲜、冻胴体羊肉》（GB/T 9961—2008）。

1）感官要求

鲜、冻胴体羊肉的感官要求见表 3-3。

表 3-3　鲜、冻胴体羊肉的感官要求

项目	鲜羊肉	冷却羊肉	冻羊肉（解冻后）
色泽	肌肉色泽浅红、鲜红或深红，有光泽；脂肪呈乳白色、淡黄色或黄色	肌肉红色均匀，有光泽；脂肪呈乳白色、淡黄色或黄色	肌肉有光泽，色泽鲜艳；脂肪呈乳白色、淡黄色或黄色
组织形态	肌纤维致密，有韧性，富有弹性	肌纤维致密、坚实，有弹性，指压后凹陷立即恢复	肉质紧密，有坚实感，肌纤维有韧性
黏度	外表微干或有风干膜，切面湿润，不黏手	外表微干或有风干膜，切面湿润，不黏手	表面微湿润，不黏手
气味	具有新鲜羊肉固有气味，无异味	具有新鲜羊肉固有气味，无异味	具有羊肉正常气味，无异味
煮沸后肉汤	透明澄清，脂肪团聚于液面，具特有香味	透明澄清，脂肪团聚于液面，具特有香味	透明澄清，脂肪团聚于液面，无异味
肉眼可见杂质	不得检出	不得检出	不得检出

2）理化指标

鲜、冻胴体羊肉的理化指标要求见表 3-4。

表 3-4　鲜、冻胴体羊肉的理化指标要求

项目	指标
水分/％	$\leqslant 78$
挥发性盐基氮/（mg/100 g）	$\leqslant 15$
总汞（以 Hg 计）	不得检出
无机砷/（mg/kg）	$\leqslant 0.05$
镉（Cd）/（mg/kg）	$\leqslant 0.1$
铅（Pb）/（mg/kg）	$\leqslant 0.2$
铬（以 Gr 计）/（mg/kg）	$\leqslant 0.1$
亚硝酸盐（以 $NaNO_2$ 计）/（mg/kg）	$\leqslant 3$
敌敌畏/（mg/kg）	$\leqslant 0.05$
六六六（再残留限量）/（mg/kg）	$\leqslant 0.2$
滴滴涕（再残留限量）/（mg/kg）	$\leqslant 0.2$
氯氰菊酯/（mg/kg）	$\leqslant 0.03$
青霉素/（mg/kg）	$\leqslant 0.05$
左旋咪唑/（mg/kg）	$\leqslant 0.1$
磺胺类（以磺胺类总量计）/（mg/kg）	$\leqslant 0.1$
氯霉素	不得检出
克伦特罗	不得检出
己烯雌酚	不得检出

3）微生物指标

鲜、冻胴体羊肉的微生物指标要求见表 3-5。

表 3-5 鲜、冻胴体羊肉的微生物指标要求

项目	指标
菌落总数/（CFU/g）	$\leqslant 5 \times 10^5$
大肠菌群/（MPN/100 g）	$\leqslant 1 \times 10^3$
沙门菌	不得检出
志贺菌	不得检出
金黄色葡萄球菌	不得检出
致泻大肠埃希菌	不得检出

3.1.2 肉羊宰后羊肉胴体的成熟及品质变化

肉羊宰后羊肉的成熟是一个复杂的过程，在这一过程中，肌肉发生不同于宰前的生理生化变化，屠宰放血标志着这一系列变化的开始，宰后糖酵解是决定羊肉品质的最重要因素。快速和（或者）过度的糖酵解产生 PSE 肉，而糖酵解不足则形成 DFD 肉，PSE 肉和 DFD 肉均不受消费者欢迎，给肉品带来巨大损失。因此，调控肉羊宰后肌肉的糖酵解和蛋白降解，从而改善羊肉品质便显得十分重要。

1. 肉羊宰后羊肉的理化变化

1）细胞的应激与死亡

肉羊经屠宰放血后，机体平衡被打破，机体丧失了维持体内环境适应各种不利条件的能力。然而，细胞并没有立即死亡，肌肉的代谢活动仍在继续，呼吸系统和血液循环的终止使组织进入缺氧状态，氧气的缺乏促使细胞产生一系列应激反应以维持细胞正常的功能和活性，完成肉的成熟过程（图 3-1）。

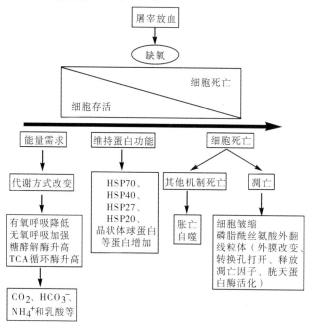

图 3-1 动物放血后肌细胞的应激与死亡（张德权，2016）

肉羊宰后，氧气供应的中断引起细胞代谢途径的改变，细胞由有氧呼吸转为无氧呼吸的产能方式，因而细胞糖酵解能力加强。宰后细胞呼吸方式的转变引起细胞内 CO_2、HCO_3^-、NH_4^+ 和乳酸等代谢产物的积累，并对细胞产生毒副作用；另外，细胞中热休克蛋白（HSP）的含量也会增加。随着宰后时间的延长，细胞中有害代谢产物积累并且能量逐渐消耗殆尽，细胞失去维持正常功能和结构完整性的能力，最终死亡。相关研究发现肉羊宰后早期肌细胞皱缩并且磷脂酰丝氨酸外翻，因此认为细胞凋亡是诱发宰后肌细胞死亡的机制（Ouali，2006，2013）。

2）pH 下降

活体羊肌肉正常的 pH 为 7.0~7.3。肉羊宰后由于氧气供应被切断，细胞转为糖酵解供能方式，糖酵解产生的乳酸和 ATP 降解产生的无机磷酸的积累造成 pH 不断下降。有研究表明，正常羊肌肉的 pH 可在宰后 30 min 下降至 6.8~7.0，宰后 45 min 下降至 6.1~6.8，宰后 24 h 下降至极限 5.5~6.0（张德权，2016）。

肉中 pH 的变化除受高能磷酸化合物含量、ATP 周转率和肌肉组织缓冲能力的影响外，主要取决于屠宰时糖原的储备水平。活体肌肉糖酵解潜力、宰后糖酵解潜力与游离葡萄糖浓度的相关系数分别为 0.47 和 0.70（$P<0.01$），而活体糖酵解潜力、宰后糖酵解潜力和游离葡萄糖浓度与极限 pH 的相关系数分别为 -0.31、-0.49 和 -0.62（$P<0.01$）（Hamilton，2002）。糖酵解能力越强，乳酸浓度越大，pH 降幅也越大，直接影响着羊肉的肉色、保水性、蒸煮损失和嫩度等，因此，一定水平的糖酵解对保证良好的羊肉品质具有重要作用。

3）温度变化

肉羊被屠宰后，呼吸和血液循环终止，而细胞的代谢活动仍在继续，羊体内部产生的热量不能很快通过呼吸或血液循环传递到羊体表面散发，因此，肌肉的温度会在宰后初期有一个短暂的上升，上升幅度取决于细胞代谢活动的强度。宰后初期肌肉快速糖酵解会增加肌肉温度的升幅，延缓肌肉的冷却。由此可见，糖酵解不仅导致肌肉中的乳酸积累和 pH 下降，也造成机体热量的产生，肌肉中蛋白质变性，因此需采取措施使机体快速冷却，从而避免 PSE 肉的发生。

4）僵直和解僵

僵直是肌肉转变为肉品过程中发生的最显著变化，其原因是肌细胞内能量代谢失衡和 ATP 缺乏。根据肌肉伸展性的变化，僵直过程可分为三个阶段：僵直迟滞期（delay phase）、僵直急速形成期（rapid phase）和僵直后期（post-rigor phase）。在肉羊屠宰后初期，肌肉中 ATP 虽不断被消耗，但肌肉中还含有磷酸肌酸，在肌酸激酶的催化下，磷酸肌酸不断合成 ATP，在这一时期，肌球蛋白和肌动蛋白之间不能形成永久性横桥，肌肉仍具有一定伸展性和弹性，称为僵直迟滞期；随着屠宰后时间的延长，肌肉中的磷酸肌酸被消耗殆尽，肌肉中 ATP 含量急速下降，肌球蛋白和肌动蛋白间快速形成不可逆横桥，肌肉收缩，单行逐渐消失，僵直进入急速形成期；当肌肉中 ATP 含量下降至原含量的 15%～20%时，肌肉伸缩性几乎完全消失，进入僵直后期（张德权，2016）。

肌肉在宰后僵直达到最大程度并维持一段时间后肌肉的张力开始下降，肉质地逐渐变软，称为解僵（resolution of rigor）。解僵并不是横桥的断裂，解僵过程中肌肉张力的降低是由肌原纤维蛋白的降解和肌肉超微结构的破坏，尤其是肌联蛋白和结蛋白的降解，肌节 Z 线减弱甚至溶解所致。随着解僵的进行，肌原纤维发生小片段化，肌肉变得柔软，嫩度得以改善（李利，2003）。解僵是肉成熟的一部分，涉及一系列复杂的物理化学变化，特别是蛋白质的降解和肌肉结构完整性的破坏，主要表现在肉的嫩度和保水性增加，风味得到改善。目前报道参与宰后成熟和肉嫩化的蛋白酶主要有钙蛋白酶、组蛋白酶、蛋白酶体和胱天蛋白酶，其中胱天蛋白酶是细胞凋亡的关键蛋白酶。因此，胱天蛋白酶可能是最早参与宰后胱天蛋白质降解和肉嫩化的蛋白酶。

宰后肉的成熟是一个复杂的过程，主要分为僵直前期、僵直期和解僵期三个阶段，目前，关于对后两个阶段的研究已经比较透彻，而对僵直前期尤其是屠宰后肌细胞应激反应的变化了解较少，这些宰后早期的变化可能对肉的最终品质起着决定性作用，有待深入研究。

5）肌原纤维小片化

在成熟过程中，肌肉的基本构成单位肌原纤维结构发生很大变化，主要表现为：①肌原纤维结构蛋白-肌间线蛋白的降解，破坏了肌原纤维中亚结构的横向交叉连结，肌纤丝同期性丧失，从肌原纤维表面游离；②肌联蛋白的降解，使肌肉的伸张力减弱，肌纤维软化；③肌红蛋白的降解，促进了粗细纤丝的释放游离；④肌肉超微结构中 Z 线结构完整性的破坏，甚至完全消失。如前所述，Z 线起着连接相邻肌节的作用，Z 线结构的破坏，导致肌原纤维小片化，在活体或屠宰后初期的肌原纤维为 10～100 个肌节连接的长肌原纤维，在肉的成熟过程中，肌原纤维可断裂成 1～4 个肌节连接的小片段。肌原纤维小片化常被用作肉的嫩度指标，二者具有高度相关性。肌原纤维小片化导致僵直时肌肉收缩所形成的张力减小，是解僵和肉嫩化的原因（张德权，2016；李利，2003）。

2. 影响肉羊宰后品质及品质变化的因素

影响羊肉品质的因素主要包括内部因素和外部因素（宰前因素、宰后因素、其他因素）。内部因素是指羊本身的一些特性对羊肉品质的影响，主要包括基因、品种、年龄、性别等；外部因素中，宰前因素主要包括营养水平、宰前管理（禁食时间、运输途径）等；宰后因素主要包括分割部位、宰后冷却、嫩化处理等；其他因素主要为物理性、化学性及生物性危害。本节主要介绍宰前管理方式、屠宰方式、宰后处理方式对羊肉品质的影响。

1）宰前不同管理方式对羊肉品质的影响

畜禽宰前管理包括屠宰前装卸、运输、禁食及宰前检疫等。在此过程中，动物可能会面临如惊吓、饥饿、脱水等应激原的刺激，产生心理及新陈代谢的应激变化，不当的宰前管理会导致畜禽死亡率上升、畜体损伤和肉质下降，而适宜的宰前管理能够有效降低劣质肉的发生率。适宜的宰前管理对肉羊驱赶方法、装载通道、运输路况、运输车辆、运输空间及运输天气均有较高要求。肉羊的运输空间要求参考值见表 1-27、表 1-28。

（1）不同宰前运输时间对宰后羊肉品质的影响。

动物宰前运输应激是指运输过程中由于禁食、环境变化、颠簸、心理压力等应激原的综合作用，使动物机体产生本能的适应性和防御性反应，是影响动物品质的重要宰前因素之一。运输应激条件下，肉羊往往表现出呼吸急促、心跳加速、恐惧不安等状态，体内的营养、水分大量消耗，并最终影响羊肉品质。

一些学者研究了羊未经运输与不同宰前运输时间处理后肉品质的差异，发现宰前运输使得羊肉的极限 pH 升高，剪切力上升，肉色加深，嫩度下降，肌浆蛋白溶解度升高。研究表明，运输应激状态下，动物机体能量代谢增强，并通过糖酵解作用补充能量，使得宰后肌肉中糖原含量下降，乳酸生成量减少，宰后 pH 较高；同时，运输使羊肉血红素含量升高，导致肉色加深。pH 高于肌肉蛋白质等电点时，持水能力较高，而极限 pH 高时蒸煮损失率相对较少。因此，随着运输时间的延长，羊肉蒸煮损失率下降。不同运输时间下羊肉品质常见指标的变化比较见图 3-2 和表 3-6、表 3-7（夏安琪，2014）。宰前运输会对羊肉品质造成不同程度的消极影响，因此宰前应尽量避免运输或运输后采用其他宰前操作使肉羊从运输应激中恢复。

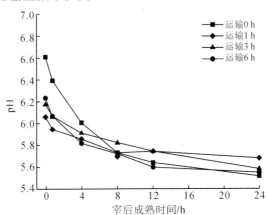

图 3-2　不同宰前运输时间下羊肉 pH 的变化

注：图中数据表示为平均值±标准差（$n=10$）。

表 3-6　不同宰前运输时间下羊肉食用品质的比较

品质指标	宰前运输时间				P 值
	对照（0 h）	1 h	3 h	6 h	
L^*	42.51 ± 2.06^a	41.92 ± 1.40^a	38.00 ± 2.31^b	37.64 ± 2.49^b	<0.001
a^*	17.01 ± 2.61	15.71 ± 1.25	15.31 ± 1.33	15.09 ± 1.40	0.088
b^*	8.52 ± 3.67^{ab}	9.92 ± 0.70^a	7.03 ± 1.83^b	6.79 ± 1.10^b	0.007
ΔE	58.30 ± 1.16^b	59.51 ± 1.53^b	61.87 ± 1.95^a	62.09 ± 2.31^a	<0.001

品质指标	宰前运输时间				P 值
	对照（0 h）	1 h	3 h	6 h	
滴水损失/%	0.75±0.22	0.78±0.18	0.56±0.12	0.54±0.21	0.065
蒸煮损失/%	38.53±1.27[ab]	39.03±4.48[a]	35.94±3.11[bc]	35.69±1.50[c]	0.024
剪切力/kg	4.55±0.29[b]	5.67±0.63[a]	5.51±0.91[a]	5.26±0.45[a]	0.002

注：表中数据表示为平均值±标准差（$n=10$），同行上标字母不同表示差异显著（$P<0.05$）。

表 3-7　不同宰前运输时间下羊肉感官品质特性评价

感官评定	宰前运输时间				P 值
	对照（0 h）	1 h	3 h	6 h	
膻味	3.34±0.67[a]	3.22±0.36	3.30±0.52	3.11±0.78	0.855
嫩度	4.78±0.36[a]	4.64±0.58	4.06±0.53[b]	4.33±0.50[ab]	0.020
多汁性	3.20±0.52	3.24±0.77	2.74±0.59[b]	2.79±0.61	0.204
总体可接受性	5.33±0.42[a]	5.11±0.60[ab]	4.61±0.60[bc]	4.22±0.62[c]	0.001

注：表中数据表示为平均值±标准差（$n=10$），同行上标字母不同表示差异显著（$P<0.05$）；感官评价指标：膻味（1=极弱、没有膻味，9=具有非常强烈膻味），嫩度（1=极初，9=极嫩），多汁性（1=无汁液，9=多汁），总体可接受性（1=不可接受，9=接受性非常高）。

（2）不同宰前禁食时间对宰后羊肉品质的影响。

动物宰前装卸、运输过程中的断食断水，及宰前人为控制的禁食供水操作均可称为禁食。禁食导致动物体内能量消耗，对动物胴体重量和肉质产生影响，正确的禁食可有效缓解动物在装卸及运输过程中产生的紧张情绪和应激反应，减少屠宰时胃中残留食物量，降低肠胃破裂的发生率以及肠胃破裂时食物和粪便对胴体造成的污染，改变宰后肉的品质。宰前进行不同时间的禁食管理对肉质的影响不同。

Zimerman 等（2011）研究发现，羊宰前禁食会使血液中部分应激指标发生变化，如皮质醇和尿素含量上升，但对 pH、肉色和持水力等肉质指标无显著影响。而 Greenwood（2010）研究发现，宰前禁食会使山羊羔肉色加深，禁食或禁食过程中造成的应激反应会使羊肉的极限 pH 升高，对肉色有影响。夏安琪（2014）较系统地研究了不同宰前禁食时间对羊肉品质的影响，发现宰前禁食 24 h 组在宰后 4 h 内羊肉的 pH 显著高于禁食 12 h 组和不进行禁食处理的对照组，但随着成熟时间延长至 24 h，不同宰前禁食时间处理组之间极限 pH 的显著性差异消失，pH 均降至 5.9 左右（图 3-3）。另外，不同禁食时间管理组之间羊肉的糖原含量、肉色、滴水损失、嫩度及感官品质的差异均不显著，而宰前禁食能够降低羊肉的大肠菌群总数。表明禁食可以减少粪便和皮毛对胴体的污染，有益于羊肉的卫生品质；宰前禁食 12 h 和 24 h 能够促进宰后蛋白质的降解，但其程度未能使肉质发生变化。不同宰前禁食时间下羊肉品质常见指标的变化比较见图 3-4 和表 3-8～表 3-10。

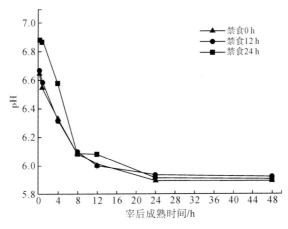

图 3-3　不同宰前禁食时间下羊肉 pH 的变化（夏安琪，2014）

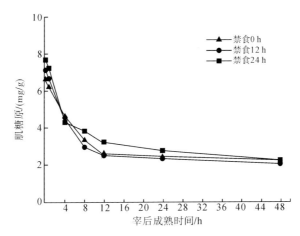

图 3-4　不同宰前禁食时间下肉羊宰后糖原含量的变化（夏安琪，2014）

表 3-8　不同宰前禁食时间下羊肉的食用品质比较（夏安琪，2014）

品质指标	宰前禁食时间			P 值
	对照（0 h）	12 h	24 h	
L^*	41.80±1.30[a]	42.26±0.69	42.54±0.72	0.454
a^*	16.90±1.12	19.09±3.67	16.50±1.29	0.196
b^*	10.67±0.88	11.67±1.23	11.24±1.30	0.453
ΔE	59.20±0.80	59.17±1.17	58.26±0.68	0.192
滴水损失/%	1.65±0.46	1.16±0.30	1.38±0.45	0.155
蒸煮损失/%	33.43±1.21[a]	34.0±1.09[a]	30.93±2.29[b]	0.011
剪切力/kg	7.26±0.97	7.38±0.20	6.86±0.38	0.388

注：表中数据表示为平均值±标准差（$n=10$），同行上标字母不同表示差异显著（$P<0.05$）。

表 3-9　不同宰前禁食时间下羊肉感官品质特性评价（夏安琪，2014）

感官评定	宰前禁食时间			P 值
	对照（0 h）	12 h	24 h	
膻味	3.50±0.53	3.35±0.47	3.50±0.53	0.752
嫩度	4.10±0.39	4.15±0.34	4.50±0.85	0.255
多汁性	4.05±0.64	4.45±0.50	4.00±0.71	0.226
总体可接受性	5.00±0.47	5.15±0.67	4.60±0.66	0.130

注：表中数据表示为平均值±标准差（$n=10$），同行上标字母不同表示差异显著（$P<0.05$）。感官评价指标：膻味（1＝极弱、没有膻味，9＝具有非常强烈膻味），嫩度（1＝极初，9＝极嫩），多汁性（1＝无汁液，9＝多汁），总体可接受性（1＝不可接受，9＝接受性非常高）。

表 3-10　不同宰前禁食时间下羊肉微生物含量对比（夏安琪，2014）

微生物含量	宰前禁食时间			P 值
	对照（0 h）	12 h	24 h	
菌落总数（lg CFU/g）	4.88±0.27	5.32±0.14	4.82±0.50	0.219
大肠菌群（MPN/100 g）	920	<300	<300	—

（3）运输后禁食或饲喂处理对宰后羊肉品质的影响。

畜禽运输后在适当的环境下进行充分休息或饲养处理，可恢复宰前管理带来的疲劳和紧张感，有利于畜禽宰后肉品质的提高。

有研究证明（Liste et al.，2011；Zhen et al.，2013），畜禽运输后禁食能够降低其血液中衡量应激程度的指标值，如皮质醇、血糖及乳酸浓度等，也可以在一定程度上帮助畜禽恢复体内肌糖原储备，避免宰后最终 pH 高于正常水平，降低 DFD 肉的发生率。夏安琪（2014）研究发现，运输后禁食 0 h 的羊宰后 48 h 肉的 pH 较高，肉色较深，剪切力较高且感官评价嫩度值较低，说明经运输后羊被直接屠宰会对肉质造成消极影响；运输后禁食 12 h 和 24 h 处理组，羊肉的 pH、嫩度和感官评价等品质指标均优于 0 h 禁食组，其他大部分指标与对照组差异不显著，说明运输后禁食能够缓解动物疲劳和应激，改善肉质。这与 Ekiz 等（2012）的研究结果一致，其发现肉羊经运输 75 min 后休息 30 min 和休息 18 h 的肉质差异显著，与休息 30 min 的肉羊相比，休息 18 h 肉羊的肌肉 pH 和剪切力值下降，持水力和蒸煮损失率上升，肉质相对较好。另外，运输后不同时间饲喂处理组羊肉的部分品质指标与对照组差异显著，但运输后饲喂 36 h 或更长时间与饲喂 0 h（运输后禁食 24 h）的羊肉品质差异不显著。表明羊运输后禁食适当时间或饲喂合理时间均有利于改善羊肉品质。

2）屠宰方式对宰后羊肉品质的影响

肉羊屠宰有清真屠宰和非清真屠宰两类。清真宰牲必须符合伊斯兰教教义教规的文化属性，要求宰牲和放血要快，尽量减少肉羊的痛苦，宰牲时直接割断喉咙及主要血管，放血充分；而西方宰牲方式强调动物福利，要求必须有电击晕方式。

（1）电击晕对宰后羊肉品质的影响。

除直接刺杀放血外，电击晕是牛、羊、猪等宰前最常用的致晕方式。目前，国内外学者针对家禽电击晕参数及其对肉质的影响研究较多，大部分结果认为电击晕的影响多集中在淤血点、放血率等胴体上面，而对于肉食用品质影响的结果尚未有统一认识。

Velarde 等（2013）认为电击晕（250V，3s）对羊肉品质的影响不显著；Vergara 和 Gallego（2000）研究认为，宰前电击晕（125V，10s）对肉羊宰后 24 h 的肉质影响不显著，对宰后成熟 5～7d 的肉质影响显著；而 Bianchi 等（2011）对比羊宰前电击晕（400V，1A，7s）与未击晕处理羊肉的感官品质评价后，认为宰前电击晕组羊肉的嫩度、风味和可接受性均显著高于未击晕组；夏安琪（2014）研究发现，电击晕组（600V，0.5s 后 120V，2.5s）羊宰后初期 pH 较高，但随宰后成熟时间的延长，电击晕处理组与对照组的 pH 差异逐渐消失；另外，电击晕组羊宰后 24 h 的羊肉剪切力较高，感官评价嫩度和总体可接受性评分较低，说明电击晕处理不利于羊肉嫩度和总体肉质评分。因此，电击晕对羊肉肉质的影响结果差异较大。如何有效地对羊进行宰前致晕并对羊肉品质无负面影响仍需进一步研究。

（2）放血对宰后羊肉品质的影响。

放血是决定羊肉品质优劣及卫生质量的关键环节。理想的放血过程可完全排出肉羊体内的血液，使肉羊在较短时间内死亡，以获得优质羊肉。

放血完全或充分的羊肉色泽鲜艳、味道纯正、含水量少、弹性强、不黏手、能长时间贮藏；而放血不全的羊肉会致使肌肉颜色发暗，脂肪不同程度红染，皮下静脉血液滞留，肌肉被切开时，有肉眼可见暗红区域或少量血滴流出等现象，并且羊肉缺乏光泽、有血腥味、含水量多、手感湿润，利于微生物生长繁殖，更容易发生腐败变质，严重降低了羊肉的经济价值（周光宏，2002）。

肉羊屠宰前休息有利于放血，并可减少体内淤血现象，而致晕或电击晕时间过长易造成血液淤积于肌肉内，造成放血不全。

3）宰后不同处理方式对羊肉品质的影响

动物宰后僵直的环境对肉的食用品质（颜色、风味、保水性）均有显著影响。一般情况下，可通过调节宰后肌肉所处环境对肉品质进行调控，如控制贮藏温度、宰后冷却、电刺激、吊挂处理等。若宰后处理不当，肉的嫩度、颜色、风味及保水性等食用品质均会下降。

（1）电刺激对羊肉品质的影响。

电刺激是指在一定电压、频率下对宰后动物的胴体作用一定的时间，从而改变其肌肉的收缩状态，达到改善肉品质的目的。电刺激主要表现为：①加快肌肉的糖酵解速率，使肉的 pH 快速下降，从而使肉在较高温度下进入僵直状态，避免冷收缩的发生；②电刺激处理可引发胴体肌肉的强烈收缩，蛋白质结构变化，肌原纤维间结构松弛，肉的保水性得以加强，品质得以改善；③电刺激处理结合适当的冷却温度，可缩短肉的成熟时间；④能够进行热剔骨，分割肉时不会发生冷收缩；⑤电刺激可提高钙激活蛋白酶的活性，加速蛋白质降解，增加肉的嫩度（孔保华，2011；汤晓艳等，2007）。

电刺激处理对羊肉品质常见指标的影响见表 3-11 和表 3-12，可以看出，电刺激会导致羊肉 pH 在短期内便降至较低水平，剪切力值快速下降；能够提高羊肉肌原纤维小片化指数，促进钙激活蛋白酶的活性，从而能显著提高羊肉的嫩度；对羊肉在贮藏期间的色度影响不大；电刺激会导致羊肉的蒸煮损失率和解冻滴水损失率增加，对羊肉的保水性有负面影响；并且会造成羊肉脂肪氧化速率加速，更易发生腐败。总之，电刺激能有效改善羊肉的嫩度，但不利于长期保存。

表 3-11　电刺激处理对羊肉理化指标的影响（贾文婷，2013）

时间/d	pH		挥发性盐基氮/（mg/100 g）		过氧化值/%	
	空白组	电刺激	空白组	电刺激	空白组	电刺激
1	7.09±0.016[a]	6.03±0.006[b]	7.85±0.01[a]	7.83±0.015[a]	7.24±0.006[a]	7.25±0.006[a]
2	6.84±0.02[c]	5.91±0.044[b]	8.68±0.01[a]	8.67±0.01[a]	7.66±0.021[a]	7.68±0.01[a]
3	6.53±0.016[a]	5.84±0.057[b]	9.51±0.02[a]	9.52±0.02[a]	7.78±0.01[a]	7.88±0.015[a]
4	6.15±0.012[c]	5.52±0.01[b]	10.35±0.03[a]	10.57±0.01[a]	8.72±0.01[b]	8.75±0.049[b]
5	6.08±0.006[c]	5.92±0.006[b]	11.28±0.01[a]	11.34±0.006[b]	9.13±0.01[c]	9.32±0.021[b]
6	5.88±0.012[c]	6.04±0.006[b]	12.57±0.017[a]	12.81±0.052[b]	9.86±0.025[c]	10.75±0.015[b]
7	5.46±0.006[c]	6.09±0.015[b]	13.83±0.015[a]	14.05±0.045[b]	10.34±0.015[c]	11.91±0.025[b]
8	5.34±0.01[c]	6.22±0.012[b]	14.73±0.02[a]	15.36±0.025[b]	11.22±0.02[c]	12.89±0.006[b]
9	5.98±0.012[c]	6.30±0.01[b]	16.15±0.07[c]	18.92±0.05[b]	12.04±0.01[c]	13.57±0.021[b]
10	6.16±0.006[c]	6.43±0.006[b]	17.8±0.04[c]	21.07±0.05[b]	13.01±0.025[c]	15.33±0.01[b]
11	6.23±0.006[c]	6.38±0.023[b]	19.28±0.03[c]	23.61±0.045[b]	14.14±0.015[c]	17.08±0.01[b]
12	6.44±0.016[c]	6.32±0.006[b]	21.07±0.035[c]	25.73±0.023[b]	15.24±0.01[c]	18.93±0.05[b]
13	6.24±0.006[c]	6.21±0.023[b]	27.15±0.001[c]	29.92±0.025[b]	16.24±0.01[c]	19.03±0.05[b]
14	6.15±0.016[c]	6.10±0.006[b]	31.44±0.04[c]	33.87±0.39[b]	16.28±0.01[c]	20.33±0.05[b]
15	6.01±0.006[c]	5.89±0.023[b]	38.28±1.34[c]	44.81±1.05[b]	16.54±0.01[c]	20.97±0.05[b]
16	5.87±0.016[c]	5.80±0.006[b]	45.44±0.035[c]	48.93±0.57[b]	16.84±0.01[c]	21.31⊥0.05[b]

表 3-12　电刺激处理对羊肉食用品质的影响（贾文婷，2013）

时间/d	嫩度/N		蒸煮损失率/%		滴水损失率/%	
	空白组	电刺激	空白组	电刺激	空白组	电刺激
1	10.11±0.055[c]	9.95±0.051[b]	9.93±0.32	17.70±0.95[a]	2.27±0.01[c]	5.57±0.01[b]
2	11.45±0.12[a]	10.47±0.24[b]	14.53±0.41[c]	19.33±0.06[b]	4.75±0.058[c]	7.45±0.01[b]
3	11.82±0.18[c]	11.48±0.066[b]	18.90±0.30[c]	20.33±0.15[b]	6.56±0.01[b]	11.22±0.021[b]
4	12.60±0.07[c]	11.98±0.06[b]	18.70±0.20[c]	22.10±0.20[b]	8.75±0.02[c]	10.13±0.021[b]
5	12.73±0.075[c]	10.2±0.026[b]	19.37±0.21[c]	24.47±0.15[b]	8.87±0.01[a]	9.23±0.015[b]

续表

时间	嫩度/N		蒸煮损失率/%		滴水损失率/%	
/d	空白组	电刺激	空白组	电刺激	空白组	电刺激
6	12.82 ± 0.09^c	7.58 ± 0.046^b	20.47 ± 0.21^c	23.97 ± 0.21^b	6.94 ± 0.032^c	7.66 ± 0.015^b
7	13.02 ± 0.025^c	6.93 ± 0.047^b	23.60 ± 0.81^c	23.29 ± 0.076^b	5.55 ± 0.01^c	6.38 ± 0.012^b
8	13.38 ± 0.025^c	6.22 ± 0.03^b	21.50 ± 0.10^c	22.63 ± 0.611^b	4.06 ± 0.01^c	5.78 ± 0.01^b
9	10.95 ± 0.032^c	5.89 ± 0.071^b	20.50 ± 0.60^c	22.47 ± 0.74^b	3.33 ± 0.015^c	4.97 ± 0.01^b
10	8.49 ± 0.02^c	5.49 ± 0.032^b	20.10 ± 0.60^c	21.30 ± 0.62^b	2.98 ± 0.01^c	4.54 ± 0.006^b
11	6.99 ± 0.025^c	4.99 ± 0.038^b	19.33 ± 0.71^c	21.23 ± 0.51^b	2.54 ± 0.01^c	3.89 ± 0.025^b
12	5.44 ± 0.03^c	4.48 ± 0.057^b	19.90 ± 0.89^c	20.83 ± 0.61^b	2.52 ± 0.217^c	2.88 ± 0.01^b
13	5.33 ± 0.025^c	4.34 ± 0.043^b	18.90 ± 0.54^c	20.13 ± 0.61^b	2.54 ± 0.01^c	2.89 ± 0.025^b
14	4.63 ± 0.015^c	4.13 ± 0.023^b	17.30 ± 0.79^c	19.23 ± 0.41^b	2.42 ± 0.217^c	2.48 ± 0.01^b
15	4.32 ± 0.025^c	4.01 ± 0.043^b	16.90 ± 0.89^c	18.83 ± 0.61^b	2.34 ± 0.01^c	2.39 ± 0.025^b
16	4.21 ± 0.015^c	3.92 ± 0.023^b	16.5 ± 0.335^c	18.34 ± 0.61^b	2.52 ± 0.217^c	2.88 ± 0.01^b

注：表中相同字母上标表示差异不显著（$P\leqslant0.05$）。

（2）吊挂排酸处理对羊肉品质的影响。

吊挂是将宰后的胴体肌肉通过施加与肌肉收缩张力相反的力，加速肌原纤维小片化的形成，从而改善肉的品质。而排酸是指动物经宰杀后，在严格控制的 $0\sim4$ ℃、相对湿度 90% 的条件下一般放置 $12\sim24$ h，使胴体迅速冷却，肉类中的酶发挥作用的同时排空血液及部分体液，减少有害物质的含量，改善肉品质一系列肉类后成熟的工艺。一般吊挂和排酸处理是同时进行的。

贾文婷（2013）通过对羊肉实施吊挂处理发现，吊挂处理在羊肉诸多品质上的作用与电刺激相似，均能使羊肉剪切力值下降，提高羊肉的肌原纤维小片化指数，达到嫩化羊肉的效果；均能增加羊肉的蒸煮损失率和解冻滴水损失率，降低羊肉的保水性，但吊挂处理的作用效果不及电刺激处理，其测定结果见表 3-13、表 3-14。另外，吊挂处理既可使羊肉色泽更鲜红，又不会加速羊肉的脂肪氧化，缩短其货架期。排酸过程中羊肉的色泽由鲜红色逐渐变为鲜亮色，肉色加深，膻味逐渐减小，滋气味增加，风味更浓；排酸过程中肌肉中的肌糖原酵解生成乳酸，可杀灭部分微生物，延长肉品保存期限；排酸也可造成肌原纤维结构弱化，提高羊肉嫩度，改善羊肉品质（王利民，2009）。

表 3-13　吊挂处理对羊肉理化指标的影响（贾文婷，2013）

时间	pH		挥发性盐基氮/（mg/100 g）		过氧化值/%	
/d	空白组	吊挂	空白组	吊挂	空白组	吊挂
1	7.09 ± 0.016^a	7.09 ± 0.015^a	7.85 ± 0.01^a	7.81 ± 0.02^a	7.24 ± 0.006^a	7.24 ± 0.006^a
2	6.84 ± 0.02^c	6.63 ± 0.006^a	8.68 ± 0.01^a	8.67 ± 0.025^a	7.66 ± 0.021^a	7.64 ± 0.205^a
3	6.53 ± 0.016^a	6.33 ± 0.02^a	9.51 ± 0.02^a	9.51 ± 0.03^a	7.78 ± 0.01^a	7.78 ± 0.01^a

续表

时间/d	pH		挥发性盐基氮/ (mg/100 g)		过氧化值/%	
	空白组	吊挂	空白组	吊挂	空白组	吊挂
4	6.15±0.012[c]	6.02±0.023[a]	10.35±0.03[a]	10.35±0.01[a]	8.72±0.01[b]	8.65±0.01[a]
5	6.08±0.006[c]	5.89±0.01[a]	11.28±0.01[a]	11.28±0.01[a]	9.13±0.01[c]	9.05±0.035[a]
6	5.88±0.012[c]	5.43±0.017[a]	12.57±0.017[a]	12.55±0.01[a]	9.86±0.025[c]	9.77±0.021[a]
7	5.46±0.006[c]	5.66±0.021[a]	13.83±0.015[a]	13.82±0.01[a]	10.34±0.015[c]	10.22±0.01[a]
8	5.34±0.01[c]	5.71±0.012[a]	14.73±0.02[a]	14.74±0.03[a]	11.22±0.02[c]	11.08±0.015[a]
9	5.98±0.012[c]	6.33±0.006[a]	16.15±0.07[c]	15.56±0.02[a]	12.04±0.01[c]	11.77±0.02[a]
10	6.16±0.006[c]	6.58±0.006[a]	17.8±0.04[c]	17.8±0.01[a]	13.01±0.025[c]	12.33±0.02[a]
11	6.23±0.006[c]	6.49±0.01[a]	19.28±0.03[c]	18.41±0.045[a]	14.14±0.015[c]	13.12±0.01[a]
12	6.44±0.016[c]	6.44±0.012[a]	21.07±0.035[c]	20.047±0.095[a]	15.24±0.01[c]	14.08±0.015[a]
13	6.24±0.006[c]	6.38±0.01[a]	27.15±0.001[c]	23.66±0.59[a]	16.24±0.01[c]	14.98±0.015[a]
14	6.15±0.016[c]	6.29±0.012[a]	31.44±0.04[c]	29.80±0.44[a]	16.28±0.01[c]	15.38±0.015[a]
15	6.01±0.006[c]	5.98±0.01[a]	38.28±1.34[c]	37.99±0.56[a]	16.54±0.01[c]	15.98±0.015[a]
16	5.87±0.016[c]	5.83±0.012[a]	45.44±0.035[c]	44.17±0.19[a]	16.84±0.01[c]	16.38±0.015[a]

表 3-14　吊挂处理对羊肉食用品质的影响（贾文婷，2013）

时间/d	嫩度/N		蒸煮损失率/%		滴水损失率/%	
	空白组	吊挂	空白组	吊挂	空白组	吊挂
1	10.11±0.055[c]	10.31±0.11[a]	9.93±0.32	10.30±0.36[a]	2.27±0.01[c]	2.9±0.01[a]
2	11.45±0.12[a]	11.27±0.035[a]	14.53±0.41[c]	13.80±0.10[a]	4.75±0.058[c]	7.16±0.026[a]
3	11.82±0.18[c]	11.55±0.071[a]	18.90±0.30[c]	16.53±0.15[a]	6.56±0.01[b]	8.98±0.01[a]
4	12.60±0.07[c]	12.10±0.066[a]	18.70±0.20[c]	20.87±0.25[a]	8.75±0.02[c]	9.54±0.01[a]
5	12.73±0.075[c]	12.48±0.067[a]	19.37±0.21[c]	22.1±0.10[a]	8.87±0.01[c]	8.22±0.055[a]
6	12.82±0.09[c]	12.81±0.047[a]	20.47±0.21[c]	23.67±0.15[a]	6.94±0.032[c]	7.41±0.01[a]
7	13.02±0.025[c]	10.06±0.042[a]	23.60±0.81[c]	22.40±0.52[a]	5.55±0.01[c]	6.17±0.01[a]
8	13.38±0.025[c]	7.49±0.038[a]	21.50±0.10[c]	21.47±0.60[a]	4.06±0.01[c]	5.33±0.006[a]
9	10.95±0.032[c]	6.75±0.04[a]	20.50±0.60[c]	21.67±0.93[a]	3.33±0.015[c]	4.26±0.006[a]
10	8.49±0.02[c]	6.41±0.03[a]	20.10±0.60[c]	20.87±0.66[a]	2.98±0.01[c]	4.17±0.01[a]
11	6.99±0.025[c]	5.80±0.079[a]	19.33±0.71[c]	19.37±0.115[a]	2.54±0.01[c]	3.52±0.032[a]
12	5.44±0.03[c]	5.24±0.07[a]	19.90±0.89[c]	19.17±0.32[a]	2.52±0.217[c]	2.78±0.01[a]
13	5.33±0.025[c]	5.01±0.04[a]	18.90±0.54[c]	19.21±0.32[a]	2.54±0.01[c]	2.52±0.032[a]
14	4.63±0.015[c]	4.54±0.03[a]	17.30±0.79[c]	18.17±0.12[a]	2.42±0.217[c]	2.38±0.01[a]
15	4.32±0.025[c]	4.23±0.04[a]	16.90±0.89[c]	18.13±0.32[a]	2.34±0.01[c]	2.32±0.032[a]
16	4.21±0.015[c]	4.11±0.033[a]	16.5±0.335[c]	17.17±0.32[a]	2.52±0.217[c]	2.78±0.01[a]

注：表中相同字母上标表示差异不显著（$P \leqslant 0.05$）。

（3）不同冷却条件对羊肉品质的影响。

冷却的目的主要是迅速散失胴体热量，减缓胴体 pH 的下降速率，抑制微生物的生长繁殖。常用的冷却方式有常规冷却、真空冷却、快速冷却、冰温冷却、延迟冷却等。Janz 等（2001）和 Miller 等（2011）研究认为，快速冷却虽可以降低冷却失重，提高微生物稳定性，但易造成冷收缩并破坏自溶酶系统功能，降低肉的嫩度及其他品质，不过可以通过电刺激等技术加以改善；而 Li 等（2012）的研究结果显示，快速冷却会对肉的嫩度有显著改善作用。因此，快速冷却对肉品质的影响尚无统一定论。

王薇（2015）研究了快速冷却和常规冷却对羊肉品质的影响，发现不同冷却条件处理对羊肉品质的影响显著，快速冷却 1 h 能减缓羊肉 pH 的下降速率，增加总色素浓度，使肉色泽更鲜红，并能有效改善羊肉的保水性，明显降低脂肪的氧化作用，但对肉的嫩度没有改善作用。

（4）贮藏温度对羊肉品质的影响。

动物被宰杀后，肉并不是马上进行加工和食用，而需贮藏一定的时间。温度对肌肉成熟有着重要的影响，肉品的贮藏温度越高，肌肉成熟速度越快，但高温环境中，肌球蛋白和肌动蛋白不易形成肌动球蛋白，肌糖原酵解速率加快，会导致 PSE 肉的发生比例增高；在中温成熟时，僵直硬度是在中温域引起，此时肌肉收缩小，成熟时间也短，且此温度环境对肉的颜色和风味影响不大，但是中温环境适合微生物繁殖，肉的货架期短。肉在贮存期间，色泽会发生变化，温度越高，颜色变化越快，同时，在微生物作用下，肉表面会出现发绿、发青等现象；在一定温度范围内，细菌生长速度随温度的升高而加快，随着微生物生长而引起的脱氨、脱羧作用，导致蛋白质分解成挥发性盐基氮，对肉品质有重要影响。鉴于高温、中温环境成熟都有各自的缺点，因此人们常采用低温冷藏的方式使肉质缓慢成熟，在保证了肉的色泽和风味的同时，也抑制了微生物的生长繁殖，确保了肉的良好品质（阎连吉，1992）。

有研究发现，不同的贮存温度对羊肉品质的作用影响显著（$P<0.05$）。在较低温度（≤5 ℃）下贮存羊肉时，羊肉在测定期内大部分指标均保持较低水平，微生物繁殖速率低，细菌增长慢；油脂酸败速率缓慢；挥发性盐基氮值增加速度慢；水分散失慢，pH 变化趋势平缓，说明羊肉的贮藏温度越低，其货架期越长，品质劣变速度越缓慢；而较高温度（≥10 ℃）贮存时，羊肉氧化速度加快，肉色变暗迅速；挥发性盐基氮和微生物数目增大速率快，pH 回升时间短，比起低温（≤5 ℃）条件下贮存，羊肉品质劣变速度加快。但在较高温度（≥10 ℃）下贮存羊肉、完成成熟过程更快，肉中肌原纤维小片化程度更大，剪切力值小，嫩化效果越好（王薇，2015；李利，2003；秦瑞升等，2007；卢智，2005）。贮藏温度对羊肉品质常见指标的影响如图 3-5～图 3-12 所示。

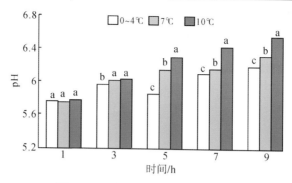

图 3-5 贮藏温度对羊肉 pH 的影响

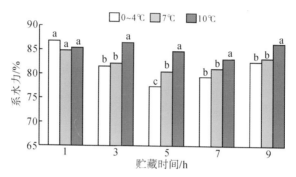

图 3-6 贮藏温度对羊肉系水力的影响

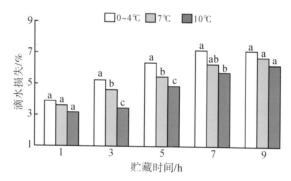

图 3-7 贮藏温度对羊肉滴水损失的影响

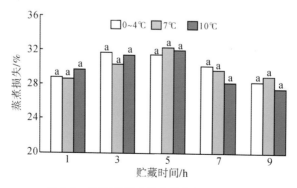

图 3-8 贮藏温度对羊肉蒸煮损失的影响

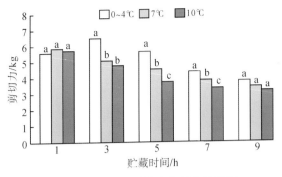

图 3-9　贮藏温度对羊肉剪切力的影响

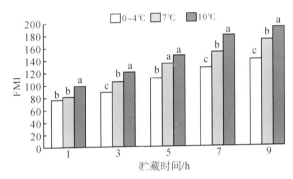

图 3-10　贮藏温度对羊肉 MFI 的影响（MFI 代表
肌原纤维的分解程度）

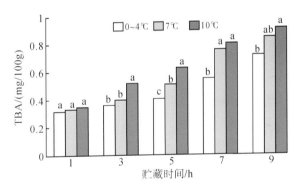

图 3-11　贮藏温度对羊肉 TBA 的影响

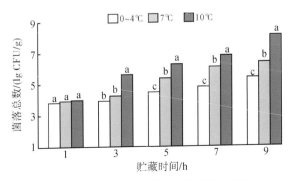

图 3-12　贮藏温度对羊肉菌落总数的影响

3.2　冷却羊肉低温保鲜关键技术

肉类贮藏的方法很多，如气调保鲜、腌制、添加保鲜剂、一定剂量的放射线照射、脱水干制、低温保鲜等。其中，应用最广泛的是低温保鲜。它不仅贮藏时间长，而且在冷加工中不会引起肉的组织结构和性能发生根本变化，因此低温保鲜是肉类最完善的贮藏方法之一。低温保鲜可分为冷藏保鲜（温度设置在 0～4 ℃）、冰温保鲜（温度设置在 0 ℃以下冰点以上）和冷冻保鲜（温度设置在冰点以下）三类，本节将介绍前两类。

3.2.1　冷却羊肉冷藏保鲜

1. 冷藏保鲜的定义与原理

肉变质的主要原因是微生物和酶的作用，因此，肉的保鲜一方面需控制微生物和酶类对食品的分解作用及环境中氧气的氧化作用；另一方面需保持肉的营养成分及色香味等感官品质。

酶的种类繁多，但其作用受多种条件约束，其中温度是最重要的因素之一，酶只能在一定的温度范围内才能发挥作用。在低温条件下，酶的活力显著下降，通常 0 ℃条件下大部分酶的活力受到严重抑制，对肉的作用微小，这是低温贮藏肉类的重要原因（卢士玲和李开雄，2004）。

此外，低温条件下还能减缓微生物生长繁殖的速度。羊在屠宰过程中由于受到自然环境及屠宰者和屠宰工具等不同程度的污染，微生物在肉表面生长蔓延，然后沿着肌间疏松的结缔组织延伸，当达到骨膜后，微生物则沿着骨膜扩散进而侵入周围肌组织。刘子宇等（2008）研究表明，导致冷却肉腐败的主要微生物有肠杆菌科、假单胞菌属、乳酸菌、李斯特菌属、热杀索丝菌属等菌群。大多数致病菌如腐生的革兰氏阴性杆菌和微球菌的最低繁殖温度为 3～5 ℃，因此，冷藏温度设置在 4 ℃以下，基本可以达到抑制微生物生长的效果（姚笛和于长青，2007）。

2. 冷却羊肉冷藏保鲜的关键技术

1）胴体的冷却

刚被屠宰的羊胴体由于自身的热量还未散去，同时由于死后肌肉内部发生一系列复杂的生化变化，释放一定的僵直热，因此羊胴体的温度会进一步上升到 40 ℃左右。该温度范围适合微生物的生长繁殖和酶发挥作用，对羊肉的贮藏不利。因此，屠宰后需首先使羊胴体的温度在一定条件下下降至冷藏温度，使微生物的生长繁殖和酶活力降低至最低程度。其次，在冷却过程中由于羊肉水分蒸发，易在羊肉表面形成干燥膜，可阻止微生物的进一步污染，并能有效减缓羊肉内部水分的损失。羊胴体冷却速度不宜过快，防止冷收缩，胴体冷却成熟温度一般为 0～4 ℃，相对湿度 85%～90%，成熟时间不少于 48 h（张德权，2016）。

羊肉的冷却方法主要包括以下几种。

（1）空气冷却法：利用低温冷空气流过食品表面使食品温度下降。空气作为冷却介质的主要优点是无色、无味、无臭、无毒，对食品无污染，空气流动性好，容易形成对流，动力消耗小，成本低；主要缺点是导热系数小、密度低、对流放热系数小、冷却速度慢、会引起食品干耗、对脂肪性食品有氧化作用等。空气冷却法中的空气来自冷却室的制冷系统，为了使冷却室内的温度均匀，一般用鼓风机使冷却室内的空气形成循环。在冷却食品物料和冷空气确定后，空气的流速决定着降温的速率，若流速过快，降温的速度也会越快，当用相对湿度较低的冷空气冷却未经包装的食品时，食品表面的水分会蒸发，引起干耗。

（2）真空冷却法：也称加压冷却，是指食品处于真空状态并保持冷却环境压力低于食品的水蒸气压，造成食品物料中的水分蒸发，带走大量蒸发潜热而使食品温度降低，当食品物料的温度达到要求的温度时，应破坏真空状态以减少水分的进一步蒸发。真空冷却法的优点是冷却速度快、冷却均匀，由于蒸发速率快，所需降温时间也就短，造成的水分损失并不大。

（3）水冷却法：是指通过低温水把食品冷却到指定温度的方法。冷却水的温度一般在 0 ℃左右，冷却水可以采用机械制冷或碎冰降温。冷却水和空气相比有较高的传热系数，既可缩短冷却时间又不会造成干耗。水冷却法常有三种形式：①浸渍式：被冷却食品直接浸没在冷水中冷却，冷水被不停搅拌，使温度保持均匀；②洒水式：在被冷却食品的上方，由喷嘴把冷却后有压力的水呈散水状喷向食品，达到冷却的目的；③降水式：被冷却的物料在传送带上移动，上部的水均匀地降下来，这种方式适用于物料的大量处理。

（4）碎冰冷却法：利用冰块融化带走大量热量而使食品温度下降。冰是一种很好的介质，具有很强的冷却能力，并且价格便宜、无害、易于携带和贮藏。冰冷却能避免干耗现象。为了提高碎冰冷却效果，要求冰要细碎，与食品的接触面大，冰融化成水要及时排出。用于冷却食品的冰有淡水冰和海水冰。

羊肉胴体的冷却主要采用空气冷却方法。

2）初始菌落的控制

严格控制羊肉的初始菌数在较低水平是延长羊肉货架期的前提。羊肉胴体外部及其内腔，以及工作台等生产环境都是鲜羊肉中微生物的主要来源。减少胴体表面初始菌数，除了要严格遵守卫生屠宰和分割操作，进行温度控制，采取适当包装外，还要对羊肉采取适当的措施使其菌落数降低。国内外常用热水喷淋、有机酸喷淋等方法对冷却肉中的初始微生物进行控制：①热水喷淋是一种简易有效的方法，有研究表明用 80 ℃热水喷淋羊体表面 10～20s 可致死 99%以上的大肠杆菌和沙门氏菌且不会造成胴体表面变色（马坚毅，2007）；②有机酸喷淋可降低肉的 pH 从而抑制微生物的生长，常用的有机酸有乙酸、乳酸、山梨酸、柠檬酸、葡萄糖酸等，其中以乳酸的应用最为广泛。

3）与其他保鲜技术结合

马坚毅（2007）研究了羊胴体排酸成熟后，分割肉经真空收缩包装后在冷藏（2～3 ℃）过程中的微生物变化，测定结果见表 3-15。

表 3-15　羊肉贮藏过程中微生物变化（马坚毅，2007）

不同贮藏期的微生物	前肩	后腿	脊背
1d（×10⁴ CFU/g）	1.63±0.54	1.21±0.21	1.01±0.17
3d（×10⁴ CFU/g）	2.48±0.45	1.75±0.11	1.30±0.15
6d（×10⁴ CFU/g）	7.11±2.12	5.03±0.13	4.22±0.12
10d（×10⁴ CFU/g）	9.31±1.12	9.21±0.14	5.88±0.64
15d（×10⁴ CFU/g）	18.7±3.96	21.75±3.96	9.33±1.09
20d（×10⁵ CFU/g）	17.53±1.32	16.72±2.22	1.08±0.11

由表 3-15 可以看出，前肩和后腿贮藏到 10d 后微生物总数即接近于无公害羊肉国家标准中微生物的上限要求，如若不经过真空收缩包装处理，微生物数目会更高，可见羊肉贮藏中仅以低温冷藏并不能彻底抑制微生物的生长繁殖，达到理想的货架期。因此，除了加强生产环境和生产环节中微生物的控制外，为保证冷却羊肉的货架期，还有必要将冷藏保鲜技术与其他保鲜技术相结合。

（1）结合低剂量辐照保鲜技术。

辐射杀菌技术是利用电离辐射产生的射线及高能离子束对鲜肉进行辐照处理，肉中的细菌吸收辐射能量后内部结构发生变化，化学键裂解，DNA 失去复制能力，从而达到抑制微生物生长繁殖的目的（梁俊文，2004）。国外许多专家通过大量的研究证实了辐照保藏技术的安全性，联合国粮农组织（FAO）、世界卫生组织（WHO）和国际原子能机构（IAEA）下的食品辐射联合委员会（EDFI）认为，对任何贮藏食品使用剂量小于10MGy 的辐射不会引起毒理学危害。

对于羊肉保鲜，辐照是一种杀灭新鲜肉中微生物的有效方法，可保证原料肉的安全。朱俊玲等（2006）研究了低剂量辐照对真空包装冷却羊肉理化和感官特性的影响，研究表明，0～4 ℃下 5 kGy 辐射时，羊肉中菌落总数、乳酸菌、假单胞菌及肠杆菌科菌测定结果较理想；当冷却羊肉初始菌数含量较高且不能在 0～4 ℃下辐射时，经 1 kGy 辐射仅对肠杆菌科菌有明显抑制作用，经 3 kGy 辐射仅对乳酸菌有抑制作用且不明显。刘春泉等（2014）试验结果表明，4 kGy 以下剂量辐照处理可有效杀灭羊肉中的霉菌、大肠菌群和沙门氏菌，且在该剂量范围内，有利于保证羊肉在储藏过程中的营养品质。马坚毅（2007）通过测定羊肉中常见微生物的辐照吸收剂量值，研究了不同温度下、不同包装形式下辐照处理对羊肉货架期和营养品质的影响，结果表明经真空包装后 2～4 kgy 低温辐照，贮藏在（2±1）℃环境下羊肉的货架期可达 60 d，比仅使用低温冷藏效果好两倍，但辐照处理会加速羊肉脂肪氧化，且氧化速率与辐照剂量呈正比。

（2）结合紫外杀菌保鲜技术。

紫外线（UV）是波长介于可见光与 X 射线之间的一种电磁波，对微生物有致死作用，其中以 254 nm 致死效果最强。UV 杀菌相对于其他防腐剂的优势在于：UV 杀菌后无残留，不影响食品的温度和湿度，经济效益较高。卢智（2005）发现紫外线的照射距离对杀菌效果的影响比照射时间大，当紫外线照射距离为 10 cm，照射时间为 40 min 时，对冷却羊肉的保鲜效果最好，在贮存第 14 d，菌落总数对数值为 5.8，TVB-N 值为 19.8 mg/100 g，TBARs 值为 0.46 mg/100 g，试验证明了紫外线的杀菌效果。Wong 等 (1998) 发现紫外线能够抑制大肠杆菌和沙门氏菌，但对沙门氏菌的抑制作用比大肠杆菌强。

（3）结合保鲜剂保鲜技术。

保鲜剂是抑制微生物活动，使食品在生产、运输、贮藏、销售过程中减轻腐败的食品添加剂，可分为化学保鲜剂和天然保鲜剂。

①化学保鲜剂。

有机酸及其钠盐是常用的肉制品化学保鲜剂，主要有乳酸、乙酸、山梨酸、柠檬酸、抗坏血酸及其钠盐等。有机酸分子既能透过微生物细胞进入细胞内部而分离细胞内电荷的分布，导致细胞代谢紊乱或死亡，还能降低肉的水分活性和基质的 pH，抑制微生物的生长繁殖（刘树立等，2007）。

余群力和韩玲（1999）研究了醋酸喷涂对冷却羊肉货架期的影响，结果表明 3.5%～4.5% 的醋酸溶液对冷却羊肉的保鲜效果最佳，可抑制肉品中的微生物生长及减缓脂肪氧化速率和 pH 上升速度，还能有效维持羊肉良好的感官品质，延长羊肉的货架期；1.5%～2.5% 的醋酸溶液对延长货架期的效果不明显，而浓度更低的醋酸溶液对羊肉无显著保鲜效果。另外，有研究将多种有机酸混合使用发现对肉的保鲜效果更强，体积分数 2% 的醋酸，1% 的乳酸，0.25% 柠檬酸，0.1% 抗坏血酸的混合水溶液喷洒胴体，可有效抑制肠科杆菌的繁殖，明显延长产品的货架期（夏秀芳和孔保华，2006）。

②天然保鲜剂。

天然保鲜剂主要分为植物源保鲜剂、动物源保鲜剂和微生物源保鲜剂（夏秀芳和孔保华，2006）。

a. 植物源保鲜剂。

植物源保鲜剂主要包括茶多酚、大蒜生姜提取物等。植物源性抗菌防腐剂具有毒性低、来源丰富、价格低廉等特点（言春波等，2005）。

顾仁勇等（2006）用南瓜浸提液进行多种供试菌的抑制，将其应用于羊肉的保鲜，结果使羊肉货架期延长了 4～5d。茶多酚在抑菌方面也发挥着显著的作用，其主要是通过抑制病原微生物的黏附、直接破坏细胞结构等起到对微生物的抑制作用。它对革兰氏阴性需氧杆菌和球菌、兼性厌氧细菌、革兰氏阳性球菌、产芽孢杆菌等都有明显的抑制作用，其抑菌能力与浓度呈正比（Cui et al.，2012），但由于其本身存在的茶香味及带有一定色泽，对肉产品的风味及色泽均有一定影响，因此茶多酚作为抑菌剂的应用受到一定限制。

b. 动物源保鲜剂。

动物源保鲜剂包括溶菌酶、壳聚糖和蜂胶等。

溶菌酶是一种来源简单、易消化吸收、无毒性和残留污染的碱性酶，能水解致病菌中的黏多糖，现已广泛用作食品添加剂。其主要通过破坏细胞壁中的糖苷键，使黏多糖分解为可溶性糖肽，导致细胞壁破裂内容物逸出而使菌体细胞溶解死亡。张德权等（2006a）将溶菌酶与乳酸链球菌素和乳酸钠复配后用于冷却羊肉的保鲜，结果表明其在冷却羊肉的保鲜过程中能显著抑制菌落总数的增长。

壳聚糖同样具有较好的抑菌活性，目前认为壳聚糖可能的抑菌机理有两种：一种是壳聚糖有带正电荷的$-NH_3^+$，可以和细菌表面带负电荷的基团作用，在细胞膜表面形成一层高分子膜，改变细胞膜的流动性和选择透过性，导致菌体新陈代谢紊乱；另一种机理是低分子壳聚糖可以渗入细胞核中并与 DNA 结合，干扰 DNA 的复制与代谢，从而起到杀灭细菌的作用（王继业等，2015）。Kanatt 等（2008）研究了壳聚糖和葡萄糖混合物对冷却羊肉的保鲜效果，试验结果发现混合物组相比对照组的货架期最多可延长两周。

蜂胶对多种细菌、真菌和某些病毒、原生虫具有较强的抑制和杀灭作用，对某些细菌外毒素具有中和作用，并且对人体无害。有研究将蜂胶提取液应用于肉制品保鲜中，发现其可明显延长冷却肉的货架期。另有研究表明蜂胶的最低抑菌浓度为 10mg/mL（夏秀芳和孔保华，2006）。

c. 微生物源保鲜剂。

微生物源保鲜剂主要包括乳酸链球菌素（Nisin）和乳酸菌发酵液等。

Nisin 是由乳链球菌代谢产生的一种多肽物质，主要对革兰氏阳性菌和部分的孢子起抑制作用，对革兰氏阴性菌基本没有抑制作用。其通过细胞膜上磷脂的静电作用而被吸附，并在细胞膜上形成小孔增加细胞膜的透性，造成胞内的必需小分子物质的流失，从而导致细胞死亡，起到杀菌作用。Nisin 被食用后很快被蛋白水解酶消化成氨基酸，不会造成肠道内正常菌群的改变和产生抗药性问题，也不会与其他抗生素出现交叉抗性，因此被公认是安全级的。Nisin 对畜肉中的李斯特氏菌、热死环丝菌等都有良好的抑制效果，在冷却羊肉保鲜中的应用越来越广泛（夏静华，2010）。

乳酸菌具有潜在的抑制致病菌和腐败菌生长繁殖的能力。姚丽娅（2010）利用乳酸菌发酵液喷洒处理真空包装的冷却羊肉，并同其他处理方式对照，通过测定其冷藏过程中的微生物指标、理化指标和感官品质评价乳酸菌发酵液对冷却羊肉的保鲜效果。结果显示：真空包装的冷却羊肉经不同保鲜液处理后，保鲜效果存在一定的差异，其中以 10^7 CFU/mL 浓度的乳酸菌处理组的保鲜效果最好，pH 始终维持在一个较低的水平，TVB-N 值在贮存末期低于 9 mg/100 g，感官品质良好，红度 a^* 值高，红色较均匀；乳酸菌发酵液处理后，对大肠菌群的抑制作用较强，细菌总数对数值维持在 5.9～6.1，可以使冷却羊肉的货架期达到 40 d，比对照组延长了 7d 以上，达到了保鲜的目的。

（4）结合高压灭菌技术。

高压技术是指将食品放入液体介质中，施以 100～1000 MPa 的压力处理的过程。高压可使微生物及酶蛋白凝固而失去活性，从而可延长制品的贮藏期；另外，高压还可改善食品功能特性（如提高肉的嫩度）且不会对食品产生任何不良影响，是一种绿色贮藏保鲜技术，因而逐渐被用于食品防腐保藏中。高压对微生物作用的效果受多种相互作用的因素影响，如处理时间、温度、压强、细菌种类等，一般革兰氏阳性菌对压力的抵抗力比阴性菌强；球菌比杆菌的抵抗力更强；处于稳定期的细菌比指数期的抵抗力更强；孢子在室温下能抵抗 1000 MPa 的压力，只有 70 ℃以上的温度才能对其有明显钝化作用（张德权，2016）。

Cheftel 和 Culioli（1997）的研究表明，冷却羊肉经 100～600 MPa 高压下处理 5～10 min 可减少一般细菌、酵母菌和霉菌的数量，当用 600 MPa 处理 15 min 时，冷却羊肉中绝大多数微生物被杀灭，同时高压对冷却羊肌肉中的寄生虫幼虫也具有致死作用，能有效延长产品货架期。另外，高压还可以促进冷却羊肉的嫩化，加速肉的成熟并且不会破坏羊肉的营养价值、风味、鲜度和色泽。

（5）结合包装技术。

①真空包装技术。

真空包装是采用非透气性材料，将包装内的空气抽出后进行密封，使氧气含量降低，可以抑制好氧细菌的生长繁殖，使羊肉中的肌红蛋白保持还原状态。真空包装具有以下优点：防止鲜肉水分挥发，避免肉品失重；阻隔氧气，抑制好氧微生物的生长繁殖；防止脂肪氧化，产生异味；阻隔外部细菌的侵入，保证肉品卫生；结合低温冷藏能够改善羊肉的成熟进程，使肉的口感更鲜嫩多汁；防止肉香味的损失，包装材料能有效阻隔易挥发的芳香物质溢出，同时也防止不同产品之间串味；包装材料使产品与外界隔绝，避免冷冻损失。

真空包装技术的缺点也同样明显，主要集中在颜色、产品变形及汁液损失等方面（张德权，2016）。鲜肉经过真空包装后，氧分压低，鲜肉表面的肌红蛋白无法与氧气发生反应生成氧合肌红蛋白，而是暗红色的脱氧肌红蛋白，大大影响了消费者的购买欲望。此外，真空包装容易挤压肉品，造成变形、汁液流出，产生血水等现象，易让消费者产生不愉快心理。近年来，欧美国家解决这一问题主要是利用一种吸水垫来吸掉渗出的血水，这种吸收垫易于肉品分离，不会留下纸屑或纤维类的残留物，但与此同时会增加大量成本。

张德权等（2006b）研究了冷却羊肉在真空条件下的菌相消长规律，结果发现假单胞菌、乳酸菌、热死环丝菌和肠杆菌是组成冷却羊肉初始菌相的绝对优势菌；真空环境可使乳酸菌含量在冷藏过程中呈上升趋势并快速成为绝对优势菌群，而热死环丝菌和假单胞菌的含量呈下降趋势，肠杆菌的含量变化不大；乳酸菌含量的急剧升高抑制了假单胞菌、热死环丝菌和肠杆菌的增长。李开雄等（2010）采用四种包装材料（PA/PE、PA/CPP、OPP/CPP、PET/AL/PE）进行真空包装，将冷却羊肉在 4 ℃储藏，分别于 0d、4d、6d、12d、16d、20d 进行感官品质和理化指标测定，筛选适合冷却羊肉的真空包装材料。结果表明，PA/CPP 的保鲜效果最好，其他依次是 OPP/CPP、PET/AL/PE 和 PA/PE。

②气调包装技术。

气调包装又称换气包装，是指将肉品放置在有隔离膜的包装内，并向包装袋内充满不同组分比例的混合气体，然后密封。气调包装可使羊肉与外界环境隔绝，特殊的气体环境也可以抑制微生物的生长，保持鲜肉颜色，从而延长冷却羊肉的货架期。与真空包装技术相比，气调包装的缺点是不一定能使羊肉拥有更长的货架期，但该技术可以减少羊肉受压变性及汁液流失产生血水，并使羊肉保持较理想的色泽。目前气调包装技术在羊肉包装保鲜技术中占有重要地位（孔保华，2011）。

气调包装常采用的气体有 O_2、N_2 和 CO_2。CO_2 无色无味，能抑制微生物的生长，尤以抑制在肉中生长迅速的革兰氏阴性菌最为有效。其抑菌作用一是通过降低 pH，CO_2 溶于水中形成碳酸，使 pH 降低达到抑菌的作用；二是通过对细菌的渗透作用，在同温同压下 CO_2 在水中的溶解量是 O_2 的 6 倍，渗入细胞的速率是 O_2 的 30 倍，由于 CO_2 的大量渗入会影响细胞膜的结构，增加膜对离子的渗透力，改变膜内外代谢作用的平衡而干扰细胞的正常代谢，使细菌受到抑制。因此，CO_2 被认为是气调包装首要的抗微生物生长剂。N_2 能够间接影响产品的货架期，因其能够完全取代 O_2，从而抑制好氧微生物的生长；N_2 对微生物的生长没有直接影响，并且对厌氧微生物没有明显抑制作用，作为和 CO_2 同样的填充气体，N_2 的低溶解性可以有效防止发生在 CO_2 体系中产品吸收 CO_2 后造成的系统崩溃。O_2 在肉与肉制品中的使用是为了保持和延续肉品的颜色，有研究表明，在 0 ℃、相对湿度 99.3%，氧气分压 0.04~0.08kPa（0.4%~1.2%）时高铁肌红蛋白形成最多，氧气必须在 5% 以上方能减少高铁肌红蛋白的形成；氧分压大于 8~9.33kPa 时所生成的鲜红色氧合肌红蛋白较多，其在正常有 O_2 的环境下能迅速增多；但是 O_2 也在一定程度上引起氧化反应，影响肉品质，包括油脂氧化、变酸、褐变、色素氧化等（孔保华，2011）。

在气调包装中，O_2 为保持肉品鲜红色所必需，CO_2 具有良好的抑菌作用，而 N_2 主要作为调节及缓冲载体，如何使各种气体比例合适，使肉及肉制品的货架期延长，同时保持感官品质指标达到良好的状态，是气调包装应解决的首要问题。宋宏新等（2012）分别用单组分气体及不同比例的气体组分对冷却羊肉进行气调包装，对储藏期间羊肉的感官品质、pH、TVB-N 和菌落总数的影响进行了研究。发现单一使用 CO_2 时具有抑菌效果，且浓度越高抑菌效果越好，但过高浓度的 CO_2 会导致肉质酸败；单一使用 O_2 时，对色泽的保持有较好效果，但在抑菌方面表现不佳；采用 O_2 和 CO_2 的混合气体时效果最好，且在 65% O_2、20% CO_2 的气体混合比例，0~4 ℃温度条件下，对肉色的保持效果最好，并能抑制菌落总数的增长，使冷却羊肉的货架期显著延长，达到 16~20 d。另外，张德权（2016）研究发现，气体配比中 CO_2 含量越高，保鲜效果越好；O_2 含量超过 50% 以上时，肉品仍具有良好的鲜红色泽；从综合微生物指标、理化指标和感官指标看，在 3 ℃条件下贮藏的羊肉最佳的气调包装气体配比为 10% O_2＋15% N_2＋75% CO_2，该条件下贮藏至 18d 的冷却羊肉能保持在二级鲜度。

③托盘包装。

托盘包装是超市冷柜中冷却肉最常用的销售形式。一般冷却肉在工厂经真空包装后，运输到超市销售前再临时打开真空包装袋，切分后用泡沫聚苯乙烯托盘包装，上面用聚氯乙烯（PVC）或聚乙烯（PE）覆盖，托盘底层垫放吸水纸以吸附肉汁。这种形式包装的冷却肉，其色泽为 MbO_2 的鲜红色，在冷柜中冷却肉的货架期为 1~3 d。

托盘包装的聚氯乙烯覆盖膜相对于玻璃纸膜来说能降低质量并增加色泽稳定性。目前国内都是将分割好的大块冷却肉用塑料膜包裹后装在塑料盒中或采用真空大包装，运输到超市后再进行切分，装盘，覆盖透氧膜等操作，这样在过程中多了一道程序并且极易造成污染；而在国外采用的是母子袋包装，即零售肉块先用透氧性小的膜包装，然后把 4~6 个小包装放入阻隔性非常强的多层复合膜（母袋）中，将母袋中空气抽出，真空包装或充入理想气体（一般为 100% CO_2 气体），零售时打开母袋，氧气透过子袋，子袋内冷却肉在 30 min 内即可恢复鲜红色。母子袋包装的优点是到超市后只打开外袋，不需再进行切分，包装，简便省力，避免了二次污染，但包装膜用量大、成本高（夏秀芳和孔保华，2006）。

④贴体包装。

贴体包装是一种相对新颖的包装技术，是将被包装产品置于专用的底板上，使覆盖产品的特制帖体塑料膜在加热和抽真空包装作用下紧贴产品表面，并与底板封合。贴体包装内残存氧含量低，真空程度优于普通真空包装，因此比普通真空包装的货架期更长。贴体膜紧贴羊肉表面，无褶皱，汁液渗出少，可减少细菌繁殖，有效保持肉质。

3. 冷藏保鲜结合其他保鲜技术对羊肉品质的影响

由于肉类冷藏所采用的温度（0~4 ℃）并不能彻底抑制微生物的生长及其他有关变化的发生，白建等（2005）较系统地研究了冷藏保鲜结合其他处理方式对冷却肉品质的影响，研究将冷却肉分为六组进行处理：对照组采用热封空气包装；试验 1 组采用真空包装（真空度−0.08 MPa）；试验 2 组在真空包装条件下使用山梨酸钾作为保鲜剂；试验 3 组在真空包装条件下使用山梨酸钾＋异维生素 C 作为保鲜剂；试验 4 组在真空包装条件下使用复合保鲜剂（山梨酸钾＋异维生素 C＋复合磷酸盐）；试验 5 组在真空包装条件下使用生物保鲜剂（溶菌酶）。六组冷却肉样均置于冷藏条件下贮存，定期测定其理化指标，各项结果见表 3-16~表 3-19。

表 3-16　冷藏保鲜过程中肉的失水率（白建等，2015）　　　单位：%

组别	保存天数				
	0d	3d	6d	10d	15d
对照组	29	34.32	37.62	40.02	—
试验 1 组	29	35.04	38.03	39.08	—
试验 2 组	29	35.38	39.08	39.76	40.28
试验 3 组	29	36.11	38.74	40.19	41.92

续表

组别	保存天数				
	0d	3d	6d	10d	15d
试验 4 组	29	37.22	38.89	39.99	42.19
试验 5 组	29	32.39	33.37	35.43	38.81

表 3-17 冷藏保鲜过程中肉 pH 的变化（白建等，2015）

组别	保存天数				
	0d	3d	6d	10d	15d
对照组	—	5.62	5.69	5.71	—
试验 1 组	—	5.59	5.62	5.64	—
试验 2 组	—	5.74	5.74	5.84	5.76
试验 3 组	—	5.85	5.94	5.80	5.68
试验 4 组	—	6.04	6.14	6.44	6.19
试验 5 组	—	5.72	5.76	5.92	5.70

表 3-18 冷藏保鲜过程中肉挥发性盐基氮的变化（白建等，2015） 单位：mg/100 g

组别	保存天数				
	0d	3d	6d	10d	15d
对照组	—	17.564	18.186	26.318	—
试验 1 组	—	14.976	15.873	18.868	—
试验 2 组	—	9.287	12.375	16.944	18.843
试验 3 组	—	8.698	8.803	15.569	18.137
试验 4 组	—	8.767	9.981	11.363	13.293
试验 5 组	—	8.112	8.620	11.805	16.119

表 3-19 冷藏保鲜过程中肉菌落总数的变化（白建等，2015） 单位：10^4 个/g

组别	保存天数				
	0d	3d	6d	10d	15d
对照组	—	8	12	14	20
试验 1 组	—	6	8	9	13
试验 2 组	—	5	7	8	10
试验 3 组	—	5	6	7	10
试验 4 组	—	4	6	7	9
试验 5 组	—	4	5	6	9

测定结果表明，对照组第 3d 色泽变暗、无光泽、肌肉无弹性；试验 1 组 6d 后肌肉

色泽开始变暗、无光泽、弹性差；试验 2 组和 3 组在第 6d 除色泽稍有变化外，其他指标良好，第 10d 出现少量汁液渗出、黏手等现象，说明真空条件下使用保鲜剂能明显延长货架期；试验 4 组第 10d 色泽稍有发暗，第 15d 出现黏手、弹性差、组织松软等现象，说明使用山梨酸钾、异维生素 C 和复合磷酸盐等复合保鲜剂的保鲜效果较单一保鲜剂的使用效果更好；试验 5 组在第 15d 色泽红亮，其他指标开始有所下降，说明生物保鲜剂的保鲜效果也较明显。

综上可以看出，仅以低温冷藏条件并不能彻底抑制微生物及酶的代谢活动，在冷藏条件下结合其他保鲜技术有助于改善肉品质，延长货架期。

3.2.2 冷却羊肉冰温保鲜

1. 冰温保鲜的定义与原理

冰温保鲜是将食品贮藏在 0 ℃以下至各自的冻结点范围内，该温度区域被定义为该食品的"冰温带"，简称"冰温"，是属于非冻结状态保存。冰温贮藏使产品的后熟过程在特定的低温环境下进行，不会出现冻结食品在解冻过程中产生的冻结状态；产品的固有品质得以保持，同时在冰点附近，为阻止体内冰晶形成，动植物体内会不断分泌大量的不冻液（主要成分为葡萄糖、氨基酸等）以降低冰点，此时蛋白质会以氨基酸形式释放，或分解淀粉生成糖，不断积累与风味相关的物质。

食品冰温保鲜的机理主要包括两方面：①将食品的温度控制在冰温带内可以维持其细胞的活体状态；②当食品的冰点较高时，可以向其中加一些相应的有机物或无机物来降低食品的冰点，扩大其冰温带进行贮藏。下式表示了冰点与溶液浓度之间的关系：

$$\Delta t = k_f b \ (B) \tag{3-1}$$

式中，Δt 为冰点与零度相比下降的度数；k_f 为系数；b（B）为浓度。

冰温保鲜技术作为第三代保鲜技术，其优势较冷藏和气调保藏明显。利用冰温保鲜技术保存的食品的保鲜期比 0 ℃以上保存方法时间长一倍左右，比 −8 ℃的贮藏方法营养流失率低。综合来说，冰温保鲜技术对比冷藏和气调贮藏的优势有四点（王琦，2013）：①冰温保鲜技术在肉品保存过程中不会破坏其细胞；②冰温保鲜技术能够抑制有害微生物和酶的活性，从而降低其活度，防止肉品腐败变质；③冰温保鲜技术能够降低肉品的呼吸活性，减少肉品营养物质流失，延长食品的保质期；④冰温保鲜技术能够提高肉品品质。

但冰温保鲜技术也有不足之处：一是该技术要求操作人员的相关技术素养较高且操作比较复杂；二是成本高，该技术需要配套相关器材，并且可利用温度范围小，一般为 −2～−0.5 ℃，温度带的设定非常困难，大大增加了成本。

2. 冰温保鲜的关键技术

1）冰点的确定

冰温贮藏保鲜的关键之一就是确定冰点，冰点的高低受其内在因子（如可溶性固形物含量和水分含量等因素）的影响。测量冰点的方法主要有两种：传统冻结法和 DSC 法

（差示扫描量热法）。

（1）传统冻结法。

食品冻结时，随时间的推移其温度变化过程的曲线称为食品的冻结曲线，使用温度记录检测仪测定肉块冻结时的温度变化，根据温度-时间曲线即可测得冰点。无论何种食品，其冻结曲线在性质上都是相似的，可以分为三个阶段：第一阶段：食品的温度从初温降低至食品的冻结点，这时食品放出的热量是显热，此热量与全部放出的热量比较，其值较小，所以降温速度快，冻结曲线较陡；第二阶段：食品的温度从食品的冻结点降至 −5 ℃，这时食品的大部分水结成冰，放出大量的潜热，放出的潜热值是显热的 50～60 倍，食品冻结过程绝大部分的热量在第二阶段放出，所以曲线出现平坦段；第三阶段：食品的温度从 −5 ℃ 左右继续下降至终温，此时放出的热量一部分是由于冰的降温，另一部分是由于残余少量的水继续结冰，这一阶段的冻结曲线也比较陡。

张德权（2016）将羊肉样品切割成 5 cm×5 cm×5 cm 大小的肉块，将便携式数显温度计的探针插入肉块的体积中心，置于 −18 ℃ 冰箱中冷冻，并采集 0 ℃ 以后的数据。记录每下降 0.1 ℃ 的时间，并做肉块中心温度随时间变化的曲线，当肉块温度下降至 0 ℃以下的某温度点后出现轻微的温度回升现象，然后温度又缓慢下降，将此拐点温度值作为肉的冰点温度。图 3-13 显示了传统冻结法测定羊背最长肌冰点的冻结曲线图。

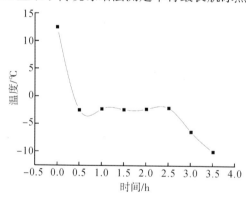

图 3-13　传统冻结法测定羊肉冰点的冻结曲线·

（2）差示扫描量热法。

差示扫描量热法主要是根据温度变化与输入焓值之间的关系判断冰点。在实际操作过程中，在程序控制温度下，测量输入测试样和参照物间的热流差与温度的关系，根据曲线得出冰点。主要仪器包括差示扫描量热仪（DSC）、机械制冷附件、压样机、天平等。

准确称量无肉眼可见脂肪的肉样 5～12 mg，立即转入 DSC 坩埚进行测量，降温曲线的峰起始温度为冻结温度，升温曲线的峰值相变温度为熔融点温度，通常采用熔融点温度作为冰点温度。图 3-14 显示了采用 DSC 法测得的羊背最长肌冰点的冻结曲线。

张德权（2016）通过 DSC 法和传统冻结法测定鲜肉的冰点发现，两种方法所测得的冰点整体趋势一致，但 DSC 法所测得的冰点整体偏低。冻结法和 DSC 法测得的羊肉冰点见表 3-20 和表 3-21，冻结法测得羊前腿、羊里脊、羊腱子、羊后臀的冰点范围为 −1.7～−1.4 ℃；DSC 法测得羊前腿、羊里脊、羊腱子、羊后臀的冰点范围为 −3.99～ −3.44 ℃，DSC 法测得的冰点比传统冻结法测得的冰点低 2 ℃左右。

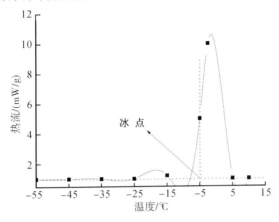

图 3-14　传统冻结法测定羊肉冰点的冻结曲线

表 3-20　传统冻结法测得的羊肉冰点

名称	冰点/℃	脂肪/%	蛋白质/%	密度/(g/mL)	含水量/%	热导率/[W/(m·K)]
羊前腿	−1.4	9.6	16.5	1.04	73.5	0.4860
羊里脊	−1.4	5.5	22.4	1.08	63.3	0.4665
羊腱子	−1.4	2.5	22.2	1.04	73.2	0.4803
羊后臀	−1.7	11.1	20.2	1.03	59.0	0.4870

表 3-21　DSC 法测得的羊肉冰点

名称	冰点/℃	脂肪/%	蛋白质/%	密度/(g/mL)	含水量/%	热导率/[W/(m·K)]
羊前腿	−3.44	9.6	16.5	1.04	73.5	0.4663
羊里脊	−3.56	5.5	22.4	1.04	75.0	0.3864
羊腱子	−3.99	2.5	18.7	1.04	74.6	0.4103
羊后臀	−3.59	11.1	20.2	1.03	66.1	0.4926

2）调控影响冰点的因素

鲜羊肉冰点的高低受其内在因子如可溶性固形物含量（脂肪与蛋白质）、水分含量等因素的影响显著；不同品种羊肉之间的蛋白质含量、脂肪含量、含水量差别较大，即使是同一品种不同部位肉之间的冰点及各成分含量也存在较大差异。由表 3-20 可以看出，传统冻结法测得羊肉的冰点温度为 −1.7～−1.4 ℃，羊后臀冰点最低，为 −1.7 ℃，其脂肪含量最高，达到 11.1%。羊前腿、羊里脊、羊腱子冰点均为 −1.4 ℃，其中羊前腿含水量最高，达 73.5%，羊里脊蛋白质含量最高，达 22.4%。因此，实际羊肉贮藏保鲜过程中，应该以羊前腿、羊里脊、羊腱子的冰点为依据，合理地对羊肉不同部位的冰点影响因素进行调节，以预防羊肉贮藏过程中发生冷冻现象。

3）羊肉冰温保鲜设备的要求

羊肉冰温贮藏的技术要求很高，很重要的一点就是要求冰温保鲜库的温度波动范围必须小于 0.5 ℃，并且库内温度场均匀无死角，风速合理，而普通冷库的温度波动范围大多在 2～3 ℃。因此，冰温保鲜库的冷藏控制设备需要比普通冷库的设备更为精确，需对其材料、制冷设备的匹配、各类传感器、自动化控制元（器）件、气调设备、布风系统及控制程序等进行优化和调整。

2014 年中国农业科学院农产品加工研究所采用了库顶静压送风、夹套回风的均匀活塞式的方式，对库内温度进行精确调控，采用了载冷剂供液、冷风机并联及多点反馈控制的库内冷却方式，形成了简单且节能的温度控制技术的集成方法。该设计保证了冷却羊肉在储藏过程中的库内温度均匀且库内风速小于 0.1m/s，大大减少了冷却羊肉的干耗；调控空库温度波动在 ±0.5 ℃，满载时温度波动 ±0.05 ℃，保证了冰温贮藏的羊肉在贮藏期内仍保有原新鲜度，在提升羊肉品质的同时有效地延长了其保质期（张德权，2016）。该保温库现已投入生产。整体而言，目前我国标准化的冰温库还很少，加上建设以及维护冰温库的成本高，大大限制了冰温技术的发展与应用，冰温库的规模化、冰温技术的普及化还有很长的路要走。

3.2.3 冷藏保鲜与冰温保鲜技术对羊肉品质的影响比较

冷藏保鲜和冰温保鲜均有利于保持羊肉的良好品质，延长产品的货架期。其原理主要是由于在低温条件下，催化糖酵解等能量代谢的相关酶受到强烈抑制，降低了糖酵解的乳酸和磷酸肌酸分解而成的磷酸积累速度，减缓了羊肉 pH 的下降速率，减少了羊肉中与腐败有关的挥发性盐基氮和硫化氢含量，降低了腐败速度，增加了羊肉的保水性，减少贮藏过程中的失水率，从而在维持羊肉优良品质的同时延长其货架期。冰温保鲜对羊肉的品质维持效果更显著，研究表明，冰温贮藏的羊肉 45d 后仍能基本维持原有鲜度，与 4 ℃冷藏相比延长保鲜时间 1 倍以上（张德权，2016）。

申江等（2009）取屠宰后 3 h 的新鲜羊肉，分割后分别放入冰温实验室（贮藏温度 -0.5 ℃，所测冰点为 -1 ℃）和冷藏冰箱内（3～4 ℃，对照组），测定贮藏过程中羊肉的 pH、失水率、硫化氢、挥发性盐基氮、游离氨基酸等的变化，试验结果如图 3-15～图 3-18 所示。由图中可以看出，冰温条件下羊肉的各项指标均优于普通冷藏条件，尤其是挥发性盐基氮差异显著，冷藏条件下的羊肉感官品质劣变较快，第 8d 后已经发生腐败现象，而冰温贮藏的羊肉直到第 12d 时仍基本保持原有鲜度，冰温保鲜羊肉效果明显优于冷藏。冰温贮藏的羊肉和冷藏羊肉相比，失水率、硫化氢含量、游离氨基酸含量增加迅速，挥发性盐基氮增加速度较低，冰温贮藏的羊肉 12d 时仍能基本保持原有鲜度，与普通冷藏相比保鲜时间延长了 50% 以上。

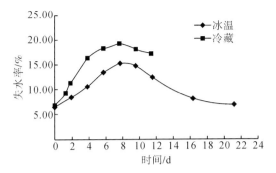

图 3-15　不同贮藏条件下羊肉的失水率

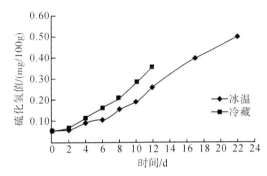

图 3-16　不同贮藏条件下羊肉中的硫化氢含量

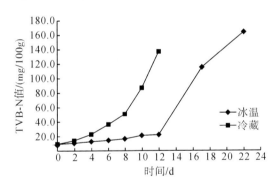

图 3-17　不同贮藏条件下羊肉中的挥发性盐基氮含量

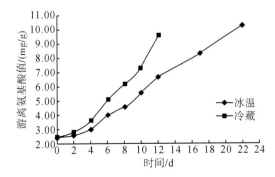

图 3-18　不同贮藏条件下羊肉中的游离氨基酸含量

孙丹丹等（2017）以传统微生物的检测方法结合凝胶电泳指纹图谱技术研究了不同

温度条件下冷却羊肉菌相的动态变化及其货架期，部分结果如图 3-19～图 3-22 所示。经相同处理并在吸水纸真空包装条件下，可以得出以下结论：在 10 ℃贮藏下，货架期为 6d，其优势腐败菌为肠杆菌、弯曲乳杆菌等；4 ℃冷藏条件下，货架期为 27d，优势腐败菌主要有假单胞菌属、弧菌、嗜冷菌、不动杆菌等；冰温贮藏的货架期为 39d，其中假单胞菌属、嗜冷菌、不动杆菌、清酒乳杆菌等成为优势腐败菌。冰温贮藏不仅使冷鲜羊肉保持较好的色泽，而且能有效延长冷鲜肉的货架期，其效果明显优于冷藏。

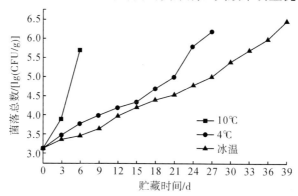

图 3-19 不同贮藏温度下冷却羊肉菌落总数的变化

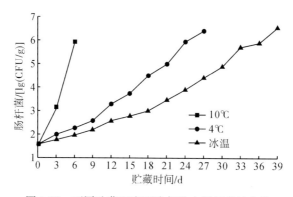

图 3-20 不同贮藏温度下冷却羊肉肠杆菌的变化

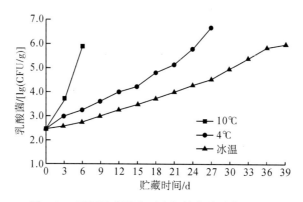

图 3-21 不同贮藏温度下冷却羊肉乳酸菌的变化

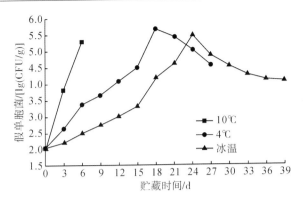

图 3-22 不同贮藏温度下冷却羊肉假单胞菌的变化

3.3 羊肉冷冻保鲜关键技术

冷冻肉作为我国羊肉产品进出口贸易和地区间流通的主要产品形态，约占我国羊肉年产量的 50%。由于冷冻过程中水结晶成冰体积发生膨胀，对羊肉的组织结构造成机械损伤，易给冷冻羊肉的品质带来不利影响。因此，掌握冷冻保鲜的关键技术将有利于改善羊肉在冷冻过程中的品质。

3.3.1 冷冻保鲜技术分类

1. 冷冻保藏

冷冻是指在降低温度下，肉中水分部分或全部转变成冰的过程。冷冻的最终温度为 $-20 \sim -15\ ℃$。冻结状态下，由于温度非常低，肉中的微生物、内源酶活力和自身化学反应受到抑制，保证冻肉具有长货架期；肉的品质和感官特性变化较小，仅有少部分水溶性营养素在解冻汁液中流失，不会破坏肉中的营养成分。因此，冷冻无疑是保存原料肉的最好方法之一。

冷冻是将食品不断降温，肉中水分从液态转变为固态的冰结晶相变的过程。具体可分为三个阶段：①预冷阶段（肉的初温降到冰点，但是水分不冻结）；②相变阶段（肉的温度降到冰点以下，肉中水分开始冻结，放出大量潜热，生成 70%～80% 的冰晶体，肉温达到 $-5\ ℃$）；③回火阶段（肉温从 $-5\ ℃$ 继续降到冻结保存温度，该阶段结冰量很少但温度下降很快）。关于冷冻有三种代表性理论：冷冻传递理论、冻结晶理论和玻璃化转变理论。①冷冻传递理论是将冷冻过程视为食品内固液相之间传质传热的过程，借助计算流体动力技术（CFD）能很好地反映为冷冻过程中食品内部局部的传热和传质变化，并建立起三维空间的立体传热模型，反映真实和复杂的食品形状的传热和传质系数的局部变量。②冻结晶理论则重点关注冷冻过程中水分从液态变为固态相变时形成的冰晶，认为冰晶膨胀是冷冻食品品质下降的主要原因，该理论着重研究食品冷冻过程中冰晶体的成核好生长过程，以及冰晶粒数粒度的变化。③玻璃化转变理论认为冷冻是一个非平衡的动力学过程，冷冻速率较低时，液相中食品物料析出的速率低于或等于警惕的形成和生长速率，食品液相形成冰晶体；冷冻速率足够快时，食品物料的析出速度超过了晶核的形成及生长速度，从而生成玻璃体，食品品质得到了最大程度的保存。然而，也有理论认为理想玻璃化转变是具有平衡性质的二级相转变。自由体积理论则认为固体或液体的体积包括两部分，一部分是分子占据的占有体积，另一部分为未被占据的自由体积，自由体积提供分子运动所需要的空间，温度足够低时，自由体积被冻结，分子运动特性降低，即达到玻璃态（金文刚等，2008）。

羊肉的冰点约是 -1.5 ℃，羊肉在 $0\sim1$ ℃、相对湿度 85%～90% 的环境下一般可以贮存 5～12d；在 $-23\sim-18$ ℃、相对湿度 90%～95% 的环境下一般可以贮存 8～10 个月。理论上冻藏温度越低，肉品质保持得越好，保存期限越长，但成本也随之增加，因此羊肉比较经济合理的冻藏温度为 -18 ℃。

2. 微冻保鲜

微冻保鲜技术又称为部分冷冻或过冷却冷藏，该技术是指将食品贮藏在食品的冰点（大多数肉类产品的冰点为 $-0.5\sim-2.8$ ℃）和该温度以下的 $1\sim2$ ℃（Zhou et al.，2010）。微冻的基本原理同冷冻一样，利用低温环境抑制微生物的生长繁殖和内源酶的活性，不同的是物料内部冻结水的比例不同。在微冻贮藏条件下，生物体内和微生物体内的水分冻结为 20%～50%，细胞中部分水分的冻结使得细胞液浓度和渗透压随之增加，从而使某些附着在肌肉表面的嗜温和嗜热细菌死亡，其他一些细菌虽未死亡，但其生长繁殖也会受到抑制；同时低温也能够抑制酶的活性，减缓脂肪氧化和蛋白质分解，从而使动物性食品在较长时间内保持较高的品质（Duun and Rustad，2007；Magnussen et al.，2008）。

冰盐混合物微冻、低温盐水微冻和吹冷风微冻是常用的微冻保鲜方法，前两者会增加产品盐分含量，比较适用于海产品的微冻保鲜；吹冷风微冻则比较适用于淡水类水产品及畜禽产品的微冻保鲜。尽管微冻保鲜过程中风循环会在一定程度上导致产品水分的损失，但能保证冷库内温度均匀，产品都达到设定的微冻温度（蔡青文和谢晶，2013）。

相比冷藏（4 ℃）和冰温贮藏，微冻保鲜采用的贮藏温度更低，因此微冻保鲜能够延长产品 1.5～4 倍的货架期，并使产品在较长的贮藏期内保持更好的营养品质和销售价值。与 -18 ℃冷冻贮藏相比，微冻保鲜在肉制品中产生的冰晶更少，对细胞损伤更小，解冻后的汁液流失率更低，同时肉品质构劣变程度更轻，冻结和解冻速度都更快，贮运及销售过程中的能量消耗更低，从而使生产成本（劳动力及运输成本）相对更低（Kaale et al.，2011）。微冻保鲜存在的不足之处是需要严格控制微冻温度的波动，以减少冰晶成长对组织细胞造成的损伤。

3.3.2 冷冻技术分类

1. 常压冷冻技术

常压冷冻技术的介质主要有液氮、盐水、空气等，其中盐水冷冻在肉品加工中应用较少。

　　液氮主要用于肉品生化分析实验中。氮气是一种化学性质稳定的气体，1 个大气压下 1 kg 液氮在冷却和冷冻整个过程中吸收的总热量可达 382 kJ，是一种理想的制冷剂。液氮制冷的原理是利用低温氮蒸发吸收大量热量，从而达到冷却介质的目的。液氮深冻食品的优点为（徐中岳，2015）：速度快、产量高，有研究发现在液氮中只需要沉浸几秒钟就可以减少机械低温冻结时间，并在食品表面形成冻结的保护壳（Agnelli and Mascheroni，2002）；质量高，减少汁液损失并延长食品的保质期；干耗少，一般冻结装置干耗率为 3%～6%，而液氮深冻可以使干耗降到 0.5% 或更少，食品价格越高，干耗小在整个成本上起的作用越大；降低氧化变化，杂菌少；初投资低，装置效率高；易于实现机械化和自动化。深度冷冻对于海鲜和其他鲜嫩食品的保鲜特别适宜，可以冻结普冷设备冻结效果不好的食品。目前液氮装置在市场上主要有直接喷淋式、间接喷淋式和连续冻结式三种。

　　空气作为冷却介质的主要优点是无色、无味、无臭、无毒，对食品无污染，空气流动性好，容易形成对流，因此目前用空气作为冷却介质进行冷冻是应用最为广泛的一种冷冻方法。在空气冷冻过程中，冷空气以自然对流或强制对流的方式与羊肉换热，但空气作为冷却介质其导热性差，与羊肉间的换热系数小，故其缺点是所需时间较长，且会引起羊肉干耗等。空气冷冻主要主要有隧道式连续冷冻装置和螺旋式连续冷冻装置两种（孔保华，2011）。其中，隧道式连续冷冻装置是目前使用最多的一种装置，产品在一个长方形、四周有隔热装置的通道中由输送带携带通过隧道，从相反方向吹冷风，根据肉品通过隧道的方式，可分为传送带式冷冻隧道、吊篮式冷冻隧道和推盘式冷冻隧道。螺旋式冷冻装置是将传送带做成多层，肉品由输送带输入，进入旋转桶状冷冻区，经冷风冷冻再由输送带输出。该方法冻结速率快，占地面积小，适用于冻结体积较小的羊肉产品。

2. 真空冷冻技术

　　真空冷冻技术是将物料置于密闭的真空容器中，使物料中的自由水蒸发，从而使自身温度得到迅速降低的过程。其基本原理是利用抽真空降压的方法使物料的水分在低压状态下蒸发，物料中的水分由于蒸发而吸收热量，在吸收自身热量的同时使自身温度下降。1 个标准大气压时，水的沸点是 100 ℃，当压强达到 609Pa 时，水的沸点就降到 0 ℃，随着压力的不断降低，直到压强低于物料冰点温度所对应的饱和压力时，物料中的水分开始冻结（张德权，2016）。

　　真空冷冻技术具有以下优点：冷却速度快，冷却均匀；干净卫生，真空冷却不需要外来传热介质参与，产品不易被污染，而且真空环节可以杀菌或者抑制细菌的繁殖；能使肉品品质得到良好的保证，延长产品的货架期和贮藏期，真空冷却缩短了产品在高温下停留的时间，有利于产品品质保存，提高保鲜贮藏效果；运行过程中能量消耗少，真空冷却不需要冷却介质，是自身冷却的过程，没有系统与环境之间的热传递；操作方便，真空冷却处理量大，占地面积小，冷却过程易于操控。具有以下缺点：初期设备投资大，成本高，常用于大型的农产品生产基地和食品企业，不易推广普及；目前只能进行间歇式操作，还不能实现连续化生产，生产效率低；冷却过程中水分损耗是不可避免的，真空制冷技术就是依靠物料中水分蒸发吸热而制冷，水损是与真空制冷过程相伴的现象；真空制冷技术的商业化应用受到一定限制。真空制冷不适用于所有食品，它要求食品单位质量比表面积大，表面水蒸气渗透率和内部的有效湿扩散系数大，水分含量相对较高，而且不会因水分蒸发和真空环境的存在使食品结构和品质受到大的损害（姜秋，2011）。虽然真空冷冻技术还没有在生产中大规模应用，但是随着减压技术理论与设备的不断完善，真空冷冻技术将是获得高质量羊肉的有效选择。

真空冷冻曲线大致分为以下四个阶段（图 3-23）（张海峰等，2008）。

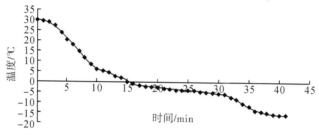

图 3-23　鲜肉真空冷冻曲线

阶段一：肉品的温度基本保持不变或下降很小，所需时间与真空泵的抽速和真空室的容积有关，真空泵抽真空的速率越大或真空室的容积越小，所需时间越短。物料从初温 30 ℃下降到 25 ℃ 比较缓慢，约需 4 min。开始时真空室内压强为常压（1.01×10^5 Pa）。真空室压强下降到物料中水分温度所对应的饱和压力需要一定时间，此时"闪点"还没有出现，降温主要依靠空气流动和水分蒸发进行。

阶段二：该阶段冷却时间和温度变化曲线几乎成直线关系。从 25 ℃降至 0 ℃约需 10 min。真空室的压强下降到低于物料水分中所对应的饱和蒸气压，"闪点"出现，物料中水分开始大量沸腾蒸发，带走大量热，从而使物料自身温度迅速下降。

阶段三：肉的温度从 0 ℃降至 −5 ℃。该阶段为肉品转为冻结状态的时期，曲线平缓，大部分水分通过此阶段生成冰晶，通常被称为"最大冰晶生成带"。此时肉中 80% 的水分形成冰晶，所用时间约 14 min。

阶段四：深层冻结状态，即从成冰到冻结终温结束，随着温度的降低结冰量很少，温度下降较快，肉的中心温度从 −5 ℃下降到 −15 ℃冻结终温时，所需时间约为 10 min。

3. 超高压冷冻技术

食品高压冷冻是利用水的不同冰晶形态，获得不同晶型，降低或者避免冰晶对食品组织的机械损伤。高压冷冻方法可概括为 3 种：高压辅助冷冻法（HPAF）、高压切换冷冻法（HPSF）和高压诱发冷冻法（HPIF）（李云飞，2008；周围燕等，2009）。

高压辅助冷冻法：高压辅助冷冻法见图 3-24。首先对容器内的材料加压（①～②），材料温度略有上升，当达到某一压力时，开始预冷和冷冻（②～③），材料在③处开始结晶并释放潜热，形成相变平台，当相变结束后在恒压下进行降温（③～④），达到预定温度后释放压力（④～⑤）。高压辅助冷冻法与常规冷冻法的差异仅在于相变压力不同，前者是高压下,后者是大气压下,因此初始冷冻点不同。高压辅助冷冻法的另一种形式是利用不同压力和温度下的不同冰晶类型,获得大小、形状和密度不同的冰晶,从而提高冷冻食品的质量。大气压下的冰晶都是Ⅰ型,而高压下的晶型有多种。

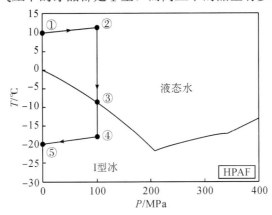

图 3-24　高压辅助冷冻法Ⅰ型冰晶

高压切换冷冻法:高压切换冷冻法见图 3-25。首先对容器内的材料进行加压(①~②),当达到预定压力时开始预冷(②~③),达到预定温度时释放压力,预定温度点③必须高于该压力下的初始冷冻点。压力突然释放至大气压(③~④),使容器内的材料处于很大的过冷度,水分开始结晶并释放潜热,相变平台处于大气压下的初始冷冻点(④~⑤),相变结束后达到冷冻温度(⑤~⑥)。由于整个材料均处于等压状态,各点均有相同的过冷度,因此晶核分布均匀,形成的冰晶呈球形。从方便实际操作角度考虑,高压切换冷冻法一般都是在大气压下完成相变,当然也可在某一压力下完成相变。综上可知,在Ⅰ型冰晶区,高压切换冷冻法比高压辅助冷冻法有更均匀的冰晶分布和更小的冰晶尺寸。用明胶做试验,在材料相同、冷却环境相同、相变压力相同(0.1 MPa、50 MPa、100 MPa)的情况下,发现高压切换冷冻法仍明显优于高压辅助冷冻法,其相变时间短,冰晶分布均匀。当然,与常规冷冻法相比,二者均具有优势,因为压力越高,过冷度越大,冷冻时间会越短。

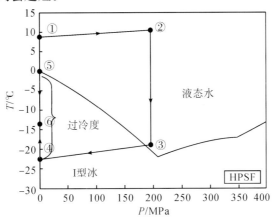

图 3-25　高压切换冷冻法常压冻结

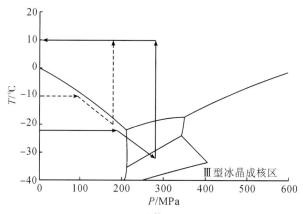

图 3-26　高压诱发冷冻法

高压诱发冷冻法：高压诱发冷冻法见图 3-26。该冷冻法包含两个方面，一方面如图中虚线所示，实际上是高压解冻法，也就是说，大气压下冷冻后再加压，其过程是一种低温解冻；另一方面如图实线所示，对于已冷冻的食品，施加压力后晶型将发生变化，一般是由 I 型转变为Ⅲ型或者 V 型，是固相间的转变。对于该种冷冻法的研究报道目前非常少。

目前对高压冷冻法的研究主要有四个方面：①高压冷冻效果与工艺参数的优化。通过观察与分析食品材料内冰晶大小与分布、组织结构、蛋白质稳定性、质构、微生物生长状况等物理化学指标，建立最佳的高压冷冻工艺。②高压冷冻中，压力与温度对食品质量的协同作用机理。③高压状态下，材料的热物性以及加工过程模拟研究。④高压冷冻设备的开发与控制技术研究。

4. 超声冷冻技术

超声冷冻技术是将功率超声技术和食品冷冻技术相互耦合，利用超声波作用改善食品冷冻的过程，它并不是要取代某种冻结技术，而是与其他技术结合以加速相变过程的操作方法。与其他冻结方法相比，超声冷冻技术具有以下潜在优势：效率高、成本低；可强化冷冻过程传热，促进食品冷冻过程中冰晶的形成，提高冷冻食品质量；卫生，符合食品工业发展绿色食品的理念。

目前尚未建立统一的理论来解释超声强化结晶的相关机理，一般认为超声强化结晶过程是基于超声波在液体中引起的机械效应、热效应和空化效应及其产生的次级效应。在超声辅助冻结过程中，超声在液体媒质中传播时产生的空化泡能促进和加速初级冰晶的形成。在空化泡激烈收缩和崩溃的瞬间，会产生极高的压力和温度和高速的冲击波及微射流。超声空化产生的微射流和冲击波可以加速冻结食品的传质、传热系数，破碎已形成的晶体。此外，超声波作用可使边界层减薄、接触面积增大、传热阻力减弱，有利于提高传热速率，强化传热过程，促进冰结晶的成核和抑制冰晶长大并提高食品的过冷点（徐中岳，2015）。

超声波冷冻食品有很多积极影响，但是过程中会有热效应的发生，对冻结过程产生负面影响，并且随着超声波功率及作用时间的延长，热效应作用变大。因此，在超声波冷冻的过程中，要正确选择适宜的处理条件（陶兵兵等，2013）。此外，目前超声冷冻技术还处于实验室研究阶段，并不是一项标准化的技术，诸如与其他技术协同利用时的作用原理、超声波影响冰晶体的机理等原理性的研究需要加强和完善。

5. 其他冷冻技术

冰核细菌和生物冷冻蛋白技术、CAS 冻结技术也是目前食品工业中已经得到应用的冻结技术。

CAS 冻结系统是由动磁场和静磁场组合后，从壁面释放出微小的能量，使食物中的水分子呈细小且均一化的状态，然后将物料从过冷状态立即降温到 -23 ℃以下而被冻结的过程。CAS 是一种与以往的冻结系统不同的新型冻结系统，食品物料在 CAS 中即使冻结后，细胞也不至于死亡，解冻后其新鲜度可最大限度地恢复到冻结前的状态（李志新等，2007）。由于最大限度抑制了冰晶膨胀，食品的细胞组织未被破坏，解冻后能恢复到食品刚制作后的色、香、味和鲜度，而且没有汁液流失现象，口感和保水性都得到了较好的保持。

冰核细菌能产生生物冷冻蛋白，该物质单体加速冰核形成的能力低，当其形成多聚体后，则具有很强的冰核活性，这种蛋白多聚体可以作为水分子冷冻结晶的模板，在较高冷冻温度下能诱发和加速水的冷冻过程。常见的冰核细菌包括丁香假单胞菌属、欧文式菌属、黄单胞菌属等。利用冰核细菌辅助冷冻的优势在于可以提高食品物料中水的冰结点，缩短冷冻时间，节省能源；可以促进冰晶的生长，形成较大尺寸的冰晶，在降低冷冻干燥操作成本的同时使后续物料在冰晶上的夹带损失降低；还可提高冰晶纯度，减少固形物的损失。研究表明直接添加胞外冷冻蛋白多聚体较添加冰核细菌具有更好的效果，细菌胞外冰蛋白的活性比整个冰核细胞更高，而且所获得的冰晶体变成了有序的纤维状薄片结构，有效地改善了产品质地和提高了冷冻效率（金文刚等，2008）。冰核细菌和生物冷冻蛋白技术的不足之处是处理样品后会残留在食品物料中，可能会造成一系列后续影响，残留物对物料的影响及如何消除尚需进一步研究。

3.3.3　冷冻对羊肉品质的影响

冷冻对肉品品质的影响，可以总结为对肉品组织结构、蛋白质性质及感官品质等方面的影响和变化（谢安国，2015）。

1. 组织结构的变化

羊肉在水分冻结过程中，体积约会增大 9%。不同的冷冻速率对产品造成的影响不同，快速冷冻时，细胞内外都迅速结晶，冰晶小且均匀，单位面积压力不大，所以不会对肌肉组织形成太大破坏，解冻后细胞液仍然留在细胞内，肉汁损失少，肉品质高；慢速冷冻时，晶核在细胞间先形成，随着温度的下降，细胞间隙的冰晶会越来越大，对细胞和组织结构造成比较严重的机械挤压和破坏，或者刺破细胞膜，由于组织结构的破坏是不可逆的，所以在解冻时造成大量的肉汁流失。

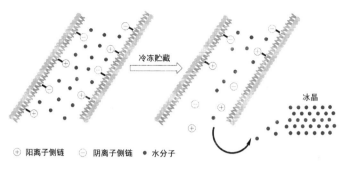

图 3-27　具有 α-螺旋结构的蛋白质在冻藏中的变性（聚集）模型

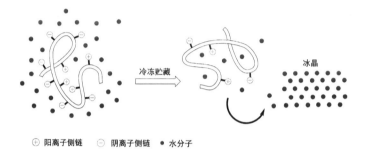

图 3-28　非螺旋结构或球形结构蛋白质在冻藏中的变性（开链）模型

2. 蛋白质的理化变化

1）蛋白质的变性

冷冻会影响蛋白质的稳定性，甚至导致蛋白质变性，破坏肌肉的胶体性质，导致肉品品质下降。冻结过程中蛋白质的变性可能有以下几个原因。

（1）结合水的冻结。蛋白质分子一般与水分子有较强的亲和力，这一部分水为结合水，在蛋白质周围形成水化层，对蛋白质稳定性起到保护作用。有研究表明在冷冻过程中，肌肉蛋白会发生两种变性（黄鸿兵，2005）。一种是蛋白质分子的聚集。如图 3-27 所示的具有 α-螺旋结构的蛋白质在冻藏过程中的聚集变性表明：当蛋白质溶液冷却到冰点以下时，温度较低部分的水分子开始结晶，而其他部分的未冻结水分子则向冰晶处迁移，引起冰晶生长，最终蛋白质表面功能基团所结合的水分也会被移去，使这些功能基团游离出来而相互作用，从而使蛋白质分子间发生聚集。肌肉肌原纤维蛋白中的肌球蛋白及肌动球蛋白中的肌球蛋白部分都具有 α-螺旋结构，在冻藏中易发生聚集变性。另一种是蛋白质多肽链的展开。如图 3-28 所示，未冻结时，具有非螺旋结构或球形结构的蛋白质以分子 A 状态（高度水化的折叠状蛋白质）存在，在此状态，蛋白质多肽链上的非极性基团因位于分子内部而避免了与水分子的接触，因此状态 A 具有较高的熵，在热力学上是较稳定的，并且蛋白质分子内部的非极性基团相互形成的非极性键可使这种状态更稳定。当蛋白质冻结时，由于冰晶的形成会使蛋白质的水化程度大大降低从而使其链展开，形成 B 状态（水化程度很低的开链蛋白质）。这种机制较好地解释了球形蛋白（如肌动蛋白）或非螺旋结构蛋白质（如肌球蛋白分子中具有 ATP 酶活性并能与肌动蛋白相互作用的部位具有较少的螺旋结构）在冷冻过程中的开链变性，而对于螺旋结构蛋白质的开链变性无法解释。

（2）盐析作用。冻结过程中，肌肉组织中的纯水部分首先被冻结，然后是稀溶液。因此，在冻结中，细胞中的水变为冰，残存的溶质浓度会逐渐增高，使蛋白质发生盐析作用。冷冻速率决定着冷冻过程中蛋白质暴露于高浓度盐液中的时间。蛋白质发生盐析时间短，则蛋白质仍可溶解，未失去天然性质；若蛋白质浸渍在高浓度盐液中时间过长，则会形成不可逆的蛋白变性。

（3）缓冲盐溶液酸碱失衡。肉类蛋白质是两性电解质，对酸碱具有较强的缓冲作用。活体牲畜的肌肉中，虽含有少量碳酸、乳酸和肌酸等酸类物质，但 pH 基本维持为中性。冷冻后细胞溶液中水分不断被冻结，残余的酸类物质引起氨离子浓度和 pH 的极大变化，促成蛋白质的变性。

2）变性导致的其他变化

肌肉蛋白中的肌原纤维蛋白质，如肌球蛋白、肌动蛋白，冷冻变性会使其发生一些重要的理化变化，如盐溶性、ATP 酶活力、表面疏水性、黏度等，具体变化如下（张德权，2016）。

（1）在冻藏过程中，肌原纤维蛋白分子间由于氢键、疏水键、二硫键、盐键的形成而聚集变性，导致其盐溶性下降。

（2）冷冻过程中蛋白质变性会引起肌原纤维蛋白 ATPase 活力发生改变，此肌原纤维蛋白的 ATPase 活力被广泛用于反映肌肉蛋白的变性指标。Ca^{2+}-ATPase 是反映肌球蛋白分子完整性的良好指标；Mg^{2+}-ATPase、Ca^{2+}-Mg^{2+}-ATPase 分别是反映在内源和外源 Ca^{2+} 存在下肌球蛋白完整性的指标；Mg^{2+}-EGTA-ATPase 是反映肌钙蛋白－原肌球蛋白复合完整性的指标。其中，以 Ca^{2+}-ATPase 最能反映蛋白变性的程度。

（3）肌球蛋白分子中含有活性巯基，这些巯基可分为 SH_1、SH_2、SHa 三类，其中 SH_1、SH_2 分布在肌球蛋白的头部，与肌球蛋白的 Ca^{2+}-ATPase 活性密切相关。而 SHa 位于轻酶解肌球蛋白部分，与肌球蛋白重链的氧化及二聚物的形成密切相关。在冷冻过程中，肌原纤维蛋白的活性巯基易氧化成二硫键，因此蛋白质的冷冻变性会使其活性巯基或总巯基的含量减少，而二硫键的含量上升，或者在这两个反应间速度存在平衡，巯基含量变化不明显。

（4）肌肉蛋白在冻藏中，由于链的展开变性，原先位于分子内部的一些疏水性氨基酸暴露在蛋白质分子的表面，从而使蛋白质表面的疏水性及黏度发生变化。

3. 脂质氧化

冻结过程中，肌肉组织中的水分以冰晶形式存在，是肉中脂质失去水膜保护，水分发生升华后，空气填充因水分蒸发所留的空隙，致使脂肪与氧的接触面积增大，因而发生氧化反应。脂肪酸败主要有两个途径：一是水解过程，因生脂肪含有大量的水分、脂肪酸、甘油酯，即使在 −18 ℃下也会发生水解作用，产生游离脂肪酸使油脂酸值升高。

二是氧化过程，不饱和脂肪酸可被空气中的氧气缓慢地氧化，油脂的氧化首先生成氢过氧化物，进而分解生成醛类、酮类、低级脂肪酸。此外，氢过氧化物的分解也生成聚合体（黄鸿岳，2005）。

4. 持水力变化

持水力主要反映肉品的加工品质，是指在加工过程中对肉品进行各种处理后，肉品依然可以饱含的水分。在冻融过程中，肌肉内的生物膜类组织破坏及结构蛋白空间形态的改变，都会导致肉品持水性能的变化。肉品的持水力可通过汁液流失率、系水力、加压失水率等指标进行综合评判。Pietrasik 等（2009）认为，肉品的冻结速度加快、汁液损失变小，使其持水能力变强，所加工产品的多汁性和嫩度更佳。

5. 感官品质的变化

组织结构和化学成分的变化必然会造成肉品感官品质的变化。冷冻过程中肉品感官品质的变化主要有以下几个方面（谢安国，2015）：

（1）色泽。在冷冻过程中，肉的颜色会逐渐变暗，这归因于两方面，一方面是肉品冻藏中水分的减少引起肉表面光线的反射率降低；另一方面是水分的升华增大了肌肉组织与空气接触发生氧化还原反应的概率，部分血红素氧化，在增加肉中色素物质浓度的同时降低了肉表面的亮度。冻结的温度愈低，则颜色的变化愈小。

（2）表面干缩。冷藏中肉品的水分以冰的形式不断升华和蒸发，其表层水分蒸发快，内层水分蒸发慢，最终导致肉品表面干缩。冷藏温度波动越大，冷藏平均温度越高，对其影响越大。同时冰的升华在肉中产生许多微孔的海绵状体，吸附其他物质加速氧化。因此，干缩损耗不仅降低了肉的经济效益，还影响肉品质量。

（3）肉质变差。肌肉的基本构造单位是肌纤维。多个肌细胞（肌原纤维）并行整齐地排列，外面包被肌周膜，组成了肌纤维。肌纤维内部结构致密，胞外迁移的水分最终聚集到肌纤维间，使肌纤维之间的距离越来越远。因此刚屠宰后的肉品肌纤维排列整齐、致密，冷冻一定时间后，尤其是冻藏条件不稳定时，肌纤维之间的距离变远。另外，有研究报道冻结后肌肉蛋白酶增大，反复冻融循环后活性更大。综合以上因素，冻肉在宏观上的表现为适口性变差。

（4）气味变化。低温冷冻虽然减缓了微生物生长，但无法完全终止其活动，尤其是嗜冷微生物仍在生长和繁殖。因此，冻肉在较慢地腐败变质，加之脂肪氧化等因素，使得肉品气味劣变。

3.3.4　肉品的解冻

1. 解冻的原理

解冻实质上是冷冻肉中形成的冰结晶还原成水的过程，从外界吸收的热能大部分用来融化冻肉中的冰，使冻肉恢复到冻前的新鲜状态。热量传递在解冻过程中与冷冻过程中一样，都是从产品表面开始，冻肉表层的冰首先融化成水，随着解冻的进行，溶解部分逐渐向内部延伸，水的热导率为 0.58W/（m·K），溶解层的热导率比冻结层的小 4

倍。因此，随着解冻的进行，产品内部的热阻逐渐增加，解冻速率逐渐下降，与冻结过程相反，产品的中心温度上升最慢。在实际生产中，由于冷冻物料的导热速率是解冻物料的 3 倍，所以解冻过程一般要比冻结过程需要的时间更长（张德权，2016）。

2. 羊肉常用解冻方法及其对羊肉品质的影响

1）空气解冻

空气解冻是生活中最常见、用途最广泛的解冻方式，通过控制空气的温湿度、风速和风向达到不同的解冻工艺要求，通常都在专用的解冻室内进行。空气解冻按照连续程度可分为间歇式解冻和连续式解冻；根据解冻前后采用的温度是否改变可分为一段式解冻和多段式解冻。

间歇式解冻是采用冷却器和加温器调节温度，加湿器调节湿度，一般采用风速 1m/s、温度 -5～0 ℃的加湿空气；连续式解冻使用调温调湿装置，具有解冻量大，设备占地面积大等特点。目前多段式解冻有两段式和三段式解冻，应用较多的是两段式解冻，第一阶段采用高温，时间一般为 1～2 h；第二阶段采用低温，以便将融化的冰晶水重新吸收到细胞中，同时降低表面温度，防止微生物过度繁殖造成解冻肉品质的劣变，一般在 10 ℃以下解冻至终点。利用两段式空气解冻的羊肉的色泽、解冻损失、营养损失、微生物指标、风味等方面均比流水解冻、微波解冻效果好，仅解冻时间较这两种解冻时间长（张德权，2016）。

2）水解冻

与空气解冻相似，水解冻也是通过解冻介质在肉表面的移动，以降低边界层的有效厚度和增大冻肉表面水膜的热传递速率来提高解冻速率。水解冻法可细分为多种方式。

静水解冻是将肉品浸润在冷水中，通过热交换促使冰晶融化，又利用 4 ℃时水密度较高来诱导肉品中的水分向外迁移。利用不同温度的水解冻肉块，解冻初期速度有所差别，短时间内，水温越高，解冻速度越快，经过长时间浸泡，水温变低，解冻速度变慢。冷水解冻的肉要比温水和热水解冻的肉新鲜，且肉色更接近于鲜肉，温水、热水会使冷冻肉表面的蛋白质凝固，溶解肉中的可溶性含氮物，使肉的鲜度降低。解冻过程中羊肉的 B 族维生素也会遭到破坏，尤其以热水解冻的破坏程度最为严重。冷水解冻虽对食物营养的破坏程度较低，但长时间浸泡也会导致水溶性物质损失且易导致微生物滋生（杨春梅和樊雯霞，1998）。

高压静水解冻依据压力与相变温度的关系，使固态相变为液态仅需较少的能量传递，通过压力的作用能显著加快解冻速度，降低肉品中的乳酸含量并提高终点 pH，从而降低肉品的蒸煮损失和滴水损失，进而提高肉品的嫩度，降低解冻对肉品带来的损害（Zhao et al.，1998）。

3）微波解冻

微波解冻是在交变电场作用下，利用物质本身的电性质来发热使冻肉解冻。该方法分为调温和融化两个过程，在频率不断波动的电磁波操纵下，肉中的极性分子（如水）在电场中重新排列，从原来的热运动状态变为跟随微波电磁场交变而排列取向，使极性分子在电场中发生高速振荡，同时在分子间造成摩擦，故而产生热量。通常选用915MHz 的微波频率解冻，因为该频率解冻的穿透能力强，适合于体积大的物料解冻。

传统解冻方式往往是从外向内的解冻，而微波可以使冷冻肉品内外同时升温，实现全面解冻，极大地加快了解冻速率，适合工业化生产；并且微波解冻不易受微生物污染，还能减少水分的向外迁移，使肉品的汁液流失率小，营养成分损失少（Kim et al.，2013）。但由于微波渗透能力有限，当表面解冻后表面水分对能量的吸收增加导致吸热不均匀（水吸收微波的能力要大于冰）时难以控制，进而出现局部过热的现象，一旦失控往往会导致冻结食品变熟，甚至出现蒸煮味而失去食用价值。

4）（超）高压解冻

高压解冻是将冻肉置于高压环境中，通过一系列复杂作用使肉品中的水分快速融化。压力、温度及时间被称为解冻的三大因素，所以应用高压解冻肉品具有很强的理论依据（谢媚等，2014）。

高压可使冻肉中的固态水转化为液态水，快速缩短冻肉的解冻时间，降低解冻损失，如在 5 ℃下，200 MPa 压力处理 30 min 足以使－30～－10 ℃的冰融化（廖彩虎等，2010）。另外，高压也可改善羊肉冻融特性，提高质量，延长保质期。但高压会造成蛋白质变性，导致肉色发白，产生轻微的类似蒸煮的风味；肌节缩短，肌原纤维断裂和小片化，结构蛋白出现凝胶化状态；钙激活酶活力下降。高压解冻的温度波动应控制在±2 ℃范围内，否则会促进小冰晶消失和大冰晶的形成，加剧冰晶对肉的机械损伤作用（谢媚等，2014）。

5）低温高湿变温解冻

根据冻肉解冻过程中冰-水的理化特性和热交换特性，冻肉在 2～6 ℃的低温条件下解冻，4 ℃时水的密度最大，温度围绕 4 ℃波动可以通过改变水的密度，促进水分迁移，并加快热量交换，提高解冻速率。同时结合高湿解冻条件，保护解冻肉样蛋白水合面，抑制解冻过程中肉的氧化。低温高湿变温解冻法是张春晖等（2013）以生产中通常采用的 4 ℃解冻库为基础加以改进的，以 4 ℃为中心来回波动，对冷库设备要求低，而且能耗较低。其设备及工艺流程为：高压蒸汽经减压后变为减压蒸汽，经管道输送至解冻库，经过蒸汽雾化直喷，调节升高库内温、湿度；解冻库内同时安装变频制冷风机用于解冻库内温度的制冷调节。冷冻肉块放置在解冻库内的解冻架上解冻，库内温、湿度的在线监控通过传感器与控制系统实现（图 3-29）。解冻前期，冷冻肉块自身的低温以及解冻吸收大量热量，会导致库温降低，当库内温度低于 2 ℃时，蒸汽加热加湿系统启动直至温度达到 6 ℃时停机；解冻后期，解冻库内温度逐渐升高，当温度高于 6 ℃时，制冷风机启动直至温度降至 2 ℃时停机，如此循环。在整个解冻过程中，当库内湿度低于 90%时，减压蒸汽加湿系统启动。通过低温高湿变温控制，直至肉块中心温度达到－2～2 ℃时，解冻过程结束。整个解冻过程中温度的变化为：2 ℃→6 ℃→2 ℃，库内湿度始终保持在 90%以上。

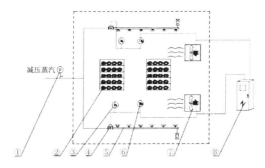

图 3-29　低温高湿变温解冻工艺流程图

该方法能有效保持羊肉的色泽，解冻过程中亮度值（L^* 值）与红度值（a^* 值）先增高后降低。与自然解冻相比，低温高湿变温解冻法能使解冻汁液流失率、蒸煮损失率及肌原纤维蛋白表面疏水性分别降低 3.59%、4.0%、97.44（$P<0.05$），从而改善解冻羊肉的持水性；解冻汁液中蛋白质质量分数降低了 8.98%，减少了营养流失；另外该方法还改善了解冻羊肉的质构特性（张春晖等，2013）。

3.3.5　冷冻保藏关键技术

1. 冷冻速率

20 世纪 70 年代国际制冷协会提出食品的冻结速率为（夏吉洲等，2012）

$$V_f = L/t \text{ (cm/h)} \tag{3-2}$$

式中：L 为食品表面与热中心的最短距离，cm；t 为食品表面达 0 ℃至热中心达初始冻结温度以下 10 ℃所需的时间，h。

当冻结速率为 10 cm/h 以上时，称为超快速冻结；当冻结速率为 5~10 cm/h 时，称为快速冻结；当冻结速率为 1~5 cm/h 时，称为慢速冻结。冷冻速率的大小对冻肉的品质影响很大，因为它与肉品冻结过程中组织结构的破坏和解冻后汁液的流失有密切关系，冻结速率快，食品内的水分形成针状小冰晶，主要分布在细胞内，数量多且分布均匀，解冻后水分能返回其原来的位置，最大限度地减少了汁液流失量；而慢速冻结形成的则是少数柱状或块状大冰晶，主要分布在细胞间，分布不均匀，对细胞造成更大程度的挤压损伤，解冻后水分不能返回其原来的位置，加大了汁液流失量（Farouk et al.，2004）。但冻结速率并不是越快越好，超快速冻结往往会导致冻裂，造成相反的结果。冻结速率的大小不仅取决于肉的热力学性质和体积，冻结温度、冻结方式、包装材料等也会对其产生影响（Straadt et al.，2007）。

牛力（2012）研究了不同冻结速率对肉食用品质的影响，结果见表 3-22 表 3-22。由表 3-23 可以看出，解冻汁液流失率、加压失水率和蒸煮损失率随冻结速率的增大而减小，说明冻结速率越大，肉的保水性越好。另外，随着冻冻结速率的上升肉的亮度值显著降低，红度值显著升高。由表 3-23 可知，冻结对肉蛋白质溶解度有一定影响，但差异并不显著，整体上冻结导致蛋白质溶解度有一定程度的降低，且主要是总蛋白和肌原纤维蛋白溶解度降低，并且过低的冻结速率更易导致蛋白质变性。

表 3-22　不同温度冻结条件下羊肉的理化指标

冻结速率 / (cm/h)	解冻汁液流失率/%	加压失水率/%	蒸煮损失率/%	L^*	a^*
对照	—	28.97±2.54[c]	17.95±1.39[c]	43.92±0.71[a]	4.95±0.76[b]
0.34	2.83±0.17[a]	36.16±1.86[a]	23.20±1.66[a]	40.15±0.64[c]	6.25±0.88[a]
0.79	2.18±0.19[b]	34.18±2.34[ab]	21.76±1.18[ab]	41.06±0.91[bc]	6.72±0.98[a]
1.07	1.98±0.11[c]	33.02±1.94[b]	20.89±1.63[b]	41.31±1.6[b]	7.01±0.84[a]

注：同行数据上标不同字母表示差异显著($P<0.05$)。

表 3-23　羊肉的不同温度冻结条件

冻结速率 / (cm/h)	肌浆蛋白溶解度 / (mg/g)	肌原纤维蛋白溶解度 / (mg/g)	总蛋白溶解度 / (mg/g)
对照	58.23±1.37[a]	71.14±1.84[a]	129.38±2.49[a]
0.34	56.69±4.30[a]	68.10±0.90[a]	124.79±5.03[a]
0.79	57.26±3.69[a]	69.79±1.20[a]	127.05±4.46[a]
1.07	57.34±2.39[a]	69.39±3.23[a]	126.73±4.66[a]

2. 冷冻温度及时间

低温条件下，酶的活性、脂肪和蛋白质氧化速率、微生物新陈代谢和生长繁殖等都受到一定程度的抑制，因而有效延缓了与肉品质量相关的各种物理化学和生物化学变化。冻藏温度及时间决定了肉品在贮藏过程中微生物及酶的活性，是决定肉品质的关键因素。

1) 冷冻温度

孔丰 (2016) 将新鲜羊腿剔除筋腱、肌束膜，分割成约 200 g 的块状，使用复合软塑料包装后，按表 3-24 进行五种不同温度冻结处理，样品平铺、无叠压，24 h 后采用 25 ℃静止空气条件解冻，考察其 pH、系水力、汁液流失、蒸煮损失、色泽、剪切力的差异，结果见表 3-25。

表 3-24　羊肉的不同温度冻结条件

试验分组	冻结条件
A	−70 ℃静止空气冻结
B	−60 ℃静止空气冻结
C	−50 ℃静止空气冻结
D	−40 ℃静止空气冻结
E	−30 ℃静止空气冻结

表 3-25　不同温度冻结条件下羊肉的理化指标

组号	pH	系水力/%	汁液流失率/%	蒸煮损失率/%	剪切力/g	L^*	a^*
A	6.24±1.01[a]	82.36±2.32[a]	22.62±0.62[a]	42.35±2.36[a]	2863.01±72.62[a]	39.62±2.62[a]	18.62±1.32[a]
B	6.11±0.42[b]	85.32±1.23[b]	18.26±1.62[b]	43.75±1.52[a]	2885.29±99.30[a]	38.62±1.62[a]	18.69±0.95[a]

续表

组号	pH	系水力/%	汁液流失率/%	蒸煮损失率/%	剪切力/g	L^*	a^*
C	6.06 ± 0.62^c	80.36 ± 2.31^c	28.24 ± 0.62^c	44.99 ± 2.36^a	2635.42 ± 85.42^b	35.62 ± 0.95^b	14.32 ± 0.63^b
D	6.05 ± 0.32^c	81.62 ± 0.85^c	28.25 ± 1.45^c	45.62 ± 2.62^a	2598.35 ± 93.51^b	34.69 ± 0.62^b	13.69 ± 0.65^b
E	5.88 ± 0.05^d	75.65 ± 1.02^d	33.45 ± 3.45^d	42.23 ± 2.62^a	2231.65 ± 56.32^c	30.36 ± 1.95^c	10.56 ± 0.56^c

注：同行数据上标不同字母表示差异显著（$P<0.05$）。

由表 3-25 可知，不同冻结条件对羊肉的各项理化指标均有一定影响。其中蒸煮损失受冻结条件的影响较小，不同冻结条件下羊肉的该项指标均无明显差异。可能是由于羊肉的化学本质是富含组织液的蛋白胶体，因此羊肉产生蒸煮损失的本质原因是蛋白胶体受热变性凝集，结构蛋白发生热变性收缩，水分的存留空间减小，导致水分伴随少量水溶性物质流出，而相比加热带来的蛋白质剧烈变性，冻融仅是温和的处理方式，蛋白受其影响较小，其对蒸煮损失的影响可忽略（孔丰，2016）。羊肉的 pH 伴随冻结温度的上升呈显著下降趋势。冻融处理后，羊肉的酸度变化一般受两大因素影响，宏观因素是冻融过程中的汁液流失，导致肌肉中水分含量减少；微观因素是样品未完全成熟，在肌纤维中，肌糖原继续无氧酵解产酸，致使 pH 下降。不同冻结条件处理的羊肉，其汁液流失率和系水力都存在显著差异，可能是由于冻结过程中穿越最大冰晶生成带的耗时存在差异，因此不同冻结温度对羊肉质构的破坏程度不同，最终表现为持水力不同。剪切力通过数值高低体现出咀嚼性品质。伴随冻结温度的逐步上升，其值波动降低，羊肉的耐嚼性波动降低，可能是由于内酶对肌原纤维的降解，样品温度愈高，酶活性愈高，进而分解水平愈高（周婷等，2007）。另外，羊肉的色泽受冻结温度的影响显著，冻结温度越低，羊肉的色泽越好，伴随冻结温度的逐步上升，羊肉的亮度和红度逐渐降低，可能是由于冻结温度的提高导致了细菌生长繁殖加快，致使羊肉中氧气含量减少，进而加速了呈色蛋白的进一步吸氧，造成羊肉的色泽变深、变暗。肉品的酸度也会影响色泽，在酸度较高的肉品中，氧合血红蛋白稳定性较差，容易脱氧失色；高酸度还会减弱血色素与结构蛋白的联系，从而加速其氧化失色。

孔丰（2016）利用主成分分析法对羊肉的多项理化指标进行了分析，确定了 $-60\ ℃$ 静止空气冻结是羊肉的最优冷冻条件。可见并不是冷冻温度越低，羊肉的品质就维持得越好，这一结论与唐仁勇等（2014）的研究结论一致。其以冷冻羊肉片为材料，研究了不同储存温度对羊肉品质的影响，表明 $4\ ℃$ 贮藏时不能完全抑制肉品中的微生物生长繁殖，致使失水率显著增加、pH 增大、肉色下降；$-20\ ℃$ 贮藏时羊肉色泽更红、pH 较低、持水性最好；而 $-70\ ℃$ 贮藏时，羊肉的蒸煮损失显著增加，肉色下降，且硬度和咀嚼性也变差。因此，确定了 $-20\ ℃$ 为羊肉贮藏的最佳温度。

2）冷冻时间

帕提姑・阿布都克热等（2012）研究了羊不同部位肌肉在 $-18\ ℃$ 下冻藏 0.5d、1d、

2d、7d、15d、30d 后肉品质的变化。测定结果如图 3-30～图 3-33 所示。

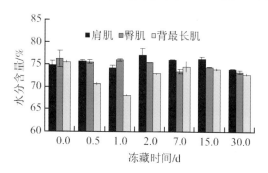

（a）不同部位肌肉水分含量变化

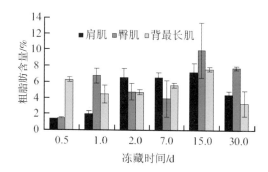

（b）不同部位肌肉粗脂肪含量变化

图 3-30　不同时间冻藏后不同部位肌肉水分含量
和粗脂肪含量的变化

　　结果表明：在冻藏期间，肩肌、臀肌、背最长肌的粗脂肪含量、总胶原蛋白含量及剪切力值差异显著，而胶原蛋白溶解度无显著差异。冻藏时间对肩肌的解冻和蒸煮损失有极显著影响，而对臀肌和背最长肌无显著影响；对肩肌和臀肌的结缔组织滤渣有极显著影响，而对背最长肌无显著影响。随着冻藏时间的延长，3 个不同部位肌肉的剪切力逐渐下降。

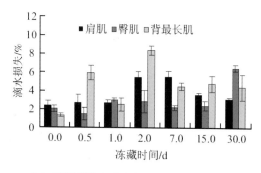

（a）不同部位肌肉的解冻滴水损失变化

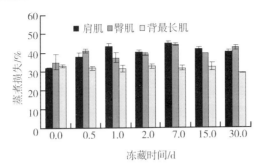

（b）不同部位肌肉的蒸煮损失变化

图 3-31 不同时间冻藏后不同部位肌肉解冻
滴水损失和蒸煮损失的变化

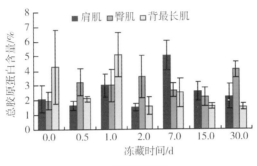

（a）以湿质量计

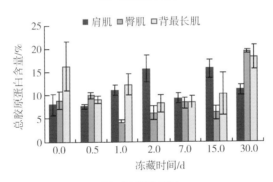

（b）以干质量计

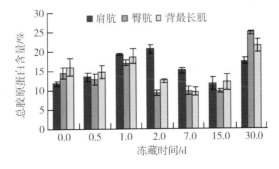

（c）以无脂干质量计

图 3-32 不同时间冻藏后不同部位肌肉的总胶原蛋白含量变化

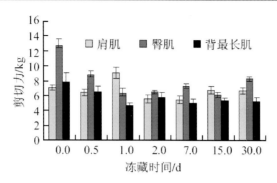

图 3-33　不同时间冻藏后不同部位肌肉的剪切力变化

3. 避免反复冻融

反复冻融可使羊肉微观结构、水分可移动性、蛋白流变学发生显著变化，解冻损失逐渐增大，使品质下降，具体表现为：色泽变差；剪切力值逐渐增大，质构劣变；保水性下降；TBA 值逐渐增大，品质下降；脂肪氧化加剧（张宏博等，2014）。

表 3-26、表 3-27 为反复冻融对羊肉品质及营养成分的影响，可以看出，随着冻融次数的增加，羊肉背最长肌的解冻损失、煮制损失、干物质含量和灰分含量显著增加，剪切力和粗蛋白含量显著降低，脂肪氧化显著增加。冻融对 pH 没有显著影响，冻融后线粒体肿胀并空泡样化；肌节缩短、排列紊乱；肌原纤维变形、断裂、间隙增大；Z 线错位，甚至溶解、消失。多次冻融可严重破坏绵羊肉的肌原纤维结构，改变营养成分，降低肉的品质（蔡勇等，2014）。

表 3-26　冻融次数对羊肉解冻损失率等指标的影响

冻融次数	解冻损失/%	蒸煮损失/%	失水率/%	剪切力/kg	pH
对照组	—	27.35 ± 1.02^a	12.85 ± 0.55^a	5.34 ± 0.66^a	5.47 ± 0.33^a
1	3.20 ± 0.58^a	26.67 ± 0.84^a	13.39 ± 0.89^a	5.41 ± 0.43^a	5.44 ± 0.52^a
2	15.93 ± 1.21^b	30.97 ± 0.65^b	15.98 ± 1.21^b	4.91 ± 0.55^{ab}	5.35 ± 0.19^a
3	17.51 ± 0.87^c	29.64 ± 0.98^b	12.29 ± 1.08^a	4.44 ± 0.38^b	5.26 ± 0.46^a

注：同行数据上标不同字母表示差异显著（$P<0.05$），同行数据上标相同字母表示差异不显著（$P>0.05$）。

表 3-27　冻融次数对羊肉干物质、灰分等指标的影响　　　　　　　　单位：%

冻融次数	干物质	灰分	蛋白质	粗脂肪
对照组	26.02 ± 1.14^a	1.83 ± 0.25^a	75.69 ± 2.41^a	15.61 ± 0.71^a
1	28.68 ± 1.05^b	1.99 ± 0.37^{ab}	72.48 ± 1.87^b	15.42 ± 0.91^a
2	30.12 ± 0.84^c	2.12 ± 0.16^{ab}	71.55 ± 2.06^b	16.52 ± 1.05^a
3	31.86 ± 1.27^d	2.28 ± 0.35^b	69.08 ± 1.14^c	18.13 ± 0.98^b

随着冻融次数的增加，肌节框架结构逐渐消失、肌内膜破裂、纤维直径逐渐下降，肌节长度先下降后上升；肌肉中不易流动水的弛豫时间逐渐下降，自由水的弛豫时间先下降后上升；饱和脂肪酸和单不饱和脂肪酸的含量先下降后增加，多不饱和脂肪酸含量

逐渐增加。反复冻融过程中羊肉的组织学、水分移动性、蛋白流变学、脂肪氧化和水解作用均发生显著变化，致使羊肉品质变差。因此，应当尽可能避免冻融甚至反复冻融现象的发生。

3.4 羊肉包装与保藏关键技术

羊肉中含有丰富的蛋白质和水分，在宰后成熟的过程中蛋白质自溶成氨基酸，为微生物提供了良好的生存繁殖条件，在肉中微生物繁殖到一定程度后会分泌出蛋白酶进一步分解蛋白质造成肉的腐败。因此，在非冷冻条件下保证羊肉新鲜的品质是生产环节中的关键问题，而包装保鲜技术是重要的品质控制技术之一。

3.4.1 羊肉常用包装技术

羊肉的包装保鲜技术主要包括真空包装、气调包装、托盘包装和贴体包装，不同包装技术都是为了抑制蛋白质和脂质的氧化、微生物的生长繁殖，从而达到羊肉保鲜的目的（张海红和童文胜，1997；王盼盼，2009）。不同包装技术详见3.2.1节第2小节。

3.4.2 羊肉常用包装保鲜材料

目前广泛用于羊肉保鲜的材料主要包括尼龙（PA）、聚酯纤维（PF）、聚丙烯（PP）、乙烯-乙烯醇共聚物（EVOH）、聚乙烯（PE）、聚氯乙烯（PVC）、聚偏二氯乙烯（PVDC）、聚对苯二甲酸乙二醇酯（PET）等（成亚宁等，2006；白杉，2003）。①尼龙又名聚酰胺，具有易延展、抗刺穿、抗磨损和撕裂等特点，常用于羊肉包装中。尼龙常很难缝合，与其他材料结合后会使缝合难度降低。②聚酯纤维具有很好的防水、防漏气和隔热性能。常用于小包装袋和托盘的密封，聚酯纤维可以用铝合成，通过独特屏障隔绝氧气，由于这种特性，聚酯纤维多用于高氧敏感产品包装的组成部分。③乙烯-乙烯醇共聚物一般由两种或多种材料层层挤压而成，在羊肉包装保鲜技术中主要用于防潮。干燥时它具有良好的阻隔防潮特性，并且这种阻隔特性能够维持较长时间。鲜羊肉包装中常用该材料与尼龙的混合物共同使用。④聚乙烯因其热封合性常用于多层包装材料，它可在低温（-20℃）下融化并且能够自动重新结合从而形成有效缝合，但聚乙烯材料并没有高阻隔性，因此，在保鲜包装中都需要与其他材料结合。⑤聚偏二氯乙烯是一种合成树脂，能够有效防止水分蒸发、气体逸出、风味损失。聚偏二氯乙烯具有热缝合性，加热时可收缩，常用于复合材料中。热收缩包装一般是聚偏二氯乙烯的单层包装，但它通常与其他柔韧性材料一起进行混合挤压制得。⑥天然抗氧化剂包装材料。将天然抗氧化剂加入聚丙烯塑料中制成薄膜，使食品和包装材料均具有抗氧化作用。目前已有研究将蜂胶、茶多酚、迷迭香提取物等物质用于该类包装材料的生产中，起到抗氧化和保鲜的双重功效。⑦混合材料。绝大多数用于羊肉保鲜包装的材料都是采用挤压混合、叠层、涂层的各种塑料材质的复合物制成的具有多种特性的混合材料，目前没有单一的一种材料可以满足羊肉保鲜的全部要求。

3.4.3　羊肉包装保鲜关键技术

1. 包装材料的选用

包装是隔绝污染最有效的方法，包装材料的选用，必须能控制所选用的混合气体的渗透速率，同时能够控制水蒸气的渗透速率。用于羊肉及羊肉制品的包装材料，应选用具有较高阻隔性的包装材料，以较长时间维持包装内部的理想气氛（刘珂，2010）。塑料薄膜透气性是阻隔性能的一项重要指标，用透气度来衡量。透气度是指在恒定温度和单位压力差下，在稳定透过时，单位时间内透过试样单位面积的气体的体积。通常所接受的"阻隔型塑料聚合物"专有名词只限于对氧有很高的阻隔性能的塑料聚合物复合物，它们在23℃时应具有大于 38.9 mL·μ/（m^2·24 h·kPa）的透气系数。在多数情况下，如果塑料聚合物的透氧系数小于 38.9 mL·μ/（m^2·24 h·kPa），它对二氧化碳及许多有机蒸气和气味也是一个好的阻隔材料。真空包装和气调包装的塑料薄膜，一般要求透氧度较小，并对氮气和二氧化碳也有较好的阻透性，常选用 PET、PA、PVDV 和 EVOH 等薄膜。但这些材料一般不单独使用，考虑到薄膜材料的热封性和对水蒸气的阻隔性，常采用 PE 和 PP 等具有良好热封性能的薄膜与之复合成综合性能较好的包装材料[105]。表 3-28～表 3-30 为不同薄膜对不同气体透过率的对比情况（张德权，2016）。

表 3-28　不同薄膜在不同温度下对氧气的透过率（24 h，10^5 Pa，75% 相对湿度）

单位：cm^3/m^2

种类	温度			
	0 ℃	10 ℃	20 ℃	30 ℃
PET	3.7	6.6	8.6	14.1
PA6	1.3	2.8	5.6	10.8
PVDC	0.1	0.4	1.4	4.5

表 3-29　不同薄膜对不同气体的透过率（24 h，10^5 Pa，23 ℃，50% 相对湿度）

单位：cm^3/m^2

种类	透 O$_2$ 率	透 N$_2$ 率	透 CO$_2$ 率
PVDC	0.6	0.5	0.4
PVC	78～300	—	140～380
PET	74～138	12—24	35～50
PA6-PA66	26	—	45～57
LDPE（低密度聚乙烯）	500～700	200～400	200～400
32%EVOH 0% 相对湿度	0.18	0.02	0.9
32%EVOH 100% 相对湿度	21.6	—	—
44%EVOH 0% 相对湿度	1.68	0.13	1.4
44%EVOH 100% 相对湿度	17.6	—	—
离子键聚合物	300～450	—	—

表 3-30　不同薄膜对水蒸气的透过率（24 h，10⁵ Pa，37.8 ℃，50％相对湿度）

单位：cm³/m²

种类	水蒸气透过率	种类	水蒸气透过率
PVDC	0.4~1.0	32％EVOH 0％相对湿度	0.7
PVC	13~72	32％EVOH 100％相对湿度	49
PET	27~48	44％EVOH 0％相对湿度	0.82
PA6-PA66	95~160	44％EVOH 100％相对湿度	96.5
LDPE	15~25		

此外，冷却肉的包装材料还应具有良好的耐油性、机械强度、印刷适性、热封性能和耐低温等特性。冷却肉包装材料必须具有一定的抗撕裂和抗戳穿强度，防止带骨肉戳破包装和来自外界的机械损伤，影响保鲜效果。通常选用透明度良好的材料，直观的外表可促进消费，因此对冷却肉包装材料的选择要综合考虑（陶志忠，2006）。

李开雄等（2010）采用四种包装材料（尼龙/聚乙烯、尼龙/流延聚丙烯、领苯基苯酚/流延聚丙烯、聚对苯二甲酸乙二醇酯/铝/聚乙烯）进行真空包装，将羊肉贮藏在 4 ℃环境下，定期进行感官品质和理化指标测定，筛选适合冷却羊肉的真空包装材料。结果表明尼龙/流延聚丙烯的保鲜效果最好，其次依次为领苯基苯酚/流延聚丙烯、聚对苯二甲酸乙二醇酯/铝/聚乙烯、尼龙/聚乙烯。

张嫚（2003）研究了在真空包装条件（真空压力 0.1 MPa）下，聚氯乙烯薄膜、聚苯乙烯塑料托盘（对照组）、PA/CPP（透氧率 35 cm³·m⁻²·24 h·atm，水蒸气透过量 8 g·m⁻²·24 h）、PET/CPP（透氧率 120 cm³·m⁻²·24 h·atm，水蒸气透过量 7 g·m⁻²·24 h）、PET/PA/CPP（透氧率 15 cm³·m⁻²·24 h·atm，水蒸气透过量 5 g·m⁻²·24 h）、PET/AL/CPP（透氧率 0.5 cm³·m⁻²·24 h·atm，水蒸气透过量 0.5 g·m⁻²·24 h）、PET/AL/PA/CPP（透氧率 0.5 cm³·m⁻²·24 h·atm，水蒸气透过量 0.5 g·m⁻²·24 h）几种包装材料对冷却肉的影响。结果表明：真空处理增加了冷却肉的失重损失，PA/CPP 失重较少，PET/PA/CPP、PET/AL/PA/CPP、PET/AL/CPP 失重较为严重，但不同包装材料的透氧率与失重无显著相关性；真空包装可降低冷却牛肉 TVB-N 值，参照 TVB-N 值评定标准，对照组和透氧率较高的 PET/CPP 第 6d 时已超标，而透氧率低的其他四组于第 12d 仍未超标，TVB-N 增加速率与包装材料的透氧率呈正比，但相互间差异并不显著；随着贮藏时间的延长，metMb 百分比呈上升趋势，但同一时间不同包装组处理的 metMb 形成量不同，随着包装材料透氧率的减少，高铁肌红蛋白的形成量减少；另外，低温贮藏条件下，不同透氧率的包装材料对脂肪氧化无显著影响。

蔡丽萍（2009）采用真空包装（真空压力 0.06 MPa）新鲜羊肉时，在包装材料厚度相同、贮藏温度相同的条件下，通过对 PA/PE、PA/CPP、OPP/CPP、PET/AL/PE 四种包装材料在贮藏期间代表品质因素的关键性技术指标分析表明，四种包装材料的保鲜效果依次为：PA/CPP>OPP/CPP>PET/AL/PE>PA/PE。其中，PA/CPP 包装组在感官品质评定上明显优于其他三种包装组，菌落总数、pH、挥发性盐基氮值、汁液流失率均低于其他三组包装，a^* 较其他三组包装高，测定结果如图 3-32～图 3-35 所示。

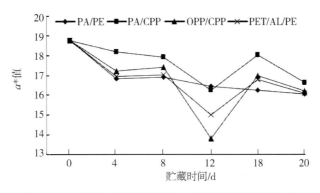

图 3-32 不同包装材料冷鲜羊肉贮藏期间色泽的变化

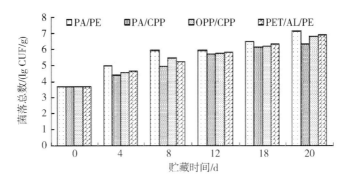

图 3-33 不同包装材料冷鲜羊肉贮藏期间菌落总数的变化

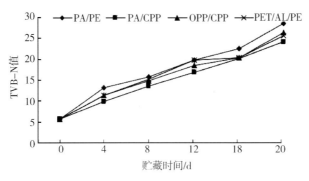

图 3-34 不同包装材料冷鲜羊肉贮藏期间挥发性盐基氮的变化

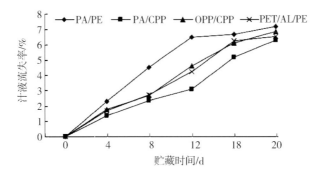

图 3-35 不同包装材料冷鲜羊肉贮藏期间汁液流失率的变化

2. 包装方式和（或）气体配比的确定

不同包装方式及气体配比对羊肉的保鲜效果有所不同，因此选择哪种包装方式以及确定气体混合物的比例对羊肉保鲜非常重要。

王燕荣（2007）探究了不同包装方式对冷却肉品质的影响，包装处理见表 3-31。

单位：%

表 3-31　不同包装处理及气体配比

组别	气体配比		
	O_2	CO_2	N_2
真空	—	—	
气调 1	80	20	—
气调 2	40	40	20
气调 3	60	40	—
气调 4	20	60	20

肉品菌落总数、挥发性盐基氮等指标测定结果如图 3-36～图 3-39 所示。由图可知：①气调包装中 CO_2 浓度大于 20% 时，冷却肉的抑菌效果随其浓度的增加而明显增加，当 CO_2 浓度大于 40%，其抑菌效果没有显著增加；随着氧含量的增加，肉样的腐败加剧；气调包装中 O_2 浓度大于 20% 时，脂肪的氧化显著增加。②在高氧（20% CO_2/80% O_2）包装中冷却肉的菌落总数和 TBA 值在各时间段都显著地高于其他组，虽然高氧组（20% CO_2/80% O_2）可以使冷却猪肉保持鲜红的色泽，但这种红色最长只能维持 9d，但高氧环境下极有利于肉中的脂肪氧化、微生物繁殖。冷却肉中脂肪氧化产生的自由基会破坏色素蛋白，加速冷却肉变色。因此，高氧包装只适合于短时间销售。③真空组在整个贮藏期挥发性盐基氮和脂肪氧化的增加速率均较缓慢，但真空包装的冷却肉由于处于负压状态，失水较严重，并且感官评价不好，色泽较差，为暗红色。④综合各因素的指标，低氧气调（60% CO_2/20% O_2/20% N_2）包装对冷却肉的保藏效果最好。

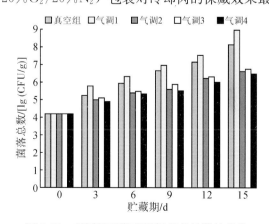

图 3-36　不同处理贮藏期间菌落总数的变化

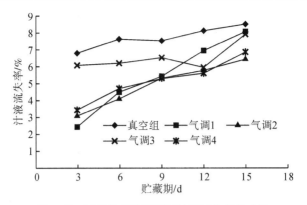

图 3-37　不同处理贮藏期间汁液流失率的变化

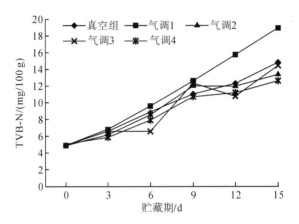

图 3-38　不同处理贮藏期间挥发性盐基氮的变化

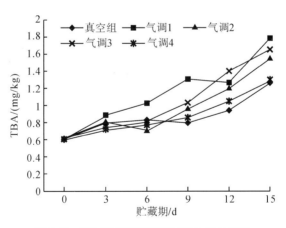

图 3-39　不同处理贮藏期间 TBA 值的变化

3. 包装设备

　　包装保鲜技术的主要设备是气体配比机和真空充气包装机。气体配比机是精确配比的关键设备，气体配比的准确度将极大地影响肉品的保鲜效果。据有关研究报道，目前有机构已开发出 GM 型气体比例混合机，该机器采用气体压力控制的方式来实现不同比例的 2～3 种气体进行较高精度的混合，混合部分以微机控制，供气调节能与真空充气包装机匹配，整个系统能实现连续稳定的工作（常辰曦等，2010）。与气体配比机配套的真空充气包装机在国内已有多种机型可供选择，近年来，我国也从国外引进高性能连续真空充气包装机，它集多种功能于一体，能灵活地调节气体混合比，并且能与多种食品进行不同方式的包装，包装质量和自动化程度都非常高（陈阳楼等，2009）。

4. 与其他保鲜技术协同作用

单一应用一种包装技术固然有一定的保鲜效果，但效果并不理想。黄壮霞（2004）仅使用气调包装技术用于冷却肉保质的研究发现：单纯使用气调包装技术存在一定问题，从微生物测定的结果看，贮藏至 7d 时，肉的色泽在消费者接受的范围，pH 也在二级鲜肉的范围，然而菌落总数已达到 $10^5 \sim 10^6$ 级，严格来讲已经不属于新鲜肉的范围。因此，一般包装保鲜都会与其他保鲜技术协同作用，使保鲜效果得到进一步改善。其他常用羊肉保鲜技术详见 3.2.1 节。

赵建生（2010）采用气调包装贮存冷却肉，发现 $0.5\%CO + 60\%CO_2 + 39.5\%N_2$ 可以在一定程度上抑制微生物生长，延长货架期，贮存 21d 后的细菌总数对数值为 6；而用该气调包装结合 1# 保鲜液（0.5% 壳聚糖、2.5% 香辛料、0.1% 蜂胶、0.15% Nisin-溶菌酶和 0.5% 茶多酚），贮存末期的细菌对数值为 3，挥发性盐基氮含量、TBA 值和汁液流失率均较低，肌肉呈现稳定的樱桃红色，说明气调包装和保鲜液集合有明显的协同作用。林顿（2015）通过研究发现，鲜肉用中阻隔性 PET/CPE 包装袋进行气调包装，气体比例为 $60\% O_2 + 40\% CO_2$，包装完成后结合 $-2\ ℃$ 微冻贮藏为样品的最佳保鲜工艺。在该工艺下，肉中微生物的生长繁殖受到抑制，肉色鲜红，并且样品的组织结构不会被破坏，风味和品质得到保证。

第4章　羊肉制品加工关键技术

4.1　羊肉制品加工辅料

随着生活水平的提高和饮食观念的不断改变，人们对肉制品品质的要求也越来越高，不仅要营养、健康、安全，而且要色、香、味俱全。为了实现这一目的，并增加营养及提高产品的质量及出品率，肉制品加工中往往要加入一定量的天然或化学物质，这些物质统称为肉制品加工辅料。常用的肉制品加工辅料有调味料、香辛料和添加剂等。

4.1.1　调味料

肉制品加工过程中，凡能起到突出肉制品口味，改善肉制品外观，增进肉制品色泽的物质，统称为调味料。调味料的种类很多，所指的范围也很广，有狭义和广义之分。狭义调味料专指具有芳香气和辛辣味的物质，称为香辛料，如大料、胡椒、桂皮等；广义调味料包括咸味剂、酸味剂、甜味剂、鲜味剂及酒等。

1. 咸味料

咸味是一种非常重要的基本味，是调制各种复合味的基础。咸味料是以氯化钠为主要呈味物质的一类调味料，又称咸味调味品。咸味在肉制品加工中是能独立存在的味道，主要存在于食盐中。类似食盐咸味的有机酸盐有苹果酸钠、谷氨酸钾、葡萄糖酸钠和氯化钾等。它们与氯化钠的作用不同，味道也不一样。咸味料种类繁多，其中以食盐为主，还包括酱油、酱类、豆豉、腐乳等。

1）食盐

食盐的主要成分是氯化钠，还含有微量氯化钾、氯化镁及硫酸镁等其他盐类，由于钾、镁离子是人体所必需的营养元素，因此以含有微量的钾、镁离子的食盐作调味料为佳。食盐在肉制品加工中的作用如下。

（1）调味作用。可增加和改善肉制品风味，起到去腥、提鲜、解油腻、减少或掩饰异味、平衡风味、突出原料的鲜香之味等。

（2）提高肉制品的持水能力、改善质地。氯化钠能增加蛋白质的水合作用和结合水的能力，从而改善肉制品的质地，增加其嫩度、弹性、凝固性和适口性，使其成品形态完整，质量提高；还可增加肉糜的凝胶性，促进脂肪混合，以形成稳定的乳状物。

（3）抑制微生物生长。食盐可降低肉制品水分活度，提高渗透压，抑制微生物生长，延长肉制品的保质期。

（4）提高成品率，降低成本。

由于过多摄入食盐会导致心血管病、高血压及其他疾病，因此，低食盐含量的肉制品越来越多。所以，无论从加工的角度，还是从保障人体健康的角度，都应该严格控制食盐的用量，且使用食盐时必须注意均匀分布，不使它结块。我国肉制品的食盐用量一般规定是：腌腊制品 6%～10%，酱卤制品 3%～5%，灌肠制品 2.5%～3.5%，油炸及干制品 2%～3.5%，粉肚制品 3%～4%。同时根据季节不同，夏季用盐量比春、秋、冬季要适量增加 0.5%～1.0%，以防肉制品变质。

目前，为防止高钠盐食品导致的高血压病，国外已经配成新型食盐代用品 Zyest 并大量使用。该产品属酵母型咸味剂，可使食盐的用量减少一半以上，甚至减少 90%，并同食盐一样具有防腐作用，现已广泛用于香肠肉制品中。

2）酱油

酱油是我国传统的调味料，多以粮食及其副产品为原料，经自然和人工发酵加食盐酿制而成。酱油是肉制品加工中重要的咸味调味料，并含有丰富的氨基酸等风味成分，按其生产方法可分为天然发酵、人工发酵和化学发酵三大类。酱油在肉制品加工中的作用主要有：①为肉制品提供咸味和鲜味；②着色作用；③增加肉制品的酱香香气；④解除腥腻。

酱油加热时间过长会变黑，影响产品的色泽。因此，加热时间长的肉制品应以糖色代替上色。酱油的使用量和使用品种需根据地区、产品类型、口味来确定。一般肉制加工品中宜选用酿造酱油，浓度不应低于 22Be，食盐含量不超过 18%。

3）酱类

酱是指黄酱、蚕豆酱、甜面酱、豆瓣酱等以酱为原料再加工的制品。酱是以富含蛋白质的豆类和富含淀粉的谷类及其副产品为主要原料，在微生物酶的催化作用下分解熟成的发酵型糊状调味品。酱经过发酵具有独特的色、香、味，含有较高的蛋白质、糖、多肽及人体必需的氨基酸，还含有钠、氯、硫、磷、钙、镁、钾、铁等离子。酱是肉制品加工中的一种咸味料，它的作用与酱油基本相同，可赋味、增色、添香、去腥、解腻等，但酱的风味与酱油不同，且质地比酱油黏稠。酱的用量要根据产品咸度、色泽及品种来确定。酱的含盐量以 16% 计，其具体投料量要视产品确定。

2. 甜味料

甜味料是以蔗糖等糖类为呈味物质的一类调味料，品种繁多。在肉制品加工中应用的甜味料主要是白砂糖、红糖、冰糖、葡萄糖、蜂蜜、山梨糖醇、淀粉糖浆等。

1）白砂糖

白砂糖以蔗糖为主要成分，色泽洁白、晶粒整齐均匀，含蔗糖量 99% 以上，水分、杂质、还原糖的含量很低，甜度较高且纯正，易溶于水，在肉制品加工中使用能保色、缓和咸味、增鲜、增色等。白砂糖在肉制品加工中的添加量，根据产品进行添加，在盐腌时间较长的肉制品中，添加量为肉重的 0.5%～1%；中式肉制品中一般用量为肉重的 0.7%～3%，甚至可达 5%～7%。白砂糖的保管要注意卫生、防潮，否则易返潮、溶化、干缩、结块、发酵及变味。

2）红糖

红糖又称黄糖，有黄褐、红褐等颜色，以色浅黄红、甜味浓厚为佳。红糖的蔗糖含量约为 84%，其余为果糖、葡萄糖，但因未脱色精炼，水分含量为 2%～7%，且含色素、杂质较多，容易结块、吸潮，不容易保管，甜味不如白砂糖醇厚。红糖在肉制品加工中常用于着色。

3）葡萄糖

葡萄糖甜度略低于蔗糖。在肉制品加工中除了作为调味品，增加营养以外，还有调节 pH 和氧化还原的目的。对于普通的肉制品加工，其较适宜的使用量为 0.3%～0.5%。葡萄糖主要应用于发酵香肠制品中，为微生物提供碳源，添加量一般为 0.5%～1.0%。此外，葡萄糖在肉制品加工中还作为助发色和保色剂。

4）蜂蜜

蜂蜜是一种淡黄色或红黄色的黏性半透明糖浆，温度较低时有部分结晶而显浊白色，黏稠度也变大。蜂蜜在肉制品加工中主要起提高风味、增香、增色、增加光亮度及增加营养的作用。将蜂蜜涂在产品表面，淋油或油炸，是重要的赋色工序。在肉制品加工中，蜂蜜的使用应注意用量，过多会造成制品吸水变软，同时要掌握所用温度及加热时间，防止制品发硬或焦煳。

5）山梨糖醇

山梨糖醇为白色颗粒或结晶粉末状，广泛存在于植物中，安全性高，可用葡萄糖还原制得。其甜味为蔗糖的一半，甜度较低，常作为白砂糖的替代品。山梨糖醇在肉制品加工中不仅能作甜味料，还能提高渗透性，使制品纹理细腻、肉质细嫩、增加保水性、提高出品率。

3. 酸味料

酸味是构成多种复合味的主要调味物质，在肉制品加工中是不能独立存在的味道，必须与其他味道复合用才协调。酸味料品种较多，在肉制品加工中经常使用的有食醋、番茄酱、番茄汁、草莓酱、柠檬酸等。酸味料在使用中应根据工艺特点及要求去选择，还需考虑人们的习惯、爱好以及环境、气候等。

1）食醋

食醋为中式糖醋类风味产品的重要调味料，与甜味剂按一定比例配合，可形成宜人的甜酸味。因醋酸受热易挥发，故适宜在产品即将出锅时添加。羊肉在热加工过程中，适量添加食醋可明显减少腥味，利于增加骨中钙的溶出、加速熟烂及增加芳香气味。食醋宜采用以粮食为原料酿制而成的，含醋酸 3.5% 以上。

2）柠檬酸

柠檬酸是功能最多，用途最广的酸味剂，具有较高的溶解度，对金属离子的螯合能力强，被广泛应用于肉制品加工中。国外采用氢氧化钠和柠檬酸盐的混合液来代替磷酸盐，提高 pH 到中性，也能达到提高肉类持水性、嫩度和成品率的目的。研究表明，柠檬酸及其钠盐处理过的腊肉、香肠和火腿，具有较强的抗氧化能力；处理过的新鲜羊肉，保质期会延长。在香肠生产中，随着发酵的进行，香肠的 pH 会下降，而低 pH 对于肉糜的持水性是不利的。因此，国外已开始在某些混合添加剂中使用糖衣柠檬酸，当加热时糖衣溶解，释放出有效的柠檬酸，而不影响肉制品的质构。柠檬酸的加入量约为 0.05%，一般不超过 0.1%。

4. 增味料

增味料也称风味增强剂，是指能增强食品风味的物质，主要是增强食品的鲜味，故又称鲜味剂。应用在肉制品中的增味料主要有谷氨酸钠和肌苷酸钠等，这些增味剂以适当比例调配，可以制成复合调味料。鲜味是一种独立的基本味，是体现肉制品风味的一种重要风味。鲜味物质广泛存在于各种动植物原料中，其呈鲜味的主要成分是各种酰胺、氨基酸、有机盐基、弱酸等的混合物。研究发现，氨基酸类型和核苷酸类型的鲜味剂混合使用时鲜味特性不是简单的叠加，而是成倍的增味效果。鲜味料在肉制品中一般不单独使用，多与咸味剂及其他调味品共同组合调味。

1）味精

味精，是无色至白色棱柱状结晶或结晶性粉末，无臭，有特有的鲜味，略有甜味或咸味。味精加热至 120 ℃时失去结晶水，约在 270 ℃发生分解。在强碱性和 pH5.0 以下的酸性条件下，味精的鲜味会降低。在肉制品加工中，味精的用量一般为 0.2~1.5 g/kg。

2）肌苷酸钠

肌苷酸钠是白色或无色的结晶性粉末，性质稳定，在食品一般加工条件下使用 100 ℃加热 60 min 无分解现象。近年来，肌苷酸钠几乎都是通过合成法或发酵法制成的。肌苷酸钠鲜味是谷氨酸钠的 10~20 倍，与谷氨酸钠对鲜味有相乘效应，所以一起使用，效果更佳。在羊肉中加 0.01%~0.02%的肌苷酸钠与之对应就要加 5%左右的谷氨酸钠。肌苷酸钠由于遇酶容易分解，所以添加酶活力强的物质时，应充分考虑之后再使用。

3）琥珀酸及其钠盐

琥珀酸及其钠盐（商品名称：干贝素、海鲜精），是无色至白色结晶或结晶性粉末，易溶于水，不溶于酒精，其水溶液呈中性至微碱性，pH 为 7~9，在 120 ℃条件下会失去结晶水，味觉阈值 0.03%。琥珀酸及其钠盐主要存在于鸟、兽、鱼类的肉中，尤其在贝壳、水产类中含量较多。在肉制品加工中，其加入量为 0.02%~0.05%。

5. 酒类调味料

黄酒和白酒是多数中式肉制品必不可少的调味料，主要成分是乙醇和少量的脂类，可以去除膻味、腥味等异味，并有一定的杀菌作用，赋予肉制品特有的醇香味。在生产腊肠、酱卤等肉制品时，都要加入一定量的酒。酒类调味料的加入量，应根据产品品种和要求而定，过多或过少都会影响产品的质量。羊肉因膻味较重，在腌制时可多加点酒，但如果用酒量过多，就会因酒精不能完全挥发，过剩的酒精存在于产品中，使产品无法突出香味。

4.1.2 香辛料

世界上常用的香辛料有 50~60 种，均为栽培，主要集中于印度—中国—东南亚的热带亚热带地区、地中海地区至西亚和热带美洲。香辛料除了赋予食品一定的香型外，最主要是改善食品风味，从而提高食品的质量与价值。香辛料的运用对肉制品的质量起着重要的作用，它不仅能使人们在感官上得到享受，而且还直接影响人体对肉制品的消化吸收。许多香辛料还有消异除臭、防腐抗氧及药理作用。

1. 香辛料的分类

香辛料根据所利用植物部位的不同分为：①根或根茎类，如姜、葱、蒜等；②皮类，如桂皮、陈皮等；③花或花蕾类，如栀子、丁香等；④果实类，如辣椒、胡椒、茴香等；⑤叶类，如鼠尾草、月桂叶等。

香辛料根据芳香气味程度的不同分为：①辛辣性香辛料，包括胡椒、花椒、辣椒、芥子、蒜、姜及桂皮等；②芳香性香辛料，包括丁香、肉豆蔻、小茴香、月桂等。

香辛料根据辛味成分化学性质的不同分为：①酰胺类（无气味香辛料）：辛味成分是酰胺，不易挥发，食用时所感到的强烈的辛味刺激的部位仅限于口腔内的黏膜，如胡椒、辣椒等；②含硫类（刺激性香辛料）：辛味成分是硫氰酸酯或硫醇，是含硫的挥发性化合物，食用时不仅刺激口腔也刺激鼻腔，如葱、蒜等；③无氮芳香族类（芳香性香辛料）：辛味成分是不含氮的芳香族化合物，具有辛味和芳香味，一般辛味较弱，如丁香、麝香草等。

2. 常见的天然香辛料

羊肉制品加工中最常见的天然香辛料有葱、姜、蒜、胡椒、花椒、八角、茴香、丁香、桂皮等。

（1）葱。葱的香辛味的主要成分是硫醚类化合物，如烯丙基二硫化物，具有强烈的葱辣味和刺激性。葱具有去除腥膻味、促进食欲、开胃消食及杀菌发汗的功能。

（2）蒜。蒜具有强烈的辛辣味，主要成分是蒜素，即挥发性的二烯丙基硫化物，如丙基二硫化丙烯、二硫化二丙烯等。蒜具有强烈的刺激气味和特殊的辣味，有压腥去膻、促进食欲和杀菌的功效。

（3）姜。姜的辣味及芳香成分主要是姜油酮、姜烯酚和姜辣素及柠檬醛、姜醇等，具有去腥调味、促进食欲、开胃驱寒和减腻解毒的功效。

（4）胡椒。胡椒分为黑胡椒和白胡椒。黑胡椒是球形果实，在成熟前采摘，经热水短时间浸泡后，不去皮阴干而成；白胡椒是成熟的果实经热水短时间浸泡后去果皮阴干而成。因果皮挥发性成分含量较多，黑胡椒的风味要大于白胡椒，但白胡椒色泽好。胡椒的主要成分是蒎烯及胡椒醛等，所含的辛辣味成分为胡椒碱及胡椒脂碱等，有去腥、防腐和抗氧化的作用，一般用量为 0.2%~0.3%。

（5）花椒。花椒也称为山椒，主产于四川、陕西及云南等地。花椒果皮含辛辣挥发油及花椒油香烃等，主要成分是柠檬烯、香茅醇、萜烯、丁香酚等，辣味主要是山椒素。使用量一般为 0.2～0.3%。

（6）辣椒。辣椒含有 0.02%～0.03%的辣椒素，有强烈的辛辣味和香味，具有抗氧化和着色的作用。

（7）八角。八角又名大料，果实含精油 2.5%～5.0%，其中以茴香脑（丙烯基茴香醛）为主，另有蒎烯、茴香酸等。性温、味辛微甜，有去腥防腐的作用。

（8）小茴香。小茴香又称茴香，含精油 3%～4%，主要成分是茴香脑和茴香醇，占 50%～60%，另有小茴香酮及茨烯、蒎烯等。

（9）丁香。丁香含精油 17%～23%，主要成分是丁香酚，另含乙酸丁香酚、石竹烯等。丁香对肉类制品有抗氧化、防霉的作用，但对亚硝酸盐有消色作用。

（10）桂皮。桂皮为肉桂的树皮及茎部表皮经干燥而成，含精油 1.0%～2.5%，主要成分是桂醛，另有甲基丁香酚、桂醇等。

（11）豆蔻。豆蔻又名白豆蔻，含精油 5%～15%，主要成分是蒎烯、小茨烯等，有浓郁的温和香气，具有暖胃止泻等功效，也有抗氧化的功能。

（12）砂仁。砂仁含精油 3%～4%，具有樟脑油的芳香味，有温脾止吐、化湿顺气和健胃的功效。

（13）草果。草果含有精油、苯酮等，味辛辣，有抑腥调味的作用。

（14）陈皮。陈皮含有挥发油，主要成分是柠檬烯、橙皮甙、陈皮素等，有强烈的芳香气，味苦。

（15）白芷。白芷含白芷素、白芷醚等香豆精化合物，有特殊的香气，味辛。

（16）荜茇。荜茇有调味、提香、抑腥的作用，有温中散寒、下气止痛的功效。

（17）甘草。甘草的主要成分是甘草酸、甘草苦甙等，另有葡萄糖、甘露醇等。

3. 人造香料

人造香料指仅含有单一香成分的某种化学物质，其来源有两种：①从天然香料中分离得到的单一成分；②通过合成途径制备而成的某种化合物。

人造香料受原来香型的局限，有的香气更加强烈，有的具有原来香料不具备的香型，如从香茅油中分离得到的香叶醇具有香茅油所不具备的玫瑰香气。人造香料除少数品种外，一般不单独使用，多用数种至数十种人造香料和稀释剂等调和配成复合香料后使用。

4. 香辛料在羊肉制品中的作用

　1）调味作用

香辛料的调味作用主要体现在两个方面：①赋予肉制品香味、辛辣味，增加食欲、促进消化；②遮蔽异味。不同香辛料具有不同的赋香作用和功能，可配制组合成各种香辛调味料，使添加的香辛料能对加工的产品起到助香、助色、助味的作用，如加工羊肉时要使用具有去腥除膻效果的香辛料（草果、胡椒、丁香等）。张同刚（2015）采用顶空固相微萃取-气相色谱-质谱联用技术测定香辛料对手抓羊肉中挥发性风味成分的影响，并对各种风味成分进行主成分分析。结果表明，添加香辛料后手抓羊肉的风味有显著改善，提高了手抓羊肉的整体风味品质（表 4-1）。

表 4-1　不同处理条件下手抓羊肉风味物质数量变化（张同刚，2015）

种类	样品 1		样品 2		样品 3		样品 4	
	检出数	比例%	检出数	比例%	检出数	比例%	检出数	比例%
醛类	7	15.56	6	16.21	6	11.77	9	16.67
醇类	6	13.33	5	13.51	6	11.77	5	9.26
酸类	1	2.22	1	2.70	3	5.88	2	3.70
酮类	4	8.89	3	8.11	4	7.84	6	11.11
酯类	4	8.89	3	8.11	5	9.80	6	11.11
烃类	19	42.22	15	40.54	21	41.18	18	33.33
醚类	1	2.22	1	2.70	2	3.92	3	5.56
杂环	3	6.67	3	8.11	4	7.84	5	9.26

注：样品 1：未处理的新鲜羊肉；样品 2：未添加任何香辛料的手抓羊肉熟制品；样品 3：只添加香辛料的手抓羊肉熟制品；样品 4：在样品 3 的基础上，添加 6 g/kg 生姜、6g/kg 大葱、2 g/kg 大料的手抓羊肉熟制品。

2）抑菌防腐作用

天然香辛料中含有抗菌、抑菌的成分，这些成分可以延长食品的货架期。马同锁等研究了姜、大蒜、八角、胡椒、辣椒、肉桂、花椒、薄荷、丁香、砂仁、小茴香、陈皮和孜然 13 种天然香料的提取液对大肠杆菌、变形杆菌、巴氏醋酸杆菌、枯草杆菌、金黄色葡萄球菌、肺炎球菌、痢疾志贺氏杆菌、鼠伤寒沙门氏菌、黑曲霉、米曲霉、黄曲霉等一些常见的微生物进行体外抑菌试验，发现它们的提取液对细菌均表现出一定的抑菌作用，对霉菌的抑制效力一般。其中以辣椒、姜、胡椒、八角的抑菌作用最为明显，并且不同种类香辛料的提取液，对菌种具有选择性的抑菌作用，且其抑菌效力随浓度和作用时间的增加而逐渐增大；还发现天然香辛料的抑菌活性成分大多具有一定的热稳定性。张慧云等（2009a）研究了丁香乙醇提取物对一些肉品中常见致病菌和腐败菌的抑菌效果，其提取物对肉中常见的腐败菌和致病菌包括大肠杆菌（ATCC 25922）、荧光假单胞菌（AS1.1802）、单增李斯特菌（NICPBP 54002）、清酒乳杆菌（AS1.80）均有显著的抑制和灭活作用，其中对单增李斯特菌的抑制效果最好，最小抑菌浓度（MIC）为 0.63mg/mL，对另外三种菌的最小抑菌浓度均为 1.25mg/mL（表 4-2）。

表 4-2　不同浓度丁香提取物的抑菌效果（张慧云等，2009a）　　　　　单位：mg/mL

菌科	丁香提取物浓度					MICs
	5.0	10.0	20.0	40.0	80.0	
单增李斯特菌	7.80±0.00[e]	11.29±0.13[d]	16.67±0.33[c]	17.80±0.23[b]	20.79±0.29[a]	0.63
大肠杆菌	12.29±0.30[e]	13.24±0.21[d]	18.31±0.32[c]	20.05±0.41[b]	26.68±0.31[a]	1.25
荧光假单胞菌	11.17±0.16[e]	13.47±0.20[d]	17.14±0.31[c]	20.31±0.39[b]	22.05±0.05[a]	1.25

续表

菌科	丁香提取物浓度					MICs
	5.0	10.0	20.0	40.0	80.0	
清酒乳杆菌	7.80 ± 0.00^d	7.80 ± 0.00^d	9.37 ± 0.22^c	12.81 ± 0.22^b	15.91 ± 0.37^a	1.25

注：抑菌效果通过抑菌换直径（mm）表示，牛津杯外径为 7.8mm。

3）抗氧化作用

肉制品哈败是影响其货架期的主要因素之一，它不仅使产品的风味变差、营养价值降低，还影响食品安全、损害人体健康。目前使用的抗氧化剂（如 BHA、BHT、PG 等）大多为人工合成。人工合成抗氧化剂通常具有一定的毒副作用，而天然抗氧化剂由于安全、营养、无毒、效果良好而日益成为食品添加剂领域的研究热点。许多香辛料可作为提取天然抗氧化剂的原料。张慧芸等（2009a）发现丁香、迷迭香、桂皮、甘草提取物具有很好的抗氧化活力。这四种香辛料提取物对紫外光具有极高的稳定性；在室温保存 50d 后抗氧化活性变化较大；丁香、迷迭香、桂皮提取物的抗氧化活性组分对热具有良好的稳定性，加热只对甘草醇提物的抗氧化活性影响较大（图 4-1～图 4-4）。

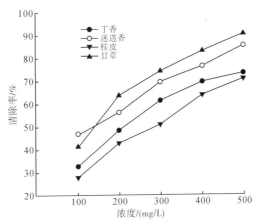

图 4-1 香辛料提取物对脂质氧化清除率的影响

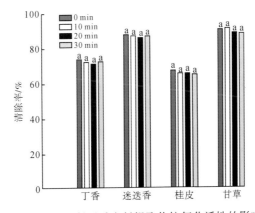

图 4-2 紫外照射对香辛料提取物抗氧化活性的影响

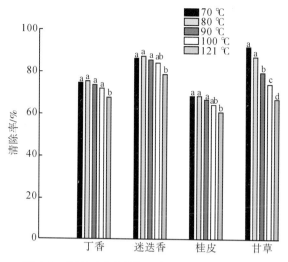

图 4-3　温度对香辛料提取物抗氧化活性的影响

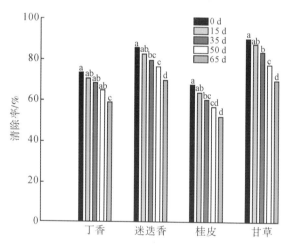

图 4-4　香辛料提取物保存时间对抗氧化活性的影响

4）药理作用

大多数香辛料是中药药方中的组成成分，具有增进食欲、助消化、祛寒、行气、滋补、解痉挛、治疗风湿、醒脑、镇静安神、强心、补脑、刺激神经系统的作用。美国国立癌症研究院（NCI）提出了"Designer food"这一概念，所谓"Designer food"是指以预防癌症为目的所设计的、以植物性成分为基础的食品。NCI发表了30多种具有防癌作用的食用植物，其中有大蒜、生姜、芹菜、洋葱、甜椒、罗勒、薄荷、牛至、麝香草、胡葱、迷迭香、鼠尾草等10多种香辛料。香辛料的防癌、抗衰老作用还有待进一步开发和利用。

4.1.3　添加剂

1. 肉类嫩化剂

肉的嫩度是消费者最重视的食用品质之一，是反映肉类质地的重要指标。肉的嫩度直接影响到肉制品的口感、营养、消化和风味等。影响肌肉嫩度的实质主要是结缔组织的含量与性质以及肌原纤维蛋白的化学结构与状态。通常，采用一些外源性嫩化剂改善肉的嫩度。

1）化学嫩化剂

（1）多聚磷酸盐。自 1950 年 Walls 发现磷酸盐有提高水分含量的作用以来，磷酸盐就开始运用于肉食品加工中。多聚磷酸盐具有缓冲作用，使溶液呈碱性，添加至肉中使肉的 pH 向碱性方向偏移至 $7.2 \sim 7.6$，提高持水性。多聚磷酸盐还可结合肌肉蛋白中的二价金属离子，如 Zn^{2+}、Ca^{2+}、Mg^{2+}，使肌肉网状结构遭到破坏，内部亲水基团外露，提高了持水性。目前常用的多聚磷酸盐有焦磷酸钠、三聚磷酸钠、六偏磷酸钠等。复合磷酸盐对肉制品的作用优于单一磷酸盐，当聚磷酸钠、焦磷酸钠、偏磷酸钠以 2∶2∶1 添加 0.4% 时，嫩化效果较好。低浓度的盐与多聚磷酸盐混用，保水作用可大大提高。

（2）钙盐。肉在正常成熟过程中（低于 10 ℃），钙蛋白酶是导致其嫩化的主要因素。钙蛋白酶的激活需一定浓度的钙离子，可采用动脉或肌肉注射氯化钙溶液及表面浸渍涂抹法提供外源性钙离子。提供外源性钙离子对肉嫩化有一定效果，但其效果并非与钙离子浓度成正比。因此寻找最佳的钙离子浓度成为研究的重点。孙卫青等研究了氯化钙注射对羊后腿肉加工特性的影响，结果发现注射不同浓度氯化钙的羊后腿肉在 (4 ± 1)℃ 下保存 24 h 后，羊后腿肉的 pH、蒸煮损失和剪切力降低显著，水分含量和持水力增加。

（3）盐酸半胱酸。盐酸半胱酸可使酶的活性基团−SH 打开，激活解胱酶系统，释放出活性蛋白，水解聚合的胶原蛋白的肽结构，也会导致结缔组织中的弹性蛋白有部分水解。目前，盐酸半胱酸在鸡肉嫩化方面的应用有一些研究。

2）维生素嫩化剂

（1）维生素 E。维生素 E 是一种脂溶性抗氧化剂，对胶原蛋白的形成有一定影响，对不同的啮齿动物组织在体内和体外的试验都表明维生素 E 对胶原蛋白的产生有抑制作用。结缔组织是肌肉质构的主要决定因素，有学者研究发现，注射维生素 E 能影响羔羊肌肉胶原特性和生长板的发育，每周肌注 1000IU/dL 生育酚醋酸酯可提高胶原溶解性，且可减少交联形成，从而使肉嫩度提高。

（2）维生素 D。维生素 D 能促进钙吸收，提高血清钙的水平。有报道，使牲畜口服维生素 D 或注射 1-OHD₃或 25-OHD₃，有可能提高牛血清钙浓度和肌肉钙水平，从而在牲畜宰杀后肌肉成熟过程中激活依钙蛋白酶，促进肉的嫩化。

3）蛋白酶嫩化剂

（1）植物蛋白酶嫩化剂。在特定条件下，从某些植物中提取的蛋白酶可用作肉类嫩化剂。研究较多的植物蛋白酶有木瓜蛋白酶、生姜蛋白酶、菠萝蛋白酶、无花果蛋白酶、朝鲜梨蛋白酶及猕猴桃蛋白酶等。这些植物蛋白酶对肌肉的纤维蛋白和胶原蛋白有强的水解作用，即使对老龄畜禽肉也有良好的嫩化效果。张宏博研究了菠萝蛋白酶对巴美羊肉的嫩化效果，发现菠萝汁浓度 6%，处理时间 60 min，温度 50 ℃，pH 7.0 为嫩化的最佳工艺条件；在最佳工艺条件下，巴美羊肉的剪切力可降低 22.16%。

（2）微生物蛋白酶嫩化剂。培养某些微生物获得蛋白酶，用作肉类酶嫩化剂，如枯草杆菌中性蛋白酶嫩化剂、米曲霉蛋白酶嫩化剂、黑曲霉蛋白酶嫩化剂、根霉蛋白酶嫩化剂等。藤野博昭等从浅灰白链霉菌 sN-22 的培养物中提得一种新的蛋白酶，这种酶制剂可用于肉类嫩化。

目前，对羊肉嫩化剂及嫩化效果的研究很多。王道营等（2009）研究了波杂羊肉的嫩化方法，发现以复合磷酸盐嫩化法最为理想，其最佳方案为复合磷酸盐溶液 0.5%，注射量 7%（w/w），处理时间 16 h（表 4-3）。

表 4-3　不同嫩化方法对羊肉剪切力及感官的影响（王道营等，2009）

嫩化方法	浓度 /%	注射量 /%	处理时间 /%	总体感官评分	剪切力 /（kg·f）
未处理	—	—	—	4.4	2.592
氯化钙溶液	3.0	7	16	7.0	2.072
木瓜蛋白酶	0.5	7	16	7.4	1.891
复合磷酸盐	0.5	7	16	7.4	1.891

4.1.4　着色剂

食用着色剂是现代食品的重要添加剂。在食品的色、香、味、形诸多要素中，色居首位，体现出食品的色调和色泽的重要性。消费者在判断羊肉制品的质量时，常常是凭肉眼所见的颜色，对其新鲜度、成熟度、风味情况等做出评判，因此着色剂是羊肉制品中的重要添加剂。

1）着色剂的分类

世界上常用的食用着色剂有 60 种左右，我国允许使用的有 50 余种。食用着色剂按来源不同，可分为天然着色剂和人工合成着色剂两类。

（1）天然着色剂。天然着色剂（色素）是指来源于自然资源的食用色素，是多种不同成分的混合物。由于天然色素的来源广泛、成分复杂，因此其种类繁多。天然色素按提取方法可分为四大类：①动植物经榨汁或溶剂抽提而成的液态或固态色素；②有色动植物体经干燥、磨碎而得到的粉状色素；③经微生物发酵，其代谢产物分离成液体或进一步加工成固体粉末的色素；④以天然产物为原料，经加工而制得的色素。天然色素来源于动物和植物，一般比较安全。但天然色素价格高，在食品加工、贮存过程中容易褪色和变色，其应用受到限制。

（2）人工合成色素。合成色素色泽鲜艳、性质稳定、易于调色、着色力强、成本低廉、使用方便，已被广泛应用。食用合成色素从结构上分为偶氮色素类（苋菜红、胭脂红、日落黄、柠檬黄等）和非偶氮色素类（赤藓红、亮蓝、靛蓝等）。偶氮类色素按溶解性不同又分为油溶性和水溶性两类，油溶性偶氮类色素不溶于水，进入人体内不易排出，毒性较大，基本上不再使用这类色素；水溶性偶氮类色素较容易排出体外，毒性低，目前使用的合成色素有相当一部分是水溶性偶氮类色素。

2）羊肉制品中常用的着色剂

《食品安全国家标准　食品添加剂使用标准》（GB 2760—2014）规定用于肉制品中的着色剂有赤藓红及其铝色淀、红花黄、红曲米、红曲红、花生衣红、辣椒橙、辣椒红、胭脂虫红、胭脂树橙、诱惑红及其铝色淀。用于熟肉制品的有红曲米、红曲红、辣椒红、胭脂虫红；用于肉灌肠类的有赤藓红及其铝色淀、花生衣红、胭脂树橙、诱惑红及其铝色淀；用于腌腊肉制品类（咸肉、腊肉、中式火腿、腊肠）的有红花黄、红曲米、红曲红、辣椒红；用于西式火腿的有胭脂树橙、诱惑红及其铝色淀。羊肉制品中常用的着色剂主要有红曲米、红曲红、胭脂虫红、辣椒红等。

（1）红曲米、红曲红。红曲色素（红曲米、红曲红）是一种优良的食用天然色素，具有性质稳定、耐热性强（在 100 ℃ 的高温下色调保持不变）、几乎不受金属离子氧化剂和还原剂的影响及对蛋白质着色力好等特点，同时其安全性也已经被公认，是值得大力推广的食用天然着色剂。多年来，人们力图寻找亚硝酸盐的代替品，研究证明红曲色素就是理想的替代物，它也是我国香肠、火腿等制品使用的主要着色剂。

（2）辣椒红。辣椒红色素是采用丙酮、酒精、二氯乙烯、异丙醇、甲醇、二氯甲烷或三氯乙烯等溶剂从红椒果实中萃取得到的油树脂。其主要成分为辣椒红素和辣椒玉红素，还含有胡萝卜素、油酸和硬脂酸等对人体有益的物质。作为天然红色色素，其色泽优良，性质稳定，耐热和耐酸碱性较好，对可见光稳定，但在紫外线下易褪色。辣椒红色素可以直接使用，也可以乳化或以粉末形式应用。当其用于羊肉加工制品、烤肉料汁中时，可为肉制品赋予良好的色泽，是一种颇受人们青睐的天然色素。

（3）胭脂虫红。胭脂虫红又名丽春红 4R，即食用红色 1 号，为水溶性色素，属于单偶氮色素。因为偶氮化合物在体内经代谢生成 β-萘胺和 α-氨基-1-萘酚等具有强烈致癌性的物质，许多国家已经停止或禁止使用这类合成色素。

3. 品质改良剂

品质改良剂由于其独特的特点及功能，是肉制品加工中不可缺少的一类添加剂，在加工肉制品时具有提高肉的黏结性、改善肉制品的切片性能、提高肉的持水性、减少肉的营养成分流失等作用。

1）多聚磷酸盐

多聚磷酸盐广泛应用于肉制品加工中，具有明显提高品质的作用。在肉制品中起乳化作用、控制金属离子、控制颜色、控制微生物、调节 pH 和缓冲作用。还能调整产品质地，改善风味，保持嫩度和提高成品率。多聚磷酸盐的种类很多，常用的主要有焦磷酸钠、六偏磷酸钠及三聚磷酸钠。

2）淀粉

淀粉是肉制品加工中最常用的填充剂之一，种类很多，大体可以归为两大类：①谷物类淀粉，包括大米淀粉、小麦淀粉、玉米淀粉等；②薯类淀粉，包括马铃薯淀粉、甘薯淀粉。淀粉在肉制品中的作用主要有：①提高肉制品的黏结性，淀粉能够较好地对肉块及肉糜起黏结作用；②增加肉制品的稳定性，淀粉是一种赋形剂，在加热糊化后具有增稠和凝胶性，使肉制品具有一定的弹性，还可使肉制品各种辅料均匀分布，不至于在加热过程中发生迁移而影响产品风味；③吸油乳化性，淀粉可束缚脂肪在肉制品中的流动，缓解脂肪给肉制品带来的不良影响，改善肉制品的外观和口感；④较好的保水性，淀粉在加热糊化过程中能吸收比自身体积大几十倍的水分，提高肉制品的持水性，使肉制品出品率大大提高，同时还可提高肉制品的嫩度和口感。高润清（2007）开发了动植物复合营养羊肉脯，研究了小麦粉、玉米淀粉、马铃薯淀粉对产品质量的影响，发现玉米淀粉对肉脯的综合感官效果较好，而马铃薯淀粉和小麦粉对肉脯的感官品质影响较大（表 4-4）。

表 4-4　不同种类淀粉对羊肉脯质量的影响（高润清，2007）

淀粉种类	添加量	感官品质	综合评分
小麦粉	10%	表面不均匀，切片较好，淀粉味重，易回软，韧性较差，肉味淡	80
玉米淀粉	10%	表面均匀，切片好，无淀粉味，不易回软，富有韧性，肉香味浓	95
马铃薯淀粉	10%	表面较均匀，切片较好，有淀粉味，易回软，有韧性，肉香味浓	85

3）变性淀粉

变性淀粉是由谷物和薯类生产的淀粉产品再进一步加工，改变性质，使其更适合于应用要求，这种二次加工的淀粉统称为变性淀粉。多年来，在肉制品加工中一直用天然淀粉作增稠剂来改善肉制品的组织结构，作赋形剂和填充剂来改善产品的外观和成品率。但在灌肠制品及西式火腿制品加工中，天然淀粉并不能满足工艺的要求。因此，用变性淀粉代替天然淀粉，能收到满意的效果。变性淀粉的性能主要表现在耐热性、耐酸性、黏着性、成糊稳定性、成膜性、吸水性、凝胶性以及淀粉糊的透明度等诸方面的变化。目前普遍应用的有稀糊淀粉、酸变性淀粉、醋化淀粉、交联淀粉、阳离子淀粉、接枝共聚淀粉、淀粉磷酸酯等。

（1）醋酸酯化淀粉。与天然淀粉相比，经醋酸酯化生成的变性淀粉稳定性好、溶液的透明度高、凝沉性低、脱水收缩性弱。醋酸酯化淀粉可广泛应用于肉制品中，如肉酱、肉肠等。醋酸酯化淀粉的性质主要受乙酰基含量的影响，随着乙酰基含量的升高，其黏度降低、透明度升高、糊化温度降低、脱水及凝沉性降低。因此，可根据乙酰基含量的多少，选择合适的醋酸酯化淀粉，以期达到最佳效果。

（2）交联酯化淀粉。交联酯化淀粉是一种先交联再酯化的变性淀粉，可抵抗长时间高温加热、低 pH 及机械搅拌等。交联酯化淀粉可形成透明的凝胶或糊，凝沉趋势及脱水收缩现象均降低。由于交联酯化淀粉不同的交联和酯化程度，其凝胶后的糊丝可由短至长的变化，凝胶的透明度也有明显不同。因此，这种变性淀粉在肉制品中的应用很广。

（3）低黏度淀粉。低黏度淀粉又称稀糊淀粉，黏度低是因淀粉经氧化或酸水解发生了降解，淀粉链断裂所致。这种变性淀粉可增加肉制品的持水性、弹性、稳定性，并可在高浓度下使用。由于具有优良的性质，低黏度淀粉可完全或部分替代明胶和阿拉伯胶，用于香肠、火腿肠等肉制品的加工中。

4）大豆蛋白

肉品加工中常用的大豆蛋白包括粉末状大豆蛋白、纤维状大豆蛋白和粒状大豆蛋白。粉末状大豆蛋白有脱脂大豆粉、干燥豆乳、浓缩大豆蛋白、分离式大豆蛋白四种；纤维状大豆蛋白包括按化学法处理的纺纱型和按物理法处理的结构型。

分离式大豆蛋白具有良好的持水力，当浓度为 12%，加热的温度超过 60 ℃时，黏度会急剧上升；加热至 80～90 ℃时，静置、冷却，就会形成光滑的纱状胶质。这种特性，使分离式大豆蛋白进入肉的组织时，对改善肉的质量有很大的帮助。粒状及纤维状大豆蛋白有强热变性的组织结构，具有保水性、保油性和肉粒感，其中纤维状大豆蛋白对防止烧煮收缩有很大效果，用在羊肉丸中效果很好。

5）食品胶

（1）明胶。明胶是用动物的皮、骨、软骨、韧带、肌膜等富含胶原蛋白的组织，经部分水解后得到的高分子多肽聚合物。明胶含有除色氨酸以外的几乎全部 20 种人体必需氨基酸，且不含脂肪和胆固醇。所以，明胶作为一种动物性蛋白质，被广泛应用到肉制品加工中。明胶溶液凝成的胶冻柔软，富有弹性，并有热可逆性（加热时溶化、冷却时凝固），这一特性在肉制品加工中常常被利用，如使用明胶制作水晶肴肉、羊糕等。

（2）卡拉胶。卡拉胶是由海藻中提取的一种多糖类，很易形成多糖凝胶，主要成分是半乳糖、脱水半乳糖。卡拉胶是天然胶质中唯一具有蛋白质反应性的胶质，它能与蛋白质形成均一的凝胶，其分子上的硫酸基可以直接与蛋白质分子中的氨基结合，或通过 Ca^{2+} 等与蛋白质分子上的羧基结合，形成络合物。由于卡拉胶能与蛋白质结合，添加到肉制品中，在加热时表现出充分的凝胶化，形成巨大的网络结构，可保持肉制品中的大量水分，减少肉汁流失，并且具有良好的弹性和韧性。此外，卡拉胶还具有很好的乳化效果，稳定脂肪，表现出很低的离油值，从而提高肉制品的出品率。卡拉胶还有防止盐溶性肌球蛋白及肌动蛋白损失，抑制鲜味成分的溶出和挥发的作用。在肉制品中，卡拉胶的使用一般是将卡拉胶渗入盐水中，借助盐水注射器，使它与盐水溶液共同进入肉组织中。一般推荐的使用量为成品重量的 0.1%～0.6%。景慧等（2007）研究了大豆分离蛋白、麦芽糊精、NaCl 和亲水胶体对羊肉持水性能的影响，正交实验得出最佳配比为大豆分离蛋白 2%，麦芽糊精 2%，NaCl 1.8%，卡拉胶 0.3%，海藻酸钠 0.2%，反应时间 1 h，反应温度 20 ℃，此条件下羊肉的持水性能和出成率最好。

4. 防腐剂和抗氧化剂

《食品安全国家标准　食品添加剂使用标准》（GB 2760—2014）规定，肉制品中可以使用的防腐剂有 10 种。其中，肉及肉制品中可使用的防腐剂有：ε-聚赖氨酸盐酸盐；预制肉制品中可使用的防腐剂：乳酸链球菌素、双乙酸钠、脱氢乙酸及其钠盐；熟肉制品中可使用的防腐剂：ε-聚赖氨酸盐酸盐、乳酸链球菌素、山梨酸及其钾盐、双乙酸钠、脱氢乙酸及其钠盐；腌腊肉制品类中可使用的防腐剂：硝酸钠及硝酸钾、亚硝酸钠及亚硝酸钾；酱卤肉制品类、熏肉类、烧及烤肉类、油炸肉类、西式火腿、发酵肉制品类中可使用的防腐剂：纳他霉素、硝酸钠及硝酸钾、亚硝酸钠及亚硝酸钾；肉灌肠类中可使用的防腐剂：单辛酸甘油酯、纳他霉素、山梨酸及其钾盐、硝酸钠及硝酸钾、亚硝酸钠及亚硝酸钾；肉罐头类中可使用的防腐剂：亚硝酸钠及亚硝酸钾。

《食品安全国家标准 食品添加剂使用标准》（GB 2760—2014）规定，肉制品中可以使用的抗氧化剂有 10 种。其中，腌腊肉制品类中可使用的抗氧化剂：茶多酚、丁基羟基茴香醚（BHA）、二丁基羟基甲苯（BHT）、甘草抗氧化物、没食子酸丙酯（PG）、特丁基对苯二酚（TBHQ）、植酸及植酸钠、甘草抗氧化物、竹叶抗氧化物；酱卤肉制品类、熏肉类、烧及烤肉类、油炸肉类、西式火腿、肉灌肠类及发酵肉制品类中可使用的抗氧化剂：茶多酚、甘草抗氧化物、迷迭香提取物、甘草抗氧化物、竹叶抗氧化物；预制肉制品中可使用的抗氧化剂：迷迭香提取物。

1）常用的防腐剂

（1）山梨酸及其钾盐。山梨酸及其钾盐不与食品的其他配料发生反应，也不具有形成复合物的性能，在全世界被批准作为防腐剂广泛用于食品加工中。山梨酸及其钾盐有明显的防腐抗菌效果，尤其具有很强的防霉作用。在腌熏肉制品中加入山梨酸钾，可减少亚硝酸钠含量，这样可以降低形成致癌的亚硝胺的潜在危险，同时对制品的色泽和香味都无不利影响。干硬的香肠、烟熏的火腿和肉干以及类似的产品可用 5%～20% 的山梨酸钾溶液浸泡，以防霉菌的腐蚀。可以通过加入 0.2%～0.4% 的山梨酸或山梨酸钾防止肠衣上霉菌的生长。对某些法兰克福煮肠（有肠衣或无肠衣），可在切片过程中添加 0.05%～0.08% 的山梨酸，或对制成的肠类用 5% 的山梨酸钾溶液进行表面处理，可防长霉。蔡丽萍等（2009）研究了不同浓度山梨酸钾对新鲜羊肉经 PA/PE 袋真空包装后，在 4 ℃贮藏条件下色泽、菌落总数、pH、TVB-N 值等指标的变化规律，结果表明山梨酸钾对羊肉有很好的保鲜效果（图 4-5）。山梨酸及其钾盐可用于熟肉制品和肉灌肠防腐，最大使用量分别为 0.075 g/kg 和 1.5 g/kg。

（2）单辛酸甘油酯。单辛酸甘油酯是一种新型无毒高效的广谱防腐剂，对细菌、霉菌、酵母菌都有较好的抑制作用，其效果优于山梨酸钾。单辛酸甘油酯的防腐效果不受 pH 影响，在体内和脂肪一样能分解代谢，并且其代谢产物均为人体内脂肪代谢的中间产物。分解产生的辛酸可经氧化彻底分解为二氧化碳和水，分解产生的甘油可经三羧酸循环分解，无任何积蓄和不良反应，是一种安全无毒的防腐剂。20 世纪 80 年代单辛酸甘油酯首先由日本开发成功并投放市场，规定为不需限量的食品防腐剂。我国于 1995 年试验成功，经多种食品防腐试验，效果明显。单辛酸甘油酯可用于肉肠防腐，最大使用量为 0.5 g/kg。

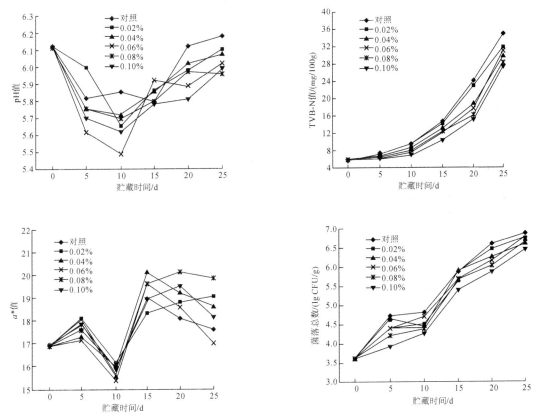

图 4-5　不同浓度山梨酸钾对羊肉 pH、TVB-N、a^* 及菌落总数的影响（蔡丽萍等，2009）

（3）乳酸链球菌素。乳酸链球菌素是从乳酸链球菌发酵液中制备的一种多肽物质，它是血清学 N 群中的一些乳酸菌产生的抑菌物质，被命名为 Nisin。乳酸链球菌素无微生物毒性或致病作用，安全性很高，是唯一一种可作为防腐剂应用于食品的细菌素。在国外 Nisin 很早就已应用于肉制品中，但在我国肉制品中的应用较晚。Nisin 在食品防腐中的重要价值在于，它对梭菌和芽孢杆菌的有效抑制。孔保华（2011）将 Nisin 用于红肠的保鲜研究，发现 Nisin 可显著延长产品的货架期；徐宝才等用 150 mg/kg Nisin 和 0.3％茶多酚对火腿切片进行处理，发现这两种天然防腐剂对乳酸菌都有很好的抑制作用，采用切片后浸渍方式比腌制前添加的效果更好。由于 Nisin 是窄谱抗生素，它只能杀死或抑制 G^+ 菌，对于 G^- 菌、酵母和霉菌均无作用，所以单独使用 Nisin 未必起到好的作用。通常将 Nisin 和其他几种灭菌或抑菌方法联合使用。Nisin 可用于预制肉食品和熟肉制品的防腐，最大使用量均为 0.5 g/kg。

（4）纳他霉素。纳他霉素也称游链霉素（Pimaricin），是一种重要的多烯类抗生素，能有效地抑制酵母菌和霉菌的生长，阻止丝状真菌中黄曲霉毒素的形成。目前商品化生产的联苯苄唑是由乳糖与纳他霉素按 1：1 混合制得的纳他霉素制剂（Natamax），将其配置成 300～600 ppm 的悬浮液，可用于肉制品表面浸泡或喷洒。杜艳等（2005）在对金华火腿传统工艺进行改进的基础上，采用 0.02％纳他霉素＋0.01％Nisin＋1％乳酸＋3％

明胶配制成复合生物涂膜溶液，对低盐火腿进行表面涂膜，通过感官检测与霉菌计数，与对照相比抑霉效果显著。纳他霉素可用于酱卤肉制品类、熏肉类、烧肉类、烤肉类、油炸肉类、西式火腿、发酵肉制品类及肉灌肠防腐，最大使用量均为 0.3 g/kg。

2) 常用的抗氧化剂

（1）丁基羟基茴香醚（BHA）。丁基羟基茴香醚也称叔丁基-4-羟基茴香醚、羟基大茴香醚。市场上出售的 BHA 是以 3-BHA 为主与少量 2-BHA 的混合物。BHA 对热稳定性高，在弱碱性条件下不容易破坏，有较好的持久能力。BHA 作为脂溶性抗氧化剂，适用于油脂食品和富脂食品，由于热稳定性好，可以在油煎或烘烤条件下使用。有研究表明，BHA 与三聚磷酸钠和抗坏血酸结合使用可延缓冷冻肉排腐败变质。BHA 可用于腌腊肉制品类，如咸肉、腊肉、板鸭、中式火腿、腊肠的抗氧化，最大使用量为 0.2 g/kg。

（2）二丁基羟基甲苯（BHT）。二丁基羟基甲苯也称 2,6-二丁基对甲酚。BHT 化学稳定性好，对热相当稳定，抗氧化效果好，与金属反应不着色，具有单酚型特征的升华性，加热时有与水蒸气挥发的性质；抗氧化作用较强，没有如 PG 遇金属离子反应着色的缺点，而且价格低廉，没有 BHA 的特异臭，但是毒性相对较高。BHT 可与增效剂柠檬酸一同使用，提高抗氧化效果。BHT 可用于腌腊肉制品类，如咸肉、腊肉、板鸭、中式火腿、腊肠的抗氧化，最大使用量为 0.2 g/kg。

（3）没食子酸丙酯（PG）。没食子酸丙酯也称棓酸丙酯，对热比较稳定，抗氧化效果好。PG 具有吸湿性，对光不稳定易分解，与增效剂柠檬酸，或与 BHA、BHT 复配使用抗氧化能力更强。没食子酸丙酯作为脂溶性抗氧化剂，适宜在植物油脂中使用，对动物性脂肪的抗氧化作用较 BHA 和 BHT 的效果更好。PG 可用于腌腊肉制品类，如咸肉、腊肉、板鸭、中式火腿、腊肠的抗氧化，最大使用量为 0.1 g/kg。

（4）特丁基对苯二酚（TBHQ）。特丁基对苯二酚也称叔丁基氢醌，耐热性差，不宜在煎炸、焙烤条件下使用，可与 BHA 一同使用来改善抗氧化效果。TBHQ 还有一定的抑菌作用，对其他抗氧化剂和螯合剂有增效作用。刘中科（2011）研究了 BHA、BHT 和 TBHQ 三种抗氧化剂对腌制肉发色率及亚硝酸钠残留量的影响，发现在使用较少亚硝酸钠的前提下，TBHQ 与生育酚、茶多酚和抗坏血酸联合使用具有较好的发色效果。

（5）茶多酚。茶多酚也称维多酚，是一类多酚化合物的总称，是从茶叶中提取的抗氧化剂，主要包括儿茶素、花青素、酚酸、黄酮 4 类化合物，其中儿茶素的含量最大，占茶多酚总量的 60%～80%，也是茶多酚抗氧化作用的主要成分。茶多酚属于天然抗氧化剂，安全性较高，使用时将其溶于水后直接添加使用。茶多酚的抗氧化性随着温度的升高而增强，利于加热肉制品使用。杨涛和王万龙（2015）研究了茶多酚与海藻酸钠涂膜对羊肉保鲜的影响，结果表明 2.0 g/100 mL 的茶多酚与 0.10 g/mL 海藻酸钠结合处理羊肉保鲜效果较好，当贮藏 20 d 时，羊肉菌落总数仍处于 10^6 数量级内，符合肉类二级鲜度最低标准（图 4-6）。茶多酚可用于腌腊肉制品类、酱卤肉制品类、熏肉类、烧肉类、烤肉类、油炸肉类、西式火腿、肉灌肠类及发酵肉制品类的抗氧化，最大使用量为 0.3 g/kg。

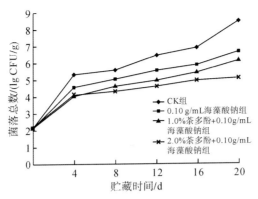

图 4-6　茶多酚与海藻酸钠膜对羊肉细菌菌落
总数的影响（杨涛和王万龙，2015）

（6）甘草抗氧化物。甘草抗氧化物的主要成分是黄酮类和类黄酮类物质，为棕色或棕褐色粉末状脂溶性物质，具有甘草特有的气味，不溶于水，溶于乙醇等有机溶剂。甘草抗氧化物耐热性好，可以有效抑制高温炸油中羰基价的升高，能在低温到高温的范围内发挥其强抗氧化作用。刘文营等（2017）研究了茶多酚、甘草抗氧化物、维生素 E 和鼠尾草对羊肉肠脂肪氧化、颜色的影响，结果表明天然活性物质的添加降低了羊肉肠脂肪的氧化程度，但四种添加物制作的羊肉肠的脂肪氧化情况没有显著性差异（图 4-7）；甘草抗氧化物和鼠尾草对羊肉肠的色彩度 C^* 和色彩角 h^* 的影响显著（表 4-5）。甘草抗氧化物可用于腌腊肉制品类、酱卤肉制品类、熏肉类、烧肉类、烤肉类、油炸肉类、西式火腿、肉灌肠类及发酵肉制品类的抗氧化，最大使用量为 0.2 g/kg。

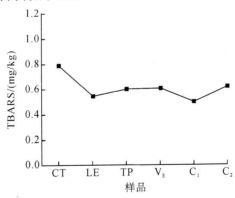

图 4-7　不同添加物的羊肉肠 TBARS 值（刘文营等，2017）

注：CT：对照；LE：甘草提取物；TP：茶多酚；V_E：维生素 E；C_1：1% 鼠尾草；C_2：1% 鼠尾草

表 4-5　羊肉肠的颜色变化（刘文营等，2017）

项目	处理					
	CT	LE	TP	V_E	C_1	C_2
L^*	58.69±0.71[a]	59.25±0.90[ab]	57.53±0.90[e]	57.99±0.80[c]	59.89±0.61[b]	59.30±0.78[ab]
a^*	14.54±0.59[a]	13.96±0.22[b]	14.84±0.22[a]	14.88±0.24[a]	12.88±0.28[c]	12.74±0.34[c]

续表

项目	处理					
	CT	LE	TP	V_E	C_1	C_2
b^*	13.70 ± 0.12^{ac}	13.59 ± 0.35^{ab}	13.43 ± 0.35^{b}	13.88 ± 0.22^{cd}	13.96 ± 0.20^{d}	14.18 ± 0.21^{c}
C^*	19.98 ± 0.44^{a}	19.49 ± 0.24^{b}	20.02 ± 0.24^{a}	20.35 ± 0.21^{c}	18.99 ± 0.19^{d}	19.06 ± 0.23^{d}
h^*	43.33 ± 1.15^{a}	44.23 ± 1.00^{b}	42.14 ± 1.00^{c}	43.02 ± 0.68^{a}	47.30 ± 0.86^{d}	48.07 ± 0.96^{d}

4.2 腌腊羊肉制品加工

腌腊肉制品是我国的传统肉制品，比较有代表性的有咸肉、腊肉等。这些制品都是在较低的气温下将肉腌制后，由其自然风干而成。在腌制过程中，肉中的大部分水分脱去，肉质变得紧密硬实，确保肉制品可在常温下保存较长时间。

4.2.1 一般加工原理与方法

1. 一般加工工艺流程

不同腌腊制品的加工工艺流程不尽相同。腌腊羊肉制品的加工工艺流程一般为：羊肉→选料→清洗→沥水→腌制→晾晒→成品。

2. 腌制方法

由于肉品种类、地区、口味的要求各不相同，腌制的方法很多，大致归纳为干腌法、湿腌法、混合腌制法及注射腌制法。

（1）干腌法。将腌制剂均匀地涂擦在肉的表面，然后分层堆放在腌板或腌缸内，在外加压或不加压的条件下，依靠外渗汁液进行腌制。由于腌制时不加水，故称为干腌法。腌制剂中有食盐，在食盐渗透压的作用下，肉组织渗出水分与盐形成盐溶液。腌制剂在盐溶液中通过扩散向肉品内部渗透，均匀地分布于肉制品中。由于盐溶液的形成比较缓慢，延长了腌制时间，所以这是一种缓慢的腌制方法，但腌制风味较好。为了使腌制均匀，在腌制过程中要定期翻缸，且在翻缸时要根据试剂情况加盐复腌。干腌法操作简单，肉制品营养成分损失少，但腌制不均匀，肉制品色泽较差。

（2）湿腌法。湿腌法又称盐水腌制法，是用预先腌制好的腌制液对原料肉进行腌制的方法。在腌制过程中，通过扩散和水分转移使腌制剂渗入肉品内部，并较均匀地分布于肉制品中，直至腌肉内部的浓度和腌制液浓度相同。湿腌法腌制的肉制品的色泽和风味不及干腌法，且营养成分损失较多，所需劳动量大；但湿腌法腌制速度较快，且腌制的肉制品的肉质较好。

（3）注射腌制法。注射腌制法是指将预先配制好的腌制液通过注射器注入肉品内，达到分布均匀、快速腌制的一种方法。其腌制速度快，肉制品营养成分流失较少，在国内外已普遍使用。

（4）混合腌制法。混合腌制法是干腌法和湿腌法相结合的腌制法，一般分为两种：①干腌＋湿腌：先干腌，再湿腌，此法腌制的肉制品的色泽好，营养成分损失少，咸度适中；②注射腌制＋干腌或湿腌。

4.2.2　腌腊羊肉加工技术

1. 腊香羊肉

　　1）原料及要求

　　选取新鲜的山羊或绵羊腿肉，剔除筋腱、碎骨、脂肪及淤血，选取瘦肉。

　　2）工艺配方

　　羊肉 40 kg，猪肉 10 kg，食盐 3.5 kg，白砂糖 1 kg，白酒 0.5 kg，桂皮 30 g，小茴香 30 g，八角 15 g，草果 15 g，花椒 15 g，水 13 kg。

　　3）工艺流程

　　(1) 原料整理：将羊腿肉洗净沥干，顺着肌肉纤维切成 2～3 cm 厚、4～5 cm 宽的肉片；猪肉选五花肉，顺着肌肉纤维切成 1～2 cm 厚的肉片。

　　(2) 腌制液制备：煮锅加水，加入除肉以外的全部辅料，起火烧开，熬制 1 h 左右制成腌制液，冷却备用。

　　(3) 腌制：将切片的羊肉和猪肉分别放入不同的腌制缸中，加入腌制液（腌制液要没过肉），用实物压实。在 10 ℃ 以下腌制 3d。

　　(4) 烘烤：将腌制好的羊肉和猪肉取出，分别摆在钢丝网烘盘上，放入烘房中烘烤。初始温度为 45～50 ℃，随后逐渐升温至 70 ℃。烘烤过程约 18 h，至肉片干硬，肌肉呈鲜红色、肥肉呈透明状。

　　(5) 微波加热：烘烤完毕，将肉片取出，一层羊肉一层猪肉摆在钢板上，用压片机压平，取出装入托盘中，用微波杀菌机在 140 ℃ 下杀菌 90s，让猪肉出油将两种肉片融合，并起到赋香、杀菌和熟制的作用。

　　(6) 杀菌、包装：定量切割，真空包装，经巴氏杀菌并检验合格后出厂。

　　4）产品特色

　　色泽鲜艳，肉质紧密，油而不腻，腊香味浓郁。

2. 南味风羊肉

　　1）原料及要求

　　选择健康新鲜的羊肉，去骨、去皮、去羊油，剔除筋膜、淋巴等杂质。

　　2）工艺配方

　　羊肉 50 kg，腐乳汁 20 kg，白砂糖 5 kg，黄酒 2 kg，豆瓣酱 1.5 kg，生抽酱油 2 kg，食盐 1 kg。

　　3）工艺流程

　　(1) 原料整理：顺着羊肉肌纤维方向切成 10 cm 宽的长条，用清水冲洗干净，在清水中浸泡 2 h 左右，沥干备用。

　　(2) 腌制：将辅料混合均匀，倒入腌缸中。将羊肉放入腌制缸中腌制 1 d，取出沥干，挂在阴凉通风处自然风干 1 d，再浸泡在腌制液中腌制 1 d 后取出沥干，挂于阴凉通风处 1 d，如此反复 4～5 次，让腌肉充分吸收腌制液。整个腌制过程要求始终保持腌制温度低于 10 ℃。

（3）风干：腌制好的肉用干净的毛刷去除表面杂物，挂在阴凉通风处继续自然风干 10～15 d。风干也可在特制的烘房中进行，温度控制在 50～55 ℃，经 24～36 h 的风干即可。烘房中风干有利于保证产品质量。

（4）包装：用复合薄膜真空包装，经杀菌并检验合格后即为成品。

4）产品特色

该工艺参照南风肉加工工艺开发而成，其加工出的肉制品表面干爽、香味浓郁、口感丰满、味道鲜美。

3. 老童家腊羊肉

1）原料及要求

将羊肉拆除筋骨，抽去板筋。

2）工艺配方

带骨羊肉 50 kg，大茴香 150 g，花椒 150 g，桂皮 100 g，草果 50 g，食盐适量。

3）工艺流程

（1）原料整理：将带骨羊肉斩成 5 节，在肉膘厚皮上用刀划几条浅缝，让腌制液易渗入，将腿骨、肋骨折断，以便成品拆骨。

（2）腌制：将整理好的羊肉放入腌缸内码好，肉面朝下，加水没过羊肉；用盐量为冬季 3 kg、夏季 5 kg；每天翻缸 2～3 次，至肉色发红，盐水起涎丝。腌制时间一般冬季 5～6 d、夏季 1～2 d。冬季腌制时腌缸置于温暖处，夏季腌制时腌缸置于阴凉处。

（3）腌制液制备：煮锅加清水，放入羊颈骨，投入香辛料和食盐（冬季 2.5 kg、夏季 3 kg），起火熬制 24 h 左右，熬成腌制液备用。

（4）熟制：将腌制好的羊肉清洗后，肉面对肉面码入煮锅中，倒入腌制液没过羊肉，起火焖煮 6～8 h，熟透后即可出锅。撇净浮油，焖火煮 30 min，捞出羊肉，拆除骨头，沥去汤汁。

4）产品特色

老童家腊羊肉色泽油润、红白分明、气味香浓、肉质酥松，是西安著名的风味产品。

4. 羊腊肉

1）原料及要求

选择经卫生检验合格的新鲜羊硬肋肉。

2）工艺配方

羊肉 100 kg，食盐 3 kg，酱油 2 kg，白砂糖 2 kg，绍酒 1 kg，花椒粉 150 g，丁香 50 g。

3）工艺流程

（1）原料整理：将羊肋肉顺肌纤维切成 50 cm 长、5 cm 宽的肉条。

（2）腌制：将食盐炒干后与花椒粉混合，均匀撒在羊肉条上，放入缸中腌制 2d，再加入酱油、白砂糖、绍酒、丁香等，与羊肉拌和均匀，继续腌制 7d，中途翻缸两次。

（3）晾晒：取出腌好的羊肉条，用清水洗去表面的附着物，置于通风干燥处晾晒 5d 左右即为成品。

4）产品特色

羊腊肉的色泽鲜明、截面完整、肉质坚实，具有广式腊肉风味。

5. 咸羊肉

1）原料及要求

选择经卫生检验合格的整块羊肉，剔除碎肉、碎骨、淤血等。

2）工艺配方

羊肉 10 kg，食盐 1.4～1.5 kg，亚硝酸钠 5 g。

3）工艺流程

（1）原料修整：分为带骨和不带骨。若为带骨羊肉，则切成 1 kg 左右的小块。在肉块上每隔 2～6 cm 划一刀，深度一般为肉质的 1/3。

（2）腌制：将食盐与亚硝酸盐混合均匀，分三次上盐。第一次为初盐，第二次为大盐，第三次为复盐。初盐即在原料肉表面均匀地撒上一层盐。次日接着上大盐，擦盐要均匀，在刀口处塞进适量新盐，并整齐地堆叠成垛，4～5 d 后翻倒，上下层调换位置，并补撒新盐。复盐 7 d 后及时翻堆，继续撒少量食盐。约 25 d 后即为成品。

4）产品特色

咸羊肉的外观清洁、刀工整齐、肌肉坚实、表面无黏液、切面色泽鲜红、肥膘稍有黄色。

6. 西式腊羊肉

1）原料及要求

选择经卫生检验合格的羊后腿肉，去除硬筋、肉层间的杂油、粗血管和软骨、碎骨、淤血等。

2）工艺配方

（1）羊肉 50 kg。

（2）腌制配料：食盐 1.25 kg，白砂糖 600 g，葡萄糖 240 g，焦磷酸钠 50 g，三聚磷酸钠 100 g，六偏磷酸钠 50 g，柠檬酸钠 50 g，亚硝酸钠 30 g，花椒 56 g，辣椒 40 g，生姜 40 g，葱 50 g，味精 75 g，水 10 kg。

（3）煮制配料：丁香 10 g，砂仁 20 g，草果 20 g，花椒 66 g，大茴香 25 g，小茴香 50 g，陈皮 20 g，辛夷 30 g，味精 100 g，白酒 132 mL，食盐 1.2 kg。

3）工艺流程

（1）原料整理：顺着原料肌纤维方向切成 1 kg 左右的肉块，并将厚肉块的中间用刀划开，以免腌制不透。

（2）盐水注射：用盐水注射机把配制好的腌制剂在 2～4 ℃的环境下注入肉块中，注射量一般控制在肉重的 15％～20％，注射后剩余的腌制剂倒入滚揉机中。注射应在 8～10 ℃的环境中进行。

（3）滚揉：滚揉要求在 1～4 ℃的环境中进行。滚揉方式为每转 10 min，停机 20 min，全部时间 10 h。将肉块厚处切开，若呈一致的玫瑰红色，中心没有暗褐色，即可停止滚揉。

（4）煮制：煮锅加水，烧开，放入煮制配料，加入腌制好的羊肉，大火烧开，保持 20 min，期间不断撇净浮沫，改用小火熬制 40 min，中间翻锅 2～3 次，待羊肉八成熟后出锅，控净汤汁，冷却 30 min，待包装。

（5）切块包装：按每袋的净含量准确称取，进行包装。

（6）杀菌：杀菌后经保温检验合格的套外袋，即为成品。

4）产品特色

西式腊羊肉是传统工艺结合现代工艺开发的新产品，其香味浓郁、色泽鲜艳、肉质细嫩。

4.2.3 影响腌腊羊肉制品品质的因素

1. 食盐

（1）纯度。食盐中的镁盐和钙盐等会降低食盐的溶解度，影响食盐向肉内的渗透速度。食盐中硫酸镁等杂质的含量达到 0.6％时会使腌制品具有苦味。此外，食盐中的其他微量元素，如铜、铁、铬的存在还会对腌肉制品中的脂肪氧化产生严重的影响。因此，腌制用食盐应选择高纯度食盐。

（2）用量。食盐用量因腌制的目的、环境条件、原料肉和消费者的口味等不同而有差异。为了达到完全防腐的目的，要求肉内盐分浓度至少达到 7％以上，因而腌制用盐水浓度至少在 25％以上。盐分高，储藏时间延长，但盐分过高会影响产品的风味和香气。

2. 温度

温度高时，食盐渗透迅速，腌制速度快，但温度过高，肉品容易腐败变质。为防止食盐渗入肉内前就出现腐败变质现象，腌制宜在低温（低于 10 ℃）条件下进行。

3. 空气与光线

肉品腌制时，应保持缺氧环境，隔离光线。当肉制品中有还原物质存在时，暴露于空气中的肌肉色素会发生氧化，并出现褪色现象，同时光线也能促进肌肉色素的氧化，加速褪色。因此，在腌制时，腌肉要压实，表面应有覆盖物，尽量避免空气和光线与肉直接接触。

4. 腌制时间

腌腊肉制品中最重要的工序是腌制，要求腌制一定要腌透，使腌制液完全渗透到肉内。若腌制不彻底，会影响腌腊肉制品的食用品质和安全性。一般可根据肉色和触感来判断腌制时间是否合适。若切开腌腊肉的最厚肌肉，整个断面呈玫瑰红色，指压弹性均匀相等，且无黏手感，则说明腌制时间合适；若肉的中心部位呈暗红色，则表明还需继续腌制。刘楠等（1999）研究了注射嫩化剂及腌制时间对羊肉嫩度的影响，发现羊肉中注射 200mM $CaCl_2$，腌制时间为 12 h、48 h、72 h，肉块的剪切力值分别为 1.78 kg、1.68 kg、1.57 kg，比对照组肉块的剪切力值 1.83 kg 分别降低 2.7%、8.9%、14.2%。江富强（2015）研究了不同腌制时间对羊排腌制效果的影响，研究结果显示随着静腌时间的增加，羊排吸收率先升高，在静腌时间为 10 h 时羊排吸收率最高，且显著高于其他处理组（$P<0.05$）（图 4-8）。

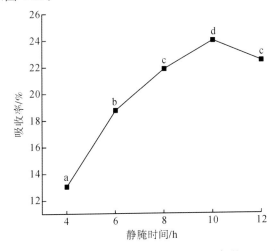

图 4-8　静腌时间对羊排吸收率的影响（江富强，2015）

4.3　酱卤羊肉制品加工

羊肉作为一种优良的畜肉，属于高蛋白、低脂肪、低胆固醇类营养保健食品，有着悠久的食用历史。随着社会的发展和生活水平的提高，人们的食物结构有了很大的变化，从过去单一地摄入猪肉、牛肉制品慢慢地向羊肉制品方向转变，无论是国内和国际市场，羊肉制品都将占有重要地位。从国际市场发展动态看，国外市场对羊肉的需求量越来越大。这是我国羊肉销售转向国际市场的一个好机遇。羊的内脏副产品具有很好的营养保健功能，如羊肝，性味苦寒，具有养肝明目的作用；羊肾，性味甘温，具有补肾益气、填补精髓的作用。所以，发展羊肉及其副产品的深加工、精加工，无论是从营养角度还是从保健功能角度看都符合社会发展的需要和人们生活的需要。我国饮食文化悠久，关于羊肉的烹饪加工方法较多，其中酱卤制品独树一帜。酱卤肉制品作为我国特有的一大类传统熟肉类制品，风味浓郁，产品口感酥软，深受国人喜爱。酱卤肉制品是鲜肉添加香辛料及调味料，经水浴煮制而成的，根据不同地域和人们口感需要，可加工出多种口味，如契合南方人的偏甜口味和契合北方人的偏咸口味。几千年来随着酱卤肉制品的日益发展，形成了很多极具特色的食品。虽然市场上已有很多酱卤类肉制品，但大部分酱卤肉制品的加工依旧采用传统酱制的方式。该工艺流程为：首先将原料肉清洗、修整完毕后，加入煮制锅预煮，预煮后将事先配好的卤料加入卤汁中，继续酱制。虽然此加工工艺简单易操作，但历经我国人民几千年的发展、改进、应用，具有很强的科学性。原料肉开始酱制时，在升温过程中肌蛋白慢慢变性，使得肌肉收缩，存在于肉中的血水等杂物以泡沫的形式逐渐溢出，肉本身的血腥味也随之释放出来，煮制过程中需及时将泡沫捞出。酱卤肉制品酱制过程中的关键性技术是调味和煮制。调味是与煮制同时进行的，人们按照个人口味，加入不同的调味料以达到目的。而羊肉因其特有的膻味给加工增加了难度，因此，近年来酱卤羊肉制品才逐渐得到开发，且加工工艺急需完善。

4.3.1　加工工艺

酱卤肉制品属深加工肉制品，其风味主要产生在加热熟化阶段，包括美拉德反应、脂肪氧化、氨基酸及硫铵素的降解等过程。蛋白质经热和酶共同作用产生的游离氨基酸是风味的主要来源；大分子物质发生氧化水解，生成脂肪酸、核苷酸及磷脂类物质等小分子化合物，使肉制品的风味得到提高，更易被消化吸收。脂肪作为挥发性物质的溶剂，达到缓释的效果，是肉制品风味和特征香气的来源之一。

传统的酱卤肉制品加工制作方法为：原料清洗、沥干、分切→卤液酱制→冷却→指标测定。其产品只能就地生产，就地销售。现在，我国科研人员引入国外先进的技术对传统加工方法进行优化升级为：原料选择→解冻→清洗→腌制→预煮→酱汁（卤制或糟制）→冷却→包装→杀菌→成品。

酱卤肉制品加工中的常见问题如下。

（1）卤肉制品上色不均匀。上色不均匀是初加工卤制品者常遇到的问题，往往出现不能上色的斑点，这主要是由于涂抹糖液或蜂蜜时坯料表面没有晾干造成的。如果涂抹糖液或蜂蜜时坯料表面有水滴或明显的水层时糖液或蜂蜜就不能很好地附着，油炸时会脱落而出现白斑。因此，通常坯料在涂抹糖液或蜂蜜前一般要求充分晾干表面水分，如果发现一些坯料表面有水渍，可以用洁净的干纱布擦干后再涂抹，这样就可以避免上色不均匀现象。

（2）酱卤肉制品加工过程中的火候控制技术。火候的控制包括火力和加热时间的控制。除个别品种外，各种产品加热时的火力一般都是先旺火后文火。通常旺火煮的时间比较短，文火煮的时间比较长。使用旺火的目的是使肌肉表层适当收缩，以保持产品的形状，以免后期长时间文火煮制时造成产品不成型或无法出锅；文火煮制则是为了使配料逐步渗入产品内部，达到内外咸淡均匀的目的，并使肉酥烂、入味。加热的时间和方法随品种而异，产品体积大时加热时间一般都比较长；反之，就可以短一些，但必须以产品煮熟为前提。

（3）卤肉肉质干硬或过烂不成型。卤肉易出现肉质干硬、不烂或过于酥烂而不成型的现象，这主要是煮肉的方法不正确或火候把握不好造成的。煮制时，火过旺并不能使肉酥烂，反而使其嫩度更差；有时为了使肉的肉质绵软，采取延长文火煮制时间的办法，这样会使肉块煮成糊状而无法出锅。为了既保持形状，又能使肉质绵软，一定要先大火煮，后小火煮。必要时可以在卤制之前先将肉块放在开水锅中烫一下，这样可以更好地保持肉块的形状。煮制时要根据肉的不同部位，决定煮制时间的长短。老的肉煮久一点、嫩的肉煮制时间则短一些。

（4）老汤处理与保存。老汤是酱卤肉制品加工的重要原料，良好的老汤是酱卤肉制品产生独特风味的重要条件。老汤中含有大量的蛋白质和脂肪降解产物，并积累了丰富的风味物质，它们是使酱卤肉制品形成独特风味的重要原因。然而，在老汤存放过程中，这些物质易被微生物利用而使老汤变质；反复使用的老汤中含有大量的料渣和肉屑也会使老汤变质，风味发生劣变。用含有杂质的老汤卤肉时，杂质会黏附在肉的表面而影响产品的质量和一致性。因此，老汤使用前须进行煮制，如果较长时间不用须定期煮制并低温贮藏。一般煮制后需要贮藏的老汤，用 50 目丝网过滤，并撇净浮沫和残余的料渣，入库 0～4 ℃保存备用。在工业化生产中，为保持产品质量的一致性，通常用机械过滤等措施统一过滤老汤，确保所有原料使用的老汤为统一标准。

（5）糖色熬制与温度控制。糖色在酱卤肉制品生产中经常用到，糖色的熬制质量对产品外观影响较大。糖色是在适宜温度条件下熬制使糖液发生焦糖化而形成的，其关键是温度控制。温度过低则不能发生焦糖化反应或焦糖化不足，熬制的糖色颜色浅；而温度过高则使焦糖炭化，熬制的糖色颜色深，发黑并有苦味。因此，温度过高或过低都不能熬制出好的糖色。在温度过低时，可以先在锅内添加少量的食用油，油加热后温度较高，可以确保糖液发生焦糖化，并避免粘锅现象。在熬制过程中要严格控制高温，避免火力过大而导致糖色发黑、发苦。

4.3.2　一种酱卤羊肉制品的加工技术

酱卤制品是肉制品中的一大类制品，也是目前增长较快的中式肉制品类型，其质地适口、味感丰富、香气宜人，深受消费者喜爱。目前，市面上的酱卤肉制品主要有酱卤鸡肉、酱卤牛肉、酱卤猪肉、酱卤鸭肉等。由于羊肉固有的膻味，按照传统方法将其制作为酱卤制品时，许多消费者望而却步，极大地影响了推广销售。传统的酱卤羊肉制品加工方法中，多采用煮制时加入大料等方法进行脱膻处理。如周翠英（2013）给出的加工技术方法中，采用了蒸煮香料进行脱膻。

工艺配方：羊肉 50 kg，食盐 1.5 kg，酱油 1 kg，50 ℃以上白酒 1 kg。香辛料包括：花椒 100 g，大茴香、桂皮各 80 g，小茴香 30 g，丁香、草果各 40 g，生姜、陈皮各 50 g。

工艺流程：原料清洗，沥干，分切→卤液酱制→冷却→指标测定。其制作要点如下。

（1）入缸腌制。选用前、后腿羊肉，用占肉重 3%左右的食盐，事先加入 1%的硝酸钾，混合后使用。原料肉与食盐充分混合拌匀后放入缸中腌制。腌 24～36 h，翻缸 2～3 次，以利腌制均匀。腌好后取出放入清水中洗净，沥干水分。

（2）清污卤煮。腌后的羊肉加入沸水中，旺火烧沸，撇除浮沫，约 20 min 后捞出沥干水分。将香辛料用纱布包好，放入锅底，羊肉、食盐、酱油、白酒入锅，上面用竹篦压住。然后锅内加入清水，淹没肉面。用旺火烧沸，撇除液面上层浮沫杂物。改为微火烧煮，直至肉酥软熟透，约需 2 h。出锅后把肉晾干，防止肉块黏在一起。

（3）涂液油炸。待肉出锅稍冷却后，撒入适量白酒和酱油，拌和均匀，肉表面涂一层酒酱液。然后放入植物油锅中炸制，油温维持在 160～170 ℃。肉在油中要随时翻动，炸至黄红色捞出即为成品。

4.3.3 影响酱卤羊肉品质的因素

酱卤肉制品的制作方法主要是将原料肉放入煮沸的卤汤中进行水煮，属于肉制品热加工范围。热处理是影响肉制品的蒸煮损失、嫩度、蛋白结构、风味等食用品质的重要因素。研究表明，热处理过程会使肉中不同种类的蛋白质发生热变性，导致细胞膜破坏、肌肉纤维收缩、肌原纤维蛋白和肌浆蛋白凝胶形成、结缔组织收缩和溶解等变化。用扫描电镜和透射电镜观察热处理对鸡肉和鲑鱼肉微观结构的影响，结果表明，随着煮制时间的延长，肌纤维直径和肌节长度都发生显著变化，并与肉的蒸煮损失和嫩度具有相关性。因此，如何在酱卤过程中控制酱卤制品的品质是酱卤羊肉制品加工中的重要问题。李海等认为，温度在这一系列变化中起到至关重要的作用。因此，对温度与酱卤羊肉品质之间的关系进行了研究。结果表明中心温度为 70 ℃时，是控制产品质量的关键。研究过程如下。

羊肉经 4 ℃解冻后去除可见脂肪及结缔组织，随后将羊肉切成 4 cm×4 cm×6 cm 的块状，单独分装后在室温下平衡 20 min，使每个样品的中心温度保持一致。随后将羊肉放入 100 ℃卤水中卤制，以热电偶插入肉块中心检测样品中心温度，分别在中心温度 30 ℃、40 ℃、50 ℃、60 ℃、70 ℃、80 ℃、90 ℃、99 ℃时取样。取样后将样品放入自封袋中，在 20 ℃的水中冷却 20 min 后备用。试验以原料藏羊肉作为对照组。

1. 卤制中心温度对蒸煮损失的影响

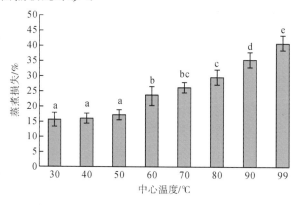

图 4-9　卤制中心温度对藏羊肉蒸煮损失的影响

随着卤制中心温度的不断上升，蒸煮损失由最初的 15.82% 逐渐增大到 41.15%。其中，在中心温度为 30～50 ℃时，蒸煮损失的变化不大（$P>0.05$），维持在较低水平。随着中心温度的升高，至 60～99 ℃时，蒸煮损失发生显著的变化（$P<0.05$）（图 4-9）。

此结果表明，羊肉的系水力随着卤制中心温度的升高而不断下降，这主要是因为在热加工过程中，系水力主要与肌原纤维蛋白热变性的程度有关。

在最初阶段，羊肉肌原纤维未完全变性，肌纤维产生的压力和张力较小，使水分溢出较小，随着卤制温度的不断升高，肌纤维因为完全变性而产生的压力和张力增大，使水分不断溢出，导致蒸煮损失显著升高。除此之外，有研究结果表明，随着中心温度的上升，肌球蛋白和肌动蛋白的热变性会使蛋白质的结构发生改变，导致肌浆蛋白随着水一起溢出，致使蒸煮损失升高。这也是蒸煮过程导致肉品营养成分损失的重要原因。

2. 卤制中心温度对剪切力的影响

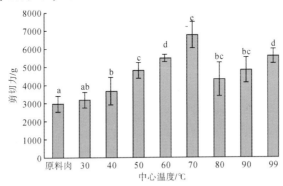

图 4-10　卤制中心温度对藏羊肉剪切力的影响

由图 4-10 可知，随着卤制中心温度的上升，剪切力总体呈现先上升后下降的趋势，在 80～99 ℃时呈现上升趋势。在 30～70 ℃时，剪切力的上升主要是因为肌内结缔组织变性导致肉的嫩度发生变化，而肌内结缔组织主要由胶原蛋白构成，加热时胶原蛋白发生变性收缩使嫩度增加；另一个原因可能是胶原蛋白部分变性，使得原来卷曲的胶原蛋白纤维变直，单位面积内的胶原蛋白数量增加，从而使得张力上升，最终导致嫩度增加和剪切力上升。中心温度为 80～99 ℃剪切力发生第二次上升，主要原因可能是肌原纤维蛋白的变性收缩导致，肌动蛋白和肌浆蛋白的热变性增强了肌纤维的强度，肌纤维之间的空隙变小，单位面积内纤维数量增加也可能是导致剪切力上升的原因。

3. 卤制中心温度对蛋白溶解度的影响

表 4-6　卤制中心温度对藏羊肉蛋白溶解度的影响　　　　　　　　单位：%

蛋白	原料肉	30 ℃	40 ℃	50 ℃	60 ℃
肌浆蛋白	80.39±1.99[a]	49.25±1.33[b]	25.93±0.96[c]	19.35±0.89[d]	13.29±1.45[e]
肌原纤维蛋白	135.32±5.23[a]	56.17±10.25[b]	42.92±16.9[b]	42.15±8.94[bc]	45.88±7.08[bc]
总蛋白	215.71±7.21[a]	105.42±9.01[b]	68.85±17.64[c]	61.51±8.39[c]	59.17±8.45[cd]

蛋白	70 ℃	80 ℃	90 ℃	99 ℃
肌浆蛋白	9.38±0.21[e]	9.34±0.56[f]	10.08±1.71[f]	13.95±1.45[f]
肌原纤维蛋白	21.7±5.39[cd]	18.94±3.62[cd]	26.61±8.14[d]	28.60±13.79[d]
总蛋白	31.08±5.48[de]	28.28±3.31[e]	36.69±8.13[e]	42.55±13.43[e]

由表 4-6 可知，随着中心温度的上升，肌浆蛋白、肌原纤维蛋白和总蛋白溶解度都呈逐渐降低的趋势。30～60℃，与原料肉相比，肌浆蛋白、肌原纤维蛋白和总蛋白溶解度分别下降了 82.65%、78.86% 和 80.27%，可见卤制过程中加热处理对蛋白溶解度的影响很大。肉在热处理的开始阶段，肌浆蛋白溶解度显著降低（$P<0.05$），一方面是因为肌浆蛋白在 40～60℃时发生蛋白聚集导致溶解度降低；另一方面是因为肌浆蛋白为水溶性蛋白，加热时肌束膜收缩和肌纤维间隙变小，导致肌浆蛋白随水一起溢出而降低溶解度。肌原纤维蛋白在 50℃以下时溶解度降低主要是因为肌原纤维蛋白结构在 30～32℃开始展开，随后在 36～40℃发生蛋白交联导致的，而肌球蛋白在 53～58℃时的热变性和肌动蛋白在 70～80℃时的热变性是导致肌原纤维蛋白溶解度进一步降低的主要原因。

在卤制过程中原料肉随着卤制中心温度的升高肉的品质发生显著变化，蒸煮损失随着温度升高呈逐渐降低的趋势；而剪切力随着温度的升高逐渐增加，在 70℃时达到最大值，80℃时剪切力减小后又逐渐增大；蛋白溶解度同样随着中心温度的升高而逐渐降低。综上所述，中心温度为 70℃时是卤制藏羊肉过程中的关键温度点，此阶段藏羊肉的品质发生显著变化。

4.4 熏烧烤羊肉制品加工

羊肉具有高蛋白、低脂肪、低胆固醇、富含氨基酸的特点，是我国主要的肉类品种之一，随着日益增加的羊肉消费需求，我国肉羊产业也得到了迅速发展。在传统羊肉加工产品的基础上，很多羊肉加工企业也研究开发了新的羊肉产品。研制的产品主要有西式腊羊肉、羊肉松、羊肉脯、烤制羊肉等。随着生活水平的日益提高，人们对羊肉产品的消费要求也越来越高，现有羊肉加工技术与产品已不能满足羊肉市场需求，应用现代化技术改进和完善传统羊肉加工工艺已成为产业发展的关键。

4.4.1 烤羊肉制品的一般加工原理与方法、加工技术及影响因素

烤羊肉历史悠久，是一种传统的烤肉制品。其风味独特，营养价值极高，且胆固醇含量比一般的肉类低，是一种理想的补充能量及各种营养元素的食物来源，深受大众的喜爱。随着人们对羊肉食品的需求不断增加，促进研究者研制、开发新的羊肉生产工艺和羊肉食品，从而进一步促进羊肉的消费，提高羊肉的附加值。我国烤羊肉经过多年的改良及加工，其色泽独特、口味优良等特点深受国内外人士的喜爱。

传统的烤羊肉生产工艺为：鲜羊肉→清洗整理→腌制→调味→穿钩挂架→烧烤→成品。刘琴等（2013）在传统生产工艺上进行了改进：分割羊肉→（剔骨）→漂洗脱膻→预煮脱膻→腌渍→调味焖煮→拉成丝绒状→（切段）→烘干→调味拌油→微波烘烤→调味拌油→自动装袋→真空包装→微波杀菌→冷却擦干→吹干→成品。照此工艺生产的烤羊肉制品具有食用方便、价格接受度高、易保存的特点，并且实现了传统工艺与现代化设备的结合。该工艺通过增加膻味的脱除工序，大幅度降低了羊肉的膻味，且缩短了烧烤时间。通过肉块厚度、漂洗时间、漂洗次数、漂洗温度及预煮时间对膻味影响的研究，

结果表明漂洗工艺能明显降低羊肉的膻味，羊肉的厚度越薄，漂洗时间越长，漂洗次数越多，漂洗温度为 40 ℃时，羊肉的膻味降低得越多。测试结果见图 4-11～图 4-15。

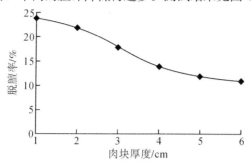

图 4-11　肉块厚度对羊肉膻味的影响

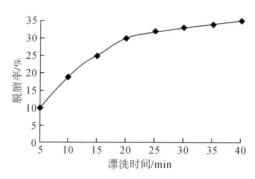

图 4-12　漂洗时间对羊肉膻味的影响

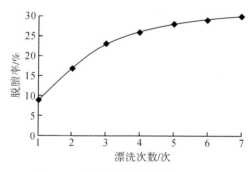

图 4-13　漂洗次数对羊肉膻味的影响

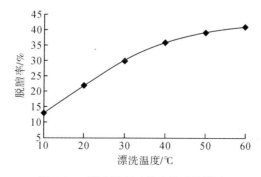

图 4-14　漂洗温度对羊肉膻味的影响

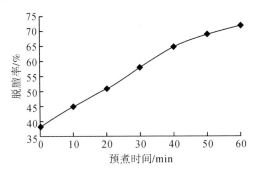

图 4-15 预煮时间对羊肉膻味的影响

在对羊肉的烘干与烤制工艺研究中，刘琴等（2013）就烘干条件对羊肉水分的影响进行了研究，结果表明：当烘烤温度为 60 ℃，烘烤时间为 3 h 时，羊肉的感官评定效果最佳；随着温度的进一步增加，羊肉表面形成的硬壳增多，风味变差。因此，烘烤温度为 60 ℃、烘烤时间为 3 h 时，羊肉的烘烤效果最好（图 4-16）。

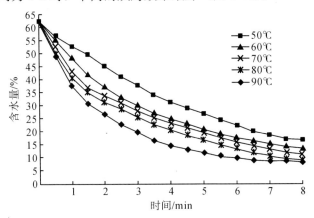

图 4-16 不同烘干条件与羊肉含水量的关系

郭海涛（2013）研究了烘烤时间对杂环胺形成的影响，将羊肉饼在 200 ℃下分别烤制 5 min、15 min、25 min、35 min 和 45 min，结果表明，随着烘烤时间的延长，杂环胺含量随之升高。当烘烤时间达到 35 min 时，各极性杂环胺均有显著升高（$P < 0.05$），其中 PhIP 含量可达 39.39 ng/g；当烘烤时间达到 45 min 时，杂环胺总含量为 123.15 ng/g（表 4-7）。

表 4-7　200 ℃下烘烤不同时间羊肉饼中杂环胺含量的变化　　　　　　　单位：ng/g

杂环胺	烘烤时间				
	5 min	15 min	25 min	35 min	45 min
IQ	0.92±0.11[e]	1.29±0.25[e]	1.49±0.17[e]	2.59±0.55[b]	4.39±0.10[a]
MeIQx	0.55±0.00[b]	0.61±0.01[b]	0.76±0.20[b]	2.75±0.79[a]	4.31±1.42[a]
4,8-DiMeIQx	ND	ND	ND	0.30±0.02[a]	0.37±0.08[a]
PhIP	ND	0.59±0.22[c]	2.03±0.26[c]	39.39±8.89[b]	97.13±11.29[a]

杂环胺	烘烤时间				
	5 min	15 min	25 min	35 min	45 min
Harman	0.38 ± 0.04^c	1.68 ± 0.00^{bc}	2.01 ± 0.09^{bc}	3.18 ± 0.92^b	7.23 ± 1.07^a
Norharman	0.73 ± 0.18^c	1.39 ± 0.20^c	1.45 ± 0.01^c	2.89 ± 0.22^b	6.17 ± 0.52^a
Trp-p-2	ND	ND	ND	ND	ND
AaC	1.81 ± 0.03^a	1.79 ± 0.02^a	1.81 ± 0.09^a	2.07 ± 0.13^a	2.19 ± 0.47^a
MeAaC	ND	1.04 ± 0.04^a	0.92 ± 0.38^a	1.74 ± 0.51^a	1.36 ± 0.96^a
TotalHAAs	4.39	8.39	10.47	54.91	123.15

注：ND—未检出

除了学者们科学、系统地对羊肉烤串进行研究，也有很多老百姓对羊肉串的制作工艺进行了创新。王海峰在《一种熟制羊肉串及其制作工艺》中公开了熟制羊肉串的制作工艺，包括原料接收、缓化、切分、配料腌制、熟制、干燥、配料拌制、穿串、包装等步骤。其原料制成包括：羊腿肉 9.80～10.02 份，腌制料 1.982～2.036 份，香辛料 0.6～0.82 份。该工艺制作出的羊肉串具有低脂肪、低热量、低糖的优点，能够满足人们追求健康饮食的需求，且该香辛料能够抑制羊肉本身的腥膻味，有较强的呈香、呈味作用，不仅能够促进食欲，改善风味，还具有杀菌作用。张博等在《羊肉串及其制作方法》中公开了羊肉串的制作方法，其原料制成有：羊肉 75～85 份，孜然味腌料 5.4～6.0 份，孜然颗粒 0.5～0.7 份，白胡椒 0.1～0.3 份，磷酸盐 0.5～0.7 份，淀粉 1～3 份，水 10～14 份。该方法制作出的羊肉串具有肉质细嫩，脂肪、胆固醇含量少的优点。王玉璇在香酥烤羊肉及其制作方法中公开了制作配方：羊腿肉 50 kg，香料 0.3～0.6 kg，酱油 1～2.5 kg，绍兴酒 2～3.5 kg，味精 0.5～1.5 kg，盐 1～2 kg，淀粉 10～20 kg，鸡蛋 4～7.5 kg，油 3.5～5 kg，脆炸粉 3～5 kg。经过处理、混合、搅拌、腌制、挂糊、包装等工序，即可出售。该制作方法具有工艺规范、易于操作并适宜工业化生产的特点，加工出的香酥烤羊肉色香味俱全，酥香不腻。

烤羊肉方法主要有直接烤和间接烤两种。常见的烤羊肉基本是火与肉直接接触烧烤制作的，属于直接烤方式，火源大多是普通煤炭或焦炭，以烧为主，对维生素 A、维生素 B、维生素 C 的破坏较大，脂肪和蛋白质也易变性，煤烟燃烧形成的灰尘会不同程度地附着在烤肉表面，同时烤肉时一边烤一边散调料，部分调料会被瞬间炭化成灰尘凝结在肉上，对食者的身体健康不利。杜得军等发明了利用黄土为间接热源制作烤羊肉的方法，属于食品加工技术领域。该方法的步骤有：灶窑建设、调料准备、肉品腌制、肉品包装以及肉品烧烤。其中在调料准备的步骤中包括汁类调料及粉类调料；汁类调料的重量份数为：鲜姜 10 份、藤椒油 80 份、香油 50 份、海藻酸钠 2 份、老抽酱油 8 份、甘草提取物 4 份、山楂提取物 3 份、砂仁提取物 2 份、黄精提取物 2 份、魔芋胶 2 份、黄酒 15 份、山泉水 120 份，备用。在山泉水中依次溶解甘草提取物、山楂提取物、砂仁提取物、黄精提取物、海藻酸钠、魔芋胶，得到混合液 A。将藤椒油、香油、老抽酱油混合得到混合液 B。取鲜姜洗净，切碎后压榨，得到鲜姜汁，备用。将混合液 A，生姜汁，黄酒，混合液 B 充分混匀，制成汁类调料，及时使用。粉类调料按重量份数计，称取草果粉 17 份、板栗粉 12 份、当归粉 6 份、党参粉 5 份、花椒粉 55 份、孜然粉 80 份、肉苁蓉 5 份、甘草粉 5 份、蒲公英 5 份、胡椒粉 17 份、姜粉 20 份、松仁粉 12 份、茴香粉 16 份、南德粉 52 份、味粉 95 份、精盐 30 份、辣椒粉 30 份、葱末 60 份、香菜末 60 份，混合均匀，制成粉类调料，备用。最后进行烤制。该发明在传统民间手艺的基础上，结合规模化生产、营养保健、绿色安全的现代先进理念，融入清洁能源、科学化配方、标准化生产、自动化控制等时代性元素，使烤羊肉方法在继承和发扬的过程中得以与时俱进、开拓创新，既避免了烟尘及其他灰尘对肉品的直接污染，又避免了重金属元素对肉品的接触污染，还保留了色线柔嫩、脂多不腻、汁溢味香的感官享受和丰富的营养价值，更是增强了健体强身的保健价值。

烤羊肉要获得长远的发展，其工业化发展是必然趋势。工业化生产的产品，其质量容易控制，能通过建立质量安全体系去预防可能出现的食品安全问题；工艺更加完善，连续化生产的应用更有助于产品的发展，市场更容易推广。

4.4.2 熏制羊肉制品一般加工原理与方法、加工技术及影响因素

烟熏是指利用木屑、甘蔗皮、茶叶、红糖等材料的不完全燃烧而产生的烟气对肉制品进行熏制处理的过程。经过烟熏处理后，产品不仅可获得特有的烟熏色泽和风味，也可延长保存期。烟熏肉制品的种类很多，熏制加工方法也各有不同。按制品的加工过程分为熟熏和生熏两类，生熏肉制品有西式火腿、培根、灌肠等，传统熟熏肉制品有熏腊肉、熏鸡、熏鸭、熏鱼、熏兔、熏马肉、熏肠等。按熏烟的生成方式分为直接火烟熏和间接发烟法，直接火烟熏不需复杂的设备，熏烟的密度和温湿度均分布不均匀，熏制后产品的质量也不均一；间接发烟法不仅可克服直接火烟熏熏烟的密度和温湿度不均的问题，而且可通过调节熏材燃烧的温度和湿度接触氧气的量来控制烟气的成分。按熏制过程中的温度范围分为冷熏法、温熏法、热熏法、培熏法。冷熏的产品主要是干制的香肠，如色拉米、风干香肠等。温熏的产品主要是西式火腿培根。热熏的主要产品是西式灌肠类产品。培熏的产品有熏鱼、羊肉串等。经过烟熏处理后，产品具有以下特点：获得特有的烟熏风味，熏制过程中的局部高温，使制品产生煳香味；赋予产品特有的茶褐色，改善产品色泽；熏烟成分不断向肉制品内部渗入，能防止脂肪的氧化，增加产品的防腐性；熏烟成分间相互作用，制品表面形成一层干燥的薄膜，可延长制品的保存期；熏烟温度高于 45 ℃时，可压制微生物的生长繁殖，熏制肉品温度在 15 ℃左右时，会加速自溶酶的溶解，使肉品质地软口。

熏制羊肉具有特殊的地域特色和民族特色，它将羊肉的风味与熏烟的风味很好地融合在一起，形成了风味独特、口感细腻的一种传统地方风味肉制品。熏制羊肉集色、香、味于一体，不膻不腻，深受广大消费者的喜爱。柴佳丽（2016）针对羊肉熏制加工的研究，构建了羊肉熏制加工适宜性评价体系，以 10 个肉羊品种为原料，确定了羊肉熏制加

工中感官品质、理化营养和加工品质特性的变化规律和影响因素。在该试验中对不同品种熏制羊肉的剪切力、熏制损失率以及熏制羊肉表皮肉色进行了比较。不同品种熏制羊肉的剪切力结果如图 4-17 所示，品种和部位间均存在显著差异。结果表明，米龙部位，东北细毛羊、巴寒杂交羊的剪切力值显著大于其他品种（$P<0.05$），分别为 53.16N、51.23N。盐池滩羊、乌珠穆沁羊的剪切力值最小（$P<0.05$），分别为 33.08N、33.13N。通脊部位，苏尼特羊的剪切力值显著大于其他品种（$P<0.05$），为 51.70N，昭乌达羊的剪切力值最小（$P<0.05$），为 31.67N。米龙部位熏制羊肉剪切力的变化范围大于通脊部位。肉品剪切力的大小随温度变化较大。

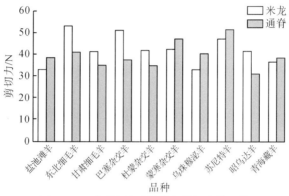

图 4-17　不同品种熏制羊肉剪切力值比较

保水性对肉品加工的质量有很大影响。熏制损失率是表征肌肉保水性的一个重要指标，一定程度上能反应肌肉对水的保持能力，同时与企业的经济效益密切相关。柴佳丽（2016）通过对 10 个肉羊品种的米龙部位、通脊部位熏制损失率的研究显示，米龙部位，青海藏羊的熏制损失率显著高于其他品种（$P<0.05$），为 47.38%；甘肃细毛羊、盐池滩羊、东北细毛羊的熏制损失率较小。通脊部位，蒙寒杂交羊的熏制损失率显著高于其他品种（$P<0.05$），为 44.4%，甘肃细毛羊的熏制损失率最低，为 31.19%。同一品种米龙部位的熏制损失率的变化范围大于通脊部位。

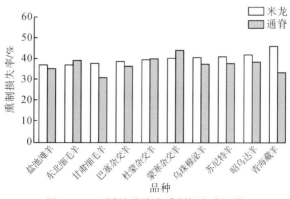

图 4-18　不同品种羊肉熏制损失率比较

羊肉表皮肉色的好坏在熏制羊肉产品的销售中扮演着重要角色，是产品重要的经济性状。由表 4-8 可知，不同品种米龙、通脊熏制羊肉的表皮色泽之间存在显著差异（$P<$ 0.05）。不同品种米龙部位熏制羊肉的表皮色泽，甘肃细毛羊的 L^* 值、a^* 值、b^* 值均较高；乌珠穆沁羊的 L^* 值最低；乌珠穆沁羊、苏尼特羊的 a^* 值显著低于其他品种（$P<$ 0.05）。b^* 值在品种间的变化范围较小。不同品种通脊部位熏制羊肉的表皮色泽，盐池滩羊、杜蒙杂交羊的 L^* 值显著高于其他品种（$P<0.05$）；乌珠穆沁羊的 L^* 值最低。甘肃细毛羊的 a^* 值、b^* 值均较高；杜蒙杂交羊的 a^* 值最低。

表 4-8　不同品种熏制羊肉表皮色泽比较

品种	L^* 表皮		a^* 表皮		b^* 表皮	
	米龙	通脊	米龙	通脊	米龙	通脊
盐池滩羊	35.63 ± 0.19^b	40.21 ± 0.68^a	11.09 ± 0.65^{bc}	8.03 ± 0.35^d	13.08 ± 0.47^b	10.03 ± 0.38^d
东北细毛羊	34.87 ± 0.97^b	36.89 ± 0.68^b	10.19 ± 0.59^c	11.07 ± 1.01^b	13.41 ± 0.66^b	15.06 ± 0.33^b
甘肃细毛羊	38.51 ± 0.95^a	36.02 ± 0.77^b	11.82 ± 0.55^a	12.42 ± 0.56^a	15.83 ± 0.61^a	16.04 ± 0.60^a
巴寒杂交羊	29.20 ± 0.62^c	33.23 ± 1.16^c	10.8 ± 0.55^{bcd}	10.79 ± 0.66^b	12.36 ± 0.45^c	10.51 ± 0.60^d
杜蒙杂交羊	30.38 ± 0.93^{cd}	40.77 ± 2.78^a	11.43 ± 0.47^{ab}	6.96 ± 0.33^c	13.14 ± 0.50^b	10.23 ± 0.37^d
蒙寒杂交羊	30.93 ± 1.37^c	31.88 ± 1.11^{cd}	10.5 ± 0.38^{cde}	10.53 ± 0.89^b	13.53 ± 0.55^b	12.34 ± 0.33^c
乌珠穆沁羊	28.83 ± 0.43^c	29.70 ± 0.60^c	9.57 ± 0.47^f	10.79 ± 0.45^b	11.19 ± 0.47^d	10.51 ± 0.60^d
苏尼特羊	39.16 ± 0.65^a	31.85 ± 1.33^{cd}	9.35 ± 0.27^f	10.26 ± 0.91^b	11.24 ± 1.37^d	12.09 ± 0.33^c
昭乌达羊	29.39 ± 0.19^{dc}	36.24 ± 0.30^b	10.8 ± 0.32^{bcd}	10.90 ± 0.43^b	15.83 ± 0.61^a	15.44 ± 0.45^{ab}
青海藏羊	31.27 ± 1.49^c	31.50 ± 1.15^d	10.25 ± 0.50^{dc}	8.96 ± 0.49^c	13.30 ± 0.76^b	11.89 ± 0.86^c

熏制加工是我国传统羊肉制品加工的重要方法，但是由于肉羊品种多，缺乏专用原料肉，导致熏制羊肉的品质不一，熏羊肉加工未实现工业化、标准化。熏制肉具有独特的发展优势，而且存在广阔的消费市场。羊肉含有丰富的营养成分，是冬季驱寒的滋补佳品，具有多种保健功效；但羊肉有膻味，且羊肉的易加工性不及牛肉和猪肉，导致市场上羊肉脯的种类和数量缺乏。另外，市场上的羊肉加工产品较为单一，多以烧、烤、卤产品为主，不方便携带，不能满足人们对自然风味的需求，需要不断丰富羊肉制品的种类和风味，以满足消费者对羊肉食品的需求。肉脯因其风味独特、营养丰富、携带食用方便，已成为越来越多消费者钟爱的零食和旅游馈赠佳品，但占据肉脯类食品市场领先地位的是猪肉脯和牛肉脯。娄尤来发明了一种烟熏羊肉脯及其制备方法，以重量份计，该烟熏羊肉脯包括以下原料：羊肉 100 份，米醋 20～22 份，芝麻油 2～4 份，白砂糖 1～2 份，食用盐 2～4 份，天然混合香料 0.2～0.5 份，辣木酶解液 5～10 份，酱油 4～8 份，蛋清 2～5 份，棕榈油适量；制作工艺步骤包括：修整浸渍、冷冻切片、酶解辣木、腌制、摊筛烟熏、冷却包装。该发明创新性地添加了辣木酶解液进行腌制，加上米醋浸渍的辅助，完全去除了羊肉的膻味，使制得的羊肉脯能够满足更多消费者的食用需求；添加辣木酶解液进行腌制，制得的羊肉脯肉质鲜嫩酥松，口感更加细腻；同时，经辣木酶解液腌制后制得的羊肉脯，除了具备补气滋阴、暖中补虚、开胃健力等功效以外，还具

备预防高血压、预防糖尿病等特殊功效。

传统羊肉制品是我国肉制品的瑰宝，在保持其特有传统风味的同时，应用现代设备、工艺和管理技术对其进行改造，对提升加工技术水平、提高产品质量、改善产品感官和营养特性、延长保存期等具有重要的意义。我国羊肉制品的现代化加工尚处于初级阶段，随着社会物质文明的发展，人们对肉制品的要求也越来越高，除了用猪肉、牛肉为主要原料制成各类肉类加工产品外，羊肉制品将拥有越来越广阔的市场，这将促使羊肉加工技术研究得到不断扩展和深化，技术应用也将越来越受到企业的重视。

4.5　羊肉干制品加工

我国饮食文化博大精深，羊肉食用方法多样，其中风干羊肉是极具特色的食用方法。风干羊肉因保质期长、膻味轻、味道佳美、食用及携带方便而深受消费者喜爱，市场潜力巨大，前景十分看好。风干是一种传统的羊肉保存方法，加工历史悠久。隋、唐、"五代"时期已出现了"干腊羊肉"的加工方法，后经藏族、蒙古族、维吾尔族等少数民族对其生产工艺的改进，形成了风干羊肉传统加工方法。风干羊肉传统加工方法是：每年年底，当气温在 0 ℃以下时，将羊肉顺肉纹切成长肉条，挂在阴凉处，在 -30～-0 ℃低温下经过 180d 左右自然风干而成，其含水量为 8% 左右。这种传统加工工艺一直沿用至今。但传统风干羊肉的工艺由于加工季节所限和加工周期长，制约了产品的产业化发展，而且加工的风干羊肉，感官品质、卫生品质及风味上的一些问题，已成为制约这一产品进一步扩大市场的主要原因。但随着近年来羊肉产业的不断发展，羊肉干制品的加工工艺研究也在不断发展进步。

4.5.1　羊肉干制品的加工工艺

用新鲜瘦肉加工的肉干，营养丰富、风味浓郁、便于携带，是旅行、郊游、野餐的佳品。如五香羊肉干、咖喱羊肉干等，其加工方法大同小异，但一般都需要经过初煮、切块、复煮等步骤，其关键步骤如下。

（1）原料的选择和处理。一般制作肉干都采用瘦肉为原料，以新鲜前后腿的瘦肉最佳。除去肉块的粗大筋腱脂肪，切成 1 kg 左右的肉块，然后放在冷水中浸泡 1 h 左右，将肌肉中余血浸出，捞出沥干。

（2）初煮。将沥干的肉放入沸水中煮制。汤中可加入 1.5% 的精盐及少许渣皮、大料等。水温保持在 90 ℃以上，并及时清除肉汤里的浮沫。待肉内部切面为粉红色时，经过约 90 min，初煮完毕。

（3）切块。初煮后的肉块自然冷却后，剔除粗大筋腱，然后根据需要切成所需规格的肉片或者肉丁。

（4）配料。根据试验所得或者实际情况需要，进行配料。

（5）复煮。取初煮的原汤以及配料加入锅内，大火煮至沸腾，加入切好的瘦肉半成品，改用小火。

（6）干制。采取风干、烘干、微波加热等不同方式对复煮后的肉进行干制处理，以便得到肉干。

我国现有羊肉干加工工艺流程可总结为：精选羊瘦肉→腌制→预煮→切丁→调味和复煮→烘烤→冷却→无菌包装→成品。

4.5.2 发酵羊肉干制作技术

发酵肉制品是指利用微生物发酵制成的具有特殊色泽和质构，以及较长货架期的风味肉制品。其因具有保健功能、色泽鲜艳、营养成分丰富、贮存期长、风味独特、口感良好、促进消化等优点而深受广大消费者的喜爱。因此，羊肉干制品的发展也顺应着社会的进步，如盛雅萍（2016）等对功能性发酵羊肉干的研究，就极大地丰富了羊肉干制品的应用，为开发新型功能性发酵羊肉干提供了理论依据。

发酵羊肉干制作工艺流程：原料肉预处理→肉切块→腌制→添加发酵剂→发酵→预煮→复煮→脱水干制→成品。

原料肉去除筋骨、肌膜、脂肪等后，顺着肌纤维切成 0.2 kg 的肉块，清洗后沥干，在 0～4℃条件下腌制 12～24h，然后添加发酵剂放在恒温恒湿箱 28～30℃发酵 48～72h，在 50～90℃煮制 0.5～1.5h，最后在恒温干燥箱中 60～80℃烘烤 48～72h。

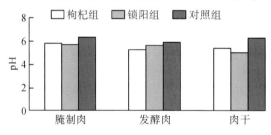

图 4-19　发酵羊肉干制作过程中 pH 的变化

pH 是控制发酵羊肉干的品质、安全性及对其分类的主要指标之一。由图 4-19 可以看出，整个制作过程中试验组和对照组的 pH 都呈先下降后上升的趋势。经对比得出，添加枸杞和锁阳的发酵羊肉产品的产酸速度显著高于对照组，说明试验组添加发酵剂产生较多的乳酸和其他有机酸，使酸度升高，pH 迅速降低，使发酵的进度加快并缩减发酵时间。

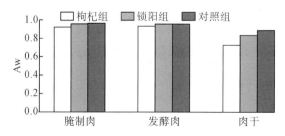

图 4-20　枸杞和锁阳对羊肉制作过程中水分活度的影响

由图 4-20 可以看出，各组产品在发酵期间水分活度下降缓慢，在干燥成熟过程中下降较迅速，相对来说对照组水分活度下降缓慢。在干燥的整个过程中，3 个组的水分活度大幅下降，枸杞发酵组和锁阳发酵组下降速率显著快于对照组，并且枸杞发酵组水分活度降至 0.73。低的水分活度可以抑制羊肉干中腐败微生物和致病菌的生长代谢以及一些酶类的活性，将 Aw＝0.7～0.75 作为微生物生长发育的下限。

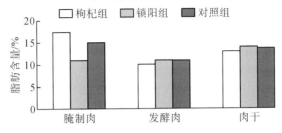

图 4-21　枸杞和锁阳对羊肉制作过程中脂肪的影响

在整个发酵过程中，锁阳发酵组脂肪含量趋于平稳，枸杞发酵组脂肪含量较大幅度下降，发酵结束时脂肪含量急剧下降为 10％，对照组脂肪含量有所下降，发酵结束时脂肪含量为 11％（图 4-21）。组间差异不显著（$P > 0.05$）。干燥结束后，脂肪含量各组分都上升 3％，增长幅度一致。脂肪含量的变化可能与水分含量及 pH 有关，按照发酵羊肉干制作过程中水分含量的变化，干制品脂肪的成分含量应为发酵后羊肉的 2 倍，甚至更多。

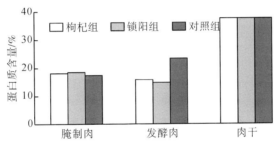

图 4-22　枸杞和锁阳对羊肉制作过程中蛋白质的影响

由图 4-22 可以看出，发酵过程中试验组的蛋白质含量呈先下降后上升的趋势，对照组呈上升趋势。从腌制到发酵后，枸杞发酵组和锁阳发酵组羊肉的蛋白质含量均下降 1％，对照组含量呈上升趋势，蛋白质含量为 23％。随着干燥的进行检测到羊肉干中的蛋白质含量显著上升，可能是由于干燥后各组分水分含量显著下降所致。

在发酵羊肉干的制作过程中，植物乳杆菌和木糖葡萄球菌发挥了绝对性优势。枸杞和发酵剂的添加有效降低了发酵羊肉干的 pH 和水分活度，保证了羊肉干的安全性，抑制了杂菌的生长，有利于延长羊肉干的货架期；提高了灰分含量和蛋白质含量，降低了脂肪含量，保证了羊肉干的营养品质；成品具有红润诱人的色泽，深受消费者的喜爱。由此可知，添加枸杞发酵羊肉干作为一种新型的保健食品，具有适宜的酸度、安全的品质、诱人的色泽、较低的能量，适合开发为新型保健。

4.5.3 影响羊肉干制品品质的因素

贺学林和赵文俊（2010）通过研究发现：优质山羊肉是加工风干羊肉的首选原料。传统风干羊肉制作时不太注意羊肉的选择，导致产品品质不稳定；绵羊肉及过肥的山羊肉因脂肪含量高，容易氧化而不宜制作风干羊肉。制作风干羊肉应选较瘦的新鲜山羊肉，并应去除羊肉中多余的脂肪，保证羊肉在后期的风干过程中不致氧化变味；对风干羊肉原料进行排酸处理，可保证风干羊肉具有良好的风味。采用真空预干燥处理，不仅大幅度缩短了制作周期，更重要的是快速脱去了大量水分减轻了肉中脂肪的氧化反应，而且明显减少了微生物作用的时间，从而提高了产品的适口性和卫生标准。此外，不同风干工艺都对风干羊肉感官品质产生明显的影响。

表 4-9　不同风干工艺对风干羊肉感官品质的影响

干燥方法	色泽	滋味与气味	组织状态	烹调特性
自然风干	呈黄色或黄褐色，颜色灰暗	具有该品种特有的香味，有轻微哈喇味	呈片状，厚薄、大小基本均匀	炖煮时间 3～4 h，汤浑浊、口感较粗硬
真空干燥＋自然风干	呈黄褐色，色泽基本一致、均匀	具有该品种特有的香味，稍有异味	呈片状，厚薄、大小基本均匀	炖煮时间 2～3 h，汤较浑浊、口感较粗硬
腌渍＋真空干燥＋自然风干	呈玫瑰红色，色泽发亮	具有该品种特有的香味，无异味	呈片状，厚薄、大小基本均匀	炖煮时间 2～3 h，汤清亮、口感较柔嫩清爽

结合腌渍、真空干燥等新技术，能极大地缩短生产周期、保证产品品质、减少产生不良风味、增加口感等。

李美君等通过对干燥方式的研究，阐述了不同干燥方式对羊肉干品质的影响。原料肉去除筋腱、肌膜、脂肪等后，顺肌纤维切成 0.2 kg 左右的肉块，清洗后沥干，0～4 ℃腌制 12～24 h，然后放在恒温恒湿培养箱 28～30 ℃发酵 48～72 h，在 50～90 ℃煮制 0.5～1.5 h，将待脱水干制的发酵羊肉分别通过恒温干燥、油炸和微波干燥制作成三种不同的发酵羊肉干。

第一组为恒温干燥箱干燥。将肉块放在竹筛或铁丝网上，在 60～80 ℃下烘干 8～12 h，烘烤时翻动 2～3 次。

第二组通过油炸进行干燥。将复煮炒干的发酵羊肉条，投入 130 ℃左右的植物油锅中油炸，至手捏硬度适中，脆而不焦时起锅（约 10 min）。

第三组由微波炉干燥。将微波炉调温阀调到高温处，先预热 30 min，然后将待干燥的羊肉以平铺的方式放入干燥 10 min 即可。

通过对羊肉干 pH、色泽、嫩度、水分活度及生物胺的测定对所得的羊肉干制品进行评价。

1）羊肉干 pH 的变化

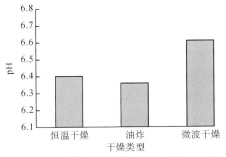

图 4-23　不同干燥方式对羊肉 pH 的影响

由图 4-23 可以看出,微波干燥组的 pH 显著高于恒温干燥组和油炸组 ($P<0.05$),并且经恒温干燥和油炸后的两种羊肉干的 pH 差异不显著。由此可知,温度越高对产酸酶和产酸微生物的活性抑制作用甚至是破坏作用就越强。各种羊肉干的 pH 也处于氨基酸脱羧酶最适 pH4.0～4.5 之外,即此时产胺酶的活性被抑制,不利于羊肉干中生物胺的后期积累。

2)羊肉干剪切力的变化

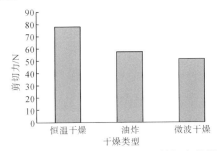

图 4-24　不同干燥方式对羊肉干剪切力的影响

由图 4-24 可以看出,经恒温干燥后羊肉干的剪切力值显著大于油炸和微波干燥组,说明恒温干燥组的嫩度较小、水分总含量下降较大、口感较硬,与其他两组相比,差异极显著($P<0.01$)。经对比三种不同干燥方法,可以得出用微波干燥后羊肉干的剪切力值较小、嫩度较大,而恒温干燥后羊肉干的剪切力较大。

3)羊肉干的水分活度

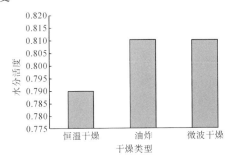

图 4-25　不同干燥方式对羊肉干水分活度的影响

由图 4-25 可以看出，三种方法干燥后的羊肉干水分活度均降低，其中恒温干燥后羊肉干的水分活度最低，为 0.79，显著低于油炸和微波干燥组（$P<0.05$），而油炸组和微波干燥组水分活度差异不显著。说明经过长时间恒定低温可有助于水分活度的降低。低的水分活度可以抑制微生物的生长代谢以及一些酶类的活性，一般将 Aw0.7～0.75 作为微生物生长的下限。此外，低的水分活度不但可抑制微生物的生长，而且可减少氨基酸的形成，最终降低生物胺的含量。

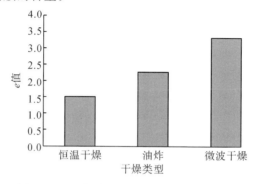

图 4-26　不同干燥方式对羊肉干色泽的影响

在肉品感官试验中主要以红度对肉色进行评价。用色差计对恒温干燥、油炸和微波干燥后三组羊肉干分别进行色差测定，并计算 e 值，结果如图 4-26 所示。

上述三组羊肉干的 e 值呈递增趋势，经微波干燥的羊肉干的 e 值最大，为 3.318，而恒温干燥组的 e 值最小，三组之间的 e 值存在极显著差异（$P<0.01$）。由此表明，随着处理温度的升高，肉中肌红蛋白（DeoxyMb）的 Fe^{2+} 被氧化程度也随之增高，Fe^{2+} 随着温度的升高被氧化成 Fe^{3+}，Fe^{3+} 被结合生成高铁肌红蛋白，肉呈褐色，这个变化过程也就是肉色消退的变化机制。

4）羊肉干中的生物胺

原料肉是富含蛋白质的食物，当生产肉干时，经过高温处理会形成一类致癌、致突变物——生物胺。通过高效液相色谱仪测得羊肉干中的生物胺含量见表 4-10。

表 4-10　不同干燥方式对羊肉干生物胺的影响　　　　　　　　　　单位：mg/kg

生物胺	干燥类型		
	油炸	微波干燥	恒温干燥
色胺	278.81±0.001[Aa]	35.64±1.64[Bb]	0.91±0.01[Dc]
腐胺	57.93±0.11[Cb]	3.3±0.04[Dc]	649.6±3.54[Aa]
组胺	139.49±0.62[Ba]	38.59±3.29[Ab]	0.8±0.003[Ec]
酪胺	14.33±0.004[Ea]	2.66±0.1[Ec]	6.3±0.003[Bb]
精胺	29.8±0.18[Da]	6.13±0.06[Cb]	4.86±0.01[Dc]

三种羊肉干之间的各种生物胺含量存在极显著的差异（$P<0.01$），其中油炸试验组各种生物胺含量显著高于其余两组，这是因为一般采用食品直接与明火接触或与灼热的

金属表面接触的烹饪方式容易导致杂环胺的形成，如炭烤、油煎等。加工后油炸组中色胺和组胺的含量较高，但是经恒温干燥后羊肉干中的腐胺含量显著高于油炸和微波干燥组，平均含量高达（649.6±3.54）mg/kg。经过对三种干燥方式处理后每种羊肉干中各种生物胺的含量和总量的比较，可以得出经过较低的恒温长时的干燥方式生产的羊肉干较为安全。

试验结果表明，恒温干燥后羊肉干的整体水分活度较低，不利于有害微生物的生长繁殖，并且剪切力较大、颜色比较红润、生物胺含量较少，说明恒温干燥可提高羊肉干的食用安全性以及产品稳定性。

5）重组法与传统法对肉品质的影响

传统肉干：原料选择→整理分割→预煮→切丁→添加香料卤煮→烘烤脱烤→冷却→包装→检验→成品。

重组肉干：原料选择→整理→绞制→调香拌料→冷冻固型→预烘烤→切丁→烘烤熟成→冷却→包装→检验→成品。

表 4-11　传统肉干与重组肉干产品特性对比

产品特性		传统肉干	重组肉干
感观	外观	呈块状（片条、粒状），同一品种厚薄、长短、大小基本相同，表面可带细嫩绒毛或香辛料	成型好、条状（片、粒状）一致、大小一致
	色泽	呈棕褐色、色泽基本一致、均匀	呈棕红，色泽均匀一致
	滋气味	具有该产品特有的香味、味鲜美、醇厚、甜咸适中、回味浓郁	具有该产品特有的香味、味鲜美、醇厚、甜咸适中，回味浓郁质软、易化渣
	韧度	坚韧、而嚼	
理化	Aw	0.79	0.81
	pH	6.1	6.1
	NaCl	5.0%	4.9%
	水分	≤22%	≤25%
	蛋白质	4%	42%
	脂肪	9.6%	8.8%
	总糖剪	8.0%（以蔗糖计）	7.6（以蔗糖计）
	切力	61.3 kg/cm²	24.5 kg/cm²
微生物	总菌数	<3000 个/g	<3000 个/g
	大肠菌群	<30 个/100 g	<30 个/100 g
	致病菌	未检出	未检出
	可贮性	常温 6 个月；<10 ℃，9 个月	常温 6 个月；<10 ℃，9 个月

两种方法加工的肉干的理化及微生物指标基本一致，主要差异呈现在感观特性上，传统法加工产品色深褐、质地硬；而重组法加工产品外观色泽棕红、质地较软、易于咀嚼、口感较佳。剪切力测定更是充分反映出重组法加工产品的质软特性（表 4-11）。

通过比较两种方法加工产品的感观、理化、微生物、可贮性及成本特性，结果反映出重组法可使肉干口感质地及外观色泽大为改善，加工成本有所下降，营养性有所提高。基本理化及微生物指标两种产品无显著差异。重组肉干加工法应用于生产的不足之处，一是对加工条件的要求比传统加工法高；二是加工配方及工艺有待进一步优化，以使产品更能呈现传统消费者期望的特性。

4.6 油炸羊肉制品加工

山羊肉是食药两用肉类，其蛋白质含量高，脂肪及胆固醇含量低，在世界各国有着悠久的食用历史。横山羊肉，是陕北白绒山羊生产的肉，是 2010 年中国国家地理标志产品，具有肉质鲜嫩、香味浓郁、风味独特等特点，因横山羊所食植被中富含中药材，使羊肉香味十足、细腻无膻，在羊肉中独具特色，被誉为"肉中人参"。肉品品质主要包括食用品质、营养品质、加工品质和安全品质 4 个方面，其中食用品质是衡量肉类商品价值最重要的因素，对消费者而言也是最重要的，评价肉类食用品质的指标主要有嫩度、色泽和风味等。众所周知，不同的加工处理工艺对羊肉食用品质有一定影响，尤其是深受人们喜爱的煎制、炸制和烤制。

目前，已有关于不同品种烤羊肉食用品质的研究，薛丹丹等（2012）以市售羊肉为原料，烤制之后，采用感官评定结合 M 值、主成分分析和相关性分析的方法对烤制羊肉的食用品质评价指标进行筛选，结果表明，韧性、多汁性和肉香味可作为烤制羊肉食用品质的评价指标。杨远剑等（2010）研究表明，膻味、嫩度和多汁性可作为羊肉食用品质的评价指标。张同刚等（2014）对膻味、香味、弹性及口感进行评价，用响应面法优化手抓羊肉的最佳工艺参数为浸泡时间 17 min，煮制时间 70 min，食盐 3.5%，香辛料 0.2%。全世界的羊肉产量和人均占有羊肉量逐年增加，2007 年，全球的羊肉总产量是1384 万 t，同比增长 2.14%。全球羊肉贸易总量在 90 万 t 左右，发展中国家进口 43.9 万 t 左右，出口 9.9 万 t。近年来我国养羊业得到快速发展，羊肉制品的加工已成为农业增效、农村发展和农民增收的重要产业之一。

油炸是食品熟制中一种常用的加热方法，而低温油炸可以模拟传统烹饪手段"滑炒"工艺，因此低温油炸工艺可以作为菜肴类方便食品的预加热手段。近年来，国内外已有很多关于预加热工艺优化的文献报道，但是有关中式传统菜肴方便食品方面的却很少，能够结合低场核磁共振技术更加客观地探讨不同预油炸温度对上浆后的原料肉水分分布及品质变化的研究更是少之又少。羊肉在油炸过程中会发生重量损失、肌肉持水性降低、肌纤维收缩以及颜色和风味的改善等一系列物理化学变化。与此同时，肉制品的前处理、加热方式、加热温度和加热时间也影响着油炸类肉制品的质量特征。赵钜阳等（2015）对油炸温度对孜然羊肉片品质的影响进行了研究，以羊肉片作为主料，洋葱、葱白、青椒作为辅料，以精盐、孜然粉、酱油、料酒、白糖等为调料，羊肉片经上浆后采用恒温"低温油炸"工艺模拟传统的"滑炒"烹饪技术，研究在油炸时间为 40 s 的条件下，不同的油炸温度（120 ℃、130 ℃、140 ℃、150 ℃）对样品出品率、剪切力、水分含量、水分活度、T_2 弛豫时间以及颜色和感官质量的影响，从而筛选出适合孜然羊肉片工业化生产的预加热条件。不同油炸温度对羊肉出品率、剪切力以及水分含量的影响见表 4-12。

表 4-12　不同油炸温度对羊肉出品率、剪切力以及水分含量的影响

油炸温度/℃	出品率/%	水分含量/%	剪切力/N
对照组	—	82.73±1.63^a	8.47±1.05^c
120	77.79±1.09^a	77.81±0.39^b	13.58±0.75^d
130	74.85±1.99^{ab}	75.63±0.96^b	16.33±1.36^c
140	69.86±1.02^{bc}	71.47±0.59^c	18.80±0.90^b
150	66.32±3.47^c	68.89±0.22^d	23.49±1.28^a

由表 4-12 可知，随着加热温度的升高，羊肉的出品率逐渐下降，在温度为 120 ℃和 130 ℃时，羊肉的出品率显著高于（$P<0.05$）其他各组。随着油炸温度的升高，羊肉的水分含量逐渐下降，在温度为 120 ℃和 130 ℃时，羊肉水分含量最高（$P<0.05$）。随着加热温度的升高，羊肉的剪切力逐渐增加，在温度为 120 ℃时，羊肉的剪切力最小（$P<0.05$），说明此时肉质最嫩。

李林强等（2016）以横山羊肉为原料，分别经过煎、炸、烤 3 种高温处理后，对肉样的水分、粗脂肪、脂肪酸、粗蛋白及部分矿物质进行了综合分析评价，通过对比分析羊肉营养成分的保留情况，从而确定 3 种高温处理对羊肉营养品质的影响。经煎、炸、烤 3 种高温处理后羊肉水分含量测定结果见图 4-27。

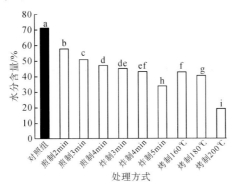

图 4-27　3 种高温处理方式下羊肉水分含量测定结果

煎、炸、烤 3 种高温处理方式对羊肉水分含量有较大影响；其中烤制处理的影响最大，其次为炸制，煎制处理的影响较小，说明不同的高温处理方式对羊肉水分含量的影响不同。煎制处理，水分含量随着处理时间的延长逐渐降低（$P<0.05$），其降低了 18.91%～33.43%。炸制处理，3 min 和 4 min 处理间肉样水分含量差异不显著（$P>0.05$），当处理时间延长至 5 min 时，水分含量明显降低（$P<0.05$）。烤制处理，肉样中

水分含量随着处理温度的升高而逐渐降低（$P<0.05$），在 200 ℃ 处理时水分含量损失最严重，其含水量只有 19.28%。

由煎、炸、烤 3 种高温处理后羊肉粗脂肪含量的测定结果可知（图 4-28），煎制处理，2 min 和 3 min 处理的肉样粗脂肪含量显著小于 4 min 处理（$P<0.05$），而 2 min 和 3 min 处理间差异不显著（$P>0.05$）。炸制处理，3 min 处理的肉样粗脂肪含量显著小于 4 min 和 5 min 处理（$P<0.05$），而 4 min 和 5 min 处理间无明显差异（$P>0.05$）。烤制处理，160 ℃ 处理的肉样脂肪含量为 10.11%，当处理温度升高到 180 ℃ 和 200 ℃ 时，肉样中粗脂肪含量显著增加（$P<0.05$），180 ℃ 和 200 ℃ 处理间粗脂肪含量差异不显著（$P>0.05$）。煎、炸、烤 3 种高温处理对肉样中粗脂肪含量的影响趋势为处理时间越长或温度越高，肉样中粗脂肪含量越高。

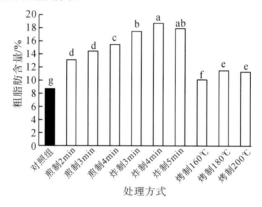

图 4-28　3 种高温处理方式下羊肉粗脂肪含量测定结果

由煎、炸、烤 3 种高温处理后羊肉粗蛋白含量的测定结果可知（图 4-29），煎制处理，2 min 和 3 min 处理的肉样中总灰分含量无明显差异（$P>0.05$），当处理时间延长至 4 min 时，总灰分含量增加到 2.48%（$P<0.05$）；不同的处理时间对钙含量影响不显著（$P>0.05$）；3 min 处理的肉样中镁含量与 2 min 和 4 min 处理无明显差异（$P>0.05$）；3 min 和 4 min 处理的肉样中铁含量大于 2 min 处理（$P<0.05$），而 3 min 和 4 min 处理间差异不明显（$P>0.05$）。炸制处理，3 min 和 4 min 处理的肉样中总灰分含量低于 5 min 处理，而 Mg 含量却高于 5 min 处理（$P<0.05$），3 min 和 4 min 处理之间总灰分及 Mg 含量无明显差异（$P>0.05$）；3 min 处理的肉样中 Ca 含量低于 4 min 处理但高于 5 min 处理（$P<0.05$）；Fe 含量低于 4 min 和 5 min 处理（$P<0.05$）。烤制处理，160 ℃处理的肉样总灰分含量高于 180 ℃处理但低于 200 ℃处理（$P<0.05$），Ca 含量低于 180 ℃和 200 ℃处理（$P<0.05$），而 Mg 含量显著高于 180 ℃和 200 ℃处理（$P<0.05$）；160 ℃和 180 ℃处理之间肉样中 Fe 含量差异不显著（$P>0.05$），当处理温度为 200 ℃时，肉样中 Fe 含量显著增加，达到了 42.52 mg/kg（$P<0.05$）。

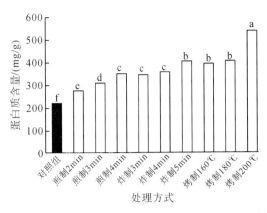

图 4-29　3 种高温处理方式下羊肉粗蛋白含量测定结果

李林强等（2016）以横山羊肉为研究对象，通过调控处理时间和温度，进行煎、炸、烤三种工艺处理，采用质构仪测定肉样的全质构和剪切力，用测色仪测定肉色，进而对肉样的食用品质进行综合评价。结果表明：煎制处理，2 min 和 3 min 处理的肉样硬度、咀嚼性及回复性显著小于 4 min 处理（$P<0.05$）；2 min 和 3 min 处理的肉样剪切力显著小于 4 min 处理（$P<0.05$）；肉样 L^* 值随处理时间的延长逐渐减小（$P<0.05$），2 min 和 3 min 处理的肉样 a^* 值小于 4 min 处理（$P<0.05$），而 b^*、c^* 及 L^* 值大于 4 min 处理（$P<0.05$）。炸制处理，3 min 处理的肉样硬度和内聚性显著小于 4 min 和 5 min 处理（$P<0.05$），咀嚼性、弹性及回复性显著小于 5 min 处理（$P<0.05$）；3 min 处理的肉样剪切力显著小于 4 min 和 5 min 处理（$P<0.05$）；3 min 处理的肉样 a^* 值小于 5 min 处理（$P<0.05$），其他肉色指标在不同的处理时间差异不显著（$P<0.05$）。烤制处理，160 ℃处理的肉样硬度、内聚性和回复性小于 180 ℃处理（$P<0.05$），弹性小于 200 ℃处理（$P<0.05$）；160 ℃处理的肉样剪切力显著小于 200 ℃处理（$P<0.05$）；160 ℃处理的肉样 L^* 值小于 180 ℃和 200 ℃处理（$P<0.05$），a^* 和 c^* 值小于 200 ℃处理（$P<0.05$），L^* 值大于 200 ℃处理（$P<0.05$），b^* 值在不同的烤制温度无显著差异（$P>0.05$）。综合分析表明：煎、炸、烤三种高温处理对横山羊肉食用品质有较大影响，肉样在 226～228 ℃的温度下煎制处理 3 min 和炸制 3 min、在 160 ℃的温度下烤制处理 40 min，均具有较高的食用品质。

宋其祥发明了一种油炸羊肉块，其工艺流程为：将羊肉放入清水中清洗干净，用刀去除掉羊肉的皮和骨，然后将羊肉切成长条，再分切成小块，将切好的羊肉块放入盆中，然后加入熟菜油 0.5 kg，芝麻油 5 g，花椒粉 20 g，辣椒粉 10 g，酱油 100 g，食盐 50 g，味精 100 g，用手搅拌均匀，腌制 15 min；将腌制好的羊肉块倒在案板上，然后将精面粉撒在羊肉上，将羊肉和面粉和匀，使面粉块充分包裹好羊肉；将 5 kg 菜油放入锅中加温烧开，将和好的羊肉块放入其中煎炸 10 min，等到羊肉熟透后即可起锅。该产品具有营养丰富、口感香脆等特点，特别适合老年人食用。

近些年随着人们生活水平的提高，羊肉以其高蛋白、低脂肪的品质，深受消费者的欢迎。每年全国都要消费大量的羊肉，但羊肉的吃法单一，除红烧、清炒、油爆、炖汤外，基本上没有更多好的吃法，目前还没有一种方便携带，即开即食的风味羊肉制品及加工方法。姚轩昂公开了一种裹粉羊肉的生产工艺和配方技术：先将合格羊肉切块清洗侵浆，然后将侵过浆的羊肉裹粉，油炸，最后速冻、称重包装、进库储存。裹粉羊肉的具体操作工艺为：①侵浆。选用合格的羊肉，切块清洗侵浆。裹粉羊肉的浆料配方及其制作工艺：先将洋葱 4000 g、生姜 2000 g、香葱 1000 g、蒜瓣 500 g、花椒 50 g、胡椒 100克、辣椒粉 50 g、茴香 50 g 洗净混合，在 100～120 ℃的烘箱中烘干，碾成粉末，用200 目筛网过筛，未过筛部分继续碾成粉末再过筛，直至全部通过 200 目筛网，制作成调味料；再取面粉 50 kg、白砂糖 3 kg、食用盐 1 kg、番茄粉 0.5 kg、味精 0.2 kg、柠檬酸 50 g、维生素 C 10 g 均匀混合，再将上述配方制成的调味料加入搅拌，然后以水与粉 1.8∶1 的比例调成糊状，即成裹粉羊肉用的浆料。②裹粉。将侵浆后的羊肉放入裹粉中翻动，使裹粉均匀黏在羊肉上。裹粉的配方及其制作工艺：以 1000 g 高筋面粉，25 g食盐，30 g 干酵母，30 g 白砂糖，30 g 橄榄油，800 g 水的比例下料。将按以上比例混合的原料放入和面机内慢速搅拌 3 min，再快速搅拌 9 min，充分搅打起面筋。然后将和好的面团放入掸了面的盘中，在 37 ℃下发酵 3 h，再将其分割成 200 g 大小的面团，继续在 37 ℃下发酵 1 h。在其表面撒干粉装饰，在 200 ℃下，烘烤 40 min。最后将面包切片，在 100～120 ℃的烘箱中烘干，冷却后揉成碎屑，即成为裹粉料。③油炸。将裹粉后的羊肉放入油温约 180 ℃的油中，炸至金黄色。④冷却。将油炸后的羊肉冷却至常温。⑤速冻。将裹粉羊肉平铺于速冻盘上送至 −35 ℃以下的速冻机中速冻 25～30 min，使裹粉羊肉的中心温度迅速降至 −18 ℃以下。⑥称重装袋，按每袋 500 g 或 1000 g 等不同规格称重装袋。⑦封口。用封口机将袋口封牢。⑧抽样检验。按产品标准，进行出厂前检验。⑨装箱。采用瓦楞纸箱，每 10 kg 或按用户需要的重量装为一箱。该发明为我国的羊肉食用提供了新的方式，满足了国内市场的需要。

随着加工技术的进步和市场需求的变化，羊肉制品加工技术研究、传统产品现代化技术改造和新产品开发越来越受到人们的关注，已有关于改进型腌腊制品、低温化酱卤制品、西式化香肠制品、高温化软罐头，以及众多的预调理制品、方便羊肉汤、羊肉串等产品加工技术的研究开发报道。如马俪珍等（2001）开发出一种软包装快餐羊肉制品，将羊肉去筋、去膜、去油脂后按种类进行整理，清洗，预煮，切片或切丝，经真空包装和高温杀菌，配以辣椒油包、骨髓汤和调料包，食用同方便面一样方便快捷，且能使羊肉的保健滋补作用明显提高。孙来华（2006）采用植物乳杆菌、啤酒片球菌和木糖葡萄球菌组合菌作为发酵剂生产羊肉发酵香肠，探讨其最佳工艺条件为植物乳杆菌、啤酒片球菌和木糖葡萄球菌以 2∶2∶1 的比例制成发酵剂生产发酵香肠，按照该工艺所生产的发酵香肠产品质地较好、颜色鲜红、酸味柔和。王卫创建的一种脱膻羊肉汤方便食品及其制作方法，采用冷却排酸物理嫩化脱膻与试剂脱膻结合法、脱膻剂浸泡法、低温蒸煮及酶法结合嫩化法等的结合，通过冷却排酸嫩化、预煮脱膻、切块、料汤调制、调料制作、羊肉包装和冷却贮藏等工艺，有效解决了羊肉汤加工中的嫩化、脱膻、食用方便性、可长期运输和贮藏等关键技术问题。传统羊肉制品是我国肉制品的瑰宝，在保持其特有传统风味的同时，应用现代设备、工艺和管理技术对其进行改造，对提升加工技术水平、提高产品质量、改善产品感官和营养特性、延长保存期，具有特别重要的意义。我国羊肉制品的现代化加工尚处于初级阶段，随着社会物质文明的发展，人们对肉制品的要求也越来越高，除了用猪肉、牛肉为主要原料制成的各类肉类加工产品外，羊肉制品将拥有越来越广阔的市场，羊肉加工技术研究不断扩展和深化，技术应用也将越来越受到企业的重视。

4.7　羊肉香肠制品加工

　　发酵香肠（fermented sausage）是指在自然发酵或人工接种的条件下，以新鲜畜禽肉、脂肪等为原料，将其均匀绞碎，加入盐、香辛料、发酵剂等混合均匀后腌制一段时间，灌入肠衣，借微生物及酶的作用，经发酵、干燥等工艺制得的一类具有稳定微生物特性和典型发酵风味的肉制品。其产品具有较长保质期、特殊色泽和质地优良、风味独特等特点，是发酵肉制品中的典型代表。羊肉营养丰富，然而大多数羊肉具有令人无法接受的膻味，羊肉的膻味在一定程度上限制了羊肉制品的开发及其工业的发展。因此，通过对发酵羊肉香肠风味的深入研究，掩盖羊肉的不良风味，不仅为发酵羊肉香肠工艺的优化和风味的调配提供了参考依据，还对发酵羊肉香肠的工业化生产具有重要的指导意义。

4.7.1　一般加工原理与方法

1. 加工原理

　　在发酵香肠的生产过程中，由于接种微生物的生长繁殖，产生酸和一些抗菌肽类的细菌素，抑制了肉品中腐败性微生物的生长，延长了制品的保质期。同时所添加的微生物可以产生胞外的蛋白酶、脂酶及过氧化物酶，分解肉中的蛋白质成为较易被人体消化吸收的多肽和氨基酸，分解肉中脂肪酸成为短链的挥发性脂肪酸和酯类物质，使产品具有特有的香味。接种的微生物一般为乳酸菌、微球菌等益生菌，对于预防心血管疾病和维持肠道的正常生理功能有一定的保健作用。

　　一般将香肠发酵剂直接加入肉馅中，以提高肉品的保藏性和安全性，同时提高消费者的可接受性。

　　(1) 降低 pH，减少产品腐败，延长保存期。原料肉在接种乳酸菌后，乳酸菌利用碳水化合物，如葡萄糖发酵产生乳酸，使 pH 降至 $4.8 \sim 5.2$，提供发酵香肠特有的发酵风味，并抑制病原菌和腐败菌的生长，使产品的货架期及安全性显著提高。

　　(2) 促进发色，防止氧化变色。在发酵香肠的生产中，微球菌和葡萄球菌提供了两种重要的酶：过氧化氢酶和硝酸还原酶。硝酸还原酶可将硝酸盐还原成亚硝酸盐，亚硝酸盐分解产生 NO，NO 与肌红蛋白结合生成亚硝基肌红蛋白，使发酵香肠呈现特有的腌制颜色。在有些情况下，由于肉的化学变化或微生物活动而产生的过氧化氢与肌红蛋白结合形成胆绿肌红蛋白，会使发酵香肠产生绿变现象。而发酵剂能够产生过氧化氢酶，可消除过氧化氢，减少绿变的发生（黄娟，2004）。

（3）减少亚硝胺的生成。肉制品中亚硝酸盐残存量是食用安全性的一个重要指标。亚硝酸盐可与肉中的二甲胺反应生成二甲基亚硝胺，这种物质具有致癌作用。发酵香肠中由于乳酸菌的产酸作用，可促进亚硝酸盐的还原，减少亚硝酸盐与二甲胺作用的机会。

（4）抑制病原微生物的生长和产生毒素。据报道，接种乳酸菌后，发酵第 2d 大肠杆菌数明显下降甚至消失。肉毒梭状芽孢杆菌可通过低 pH，添加适宜浓度的亚硝酸盐和低温来控制。低 pH 还可抑制沙门氏菌和单核细胞李斯特氏菌的生长。

（5）提高营养价值。利用乳酸菌和葡萄球菌生产发酵香肠，在成熟过程中发生的蛋白水解可使肉中的蛋白质分解成肽及氨基酸，并产生大量的风味物质，提高产品的消化率。如一种猪肉和牛肉混合的香肠经 22d 发酵后，其净蛋白质消化率从 73.8% 提高到了 78.7%，粗蛋白质的消化率则从 92.0% 提高到了 94.1%。

2. 一般工艺流程

发酵香肠的工艺流程为：原料肉解冻→修整→绞制→腌制→灌肠→发酵→干燥成熟→包装→贮藏。

3. 工艺操作要点

（1）原料肉解冻。将原料肉置于 0～4 ℃冷库内进行解冻。

（2）修整。将原料肉去皮、结缔组织、筋腱和杂物等，并切块称量。

（3）绞制。将羊肉放入绞肉机中绞碎。

（5）腌制。将羊肉与发酵剂、辅料一起搅拌，于 4 ℃低温腌制。

（5）灌肠。将斩拌后的馅料用灌肠机灌入肠衣中，约 15 cm 长打一结。

（6）发酵。24～52 ℃条件下发酵 3d。

（7）干燥成熟。将羊肉香肠在 55 ℃ 条件下干燥 30 min，然后在 85 ℃ 条件下蒸煮 60 min，在 50 ℃ 条件下烟熏 30 min。

（8）包装。将冷却后的羊肉香肠进行真空包装。

（9）贮藏。将包装后的羊肉香肠置于 0～4 ℃冷库内贮藏。

4.7.2　羊肉香肠加工技术

香肠是我国的传统肉制品之一，它具有易加工、耐贮藏、色泽独特、味道鲜美、品种繁多等特点。在渐趋成熟的肉类加工业中，香肠的开发与生产已成为一大亮点。羊肉香肠是香肠家族的一个新成员，也是近年来羊肉加工制品研究中的新热点。随着人们生活水平的不断提高以及畜牧业结构的不断调整优化，羊肉香肠因其具有加工技术成熟、食用方便、耐贮藏等特点而日益受到关注，市场开发前景广阔。我国最早出现对羊肉香肠的报道是在 2001 年，马丽珍等（2001）将羊肉香肠作为全羊系列制品的一个部分，并介绍了其加工工艺。目前，我国的羊肉香肠主要包括蒸煮肠、烟熏肠及发酵肠三大类，其中又以发酵肠为研究热点。由于尚处于起步摸索阶段，对羊肉香肠尤其是羊肉发酵香肠的研究及报道仍以加工工艺及其参数优化、发酵菌株筛选、加工工艺或菌株对理化性质及风味物质的影响等加工阶段的报道为主，而对产品的品质评价、感官评价、产品贮存性的研究较少。马毅青等（2005）详细介绍了羊肉香肠的制作技术。孙来华和李桂荣（2004）采用植物乳杆菌、啤酒片球菌和木糖葡萄球菌按一定比例混合生产发酵香肠，发现其完全符合发酵肉制品对发酵剂的要求，并可使 3 种菌的优势得到互补，使发酵速度加快，提高了营养价值，增加了风味。尤其以植物乳杆菌、啤酒片球菌和木糖葡萄球菌按 2∶2∶1 的比例配合使用时生产的羊肉发酵香肠，产品质地最好。刘成江等（2004a）采用干酪乳杆菌和玫瑰色微球菌按一定比例混合的组合发酵剂生产羊肉发酵香肠，在对其理化性质进行研究时发现，实验组的脂肪酸总量变化不明显，氨基酸的含量较对照组明显增加，亚硝酸盐的含量明显下降。刘成江等（2004b）对羊肉发酵香肠乳酸菌数、游离氨基酸、脂肪酸及卫生指标进行了测定，发现乳酸菌在发酵香肠加工过程中始终处于优势菌状态并保持着较高的水平，它有效抑制了杂菌的生长，改善了产品品质，提高了产品的保藏性。同时，发酵所营造的酸性环境促进了亚硝酸盐的分解，大大降低了亚硝酸盐的残留量，在保证产品品质的同时，使产品的安全性得到进一步提高。杨海燕等（2007）对乳酸菌发酵羊肉香肠的最佳工艺条件进行了研究，确定的最佳工艺条件为：接种量 10^7CFU/g，菌种配比 1∶1，发酵温度为 30 ℃，相对湿度 85%～90%。张德权等（2007）通过对 5 种典型肉制品发酵菌株的发酵特性的研究发现，干酪乳杆菌（Lc）、植物乳杆菌（Lp）和戊糖片球菌（Pp）在羊肉浸出液中具有较强的产酸能力，对 6% 的食盐和 150 mg/kg 的亚硝酸盐具有较好的耐受性，且没有明显的蛋白和脂肪分解能力；在 30 ℃厌氧培养条件下，22～26 h 内均能进入对数生长期，具有较好的发酵活力。因此被他们确定为适合生产羊肉发酵的发酵菌株。马俪珍等（2008）通过顶空固相微萃取-气相色谱-质谱联用技术对发酵羊肉香肠中的挥发性风味物质进行了检测，并对外源酶对羊肉发酵香肠挥发性风味物质的影响进行了研究，发现羊肉发酵香肠中的主要挥发性风味物质为醛类、烃类、醇类和酯类等，对照组和试验组发酵香肠挥发性风味物质的种类和含量存在一定的差别。

4.7.3　影响羊肉香肠制品品质的因素

　　尽管发酵肉制品的加工方法随原料肉的形态、发酵方法和条件及辅料的不同而异，但其原理和加工工艺基本相同。加工发酵肉制品所用的原料、发酵剂及加工工艺均会对发酵肉制品的品质特性产生影响。

1. 原料

　　产品最终的感官特性与原料肉有很大的关系，只有较高质量的原料肉才能用于发酵肉制品的加工。原料肉最好在加工前轻微冷冻（-3～-5 ℃）1～2d，低 pH 的原料肉更适合发酵肉制品的加工，原料肉应避免长时间保存（张英华，2005）。另外，原料肉的卫生状况对于发酵肉制品最终的品质特性有着极为重要的影响。发酵肉制品在加工及贮藏过程中，微生物产生的蛋白酶作用于蛋白质生成游离氨基酸，后经微生物分泌的氨基酸脱羧酶脱羧而形成相应的生物胺，如果原料肉中微生物数量太多，则可能降低发酵香肠最终的品质特性及安全性（张瑛等，2005）。方梦琳（2008）研究了10种不同品种的羊肉对羊肉香肠加工的适宜性，综合主成分值比较分析，结果如下。

10个肉羊品种的5项肉品品质原始数据的主成分分析结果见表4-12～表4-14。

表4-12　5项肉品品质检测平均值及标准差

指标	系水力	粗脂肪含量	挥发性盐基氮	总氨基酸含量	色泽 e 值
平均值	0.574	3.970	11.369	17.455	3.140
标准差	0.076	2.473	1.758	1.238	1.012

表4-13　5项肉品品质的总方差解释

主成分	特征值	差数	方差贡献率/%	累计贡献率/%
1	7.208	4.763	61.269	61.269
2	2.444	1.169	20.778	82.048
3	1.276	0.442	10.842	92.890

表4-14　5项肉品品质的所有载荷

羊肉加工品质	主成分1	主成分2	主成分3
系水力	−0.004	−0.006	0.038
粗脂肪含量	0.889	−0.363	−0.270
挥发性盐基氮	0.406	0.855	0.244
总氨基酸含量	0.148	−0.333	0.931
色泽 e 值	0.153	0.162	0.020

由表4-13可以看出，前三个主成分的累积贡献率就已达到了92.890%，尤其第一主成分的贡献率达到了61.269%。按照累积贡献率85%以上的原则，在此次分析中只选用前三个主成分进行分析，并以此为基础计算综合主成分值。

由表4-14中可以看出，第一主成分主要以粗脂肪含量影响为主，挥发性盐基氮的影响为辅；第二主成分中以挥发性盐基氮的影响为主；第三主成分以总氨基酸含量的影响为主。根据各主成分的贡献率，说明对羊肉香肠品质影响最大的是粗脂肪含量及挥发性盐基氮。

在主成分分析的基础上，根据综合主成分得分的相关公式，求得10个肉羊品种的主成分得分和综合主成分值。综合得分越高，说明该品种的综合品质越好。其结果见表4-15。

表4-15　10个品种羊肉的综合主成分值

标号	品种	Y1	Y2	Y3	Y综	排序
2	银川滩羊	2.748	0.891	0.577	2.079	1
5	山东小尾寒羊	1.332	−1.291	0.085	0.600	2

标号	品种	Y1	Y2	Y3	Y 综	排序
8	内蒙古改良羊	0.408	0.189	−0.399	0.265	3
9	新疆阿勒泰羊	−0.192	0.347	0.591	0.020	4
6	杂交滩羊	−0.403	1.401	−0.127	−0.100	5
10	新疆细毛羊	−0.401	−0.762	2.017	−0.199	6
4	特克塞尔	−0.463	0.216	−0.259	−0.287	7
3	无角陶赛特	−0.595	−0.022	−0.703	−0.480	8
1	大厂小尾寒羊	−0.935	0.552	0.040	−0.489	9
7	波尔山羊	−1.499	−1.523	−0.683	−1.409	10

　　由表 4-15 可以看出，各品种的综合主成分值各不相同。在第一主成分综合值 Y1 中，银川滩羊的分值最高，达到了 2.748 分。由表 4-14 可知第一主成分中以粗脂肪含量的影响最为显著，而银川滩羊的粗脂肪含量在 10 个羊肉品种中也是最高的，说明用综合主成分值能较客观地反映各品种间的品质差异。同时较高的粗脂肪含量也导致了银川滩羊的综合主成分值达到了 2.079 分，成为 10 个羊肉品种中综合主成分得分的最高值。综上可得出在这 10 个品种中，银川滩羊最适合加工为羊肉香肠，较适于加工为羊肉香肠的品种为山东小尾寒羊和内蒙改良羊，最不适于加工为羊肉香肠的品种为波尔山羊。

2. 发酵剂

1）乳酸菌

　　乳酸菌是一类可利用碳水化合物产生大量乳酸的细菌，也是在自然发酵时的主要微生物。乳酸杆菌属、乳酸链球菌属和乳酸片球菌属等乳酸菌常作为发酵剂应用于实际生产中。刘云鹤和何煜波（2002）通过正交试验，优选出了最适合用于发酵肉制品的发酵剂培养条件及培养基。刘玺（2000）利用乳酸菌研制中式发酵香肠，发现乳酸菌可使中式香肠的颜色更加鲜艳和稳定。刘洋（2014）通过对比研究在四川腊肉中添加乳酸菌发酵剂和不添加任何发酵剂对其风味的影响时发现，在发酵组中检测到少量乳酸异丙酯的存在，其形成原因有可能是大量乳酸与醇类发生反应所致。

2）霉菌

　　霉菌通常以疏松的雾状菌落形态附着在发酵香肠表面。常见的霉菌发酵剂主要有毛霉属、青霉属、帚霉属等。霉菌分泌蛋白酶、脂肪酶的能力较强，且其酶活力也较强，可产生特殊的霉菌风味。李开雄等（2010）发现在适宜的条件下，毛霉会使渗出香肠外的油脂和蛋白质分解成游离的脂肪酸和氨基酸等，对香麻质地和形成香肠风味极为重要。李平兰等（2003）对宣威火腿中的主要微生物进行了分离和计数，发现在火腿表面葡萄球菌、微球菌和霉菌的数量均达到了 10^6 CFU/g 以上，表明宣威火腿中的优势菌群并非如发酵香肠一样是乳酸菌，其独特风味的形成基础与葡萄球菌和微球菌的代谢活动及火腿表面大量霉菌的生长有关。此外，由于霉菌是好氧菌，一般会在发酵香肠的表面大量生长繁殖，稠密的霉菌菌丝将整个香肠包裹起来，形成一层灰色或白色的"霉衣"保护膜，从而阻隔外环境中的氧气和外来微生物的进入对香肠造成氧化和污染，同时霉菌还可通过与其他好氧腐败菌竞争消耗氧气，抑制香肠内部腐败菌的生长，对发酵香肠起到了最直接的保护作用（如护色作用、延缓肠衣脱落）（李轻舟和王红育，2011）。

3. 加工工艺

在发酵肉制品的加工过程中，加工工艺对其品质特性也有着重要的影响。随着加工过程中温度、湿度及加工环境等条件的改变，发酵肉制品的品质特性也会受到相应的影响。Salgado 等（2006）比较了手工加工与工厂加工的 Chorizo de cebolla（一种西班牙的传统香肠）的品质特性，结果显示二者在羟脯氨酸及硝酸盐的含量、滴定酸度、总碳水化合物含量及 pH 等方面存在显著差异。Tabanelli 等（2012）对两种典型的意大利发酵香肠 Felino 及 Milano 型香肠研究后发现，成熟初期不同的环境条件决定了产品不同的外观及感官特性（如剪切力及硬度）。两种香肠干燥过程中相对湿度的改善则可以改变香肠表层硬化及霉菌过度生长的问题。Sanz 等（1997）将干发酵香肠在 5 ℃，湿度 90% 的环境中预成熟 3d，然后按常规程序进行发酵成熟，结果显示在接种了清酒乳杆菌及肉葡萄球菌的发酵香肠中，预成熟能够阻止微球菌在早期被抑制，且能够有效减少发酵香肠中硝酸盐的含量。另外，腌制的条件和时间、发酵的温度、是否进行熏制、包装方式等都会对发酵香肠最终的品质产生重要影响（Kerry et al.，2006）。

羊肉香肠作为香肠家族的成员，已逐渐成为羊肉加工制品中的一大亮点，并受到科研人员及企业的广泛关注。本节为羊肉香肠品质的评价提供了参考指标，在羊肉加工品质上也针对性地进行了筛选，并最终筛选出了羊肉香肠的加工专用品种。由于羊肉品质直接影响到羊肉香肠的品质，而羊肉品质又受到肉羊的品种、产地、年龄、性别、部位等因素的影响，因此，要建立完善的羊肉品质评价体系十分困难。今后可以针对以下几个方面进行不断的补充与完善：①深入开展对自动、快速及无损检测方法的探讨，如超声波检测、近红外光谱扫描、高光谱遥感技术等，以更好、更全面、更方便快捷的检测方法代替感官及常规的检测方式；②扩大羊肉品种的采集范围，对不同品种、不同产区、不同年龄、不同部位的羊肉品质分别进行研究及分析，并在现有羊肉品质评价指标筛选及体系建立的基础上，进一步改进和完善品质评价体系。

4.8 羊肉火腿加工

4.8.1 一般加工原理与方法

羊肉火腿一般是选择新鲜的原料羊肉，根据不同系列产品的工艺要求，经过嫩化、绞肉、腌制、调味、斩拌、发酵等工艺处理后，再经灌制、蒸煮、熏烤、成熟等处理后方可作为成品上市销售。

4.8.2 羊肉火腿加工技术

1. 嫩化羊肉火腿肠

1）工艺流程

原料肉整理→嫩化→绞肉→腌制→斩拌→灌制→煮制→成品。

2）操作要点

（1）原料肉整理：选择经卫生检验合格的新鲜羊肉，剔除脂肪、筋、软骨、杂物等，切成 1～2 kg 的块状。

（2）嫩化：自制嫩化液 2 kg，采用盐水注射机按不同部位、不同方向重复注射 2～3 次，嫩化 15 min 左右，羊肉不散不硬即可。嫩化液配料见表 4-16。

表 4-16　嫩化液配料表　　　　　　　　单位：%

氯化钙	菠萝蛋白酶	复合磷酸盐
1	0.0001	0.2
2	0.001	0.3
3	0.01	0.4

（3）绞肉：将嫩化后的羊肉切成 3 cm³ 左右的方块，用绞肉机粗孔筛板绞碎成肉糜状，加入腌制剂（配料见表 4-17），混合均匀，在 2～6 ℃的环境下腌制 24 h。

表 4-17　腌制剂配料表（以 50 kg 羊肉为准）　　　　　　　　单位：%

配料	用量	配料	用量	配料	用量	配料
精盐	2.5	亚硝酸钠	0.01	VcNa	0.05	砂仁
草果	0.3	八角	0.1	花椒	0.2	香菇
味精	0.05	焦磷酸钠	0.12	葡萄糖	0.05	白糖
生姜	1	黄酒	3	青葱	1	辣椒粉
五香粉	0.6	酱油	4	蒜	0.8	大豆蛋白
淀粉	6	羊脂	5	冰水	20	

（4）斩拌：将腌制好的羊肉糜放入斩拌机中，中档斩拌 6 min，斩拌温度小于 10 ℃，待其肉馅随手拍打而颤动为最佳。拌时配料顺序为：羊肉糜→大豆蛋白→冰水→羊脂→调味料→淀粉。

（5）灌制打卡：本试验采用手动灌肠机和手动打卡机。

（6）煮制：用蒸煮锅进行熟制，控制水温为 80～85 ℃，时间 25 min 左右，待其中心温度达 75 ℃即可。

（7）冷却：煮制即将结束时快速升高水温到 100 ℃，煮 2～3 min 后捞出快速冷却到 0～8 ℃（吴素萍，2001）。

2. 低温羊肉蒸煮火腿

1）工艺流程

原料肉→清洗→修整分割→发酵与腌制（胡萝卜浆＋发酵剂）→装模蒸煮→包装→成品。

2）操作要点

（1）胡萝卜浆：将胡萝卜切碎后与水 1∶1（g∶mL）混合打浆，16000 r/min 下打浆 4 min，至胡萝卜粒径达到 300～400μm。

（2）分割：试验中将原料肉切成 5 cm×3 cm×2 cm 的肉块。

（3）发酵与腌制：根据实验添加一定量胡萝卜浆后补水至肉重 40%，发酵剂（接种量 10^{7}CFU/g）、复合磷酸盐 0.5% 质量分数（三聚磷酸盐）：质量分数（焦磷酸盐）：质量分数（六偏磷酸盐）＝2：2：1，异抗坏血酸钠 0.05%，食盐 2.5%后，按照实验温度、时间进行发酵，发酵结束后在 2～4 ℃条件下腌制 48 h。

（4）配料、装模、蒸煮：添加白砂糖 2.5%，味精 0.5%，大豆蛋白 3%，搅拌充分后装模，80 ℃蒸煮 1 h（郑佳飞等，2015）。

3. 羊肉火腿

1）工艺流程

鲜腿→冷凉修整→腌制→浸泡洗刷→晾挂→发酵→成熟→成品。

2）操作要点

（1）鲜腿预冷：48 h（4 ℃）。

（2）腌制：按鲜腿重的 9%～10%盐量，分五次搓在鲜腿表面。

（3）腌制期：30d（7 ℃，RH60.33%）。

（4）晾挂风干期：30d（10 ℃，RH70.33%）。

（5）发酵期：30～60d（20 ℃，RH68.33%，30d；26 ℃，RH75.33%，30d）。

（6）成熟期：60d（28 ℃，RH7.033%）（马艳梅等，2016）。

4.8.3 影响罐头羊肉制品品质的因素

1. 嫩化羊肉火腿肠

（1）嫩化液浓度、温度、时间对嫩化效果的影响：由表 4-18～表 4-20 可知，当嫩化液浓度为氯化钙 3%、菠萝蛋白酶 0.01%、复合磷酸盐 0.4%，嫩化温度 7 ℃，时间 15 min 时，羊肉的嫩化效果最佳，火腿肠肉质细嫩、弹性好。

表 4-18　嫩化液浓度对嫩化效果的影响　　　　　　　　　　　　　　单位:%

氯化钙	菠萝蛋白酶	复合磷酸盐	嫩化效果
1	0.0001	0.2	好
1	0.001	0.3	较好
1	0.01	0.4	较好
2	0.0001	0.2	较好
2	0.001	0.3	好
2	0.01	0.4	较好
3	0.0001	0.2	较好
3	0.001	0.3	较好
3	0.01	0.4	优秀

表 4-19 嫩化温度对嫩化效果的影响

温度/℃	嫩化效果
4	良好
7	好
10	良好

表 4-20 嫩化时间对嫩化效果的影响

时间/min	嫩化效果
12	良好
15	优秀
18	良好

（2）煮制条件对品质的影响：由表 4-21 可知，经对比试验得到 80～85 ℃煮制 25 min，火腿肠的品质最好。

表 4-21 煮制温度和时间对品质的影响

温度/℃	时间/min	火腿肠品质
85～90	20	有弹性、鲜嫩味美、咸淡适宜、香气浓郁、风味独特
80～85	25	富有弹性、鲜嫩味美、咸淡适宜、香气浓郁、风味独特
75～80	30	有弹性、鲜嫩味美、咸淡适宜、香气浓郁、风味独特

（3）抑膻增香：由于在调味料中辅有抑膻增香料，如砂仁、草果、生姜等，有效地控制了羊肉中的膻味，使羊肉火腿肠具有了特殊的风味和滋味。

（4）呈色稳定：加葡萄糖使脱氧微生物首先利用葡萄糖，抑制了亚硝酸盐的分解，增强了颜色的稳定性。

（5）羊肉切块后先绞后腌，目的是增大肉与腌制剂的接触面积，使发色、咸度均匀，同时，也使盐溶性蛋白质充分析出，足以包围所有的脂肪颗粒，防止加热时灌制品表面出现泌油现象。

（6）加工过程中，通过绞、斩使制品内部水、油、蛋白质分散，相互渗透，一经热变性后固定下来，滞留了水、脂肪、蛋白质，在形成鲜嫩口感的同时，也提高了出品率（吴素萍，2001）。

2. 低温羊肉蒸煮火腿

1）胡萝卜浆添加量对低温羊肉蒸煮火腿色泽和亚硝酸盐残留量的影响

胡萝卜本身的色泽为橘红色，添加量的不同不仅直接影响到最终产品的色泽，还会间接影响到发酵剂转化后亚硝酸盐的含量，进而影响产品色泽。从图 4-30 可以看出，胡萝卜浆添加量对产品色泽的影响较为明显。随胡萝卜浆添加量的增大，亮度 L^* 整体差异较小；红度 a^* 逐渐增大，当添加量大于 15% 时具有较好的红度值；大于 20% 时，随添加量的增大，a^* 之间的差异不显著（$P>0.05$）；黄度 b^* 随着胡萝卜浆添加量的增大呈明显上升趋势，当添加量大于 15% 时，b^* 之间的差异有所减小。随添加量的增大，亚硝酸盐残留量逐渐上升，当添加量大于 15% 时，亚硝酸盐残留量差异有所减小，但都维持在较低的水平，可能是由胡萝卜浆中维生素 C 及多酚物质的消除造成。综合色泽、亚硝酸盐残留量进行考虑，最终选取添加量 10%、15%、20% 做响应面分析，通过模型分析确定了胡萝卜浆最佳添加量为 17.5%。

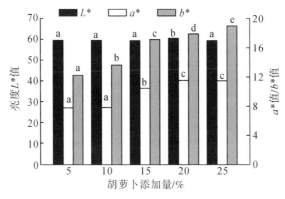

（a）胡萝卜添加量对火腿色泽的影响

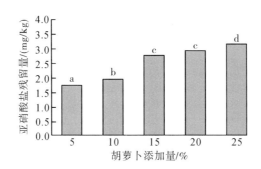

（b）胡萝卜添加量对火腿亚硝酸盐残留量的影响

图 4-30　胡萝卜添加量对低温羊肉蒸煮火腿色泽和亚硝酸盐残留量的影响

注：a～e 相同字母表示差异不显著（$P>0.05$），不同字母表示差异显著（$P<0.05$）。

2）菌种比例对低温羊肉蒸煮火腿色泽和亚硝酸盐残留量的影响

从图 4-31 可以看出，菌种比例对最终产品亮度 L^* 的影响并不显著，对于红度值和黄度值来说，菌种的复配相对单一菌种的使用 a^* 和 b^* 有所增大，但不同复配比例之间的差异不明显（$P>0.05$）；菌种比例的改变也同样没有对最终产品的亚硝酸盐残留量造成较为显著的影响，因此认为菌种配比不适宜作为试验中响应面的影响因子来进行考察。由于菌种复配对产品的风味有较好的影响，且考虑到实验操作的便利，最终以肉糖葡萄球菌和木糖葡萄球菌 1:1 的比例进行接种。

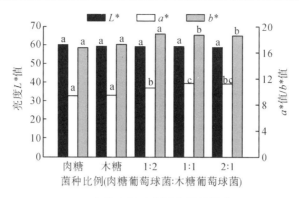

（a）菌种比例对火腿色泽的影响

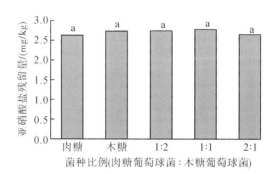

（b）菌种比例对火腿亚硝酸盐残留量的影响

图 4-31　菌种比例（肉糖葡萄球菌：木糖葡
萄球菌）对低温羊肉蒸煮火腿色泽和亚硝酸
盐残留量的影响

注：a～c 相同字母表示差异不显著（P＞0.05），不同字母表示差异显著（P＜0.05）。

3）发酵温度对低温羊肉蒸煮火腿色泽和亚硝酸盐残留量的影响

适宜的发酵温度影响发酵微生物的生长和硝酸盐还原酶的活性，有利于胡萝卜浆中的硝酸盐转化成亚硝酸盐，起到良好的护色效果。

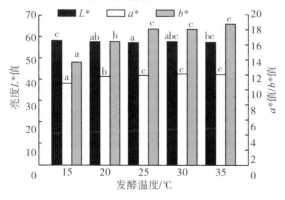

（a）发酵温度对火腿色泽的影响

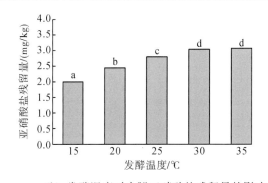

（b）发酵温度对火腿亚硝酸盐残留量的影响

图 4-32　发酵温度对低温羊肉蒸煮火腿色泽和亚硝酸盐残
留量的影响

注：a～c 相同字母表示差异不显著（$P>0.05$），不同字母表示差异显著（$P<0.05$）。

从图 4-32 可以看出，发酵温度对亮度 L^* 的影响较小；从发酵温度对 a^* 和 b^* 的影响看，随发酵温度的增大，a^* 值和 b^* 值呈上升趋势，当温度大于 25 ℃时，a^* 值和 b^* 值的增大趋势放缓，各组之间差异不显著（$P>0.05$）。从发酵温度对产品亚硝酸盐残留量的影响看，随发酵温度的增大，亚硝酸盐残留量逐渐上升，当温度大于 30 ℃时，亚硝酸盐残留量差异不显著（$P>0.05$）。综合色泽、亚硝酸盐残留量考虑，最终选取发酵温度 25 ℃、30 ℃、35 ℃进行响应面分析，通过模型分析确定了最佳的发酵温度为 25 ℃。

4）发酵时间对低温羊肉蒸煮火腿色泽和亚硝酸盐残留量的影响

在选择合适的发酵温度后，需要一定的发酵时间促进胡萝卜浆中的硝酸盐转化成亚硝酸盐。从图 4-33 可以看出，发酵时间的改变，各组之间 a^* 值差异显著（$P<0.05$），L^* 值和 b^* 值的差异显著性较小。在发酵 3 h 时，低温羊肉蒸煮火腿具有较好的 a^*，但随着发酵时间的延长，a^* 值呈现一定的下降趋势，其原因可能是发酵剂硝酸盐还原酶活性较强，短时间就可将硝酸盐转化成亚硝酸盐，随着时间的延长，转化后的亚硝酸盐受到胡萝卜浆中维生素 C 及多酚物质的消除而降低，护色效果受到一定的影响。从发酵时间对亚硝酸盐残留量的影响看，当发酵时间从 3 h 延长至 12 h 时，亚硝酸盐残留量显著下降（$P<0.05$）。这与 a^* 值的变化趋势呈现一定的正相关。综合考虑色泽和亚硝酸盐残留量，最终选取发酵时间 3 h、6 h、9 h 进行响应面分析，通过模型分析确定了最佳的发酵时间为 3.5 h。

为检验响应面法所得结果的可靠性，采用胡萝卜添加量 17.5%、发酵温度 25 ℃、发酵时间 3.5 h 进行产品加工，做 3 次平行试验，与对照组直接添加无机亚硝酸盐进行比较并进行感官分析。实验结果显示，对照组色泽和亚硝酸盐残留量分别为 15.36±0.25和（20.97 ± 0.15）mg/kg，优化后产品最终的色泽和亚硝酸盐残留量分别为 15.26 ± 0.55 和（2.97 ± 0.03）mg/kg，在呈现较好色泽的情况下，显著降低了亚硝酸盐残留量，与预测值 15.48 和 3.08 mg/kg 相差较小。

感官评分结果（表 4-22）表明优化后的低温羊肉蒸煮火腿具有较高的感官评分，总体可接受性评分为 8.14 ± 0.18。说明优化后的产品具有良好的切片性和外观、肉质细腻、富有良好的弹性和咀嚼性、产品风味浓郁并保留了羊肉独特的肉香（郑佳飞等，2015）。

表 4-22　西式火腿感官评定结果

评定项目	组织状态	色泽	风味	口感	总体接受性
优化组	7.25±0.26	8.2±0.26	8.3±0.26	8.35±0.34	8.14±0.18
对照组	7.35±0.24	8.3±0.26	8.35±0.24	8.5±0.33	8.24±0.11

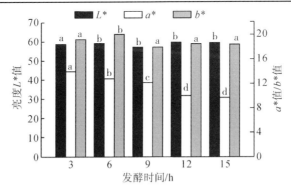

（a）发酵时间对火腿色泽的影响

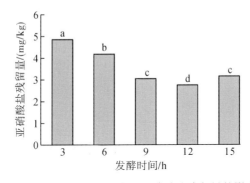

（b）发酵时间对火腿亚硝酸盐残留量的影响

4-33　发酵时间对低温羊肉蒸煮火腿色泽和亚硝酸盐残留量的影响

注：a～d 相同字母表示差异不显著（$P>0.05$），不同字母表示差异显著（$P<0.05$）。

3. 羊肉火腿

1）羊肉火腿加工过程中 pH 的变化

由图 4-34 可知，火腿在整个加工过程中处于偏酸环境，这可能与火腿内部一些微生物代谢以及脂肪、蛋白质的存在有关，偏酸环境能够抑制某些微生物的生长，有利于保证火腿的品质。研究发现羊肉火腿加工初期 pH 在很小的幅度内先减小后增大，在腌制结束时降低到 5.84，而在后期的发酵成熟过程又有小幅上升，并且最后趋于平稳，在结束时略高于原料腿。发酵期 pH 的升高是因为温度升高，内源蛋白酶活性增强，使蛋白质分解而产生胺、氨和碱性氨基酸等碱性物质。成熟期羊肉火腿的 pH 为 6.5 左右，因 pH 是火腿呈现鲜味的重要条件，此时的 pH 能使谷氨酸以鲜味最大的谷氨酸钠的状态存在，对风味的作用比较明显。

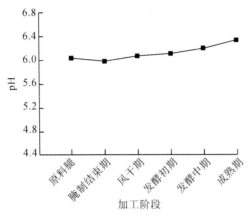

图 4-34　羊肉火腿加工过程中 pH 的变化

2）羊肉火腿加工过程中水分含量的变化

由图 4-35 可知，羊肉火腿在整个加工过程中水分含量呈现整体下降的趋势，由鲜腿的 66.69％最终下降到 20.91％，并且加工过程中各阶段水分含量变化差异显著（$P<$ 0.05），这种变化趋势与绝大多数的腌腊肉制品类似。由于加工初期（即腌制期）加工温度低（4～8 ℃），控制环境湿度大，肌肉水分的蒸发速率低，所以火腿水分含量的降低速率较慢，但在后期的发酵过程中，加工温度逐渐升高，促进水分快速蒸发，而且湿度对肌肉中的水分含量也有一定的影响，至成熟期火腿水分含量为 30％左右，这比其他干腌火腿的水分含量要低很多。究其原因为：羊肉火腿比表面积大，基本没有受到皮面的保护，所以水分散失较多。在羊肉火腿品质控制的过程中，水分含量不断降低可以在一定程度上抑制微生物的生长，对羊肉火腿的加工贮藏有一定的积极作用。

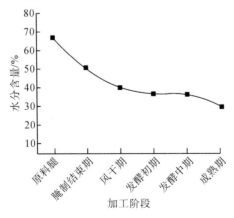

图 4-35　羊肉火腿加工过程中水分含量的变化

3）羊肉火腿加工过程中 NaCl 含量的变化

从图 4-36 可看出，在羊肉火腿加工过程中，NaCl 含量呈现逐渐增加的趋势，并且在各阶段含量差异显著（$P<0.05$）。腌制过程中添加的 NaCl 逐渐溶解并由表皮渗入，随着水分的扩散渗透作用，NaCl 向火腿内部渗透；在发酵及成熟期 NaCl 含量的增加主要是由于温度升高加快渗透作用、肌肉失水提高 NaCl 浓度造成的。

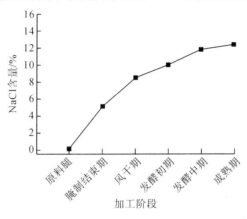

图 4-36　羊肉火腿加工过程中 NaCl 含量的变化

火腿中的 NaCl 含量与其优良风味有密切的关系，首先 NaCl 是火腿滋味物质中咸味的直接来源，并且是谷氨酸的助鲜剂，它能使火腿的鲜味更为突出。其次，NaCl 含量的高低对火腿是否产生香气有一定的影响，当 NaCl 含量低于 6.78% 时，肉块成熟时会腐败变质；NaCl 含量为 13% 时，肉块发酵过程中不腐败，并且随着发酵时间的推移香气会越浓烈；当 NaCl 含量高于 15% 时，肉块成熟后不会变质，但也不会产生香气。试验测得成熟期羊肉火腿中 NaCl 含量为 14.45%，同时有火腿的特征性香气。最后，NaCl 含量对脂肪氧化程度有一定的影响，肉制品加工中 NaCl 含量的减少可导致脂肪氧化程度降低、火腿风味淡弱，并产生酸味、哈喇味，出现脂肪氧化变黄的现象。

4）羊肉火腿加工过程中硫代巴比妥酸值（TBARS）的变化

硫代巴比妥酸值常被用来评价食品氧化变质程度，它反映的是以不饱和脂肪酸氧化形成的衍生物——以丙二醛为代表的醛类物质的多少。由图 4-37 可知在经过一个多月的腌制后，TBARS 显著提高，并在风干期达到最大值，说明在中低温条件下不饱和脂肪酸氧化逐渐加深，次级产物醛类物质大量增多；加上风干时受到光的作用氧化作用增强，TBARS 达到最大值；发酵初期 TBARS 略有降低，且持续到发酵中期，这一方面是由于温度升高，快速形成的丙二醛与蛋白质剧烈水解的产物游离氨基酸发生反应；另一方面是醛类物质进一步氧化成有机醇和核酸等小分子物质，造成 TBARS 在发酵期显著下降；成熟期的高温使得氧化速度加快，而后醛类物质的生成和继续氧化速度不断发生着相对变化。从整体看，原料腿到成熟期，TBARS 值升高，表明脂质在火腿加工过程中氧化程度是不断增强的（马艳梅等，2016）。

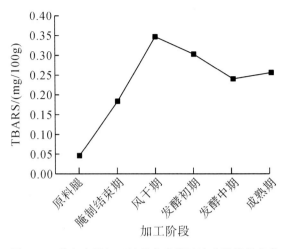

图 4-37　羊肉火腿加工过程中硫代巴比妥酸值的变化

5）羊肉火腿加工过程中过氧化值（POV）的变化

过氧化值是评价脂肪氧化程度的指标之一，它是脂肪中不饱和脂肪酸的双键与氧气结合的产物，反映的是一级氧化程度。由图 4-38 可以看出，过氧化值在整个加工过程总体上有一定的波动变化，在风干期以前显著上升（$P < 0.05$），并在此时达到最大值，在后期的加工过程中有降有升，是因为氧化产物不断积累又不断生成低分子量的物质（如酸、酮等）所致。

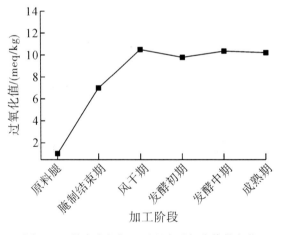

图 4-38　羊肉火腿加工过程中过氧化值的变化

脂质氧化的初级氧化产物对产品风味不会产生直接影响，然而却是重要的风味前提物质。这些初级产物不断累积很快会发生进一步的氧化反应，生成酮、醛、酸等低分子物质。我国规定干腌火腿过氧化值限量标准为 0.25meq/100 g 脂肪，腊肉和咸肉的为 0.5meq/100 g 脂肪。试验发现羊肉火腿的脂质氧化指标在允许的范围内。

过氧化值和硫代巴比妥酸值的测定表明羊肉火腿加工过程中通过脂质氧化能够积累初级及次级氧化产物，脂质氧化是火腿风味形成及风味前体的来源。

4.9 羊肉罐头加工

4.9.1 一般加工原理与方法

羊肉罐头一般是选择新鲜的羊肉，根据不同产品的工艺要求，经切块（条）、嫩化、腌制、油炸、焙烤、调味等工艺处理后，将半成品装罐、杀菌、冷却，再经一系列微生物检验均合格后，方可作为成品上市销售。

4.9.2 羊肉罐头加工技术

1. 清真羊肉罐头

1）工艺流程

新鲜羊肉→嫩化→切条→浸泡→预煮→修整→装罐（原汤→调味）→杀菌→保温→检验→成品。

2）操作要点

（1）嫩化：采用成熟嫩化法，将羊肉存放在温度为（4±1）℃的冰箱中，对存放不同时间的羊肉嫩度进行评定。

（2）预煮：添加除膻剂（重量比以肉重计），山柰 0.05%，白芷 0.05%，草果 0.05%，加水至淹没肉面 5 cm，煮沸后保持 10 min，预煮温度为 95～100 ℃，以肉块中心完全硬化无血水为止。

（3）原汤汤汁的制作工艺：选骨→砸骨→泡骨→氽骨→熬制。

（4）装罐封罐：趁热往不锈钢罐中加入修整好的肉块，配加汤汁，每批产品平均净重应不低于标明重量。固形物应符合有关固形物含量的要求，重量误差不超过±3%，罐头标准符合国家相关标准。

（5）杀菌、冷却：采用高压蒸汽灭菌锅灭菌，在 121 ℃条件下灭菌 20 min，然后迅速冷却到 40 ℃以下。

（6）检验：擦净冷却后羊肉罐头的外表，在（37±1）℃下保温 7d，剔除胀听漏气的产品，其余抽样进行微生物检验。检验结果达到商业无菌后即可贴标入库（冯治平等，2012）。

2. 嫩化羊肉软罐头

1）工艺流程

新鲜冷冻羊肉→解冻→清洗→嫩化→腌制→清洗→沥干→上色→焙烤→真空包装→杀菌→成品。

2）操作要点

（1）原料选择：选用无病的一年龄山羊或绵羔羊，宰前停食 12～16 h，停水 2 h，屠宰后用清水洗净胴体，先经预冷再在－18 ℃下冷冻保藏。

（2）解冻：将冷冻羊肉悬挂于室温下自然解冻，后将羊肉切成 500～750 g 重的小块。

（3）清洗与嫩化：将小块羊肉用清水冲洗，然后用自制嫩化液采用盐水注射机按不同部位、不同方向注射 1～2 次，嫩化 10 min 左右，羊肉不散不硬即可。

（4）腌制：用 3% 的食盐以及硝酸盐、亚硝酸盐混匀，均匀涂抹在羊肉表面及内部，干腌 6～8 h，清洗后再将羊肉放入腌制液中腌 8～12 h，腌制温度为 4～10 ℃。腌制液的配料见表 4-23。将香辛料按比例称好，用纱布包好后放入锅中，加入水（与原料重量 1 ：1）煮沸 30 min 后，冷却放入味精、黄酒使其溶解，后经两层纱布过滤。将羊肉湿腌成玫瑰红色即可。

表 4-23　腌制液的配料表　　　　　　　　　　单位：%

名称	用量	名称	用量
食盐	3	白糖	2
味精	0.5	良姜	0.1
八角	0.1	花椒	0.2
桂皮	0.1	丁香	0.05
砂仁	0.05	小茴香	0.05
肉蔻	0.05	草果	0.05
白胡椒	0.15	生姜	0.5
大蒜	0.5	葱	0.5
维生素 C	0.05		

（5）清洗沥干：用清水洗去羊肉表面汁液后沥干至肉表面不滴水为止。

（6）上色：在腌制液中加入一定量的亚硝酸盐显色剂，用毛刷将香油均匀涂抹在羊肉块表面。

（7）焙烤：采用三阶段焙烤，第一阶段为 100 ℃，20 min；第二阶段为 190 ℃，18 min；第三阶段为 160 ℃，12 min。

（8）包装封口：采用聚酯/铝箔/聚丙烯复合蒸煮袋，将出炉后的羊肉切成宽 2～3 cm，长 5～8 cm 的块状，趁热包装，装袋时按每袋 500 g 分装，然后用真空封口机封口，真空度为 0.085 MPa，热封时间为 8s，热封电压为 28V。

（9）杀菌冷却：采用空气和蒸气的混合气体进行高温高压杀菌，杀菌温度为 121 ℃，30 min，冷却至 38～40 ℃出锅（徐桂华，2012）。

3. 羊肉臊子软罐头

1）工艺流程

（1）浓缩羊骨汤：羊骨→清洗→斩断→清洗→入蒸煮锅加水→大火蒸煮→撇去浮沫→加配料→文火蒸煮浓缩→过滤→浓缩羊骨汤。

（2）羊油：羊油脂→清洗→切分→大火加热翻炒→加配料→文火炼制→过滤→羊油。

（3）羊肉臊子汤料：冷冻羊肉→解冻→分割选肉→切丁→大火炒制→加配料→加羊骨汤→文火炖制→包装→杀菌→冷却。

2）操作要点

（1）辅料的准备：花椒、八角、良姜等香辛料放入烤箱中，在 80～100 ℃条件下烘烤 2～4 h，烤至有香味后，放入粉碎机中粉碎至粉末状备用。

（2）浓缩羊骨汤的制备：羊骨斩断切至 5～8 cm 长入锅（骨头：水＝1：5）先用大火煮，撇去浮沫和血块，加入花椒、八角、良姜、葱、姜、蒜适量，再加入少量陈皮，改文火蒸煮浓缩 4 h，纱布过滤。

（3）羊油的炼制：取羊腹腔及尾部的羊脂肪，切成 0.5 cm 见方的小丁，先用大火翻炒至油渗出，改用文火炼制，并加入花椒、八角、葱，炼制油渣呈褐色，40 目筛过滤，即可得精炼的羊油。

（4）羊肉臊子的制备。

①羊肉挑选：取羊的前肢、后肢肉。

②羊肉解冻：采用蒸气与空气混合解冻，解冻室温 25～40 ℃，解冻时间 12～17 h。

③切分：将羊肉切成 1 cm 见方的小块。

④炒制：羊油与植物油按 1：2 比例加入锅，升温至 150～180 ℃，加肉炒 5 min，加辣椒面、调和面、酱油、葱、姜、蒜、盐等调味料翻炒 5 min，加入适量羊骨汤，用文火炖制 10 min。

⑤包装：用 240 mm×170 mm 三层复合铝箔袋，按每袋 120 g 计量分装。装袋后真空包装机封口，封口温度为 200～220 ℃，真空度为 0.085 MPa。

⑥灭菌：包装后的羊肉臊子放入高压蒸汽灭菌器中，在 0.1 MPa 压力下，保温杀菌 20 min。反压 0.15 MPa，冷水冷却至 40 ℃。

⑦保温检验：成品随机抽样，样品在 37 ℃条件下保温 7～10d 后，进行微生物检验，以确保成品的卫生质量（纳文娟和朱晓红，2009）。

4. 黄焖羊肉软罐头

1）工艺流程

羊肉→剔骨→切宽条→腌制→油炸→装袋→密封→杀菌→冷却→保温→检验→成品。

2）操作要点

（1）原料：要求为新鲜或冷冻绵羊肉，解冻，剔除骨头，切成长 5 cm、宽 3 cm、厚 2 cm 的长方条。

（2）腌制：先将香辛料包在纱布中，放入锅内，加水煮成香料液，再加调味料配成腌制液，放入羊肉，腌制 4～6 h。

（3）油炸：用鸡蛋清、淀粉勾芡，把腌制好的羊肉包裹，放入油中炸至金黄色捞出，沥油。

（4）装袋密封：油炸后的羊肉加入葱丝，按每袋 200 g 计量分装，装袋后真空包装机封口，封口条件为：真空度 0.083 MPa、封热电压 36kV。

（5）杀菌、冷却：包装好的袋尽快放入高压杀菌锅采用蒸气和空气的混合气体杀菌，冷水反压冷却（汤凤霞等，1998）。

4.9.3　影响罐头羊肉制品品质的因素

1. 清真羊肉罐头

（1）羊肉成熟嫩化时间对羊肉嫩度的影响。实验中羊肉嫩度的评定方法为依靠咀嚼和舌与颊对肌肉的软、硬与咀嚼的难易程度等方法进行综合评定。由图 4-39 可知，羊肉存放在（4±1）℃的冰箱中，在成熟嫩化 1～5d 内嫩度逐渐升高，第 7d 时嫩度达到最高，此时口感最好、细嫩多汁、易碎、易吞咽，10d 后出现表面变湿，有黏稠状物质出现，有异味，开始变质。

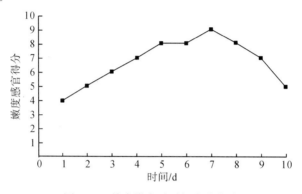

图 4-39　羊肉嫩度随时间变化曲线

（2）原汤香辛料对汤汁风味的影响。香辛料在肉品保鲜过程中主要应用其抗氧化性和抑菌机能。花椒可除去羊肉的腥膻味，能促进唾液分泌，增加食欲；胡椒的主要成分是胡椒碱，具有去腥、解油腻、助消化的作用；小茴香有特异香气，味微甜、辛，使羊肉味道更鲜美；生姜味辛、微热，含有辛辣和芳香成分。

（3）二次调味对汤汁风味的影响。食盐是"百味之王"，不仅使产品具有咸味，还起到保鲜、抑制细菌繁殖的作用；鸡精和味精主要提升产品鲜味，且安全无毒；白糖是重要的风味改良剂，具有赋予产品甜味和助解的作用，增添产品色泽，使产品具有特色和风味。

（4）除膻剂对羊肉膻味的影响。在羊肉的除膻技术上，确定了以山奈、白芷和草果为除膻剂，利用它们中的醇、酸、酚、酮等成分与致膻成分的脂肪酸结合，从而达到除膻味的目的（冯治平等，2012）。

2. 嫩化羊肉软罐头

（1）嫩化液浓度、温度、时间对嫩化效果的影响。由表 4-24～表 4-26 可知，当嫩化液浓度为氯化钙 3%、菠萝蛋白酶 0.01%、复合磷酸盐 0.4%，嫩化温度 6 ℃，时间 10 min 时，羊肉的嫩化效果最佳，肉细嫩、弹性好。

表 4-24　嫩化液浓度对嫩化效果的影响　　　　　　　　　单位:%

氯化钙	菠萝蛋白酶	复合磷酸盐	嫩化效果
1	0.0001	0.2	好
1	0.001	0.3	较好
1	0.01	0.4	较好
2	0.0001	0.2	较好
2	0.001	0.3	好
2	0.01	0.4	较好
3	0.0001	0.2	较好
3	0.001	0.3	较好
3	0.01	0.4	最好

表 4-25　嫩化温度对嫩化效果的影响

温度/℃	嫩化效果
3	良好
6	好
9	良好

表 4-26　嫩化时间对嫩化效果的影响

时间/min	嫩化效果
8	良好
10	最好
14	良好

（2）低盐腌制。腌制时盐浓度为 3% 较为合适，既可提高肉的保水性，又使腌制后的肉有良好的风味，同时使肉质紧密，细嫩而富有弹性。

（3）抑膻增香。由于在调味料中添加了抑膻增香料，有效地控制了羊肉的膻味，使羊肉软罐头具有特殊的风味和滋味。

（4）分级焙烤。采用分级焙烤的目的是提高羊肉的成熟度和增进羊肉的色泽、风味。焙烤的初始阶段温度要低，这是为了避免过高的温度引起羊肉表面形成一层硬壳，而肉的内部仍然未熟。焙烤的后阶段温度提高，因为一些复杂的化学反应如美拉德反应、焦糖化作用都必须在较高的温度下才能发生，这样可使罐内羊肉色泽金黄美观。

（5）杀菌。为了使羊肉制品彻底灭菌，采用高温高压灭菌，另外在杀菌时应尽量排除空气，减少热阻；采用空气和蒸气混合气体杀菌，用反压冷却，以防止胀袋及破裂等（徐桂华，2002）。

3. 羊肉臊子软罐头

（1）浓缩时间及加水量对浓缩羊骨汤的影响。羊骨头，特别是腿骨必须斩断，以便使营养成分充分溶出。加水量及浓缩时间对浓缩羊骨汤的品质有很大的影响。从表 4-27 可知，制备浓缩羊骨汤时，应采用加水量为羊骨头重量的 5 倍，浓缩时间为 4 h 较为适宜。

表 4-27　加水量及浓缩时间与浓缩羊骨汤品质之间的关系

试验号	加水量及浓缩时间	浓缩羊骨汤品质
1	加入羊骨头重量 3 倍的水，浓缩 3 h	香味不足，汤量过少
2	加入羊骨头重量 3 倍的水，浓缩 4 h	香味不足，汤量过少
3	加入羊骨头重量 3 倍的水，浓缩 5 h	香味不足，汤量过少
4	加入羊骨头重量 5 倍的水，浓缩 3 h	香味不足，汤量适中
5	加入羊骨头重量 5 倍的水，浓缩 4 h	香味浓郁，汤量适中
6	加入羊骨头重量 5 倍的水，浓缩 5 h	香味浓郁，汤量适中
7	加入羊骨头重量 10 倍的水，浓缩 3 h	香味不足，汤量过多
8	加入羊骨头重量 10 倍的水，浓缩 4 h	香味不足，汤量过多
9	加入羊骨头重量 10 倍的水，浓缩 5 h	香味不足，汤量过多

（2）羊油膻味的去除。羊油具有浓烈的膻味，直接影响其食用价值。本工艺采用花椒、八角、良姜、葱等调味料来去除羊油的膻味，增加香味。炼制羊油时，分别加入羊脂肪重量 0.1％的花椒、八角、良姜、葱，具有明显的去膻增香作用。

（3）肉丁大小对成品感官质量的影响。羊肉切丁时，既要保证成品有羊肉的颗粒感，有明显的羊肉特征，又要保证包装袋无突起。从表 4-28 可以看出，肉丁太小无咀嚼感，太大香味又不易进入，且导致包装突起，所以将肉丁切成 1 cm 见方最为适宜。

表 4-28　肉丁大小与成品感官质量的关系

试验号	肉丁大小	成品感官质量
1	切成 0.5 cm 见方的小块	肉块过小，无咀嚼感，香味浓郁
2	切成 1 cm 见方的小块	肉块适中，有咀嚼感，香味浓郁
3	切成 1.5 cm 见方的小块	肉块过大，有咀嚼感，香味较淡

（4）香料配比对成品感官质量的影响。本工艺采用花椒、八角、良姜来去除羊肉的膻味，增加香味。经试验可知，花椒、八角、良姜的比例为 2：1：1 时，具有明显的去膻增香作用，且成品的感官质量最好。

（5）葱、姜、蒜的配比对成品感官、口感的影响。在羊肉制品中葱、姜、蒜的作用是除去羊肉中的臭味。葱具有健脾、助发汗、抑菌的作用；鲜姜具有穿透性辛辣气味及温和的芳香；大蒜的蒜素可以分解部分肉中蛋白质使其更易被人体消化。经试验验证葱、姜、蒜的配比为 1：1：1 时，成品的口感最好。

（6）油脂配比对成品口感的影响。羊肉制品中，羊油最能体现羊肉的独有特性，其熔点低，能让成品在常温下保持凝固状态，所以，本工艺加入了一定比率的羊油。由表 4-29 可知，羊油与植物油按 1：2 的配比，成品口感最好。

表 4-29　油脂配比与成品口感的关系

试验号	羊油：植物油	成品感官质量
1	1：1	膻味过重，有浓郁的羊肉风味
2	1：2	膻味适中，有浓郁的羊肉风味

试验号	羊油∶植物油	成品感官质量
3	1∶3	无膻味，无明显羊肉风味

（7）辣椒对成品感官质量的影响。辣椒的营养价值丰富，它的辣味能刺激人的食欲，而其鲜艳的红色也能在感官上提高人的食欲。辣椒调味时，最好破碎成辣椒面，以便增大与油的接触面积，并采用 120 ℃的油温。

（8）羊肉臊子配方的确定。炒制羊肉臊子时，油脂的使用量、香料的用量、浓缩羊骨汤的添加量以及葱、姜、蒜的用量，均对成品的感官质量有很大影响。因此，选用 L_8 (2^7) 正交表进行配方的优化筛选。正交试验因素水平表见表 4-30，实试结果见表 4-31。

表 4-30　羊肉臊子配方筛选试验的因素水平　　　　　　　　　　　单位：kg

因素 水平	油脂	羊骨汤	香料	调味料	辣椒	食盐
1	40	100	3	5	5	3
2	50	50	2	10	3	2

表 4-31　羊肉臊子配方筛选的试验结果

实验号	油脂	羊骨汤	香料	调味料	辣椒	食盐	空列	综合衡量指标
1	1	1	1	1	1	1	1	71
2	1	1	1	2	2	2	2	74
3	1	2	2	1	1	2	2	70
4	1	2	2	2	2	1	1	71
5	2	1	2	1	2	1	2	68
6	2	1	2	2	1	2	1	70
7	2	2	1	1	2	2	1	84
8	2	2	1	2	1	1	2	89
K_1	286	283	318	297	300	299	296	—
K_2	311	314	279	304	297	298	301	—
K_1 平均值	143	141.5	159	148.5	150	149.5	148	
K_2 平均值	055.5	157	149.5	125	148.5	149	150.5	
R	12.5	15.5	9.5	3.5	1.5	0.5	2.5	

根据极差 R 的大小，进行因素主次排列。由表 4-31 可知，各因素的主次关系为：羊骨汤＞油脂＞香料＞调味料＞辣椒＞食盐，最佳工艺条件为油脂用量 50 kg、羊骨汤用量 50 kg、香料用量 10 kg、调味料用量 3 kg、辣椒用量 5 kg、食盐用量 3 kg，成品的感官质量最好。

（9）杀菌条件的确定。影响杀菌的主要因素是杀菌温度和时间。由表 4-32 可知，121 ℃时，20 min 和 30 min 都可以达到杀菌的效果，考虑用时和耗能的问题，采用 121 ℃，杀菌 20 min（纳文娟和朱晓红，2009）。

表 4-32 杀菌温度和时间对杀菌效果的影响

实验号	杀菌温度/℃	杀菌时间/min	杀菌效果
1	115	20	不合格
2	115	30	不合格
3	121	20	合格
4	121	30	合格

4. 黄焖羊肉软罐头

（1）调味配方（以 100 kg 肉计）。八角、良姜各 0.8 kg，茴香、桂皮、肉蔻、花椒各 0.5 kg，食盐 1.3 kg，大蒜 0.8 kg，葱 1 kg，姜 0.5 kg，味精 0.4 kg。由于八角、良姜、花椒、桂皮等香料有抑菌和抗氧化作用，因此，在腌制过程中对羊肉增香增味的同时，还可有效防止微生物的污染，减少杀菌前的带菌数。

（2）油炸温度和时间的确定。油炸工序中油温和炸制时间对产品质量有很大影响，油温过高，炸制时间太长，则制品表面发焦，口感发苦；温度过低，则风味不够，肉质干硬无酥脆感。经多次试验确定：采用 180 ℃油温，炸制 2 min 左右较为适宜。

（3）杀菌温度和时间的确定。低酸性食品杀菌的理论依据是以杀灭肉毒杆菌为最低要求，并以嗜热脂肪芽孢杆菌作为对象菌。一般以既能最大限度地杀死致病菌，又尽可能保持食品的色、香、味来确定杀菌工艺。嗜热脂肪芽孢杆菌 Dr＝2.5～4，一般以 4～6D 的杀菌强度为宜，根据加工工艺，产品品质在升温 10 min，降温 15 min 条件下，分别采用不同的温度和时间进行实罐试验。由试验结果可见（表 4-33），适宜的杀菌条件为：40 min/115 ℃、35 min/118 ℃、40 min/118 ℃、30 min/121 ℃、35 min/121 ℃。考虑到批量投产时原料新鲜度的变化、工艺操作的不稳定性及车间卫生条件等具体原因，可以采取的适宜杀菌条件为升温 10 min－杀菌 35 min121 ℃－降温 15 min。

表 4-33 杀菌温度、时间对制品杀菌效果及感官品质的影响

温度/℃	时间/min							
	25		30		35		40	
115	不足	超标	不足	超标	不足	未超标	合适	未超标
118	不足	超标	不足	未超标	合适	未超标	合适	无菌
121	不足	未超标	合适	未超标	合适	无菌	过度	无菌

（4）杀菌与冷却过程中袋内外压力的控制。杀菌与冷却过程中蒸煮袋内压力若大于杀菌器压力，则发生胀袋，导致袋破裂现象。杀菌时袋内压力为杀菌温度下蒸气压力和空气压力之和，杀菌时袋内压力和杀菌锅压力之差应小于或等于允许压差。即使是真空包装，当用纯蒸气杀菌，温度达到 121 ℃时，水蒸气的饱和蒸气压力不足以抑制袋内压力，容易引起胀袋，当袋内外压差超过允许极限值时，即发生袋破裂现象。采用蒸气和空气混合气体加热的办法，可以有效防止胀袋导致袋破裂现象的产生。混合蒸气加热时

要掌握好通入空气的时间及蒸气和空气的混合比，否则将降低传热效率。杀菌时，升温至 96 ℃开始泵入压缩空气，压缩空气的量为 0.14 MPa。杀菌结束时，维持此压力通入冷却水，冷却至 40 ℃，以防因杀菌锅压力急剧下降而导致破袋（汤凤霞等，1998）。

4.10　调理羊肉制品加工

调理肉制品，所用主要原料为一种或几种禽畜肉，经过一定的加工处理后，如清洗、分割、调味、成型、灭菌等，通常以包装或散装的方式，于冻藏（-18 ℃）、冷藏（7 ℃以下）条件下储藏、流通的肉制品，消费者购买后进行简单的热处理便可食用，其实质是一种较快餐更加健康的方便食品。

近年来，随着社会的进步和生活节奏的加快，冷藏链的推广和冰箱、微波炉的普及，使得人们的生活方式发生着巨大的变化，同时"健康饮食"的观念已深入人心，人们越来越关心肉品的营养、卫生安全和食用方便等特性。因此，调理肉制品应运而生，它严格按照既定的加工工艺流程进行肉制品的营养化、产业化、规模化生产，引领着一种新型健康饮食理念。其加工方式不断发展演变，品种也越来越丰富多样。如市场上用于烧烤或油炸时的鱼排、肉串、鸡柳等，或需微波加热的预调理咖喱鸡肉饭、比萨饼等都属于调理肉制品的范畴。调理肉制品的发展带来了一场厨房工业化革命，改变着人们的厨房生活，使人们的烹饪方式越来越方便、快捷、卫生、健康。

根据调理肉制品的加工和运销储存温度特性可将其分为：常温型调理肉制品、冷藏型调理肉制品以及速冻型调理肉制品；根据制品的热处理效果可分为熟品、半熟品和生品。当前，我国的调理肉制品以速冻调理肉制品为主，这是因为速冻处理有效抑制了微生物的生长，使得产品具有较长的货架期；并且，速冻具有很好的定型作用，使终产品外形美观。然而，速冻调理肉制品也存在很大的缺陷，它在解冻过程中会出现汁液流失、变色、质构粗糙等现象，使产品品质严重下降。市场上很少见到冷藏型的生鲜类调理肉制品，至于生鲜调理羊肉制品就更是寥寥无几。究其原因在于，冷藏条件下的生肉制品品质十分不稳定，极易受微生物污染，导致产品货架期缩短。但是，生鲜调理肉制品不需要解冻过程，相比速冻制品口感更细腻、味道更鲜美、营养更丰富。羊肉自身具备鲜嫩柔软、风味独特、容易消化吸收和抗过敏等优点，集营养、保健于一身。若应用现代加工工艺及技术原理，在最大限度地保留羊肉营养价值的前提下，采用合理的加工方式有效抑制微生物的生长、代谢和繁殖、脂肪氧化、减缓肉品色泽变化，开发出一种冷藏条件下的生鲜调理羊肉制品，就有着广阔的市场前景。

4.10.1　调理羊肉一般制作方法

1. 调理羊肉制作材料

羊肉切片、大豆蛋白、木薯淀粉、磷酸盐、食盐、花椒、孜然、白砂糖等。

2. 调理羊肉的生产工艺流程

　　原料预处理→修整→加料→滚揉→腌制→包装→冷冻→成品。

3. 工艺操作要点

　　（1）原料预处理：将羊肉表面的筋膜及附属物去除，用清水冲洗干净。

　　（2）修整：将肉块修切整齐，大小形状保持一致。

　　（3）加料：先将各个辅料按配比溶于所需添加的水中，搅拌均匀后加到切好的肉块中，然后充分搅拌，使肉块和配料混合均匀。

　　（4）腌制：将搅拌均匀的肉块用保鲜膜包好，置于0～4 ℃冰箱中，静置腌制一定时间，期间搅拌2～3次。

　　（5）包装：将腌制好的肉块装入聚乙烯蒸煮袋中，整理好形状后抽真空包装。

　　（6）冷冻：将包装好的产品放入−18 ℃冰箱中冷冻保藏。

4.10.2　调理肉制品加工技术

　　调理肉制品是指以畜肉、禽肉为原料，经分切后加入辅料，再经调理、搅拌、成型等工艺处理后进行包装或散装，在冷冻或冷藏及常温条件下储存、销售，可直接食用或在食用前经简单加工或热处理的产品。按其储藏、运输及销售条件可分为低温调理类和常温调理类，其中冷冻调理产品占主要市场（冯月荣等，2006）。目前，调理肉制品因其食用方便、快捷、美味、营养、安全等特点而广受消费者欢迎，其中冷鲜预制肉制品更是受到世界各国公共饮食机构和家庭的青睐，近年来迅速发展普及。我国调理制品产业发展迅速，消费者也乐于接受。目前除了传统肉制品外，生鲜调理肉制品产业也迅速崛起，在上海、苏州、杭州、深圳等城市表现尤为突出，预测未来几年内将会逐渐向全国迅速蔓延。张翼飞（2011）指出，就目前市场状况而言，冷冻、冷藏调理肉食品在我国已经占有较大的市场份额，其品种繁多，在1300多种冷冻食品中占1/4以上，而且消费量逐年猛增，近几年其年增长速度超过10％，同时，消费人群的普及面也在不断扩大，预计在未来将会成为除冷鲜肉和冷冻肉外最为畅销的肉类制品之一。

4.10.3　影响调理羊肉制品品质的因素

1. 原辅料对调理制品品质的影响

　　研究调理制品配料或辅料对其品质的影响，是调理制品研究领域的热点，主要是由于通过辅料或添加剂的使用，可以显著改善或增加产品品质，提高产品出品率，如张小弓等（2010）详细介绍了大豆蛋白在调理肉制品中的应用，他们对大豆蛋白种类进行了介绍，并对其在肉中的功能特性及应用进行了详细阐述，进一步指出肉中添加大豆蛋白后，能使肉的保水性、乳化性、黏结性和凝胶性都有显著增加，还能起到增加营养和调味的作用。胡小芳等（2012）研究魔芋胶在猪肉丸中的应用，发现添加2％的魔芋胶不会影响肉丸的质构品质，但能降低脂肪含量，并发现淀粉添加量对肉丸质构的影响；陈哲敏和万剑真（2012）对魔芋胶、卡拉胶和黄原胶三种胶的复配胶的特性进行研究，并进一步研究其在肉制品中的应用，结果表明复配胶对肉丸品质影响较大，主要影响产品的黏结性和内聚性。

2. 原料肉的保水性

肉制品的保水性不仅直接影响产品品质，也直接关系到企业的经济效益，生产企业希望肉制品具有较好的保水性，提高产品出品率，降低生产成本，提高经济效益。因此，对肉制品保水性的研究一直是行业热点。Puolanne 等（2001）的研究表明，肉制品中所添加的盐主要影响产品的保水性、硬度、滋味及风味，同时适当的 pH 与食盐浓度相结合后，对肉制品的保水性影响更大，而保持一个较高 pH 时的保水性与添加少量食盐时的保水性效果相当；他们还指出在乳化肠的原料中添加 0.25％的磷酸盐，能使每百克肉多保持将近 30～40 g 的水。Szerman 等（2012）研究指出，牛肉在分别经 1.88％乳清蛋白＋1.25％氯化钠；1.88％变性乳清蛋白＋1.25％氯化钠；0.25％三聚磷酸钠（STPP）＋1.25％氯化钠；1.25％氯化钠四组配方调理后，0.25％三聚磷酸钠（STPP）＋1.25％氯化钠组牛肉出品率最高，其次为 1.88％乳清蛋白＋1.25％氯化钠组和 1.88％变性乳清蛋白＋1.25％氯化钠组，1.25％氯化钠组牛肉出品率最低；经过熟制后，0.25％三聚磷酸钠（STPP）＋1.25％氯化钠组牛肉剪切力最低，而含水量较其他组别高，肉的多汁性和嫩度也优于其他组别。

原料肉的状态也是直接影响肉制品保水性的主要因素之一，余小领等（2008）研究表明，在猪肉冻藏过程中，随着冻藏时间的延长，冷冻猪肉的保水性会逐渐降低，主要体现在猪肉在解冻时的汁液流失率会有所增大，其蒸煮损失和加压失水也会相应升高。针对这一现象，他们认为随着猪肉冻藏时间的推移，肌肉组织中的蛋白溶解度逐渐降低，主要是肌肉中的全蛋白和肌原纤维蛋白溶解度有所降低，进一步导致猪肉保水性呈现下降的趋势。王鹏等（2008）研究发现，随着磷酸盐添加量的增加，用僵直前肉、成熟肉和冻肉制作的乳化肠产率也相应增加，但是当复合磷酸盐添加量高于 0.4％时，产率的上升趋势逐渐平缓。其中复合磷酸盐添加量在 0.2％时，分别用成熟肉和冻肉制作的乳化肠的总压出汁液较少，当复合磷酸盐添加量为 0.1％时，僵直前肉的保水效果最佳。冯慧等（2008）研究表明，在罗非鱼加工过程中，加入的磷酸盐会迅速发生降解，以磷酸和磷酸盐的形式同时并存于肉中，认为磷酸盐是通过改变肉的 pH 提高肉的保水性，其中三聚磷酸盐和焦磷酸盐的保水率最好时分别为 84.0％和 81.6％，都高于对照组的 70.91％。我国对磷酸盐添加量有严格限制，因此对其的利用不能一味地追求高保水性，而且过量添加磷酸盐会对产品风味有一定的副作用，如会导致肉制品有一种金属的涩味，从而降低产品品质。此外，保水剂中的磷对人体也有一定的副作用，因此有学者提出利用无磷保水剂。李玉辉等（2014）研究指出，添加量在 0.4％以下时，全磷保水剂的保水性能显著高于低磷以及无磷保水剂，在全磷保水剂、无磷保水剂以及低磷保水剂添加量分别为 0.4%、2%、1%时，低磷和无磷保水剂的腌制吸水率基本持平，但均高于全磷保水剂；低磷保水剂在油炸处理时失水率最低，为 27.59%，无磷保水剂次之，为 29.25%，全磷保水剂最高，为 32%；在解冻失水率方面，全磷保水剂要明显高于无磷和低磷保水剂；对于出品率而言，低磷保水剂和无磷保水剂效果相当，但均高于全磷保水剂。

3. 加工工艺对调理肉制品的影响

一直以来，调理肉制品的制作工艺也是一个行业和国内外学者关注的焦点，不同加工工艺处理后的调理肉制品，其品质特性和营养特性及质构特性都会产生一定的差异。Tornberg（2005）研究指出，肉在 45～50 ℃条件下处理时，其中的肌原纤维开始发生交联，并形成肌原纤维蛋白凝胶；当温度达到 53～63 ℃时，肌原纤维开始收缩，这两种纤维蛋白结构的变化会对整个肉块或调理制品的保水性和感官特性产生巨大的影响。Pietrasik 等（2004）认为，若将牛肉滚揉时间延长至 16 h 时，滚揉处理能显著提高肉的保水性，主要是改善肉中蛋白质的水合特性和热稳定性，进而显著降低肉的蒸煮损失和失水率，最终提高牛肉卷的持水力，改善产品品质；同时，较长的滚揉时间虽然能减少剪切力和硬度，但是未能显著增加牛肉的黏着性。韩玲（2003）制作牛肉酱卤制品时，对经过注射后的牦牛肉进行间歇滚揉处理，滚揉时间为 14～18 h，经过滚揉处理的产品，具有柔嫩多汁、风味独特、软硬适中、出品率高的特点，同时肉的嫩度也有很大改善。晋艳曦等（1999）认为，牛肉经间歇滚揉处理后，肉中肌纤维的断裂程度有所提高，其质构特性也显著下降，牛肉剪切力比原来降低了 1/3，嫩度明显提高。此外，安迈瑞等（2014）研究指出，微波处理、烘焙、炸、冷冻、煮后肉牛和牦牛的心脏、肝脏中左旋肉碱含量差异较大，说明不同处理对肉中左旋肉碱等营养物质具有一定的破坏作用。

4. 反复冻融对肉制品品质的影响

肉制品及原料肉大多在低温条件下贮藏、运输及销售，其中冷冻是应用最普遍的方法。但在实际贮藏、运输和销售过程中，肉制品不免会发生解冻的情形，造成产品品质劣变，而厂家或销售方一般会对未过期的产品重新进行冷冻，该过程会对肉制品的品质产生负面影响，降低产品的可接受性。因此，近年来对反复冻融对肉或肉制品品质影响的研究较多。韩敏义等（2013）研究发现，反复冻融对鸡肉品质影响显著，其中对食用品质影响较大，尤其是鸡肉的保水性会明显下降。李金平等（2010）研究指出，随着反复冻融次数的增加，牛外脊肉解冻所需时间会逐渐缩短，同时肉的色度（L^*、a^*、b^*）值也发生较大变化；对于牛肉保水性而言，肉的解冻损失会有所增大，牛肉剪切力值也显著增加，表明肉的嫩度有所降低；此外，牛外脊肉中的蛋白质降解也发生一些变化，最终导致牛外脊肉品质下降。李媛惠等（2013）研究发现，随着反复冻融次数的增加，调理鸡肉的蒸煮损失也随之增大。他们认为这一现象主要是由于水分的向外迁移引起，因此应该尽量避免反复冻融的发生。对于反复冻融对肉食用品质的影响，其机理一般能从肉的微观结构变化或蛋白质降解等方面进行解释。有报道称，随着冻融次数的增加，兔肉背最长肌的食用品质会发生一些变化，主要表现是肉的 pH、剪切力和溶解度都会显著降低，而解冻损失和蒸煮损失显著增加，兔肉中蛋白形成凝胶的能力有所减弱，并且通过观察发现，其微观结构发生明显变化，这些变化和差异的出现对肉的品质特性和加工特性影响较大（张丹等，2014）。

调理羊排是一种具有高蛋白、低脂肪、食用方便快捷、安全等特点的预制肉制品，感官品质优于市售羊排，更易被消费者接受，具有较高的应用价值。而反复冻融对调理羊排品质影响较大，主要是对羊排保水性和感官品质的影响，而对质构特性影响不明显，因此在贮藏、运输及销售过程中应采取相应措施，防止羊排发生反复冻融现象。

第 5 章　肉羊副产物加工利用关键技术

5.1　肉羊骨利用关键技术

5.1.1　肉羊骨加工概况

我国是世界上的羊肉生产与消费大国，2015 年全国肉类总产量 8625 万 t。其中羊肉产量 441 万 t，居世界之首。在羊肉生产的同时必然会产生大量的骨骼副产品，按羊骨占羊胴体重的 24%～46%估算，仅 2015 年，我国就生产了 139 万～376 万 t 羊骨。羊骨除含有丰富的钙、铁、锌、磷等矿物质外，还含有大量胶原蛋白、氨基酸及黏多糖等功能活性物质。

然而，由于人们的认识不足以及技术设备水平的限制，我国羊骨产品的开发利用还处在一个相对落后的水平，每年都有大量的羊骨被浪费或是简单加工成附加值很低的产品。肉羊产业需要大力开发骨类产品，把羊骨利用作为一个重要的发展方向，因为羊骨的开发利用具有以下优势：①营养成分全面，比例均衡，开发价值大；②原料充足，价格低，利润大；③符合天然、绿色和可持续发展的食品工业发展理念；④开发空间大。羊骨的加工利用有助于开发新型的天然、绿色营养食品及食品添加剂，提高肉羊加工企业的综合效益，具有广阔的应用前景。充分利用羊骨资源，加强羊骨的精深加工，开发具有高附加值的产品，对促进肉羊产业快速、健康、稳定发展具有重要的现实意义。

目前动物骨价格低廉，且不便储存，使得骨的利用率大大降低，这不仅造成了极大的浪费，而且带来一定的环境污染。因此，加强动物骨的综合利用，开发动物骨产品加工新技术，提高产品附加值，成为目前科学研究和产业化应用的关键。

畜骨综合利用的形式主要有两种，一种是全骨利用，这种方法能够较全面地利用骨中的营养成分，主要产品是骨粉、骨泥等；另一种是骨提取物的利用，也就是提取骨中的各类营养物质分别利用，主要产品是骨油、骨胶、骨素等。畜骨综合利用总体工艺流程见图 5-1。

5.1.2　骨粉综合利用技术

骨粉蛋白质含量高，脂肪含量较低，其比例利于人体吸收，是一种高营养、低热量食品；此外，骨粉中还含有丰富的矿物质和多种维生素。因此，骨粉非常适合加工成食品。

图 5-1　畜骨综合利用总体工艺流程

食用骨粉的制备方法大致可分为 3 种：蒸煮法、高温高压法和生化法。蒸煮法操作简便，但高温蒸煮会使大量营养成分流失，能利用的基本只剩下骨钙；高温高压法也会破坏骨中的营养成分，且能耗大、成本高；生化法主要是利用一些生物和化学方法，使骨中的营养成分水解为人体易吸收的成分，使营养物质的吸收率增高，但同时也引入了新的杂质，破坏了骨营养成分的天然性，生产成本也较高。

食用骨粉不仅可以作为食品添加剂，制成骨粉饼干、挂面等食品，而且可以制成保健品，如骨髓壮骨粉、骨精、各种钙制剂等，同时还可作为肉味香精的前体，通过美拉德反应制成风味各异的肉味香精，应用前景十分广阔。

1. 骨粉加工法按照干燥方式的分类

（1）粗制骨粉的加工。加工粗制骨粉时，最好与骨油提取相结合，这样除加工骨粉外，还可提取部分骨油和胶液。其加工方法为：将骨压成小块，置于锅中煮沸 1～8 h，去除骨中的脂肪；将煮后的骨沥尽水分，置于干燥炉中，以 100～140 ℃的温度烘烤 10～12 h；用粉碎机将骨磨成粉状，过筛后即为骨粉。骨粉的成分随骨原料不同略有差异。一般新鲜骨加工成的骨粉：蛋白质为 23%、磷酸钙为 48%、脂肪为 3%、粗纤维为 2%以下。

（2）蒸制骨粉的加工。蒸制骨粉采用蒸气蒸骨提取骨油、骨胶，使之与骨分离，骨渣经干燥、粉碎后制成骨粉。具体方法是将骨放入密封缸中，通入 105～110 ℃的蒸气，每隔 1 h 取骨油、骨胶一次，将骨中大部分油脂去除，同时有部分蛋白质分解为胶液，可作为制胶的原料；将去除油脂和胶液的骨渣干燥后粉碎即为蒸制骨粉。成品色泽洁白、易于消化、无特殊气味，但蛋白质含量比粗制骨粉少。

（3）晒制骨粉的加工。刮去骨表面的肉筋后，在生石灰水中浸泡 20～30d，去除表面油脂后，干燥，粉碎即成骨粉。

2. 骨粉加工法按温度不同的分类

（1）低温冷冻法。将鲜骨在 −25～−15 ℃以下充分冷冻脆化，然后粉碎，磨细制成骨粉。

（2）高温高压法。将鲜骨在 0.1 MPa 下蒸煮 40 min，使其酥软，然后烘干，粉碎即成骨粉。此法加工成的骨粉如用适当的蛋白酶消化酶解，其蛋白质大部分可转化为易被人体吸收的可溶性蛋白、短肽和氨基酸，色、香、味俱佳，可进一步开发成营养强化剂和保健食品。

（3）常温法。无须冷冻或高温蒸煮，在常温下加工。将清洗烘干后的骨通过强冲击力，使其破碎成 10～20 mm 的骨粒团；再粗粉碎，通过剪切力、研磨力使韧性组织被反复切断，通过挤压力、研磨力使刚性骨粒进一步粉碎至 $1\sim2$ mm 的骨糊；接着通过剪切、挤压、研磨等复合力场的作用，使骨料达到细粉碎或超细粉碎。利用超细粉碎机制备超细骨粉，其产品在粒度分布、微观形貌及营养成分等方面与高温高压法制取的骨粉相比，具有粒度更细、能耗更低、营养更全的优点。

5.1.3　骨油综合利用技术

畜骨经过较高的温度蒸煮，骨骼表面和内部的油脂可全部溶化和释放出来。分离后加热蒸发除去水分，即可制得较纯的油脂。畜骨中饱和脂肪酸主要为棕榈酸和硬脂酸；不饱和脂肪酸主要为油酸和亚油酸；此外，还含有微量的豆蔻酸、豆蔻油酸、棕榈油酸、亚麻酸等脂肪酸。各种脂肪酸有着其特殊的香气和滋味，而亚油酸是人体唯一的也是最重要的必需脂肪酸，在机体内的生化过程中起着极其重要的作用。因此，从骨骼中分离提取的油脂可以作为优质食用油。骨油中含有的不饱和脂肪酸，有利于胆固醇的代谢，对减少动脉硬化、防止心血管疾病有一定功效。由于骨油食用后不积存，可防止肥胖，是一种新型的保健油脂。然而，传统方法提取的骨油，由于贮存时间和贮存环境的影响，部分被分解成游离脂肪酸和甘油，其中的不饱和甘油酯还会被氧化成醛和低分子酸等恶臭性物质；而且在加工和存放过程中也会混进其他杂质，大大降低了骨油的食用品质。因此，骨油必须进行精制，除去酸性物质和杂质。

1. 骨油精制的工艺流程

骨油精制的加工工艺流程：粗制骨油→溶油→过滤→水化→碱炼→脱色→过滤→脱臭→干燥→精制骨油。

2. 工艺要点说明

（1）水化：将骨油熔化加热至 85 ℃，边搅拌边加入一定量的 $80\sim90$ ℃ 的热水，再加入一定量的食盐，缓慢搅拌，待有细小胶粒析出时停止搅拌，3000 r/min 离心 10 min，放出下层水液。

（2）碱炼：取水化后的骨油，水浴加热到一定温度（碱炼初温），再迅速加入一定浓度的 NaOH 溶液，快速搅拌。待皂粒形成良好时，停止搅拌，缓慢升温至预定温度（碱炼终温），恒温静置片刻，然后 2000 r/min 离心 3 min 取上层清油。

（3）干燥：采用真空干燥箱进行干燥，干燥条件为 0.1 MPa，5 h。

5.1.4　骨泥综合利用技术

骨泥是近年来研制的一种新型骨食品，又称为骨糊。用骨头磨成的骨泥，口感润滑、味道鲜美，其营养成分比肉类更丰富。骨泥中含有多种维持人体所必须的营养物质，除了大量的钙以外，还有含量相当高的磷脂质、磷蛋白、软骨素和各种氨基酸，含铁量为肉类的三倍，可用于制作肉丸、肉饼、灌制香肠以及包子和饺子的肉馅等，甚至可以作为配料添加于强化食品中，其加工出的食品对婴幼儿、孕妇和老人的保健大有益处。骨泥与其他食品营养成分比较见表 5-1。

表 5-1　骨泥与其他食品营养成分比较

食品	水分/ (g/100 g)	蛋白质/ (g/100 g)	脂肪/ (g/100 g)	碳水化 合物/ (g/100 g)	灰分/ (g/100 g)	钙/ (mg/100 g)	磷/ (mg/100 g)	铁/ (mg/100 g)	锌/ (mg/100 g)
骨泥	60.15	15.34	13.43	0	11	3950	2040	5.9	5.5
猪肉	52.6	16.7	28.8	0.9	0.5	11	177	2.4	2.06
牛奶	89.9	3	3.2	3.4	0.6	104	73	0.3	0.43
大米	12.8	7.4	0.8	77.4	0.6	13	110	2.3	1.7

　　骨泥的营养价值很高，既可以作为各类营养素的补充来源，也可以预防因各种营养素和矿物质缺乏而引起的疾病，具有巨大的经济效益和社会效益。

　　羊骨泥中含有丰富的营养物质，但在其利用的过程中存在以下两方面的问题：一是骨泥中含有丰富的蛋白质（羊骨中高达 17.67%），但是绝大部分是以相对分子质量较大的胶原纤维形式存在的胶原蛋白，无法被人体直接利用；二是骨泥中的钙主要以羟基磷灰石晶体形式存在，且被交联的胶原纤维所包裹，不容易被人体直接消化吸收。所以采用一定的处理方法，使骨泥中的胶原纤维破坏，胶原蛋白降解，钙游离出来，可以有效提高骨泥的营养效价。

　　目前骨泥的加工处理方法主要有以下几种：一是酸解法，利用酸的作用破坏骨泥中蛋白质的盐键、酯键，使蛋白质变性，从而使羟基磷灰石裸露出来，然后酸作用于羟基磷灰石，使骨钙转化为可溶性钙，但是酸的加入会影响后期骨泥产品的口感；二是碱解法，利用碱使骨粒外围的蛋白质脂肪除去，骨粒粒度减小，从而有利于钙的游离，但是碱会使蛋白质中的 L 型氨基酸部分转变成 D 型氨基酸，且水解过程中破坏氨基酸较多；三是微生物发酵法，利用微生物降解骨中的蛋白质、多糖等营养物质，从而使钙游离出来；四是酶解法，利用蛋白酶对骨中的蛋白质进行降解，这种方法具有条件温和、操作简单、效果显著等特点。

　　骨泥新产品的开发已经成为肉类加工企业和新潮食品企业新的经济增长点。酶解处理羊骨泥可以提高其营养效价，增强其营养保健功能。研究发现，添加 0.64% 的胰蛋白酶，在 51.3 ℃条件下酶解 6 h，可以使羊骨泥中蛋白质水解度达到 12.93%，游离钙含量达到 32 mg/100 g，较未处理羊骨泥提高了 4.5 倍。

1. 骨泥加工的工艺流程

　　骨泥加工工艺流程：原料骨→清洗→冷冻→碎骨和辊碎→粗磨→细磨→成品。

2. 工艺技术要点

　　（1）清洗：用自来水把新鲜干净的健康骨头冲洗干净，保证骨料上无血污及其他杂质，同时尽量除净骨料上的肥肉，以免在加工过程中损害设备及骨泥的质量。骨头清洗干净后冷冻备用。

　　（2）碎骨和辊碎：开机前应对设备进行彻底的清洗消毒，然后将骨料均匀地放入碎骨机，碎成 30～50 mm 的碎块。在加工过程中，为了保证骨泥质量，温度控制在 12 ℃

以下较好。为了防止骨泥温度升得太高，在碎骨时按一定的比例加入冰块。绞碎后的骨泥用辊均机进行辊碎，使之均匀。

（3）粗磨与细磨：用磨浆机粗磨辊碎后的骨泥，使骨泥块的粒度进一步细化。在粗磨时磨与磨的间隙适当调大，磨时要加适量的冰块。随即对粗磨后的骨浆进行细磨，细磨时将胶体磨的间隙调小，细磨后的骨细化到小于 100 目，骨浆磨出后，应立即冷冻备用。

5.1.5　骨胶综合利用技术

骨胶又称为骨明胶，是利用废弃的动物骨头、皮及肌腱等，经简单处理而得到的一种胶黏剂。骨胶是一种纤维蛋白胶原，胶原通过聚合和交联作用形成链状或网状结构，因而骨胶具有较高的机械强度，并能吸收水分发生溶胀。

1. 骨胶的加工

骨胶制作的原理与皮胶相同，但加工过程与皮胶有所区别，即制作骨胶时没有浸灰、脱毛、中和等前处理过程，但脱脂仍是生产骨胶的一个重要环节。

1) 骨胶加工工艺流程

骨胶加工工艺流程：鲜骨→粉碎与洗涤→脱脂→煮制→浓缩→成型→切片→干燥→骨胶。

2) 工艺要点

（1）粉碎与洗涤：用机械方法将骨粉碎成 13～15 mm 的骨块，然后用水洗涤。为了提高洗涤效果，可用稀亚硫酸处理，这样不仅可以提高漂白脱色效果，还具有防腐作用。

（2）脱脂：胶液中的脂肪含量直接影响成品质量，在加工高质量骨胶时，应尽可能除尽脂肪。脱脂常采用水煮法，但煮制时间过长会影响胶液的得率，故最好用轻质汽油以抽提法除去骨中的全部脂肪，这样不仅可以提高成品质量和得率，同时也改善了胶的色泽。

（3）煮制：将脱脂后的骨放入锅中加水煮沸，使胶液溶出。煮胶时，每煮数小时后取出胶液，再加水煮沸，再取出胶液。如此 5～6 次后即可将胶液全部取出。

（4）浓缩：通过离心、沉降或过滤等方法除去胶液中悬浮的固体杂质，然后进行蒸发浓缩。工业生产中一般多采用真空设备如液膜式真空蒸发器来进行浓缩，可提高产品的质量和色泽。为了保持胶液温度不高于 90 ℃，真空度多控制在 60～67 kPa。胶液的进料浓度一般低于 10%，经浓缩后的浓度不低于 49%。如果后续的干燥设备为喷雾干燥器，浓缩至 20%～25% 即可。经浓缩后的胶液，按所含干胶计算，应加入 0.7%～1.0%的硫酸锌或 0.07%～0.1%的保鲜粉作为防腐剂。

（5）成型：当胶液浓度达 49% 以上、温度冷却到 28 ℃ 以下时，就能发生凝胶作用，转变成固体状凝胶。把浓缩后的胶液放入容器内，并冷冻成冻胶，然后切成薄片进行干燥，干燥至含水量小于 16% 才能作为成品出售。骨胶干燥设备常用通道式干燥机，也可自然晒干。

2. 骨汤胶的加工

骨熬煮提取骨油后的残汤，也能用来生产骨胶，俗称骨汤胶。

1）骨汤胶加工工艺流程

骨汤胶加工工艺流程：鲜骨→澄清骨汤→熬胶→晾胶→干燥→骨汤胶。

2）工艺要点

（1）清汤：捞出熬油残汤中的残骨和杂质，让其沉淀和过滤，将滤液重新加热至 90 ℃，并加入 0.05％的明矾粉及 0.05％的生石灰粉，以及 0.5％的新鲜脱纤牛血或脱纤猪血，充分搅拌物料，清除漂浮在表面上的杂质和泡沫，然后加入 0.02％～0.024％的甲醛进行防腐，趁热过滤除去沉淀的杂质。

（2）熬胶：将清汤过滤得到的滤液倒入锅里，以猛火加热进行熬胶，当熬至骨汤开始发黏时，减弱火力，取样测定相对密度。当相对密度达 1.15 时，再加 0.01％～0.02％的甲醛，搅匀后准备出料。

（3）晾胶：当胶液温度冷却至 50～60 ℃时，把它倒入小木框中，木框以玻璃作底。每框中约倒入 1 cm 厚的胶液，然后在 10～15 ℃条件下晾胶约 30 min，再用小刀取出凝胶。

（4）干燥：将取出的凝胶放置在 30 ℃的干燥室里，经 8～12 d 后即可得成品。

5.1.6　骨素综合利用技术

羊骨是肉羊加工副产物中可再生利用的重要资源。为了深度开发羊骨资源，有效提高其综合利用价值，以羊骨为原料，通过热压抽提制备羊骨素，并利用酶工程技术和美拉德反应制备羊骨素的衍生产品——羊骨素水解液和热反应肉味香精，从而获得一系列不同的调味料。这样既提升了传统食品加工产品的经济价值，为肉羊加工企业带来新的经济增长点创造条件；又使羊鲜骨下脚料的资源回收、综合利用由浅层次向深层次发展，达到节约资源、保护环境，促进可持续发展的目的。

羊骨素即羊骨抽提物，是以水作为抽提介质，通过高温高压工艺，将羊骨中可溶性营养物质（主要是蛋白质和氨基酸等）提取出来，经真空浓缩而成的天然调味料。羊骨素主要营养成分是蛋白质，因此羊骨素的提取率是通过羊骨汤中蛋白质的提取率来体现的，即羊骨素的出品率与羊骨汤中的蛋白质提取率成正比。在热压抽提工艺中，羊骨的破碎度、抽提温度、抽提压力、抽提时间及料液比是影响骨素提取率的主要因素。破碎度过小会造成能耗浪费，过大会使提取效率变低；抽提压力越高，提取率越高，但压力过高会使骨素出现焦煳味。抽提时间的长短也会影响骨素抽提的效率。料液比指羊骨与水的比例，羊骨素的提取率随水比例的增加而增加，若水的比例过大则会造成能耗过度浪费。因此，热压抽提羊骨素应选择适当的羊骨破碎度、抽提时间、抽提压力和破碎度，才可制得高质量产品，并节约能耗。

1. 骨素加工工艺流程

骨素加工工艺流程：鲜羊骨→破碎→高压→离心→静置→上层脂肪/中层骨汤/下层

骨渣→分离→浓缩→均质→骨素。

2. 工艺要点

取新鲜羊骨，剔除鲜骨上的肉质，用碎骨机破碎后混匀，取混匀后的碎骨 50 g 于 500 mL 烧杯中，按一定料液比加水，放入高压蒸气灭菌锅中蒸煮。然后 3000 r/min 离心 10 min，室温下静置 2 h，分离脂肪，过滤除去残渣得到骨汤原液。骨汤原液在 55～60 V，0.09 MPa 条件下真空浓缩至固形物含量 35%，向浓缩液中加入占浓缩液质量 13% 的食盐，在 20 MPa 下均质 10 min 即得到成品天然羊骨素。

5.2 肉羊角、蹄及内脏的利用关键技术

5.2.1 肉羊角、蹄的加工利用

羊角、蹄是肉羊加工行业的废弃物，也是一种永不枯竭的蛋白资源，长期以来，被当作垃圾白白扔掉，造成了动物蛋白的极大浪费。通过对其性质、组成的深入分析，结合现有的化工及生物技术，目前羊角、蹄已作为一种重要的化工原料用来生产各种氨基酸。

1. 角、蹄的化学组成和性质

角、蹄为皮肤附属物，富含角蛋白（55%～87%），因而又称为含角蛋白原料。角蛋白组成中硫含量高（2%～7%），使得角蛋白具有极高的稳定性、机械强度和弹性。

2. 角、蹄提取氨基酸

从羊角、蹄中可提取 L-胱氨酸、L-亮氨酸、L-谷氨酸、L-精氨酸、L-酪氨酸等。其中，重点介绍 L-亮氨酸、L-谷氨酸、L-酪氨酸的生产加工技术。

1) 氨基酸产品特点

L-亮氨酸、L-谷氨酸、L-酪氨酸均为无色晶体，难溶于水、乙醇、乙醚等有机溶剂，易溶于酸、碱溶液。三种氨基酸的熔点分别为 337 ℃、249 ℃ 和 344 ℃，具有两性和等电点，以及氨基酸所具有的化学通性，在医学、食品、饲料等行业有广泛的应用。

2) 角、蹄提取氨基酸技术

（1）工艺流程。

提取 L-亮氨酸、L-谷氨酸、L-酪氨酸产品的加工工艺流程如下。

第一步：原料→除杂→洗净晾干→粉碎→水解→粗品 A→脱色→中和→粗品 B。

第二步：粗品 B→加酪氨酸晶种→过滤→干燥→粗品 C→粗品 D→粗品 E→脱色→过滤→干燥→酪氨酸精品。

第三步：粗品 A→调酸→浓缩→过滤→加谷氨酸晶种→谷氨酸粗品→碱液→脱色→过滤→干燥→谷氨酸精品。

第四步：粗品 A→浓缩→亮氨酸盐溶液→冰置→粗品 F→粗品 G→粗品→醇提→过滤→干燥→亮氨酸精品。

（2）工艺要点（以 L-酪氨酸为例）。

①将羊角、蹄除杂洗净，晾干，粉碎。

②将处理好的原料投入酸解缸中，加入 3 倍量的 10 M HCl，用油浴加热至 116～117 ℃，保温搅拌水解 10 h，趁热过滤。

③搅拌下用 0.3 g/mL NaOH 将滤液中和至 pH 为 4.8，静置 6 h，过滤，抽干，得粗品 A。

④将粗品 A 溶于 2 M HCl 中，调 pH 为 1.0，水浴加热至 80 ℃，加入粗品量 8% 的活性炭，搅拌升温至 90 ℃，保温搅拌 30 min，趁热过滤，将滤液保温至 80～90 ℃，搅拌下加入 0.3 g/mL NaOH 中和至 pH 为 4.8，静置 6 h，过滤，抽干，得粗品 B。

⑤将粗品 B 的母液，于室温下加入少量酪氨酸晶种，静置 24 h，过滤。滤液用水浴加热至 80 ℃，减压浓缩至原体积的一半，冷却至室温，加入少量晶种，静置 24 h，过滤。

⑥合并两次滤液，抽干，于 60 ℃ 真空干燥，干燥后的固形物用浓 HCl 溶解，搅拌下加入 20 g/L NaOH 中和至 pH 为 4.8，水浴加热至 90 ℃，保温搅拌 30 min，趁热过滤，滤液冷却至室温，加入少量晶种，静置 24 h，过滤，抽干，得粗品 C。

⑦用浓 HCl 溶解粗品 C，水浴加热，搅拌下加入 40 g/L NaOH 中和至 pH 为 3.0，升温至 90 ℃，保温搅拌 30 min，趁热过滤，滤液冷却至室温，加入少量晶种，静置 24 h，过滤，抽干，得粗品 D。

⑧用 0.3 g/mL NaOH 溶解粗品 D，同时调 pH 为 12.0，用水浴法加热至 95 ℃，搅拌下加入 1 M HCl 中和，使 pH 为 8.0，趁热过滤，将滤液冷却至室温，加入少量晶种，静置 24 h，过滤，抽干，得粗品 E。

⑨用 1 M HCl 溶解粗品 E，同时调 pH 为 3.0，用水浴法加热至 70～80 ℃，搅拌下加入总液量 5% 的活性炭，升温至 90 ℃，保温搅拌 30 min，趁热过滤，将滤液冷却至室温，加入少量晶种，静置 24 h，过滤，抽干，于 70～80 ℃ 真空干燥，得 L-酪氨酸精品。

其他几种氨基酸的精制工艺要点与 L-酪氨酸精品工艺相似。

5.2.2　肉羊脏器综合利用技术

畜禽内脏包括心、肝、胰、脾、胆、胃、肠等，既可以直接烹调食用，也可以加工成各种营养丰富的特色食品，更是医药行业中生化制药的重要原料。近年来，以动物内脏为原料，开发脏器生化制品和食品添加辅料已成为动物源产品的主流趋势和新兴产业。与化学合成制品相比，动物源生化制品具有毒副作用小、易于人体吸收等优点，已成为时下食品和医药行业的研究热点之一。

肝脏可用于提取制备多种药物，如肝精、水解肝素、肝宁注射液等。胰脏含有淀粉酶、脂肪酶、核酸酶等多种消化酶，可用于提取高效消化药物胰酶、胰蛋白酶、糜蛋白酶、糜胰蛋白酶、弹性蛋白酶、激肽释放酶、胰岛素、胰组织多肽、胰脏镇痉多肽等，用于治疗多种疾病。动物心脏可制备许多生化制品，如细胞色素、乳酸脱氢酶、柠檬酸合成酶、延胡索酸酶、谷草转氨酶、苹果酸脱氢酶、琥珀酸硫激酶、磷酸肌酸激酶等。

动物胃黏膜中含有多种消化酶和生物活性物质，可用来生产胃蛋白酶、胃膜素等。脾脏可以提取脾核糖、脾腺粉等。猪、羊小肠可制成肠衣，肠黏膜可生产抗凝血、抗血栓、预防心血管疾病的药物，如肝素钠、肝素钙、肝素磷酸酯等。猪、牛、羊胆汁在医药上有很大价值，可用来制造粗胆汁酸、脱氧胆酸片、胆酸钠、降血压糖衣片、人造牛黄、胆黄素等多种药物。

1. 胰脏综合利用技术

1）胰酶的提取加工

胰酶是羊胰脏中的酶原经提取、激活而获得的一种复合酶，它包含蛋白水解酶如胰蛋白酶、羧肽酶 A 与 B、糜蛋白酶、弹性蛋白酶、激肽释放酶、胰淀粉酶、胰脂肪酶与核糖核酸酶等。胰蛋白酶、胰淀粉酶及胰脂肪酶是胰腺分泌到胰液中的细胞外酶，在肠液中消化蛋白质、淀粉与脂肪。

胰酶多作为助消化药应用于临床，如治疗消化不良、食欲缺乏及肝胰疾患引起的消化障碍。此外，由于胰酶中含有多种活性物质，可作为原料药从中提取所需物质，也有少量胰酶用于食品工业。

（1）胰酶加工工艺流程：胰脏→破碎→胰浆→过滤→胰乳→激活→沉淀→脱脂→干燥→粗酶。

（2）工艺要点说明。取冰冻的羊胰脏切成片状，用组织捣碎机搅成胰浆，加入 pH 为 6.8 的磷酸盐缓冲液，磁力搅拌 1 h，双层纱布过滤。滤液在 1500 r/min 下离心 10 min，上清液加入冷却的丙酮溶液达到 75%，磁力搅拌 20 min，低温 2500 r/min 离心 15 min，取沉淀，再加入丙酮并离心，重复两次。最后加入 50% 乙醚脱脂，低温离心获取沉淀，经真空低温冻干后制得胰酶粗品。胰酶粗品用 75% 饱和硫酸铵溶液盐析 1 h，离心后获取的沉淀为胰酶。将胰酶溶于去离子水中，加入氯化钙，控制钙离子浓度为 0.01% 左右，加入 4% 的胰蛋白酶、微量麦芽糖和甘油，调节 pH 到 8.0，5 ℃条件下激活 12 h。透析后真空低温冻干，得到的粉末即为胰酶。

2）胰蛋白酶的制备

胰蛋白酶以无活性的酶原形式存在于羊胰脏中，在 Ca^{2+} 的存在下，被肠激酶或有活性的胰蛋白酶自身激活，从肽链 N 端赖氨酸和异亮氨酸残基之间的肽键断开，失去一段六肽，分子构象发生一定改变后转变为有活性的胰蛋白酶。

胰蛋白酶原的相对分子质量约为 24000，等电点约为 pH 8.9。胰蛋白酶的相对分子质量与其酶原接近（23300），等电点约为 pH 10.8，最适 pH 7.6～8.0，在 pH=3 时最稳定，低于此 pH 时，胰蛋白酶易变性，在 pH>5 时易溶解。Ca^{2+} 离子对胰蛋白酶有稳定作用。重金属离子、有机磷化合物和反应物都能抑制胰蛋白酶的活性，胰脏、卵清和豆类植物的种子中都存在蛋白酶抑制剂。研究发现在一些植物的块基（如土豆、白薯、芋头等）中也存在胰蛋白酶抑制剂。

胰蛋白酶能催化蛋白质的水解，对于由碱性氨基酸（精氨酸、赖氨酸）的羧基与其他氨基酸的氨基所形成的键具有高度专一性。此外，还能催化由碱性氨基酸和羧基形成的酰胺键或酯键，其高度专一性仍表现为对碱性氨基酸一端的选择。胰蛋白酶对这些键的敏感性次序为：酯键 ＞ 酰胺键 ＞ 肽键。因此，可利用含有这些键的酰胺或酯类化合物作为底物来测定胰蛋白酶的活力。目前，常用苯甲酰-L-精氨酸－对硝基苯胺（BAPA）和苯甲酰-L-精氨酸-β-萘酰胺（BANA）测定酰胺酶活力；用苯甲酰-L-精氨酸乙酯（BAEE）和对甲苯磺酰-L-精氨酸甲酯（TAME）测定酯酶活力。

从羊胰脏中提取胰蛋白酶时，一般是用稀酸溶液将胰腺细胞中含有的酶原提取出来，然后根据等电点沉淀的原理，调节 pH 以沉淀除去大量的酸性杂蛋白及非蛋白杂质，再以硫酸铵分级盐析将胰蛋白酶原等（包括大量糜蛋白酶原和弹性蛋白酶原）沉淀析出。经溶解后，以极少量活性胰蛋白酶激活，使其酶原转变为有活性的胰蛋白酶（糜蛋白酶和弹性蛋白酶同时也被激活），被激活的酶溶液再以盐析分级的方法除去糜蛋白酶及弹性蛋白酶等组分。收集含胰蛋白酶的级分，并用结晶法进一步分离纯化。一般经过 2～3 次结晶后，可获得相当纯的胰蛋白酶，其比活力可达到 8000～10000 BAEE 单位/毫克蛋白。如需制备更纯的制剂，可将上述酶液通过亲和层析进一步纯化。

（1）胰蛋白酶加工工艺流程：胰脏→提取→盐析→激活→分离→结晶→重结晶→冷冻干燥→产品。

（2）工艺要点说明。

①胰蛋白酶原的提取。将新鲜的或杀后立即冷藏的胰脏，除去脂肪和结缔组织后绞碎。加入 2 倍体积经预冷的乙酸酸化水（pH 4.0～4.5）于 10～15 ℃搅拌提取 24 h，四层纱布过滤得乳白色滤液，用 2.5 M H_2SO_4 调 pH 至 2.5～3.0，放置 3～4 h 后用折叠滤纸过滤得黄色透明滤液，加入研细的固体硫酸铵，使溶液达 0.75 饱和度（每升滤液加492 g），放置过夜后抽滤，干燥，粉碎后制得胰蛋白酶原粗制品。

②胰蛋白酶原激活。向胰蛋白酶原粗制品滤饼中分次加入 10 倍体积（按饼重计）的冷蒸馏水，使滤饼溶解，得胰蛋白酶原溶液。边搅拌边慢慢加入研细的固体无水氯化钙（滤饼中硫酸铵含量按饼重的 1/4 计），使 Ca^{2+} 与 SO_4^{2-} 结合后，用 5M NaOH 调 pH 至8.0，加入极少量胰蛋白酶（2～5 mg）轻轻搅拌，室温下活化 8～10 h（2～3 h 取样一次，并用 0.001M HCl 稀释测定酶活），活化完成（比活为 3500～4000 BAEE 单位）后，用 2.5M H_2SO_4 调 pH 至 2.5～3.0，抽滤除去 $CaSO_4$ 沉淀。

③胰蛋白酶的分离。将已激活的胰蛋白酶溶液按 242 g/L 加入细粉状固体硫酸铵，使溶液达到 0.4 饱和度，放置数小时后，抽滤，弃去滤饼，滤液按 250 g/L 加入研细的硫酸铵，使溶液饱和度达到 0.75，放置数小时，抽滤，弃去滤液。

④胰蛋白酶的结晶。将胰蛋白酶滤饼（粗胰蛋白酶）溶解后进行结晶，按每克滤饼溶于 1.0 mL pH 为 9.0 的 0.4 M 硼酸缓冲液的量加入缓冲液，小心搅拌溶解。用 2M NaOH 调 pH 至 8.0，存放于冰箱。放置数小时后，出现大量絮状物，溶液逐渐变稠呈胶态，再加入总体积为 1/4～1/5、pH 为 8.0 的 0.2 M 硼酸缓冲液，使胶态分散，必要时

加入少许胰蛋白酶晶体。放置 2～5d 可得到大量胰蛋白酶结晶，待结晶析出完全时，抽滤，母液回收。

⑤胰蛋白酶的重结晶。将一次结晶的胰蛋白酶产物进行重结晶：用约 1 倍的 0.025 M HCl，使结晶分散，加入 1.0～1.5 倍体积 pH 为 9.0 的 0.8 M 硼酸缓冲液，至结晶酶全部溶解，取样后，用 2 M NaOH 溶液调 pH 至 8.0，冰箱放置 1～2d，可将大量结晶抽滤得第二次结晶产物，冷冻干燥后得到重结晶的胰蛋白酶。

3）胰岛素的制备

胰岛素为白色或类白色无定形粉末，易溶于稀酸或稀碱水溶液，也易溶于酸性（或碱性）烯醇（80%以下）和稀丙酮水溶液中，在其他无水有机溶媒中均不溶。胰岛素在酸性溶液中（如 pH 3.5）较稳定，在碱性溶液中极易失活，其他凡能改变蛋白质结构的因素，如加热（80 ℃以上）、强酸、强碱和蛋白酶等都可使胰岛素受到破坏。

胰岛素是一种相对分子质量较小的蛋白质激素，其基本结构单位相对分子质量约为 6000，二聚体相对分子质量为 12000，由四个多肽链以六个二硫键相联结而成。其中胱氨酸约占 12%，胰岛素的生理效能与此种氨基酸中的二硫键有着极密切的关系，任何一个二硫键断裂都能使胰岛素失去活力。

因胰岛素属于蛋白质，所以它具有一般蛋白质性质。近数十年来国内外生产胰岛素的方法主要有两种：一种是减压浓缩法；另一种是乙醚沉淀法：将酸性乙醇提取液经过初步提纯后用大量乙醚将胰岛素沉淀下来，然后制成纤维状胰岛素，再精制成结晶。

（1）胰岛素加工工艺流程。

我国工业化生产中多采用减压浓缩法，其工艺流程为：胰脏→破碎→胰浆→酸醇提取→碱化→酸化→浓缩→脱脂→盐析→锌沉淀→结晶→干燥→成品。

（2）工艺要点说明。

①破碎：将新鲜或冰冻胰脏除去结缔组织等杂质，绞碎成冰胰浆。

②酸醇提取：将胰浆置于提取罐中，加入 1.5～2.0 倍量的酸性乙醇溶液，使 pH 为 2.5～3.0，醇含量为 70%左右，搅拌提取 3 h，压滤，使浸提液尽量滤出。残渣再重复提取一次，合并滤液。

③碱化，酸化：将合并的浸出液放入碱化罐中，在 10～15 ℃条件下加入氨水调节 pH 至 8.2～8.4，拌搅后立即压滤，于澄清的滤液中迅速加入硫酸调节 pH 至 2.5～3.0。

④浓缩：将滤液在 0 ℃左右放置过夜使酸性杂蛋白沉降，取清液，真空浓缩至原体积的 1/9～1/7。

⑤脱脂：将浓缩液在 10 min 内迅速加温至 50 ℃后立即用冰冷却至 0 ℃，放置 3 h，将上层脂肪分离，得到澄清的浓缩液。

⑥盐析：调节澄清浓缩液的 pH 至 2.5，在 20～25 ℃条件下搅拌加入溶液体积 25% 的精盐，使之全部溶解，放置 3～4 h，过滤后收集沉淀，再用无水丙酮洗涤数次（除去剩余的脂肪和水），真空干燥得粗制品。

⑦锌沉淀：称取粗制品，用 7～10 倍量 pH 为 2.2 的酸水溶解，加 30％（按酸水容积）冷丙酮，用 5 M 氨水调 pH 至 4.2，再补加所用氨水量的 30％冷丙酮。5 ℃以下放置过夜，抽滤。取滤液用 5 M 氨水调 pH 至 6.2～6.4，加入氯化锌调 pH 至 6.0，在冰箱冷藏室放置过夜，抽滤，滤液回收胰岛素。

⑧结晶：每克滤饼干物用 50 mL 20％枸橼酸溶解。加入 0.08 g 固体 $ZnCl_2$，16 mL 丙酮，搅拌均匀，补加水至 100 mL，调 pH 至 6.0～6.2，放冰箱 48 h 以上析出结晶，过滤，回收滤饼。

⑨干燥：取结晶，用丙酮洗涤 2 次，乙醚洗涤 1 次，真空干燥即得成品。

2. 羊肠综合利用技术

羊屠宰后的鲜肠管，经加工除去肠内外各种不需要的组织后，剩下的一层坚韧半透明的黏膜下层，称为羊肠衣。羊肠衣可分为绵羊肠衣和山羊肠衣，绵羊肠衣比山羊肠衣的价格更高，有白色横纹，颜色比较深。羊肠衣在未加工前，称为原肠或鲜肠，经加工后即为成品。羊肠管从组织学上可分为黏膜层、黏膜下层、肌肉层和浆膜层。加工羊肠衣时，仅留黏膜下层，其余各层完全刮去。黏膜下层是疏松的蛋白质类结缔组织，在常温下易腐败。因此需加盐进行保存。绵羊、山羊的小肠和直肠均可用于制作盐渍肠衣。

羊肠衣品质较高，直径较小，用于生产优质香肠（如法兰克福香肠）以及高级猪肉肠。这些肠衣抗压能力强，能抵制充填、煮制和烟熏中的压力。不同地区来源的羊肠衣颜色有一定程度的变化，从纯白到浅灰，但这种颜色变化并不代表品质、强度、熏烟渗透能力的差别。表 5-2 为羊肠衣直径、填充能力及其用途。

表 5-2　羊肠衣直径、填充能力及其用途

直径/mm	每把最大填充能力/kg	用途
16～18	15～16	法兰克福香肠
18～20	17～18	猪肉香肠、法兰克福香肠
20～22	21～23	猪肉香肠、法兰克福香肠
22～24	25～27	法兰克福香肠
24～26	27～29	法兰克福香肠
≥26	29～31	法兰克福香肠

1）盐渍肠衣的加工工艺流程

盐渍肠衣的加工工艺流程为：鲜小肠→浸漂→刮肠→串水→量码→腌肠→缠把→漂洗→串水分路→配码→腌肠→缠把→成品。

2）盐渍肠衣操作工艺要点

（1）浸漂。羊屠宰后，取出新鲜肠管，将小肠对折，两口向下，一手高提，另一手捋肠，也可以由小头向大头捋肠。捋肠时适当用力，速度要慢，防止肠被挤破或拉断。将小肠内的粪便尽量捋尽，然后灌水冲洗，此肠称为原肠。从肠大头灌入少量清水，然后浸泡在清水中。利用微生物的发酵和组织自身的降解，使肠组织适当分离，便于刮制。浸泡时间根据气温及水温而定，一般春秋季节在 28 ℃，冬季在 33 ℃，夏季则用凉水浸泡，浸泡时间一般为 18～24 h。将肠泡软，易于刮制，又不损坏肠衣品质。因此要控制好浸泡程度，浸泡不足，会使刮制困难；浸泡过度，肠会溃烂，造成浪费。浸泡用水要清洁，不能含有矾、硝、碱等物质。

（2）刮肠。把浸泡好的肠取出放入木槽内，先将肠理齐顺，割去弯头，然后逐根从大头处串入 200～300 mL 清水，再放在平整光滑的平台或木板（刮板）上，逐根刮制，或用刮肠机进行刮制。手工刮制时，一手捏牢小肠，一手持刮刀，慢慢地刮去肠内外无用的部分（黏膜层、肌肉层和浆膜层）。刮时，持刀须平稳，用力应均匀，既要刮净无用部分，又不损伤肠衣。若有不净处，应重新刮制，直到整根肠呈薄而透明的衣膜，外无筋络，内无杂质为止。

（3）串水。刮完后的肠衣要翻转串水，检查有无漏水、破孔或溃疡。如破洞过大，应在破洞处割断。最后割去十二指肠和回肠。

（4）量码。将刮制好的肠衣对着量码尺进行量码。每 100 码（91.5 m）配尺成一把，羊肠衣每把长限为 92～95 m，其中绵羊肠衣 1～3 路不得超过 16 节，4～5 路 18 节，6 路每把 20 节，每节不得短于 1 m。山羊肠衣 1～5 路每把不得超过 18 节，6 路每把不得超过 20 节，每节不得短于 1 m。将量好的肠衣，理齐头子，扎成一把，以免造成缺尺。扎把时，两手拿肠衣，在案头来回摆放，最后从肠中间抓起，扎成腰打把形式，不易乱把。

（5）腌肠。将已扎成把的肠衣散开用精盐均匀腌制。腌制时必须一次上盐。一般每把肠需用盐 0.7～0.9 kg，盐渍时应将肠把打开，拆开结头，将盐撒在肠衣上，须要轻轻涂擦，全部擦到，力求均匀。腌好后再把肠衣打好结，重新扎成把放在筛篮内，盖上白布，沥净生水。夏天沥 24 h，冬天沥 2d。沥完水后将多余盐抖下，无盐处再用盐补上。

（6）缠把。腌肠后 12～13 h，当肠衣呈半干半湿状态时便可缠把，即成光肠（半成品）。可连续加工成成品，也可以用来加工香肠和灌肠等。如暂时不加工为成品，可以贮藏在缸内。贮藏用缸应洗净，缸内不残留生水。先在缸底撒上少量精盐，然后把腌好的肠衣逐把拧紧，层层排紧于缸内，再压上干净又不会褪色的石头，盖好缸盖，注明数量、日期。要经常检查，发现有漏卤或卤浑浊或不正气味时，应及时翻缸。

（7）漂净洗涤。将光肠放入清水中浸泡、洗涤、反复换水，洗净肠内不溶物。浸漂时间夏季不超过 2 h，冬季可适当延长。漂至肠衣散开、无血色、洁白即可。

（8）串水分路。将漂洗净的肠衣放在灌水台上灌水分路。灌水时，一手握水开关，另一只手将肠衣按于龙头上，将水灌入。肠衣抄水后，两手紧握肠衣，双手持肠距离 30～40 cm，中间任肠自然弯曲成弓形，对准分路卡，测量肠衣口径的大小，满卡而不碰卡为本路肠衣。测量时要勤抄水，多上卡，不得偏斜测量。分路时也要检查肠衣有无破伤、漏洞等。羊肠衣可分为 6 个路：1 路 22 mm 以上；2 路 20～21 mm；3 路 18～19 mm；4 路 16～17 mm；5 路 14～15 mm；6 路 12～13 mm。分好路的肠衣，按路分开放置，以免混乱。

（9）配码。将同一路的肠衣，按一定的规格尺寸扎成把。

（10）腌肠及缠把。配码成把以后，再用精盐腌上，每把肠衣用精盐 1 kg。腌时将肠衣的结拆散，然后均匀上盐，再重新打好把结，置于筛盘中，上覆白布和分路份牌子。筛盘叠起，最上面加压石块，放置 2～3d，待水分沥干后再缠把，即为净肠成品。

3. 胆汁综合利用技术

动物胆汁作为我国传统中药被用在临床医学上已有 1500 多年的历史。在生化制药中胆汁是非常重要的原料，现在国内外以动物胆汁为原料制造的生化药品（不包括牛黄配制的制剂）已达 40 余种。其中羊胆汁因其药源充足，药效突出，在临床上被普遍应用，成为常用中药。羊胆汁正常状态下有一股特有的腥味，颜色为绿色或黄绿色。羊胆属中品药物，可清火明目，具有较好的解毒作用。在临床应用中，羊胆的主要用途除了治疗肝热及目赤疾病外，还可治疗目生翳障、黄疸等疾病，在治疗肺痨吐血、热毒疮肿以及喉头红肿中的效果也较好。现代研究也表明羊胆具有抗炎、抑菌等功效。羊胆汁是胆酸提取中的一种重要原料，与牛胆汁相比，羊胆汁有更高的收效率。羊胆汁的主要成分有胆汁酸盐、胆色素、黏蛋白等。

1）胆酸综合利用技术

胆酸是由肝脏合成，随胆汁排入十二指肠内，作为消化液的组成部分之一，能促进脂类物质的消化和吸收。羊胆酸及其胆酸盐有明显抗戊四氮惊厥作用，并有一定的解热功效。羊胆酸钠是天然利胆药物，口服可增加胆汁分泌，乳化不溶于水的脂肪，以利于胰脂酶对脂肪的作用，促进脂肪消化产物和脂溶性维生素 A、维生素 D、维生素 K、维生素 E 的吸收。羊胆酸氧化得到的去氢胆酸，能促进肝脏分泌大量黏度较低的胆汁，以通畅胆道，其利胆作用迅速，能促进胆道中小结石的排出。胆酸盐是油脂乳化剂，在肠中促进油脂的水解和吸收。此外，胆酸还具有镇痉、降低血液中胆甾醇含量等作用。

（1）粗胆酸的制备。取新鲜或解冻的羊胆囊，清洗干净后剪破胆皮，取出胆汁，以纱布过滤除去脂肪及杂质。取胆汁按 10 : 1（V/W）加入氢氧化钠，在夹层锅内加热煮沸皂化一定时间。皂化液冷却后，加工业盐酸或硫酸酸化到 pH 为 3.5～4.0（至刚果红试纸变蓝色）时，将酸性沉淀物水洗至中性，或放沸水中煮成颗粒。沥干，以 55～60 ℃低温干燥，研碎，即得粗羊胆酸。

（2）精制胆酸的制备。向粗胆酸中加入 0.75 倍 75% 乙醇，加热搅拌，回流至固体物完全溶解。过滤，滤液在 0～5 ℃ 条件下放置 5～7d，使结晶完全析出。抽滤或离心后以少量 80% 乙醇洗涤，干燥得胆酸结晶。取胆酸结晶再加 4 倍量 95% 乙醇及 4%～5% 活性炭，加热搅拌，回流，待充分溶解后，趁热抽滤，滤液浓缩至 1/4 体积时放出，置 0～5 ℃ 条件下结晶，结晶干燥后再以少量 90% 乙醇洗涤，再干燥，即得精制羊胆酸。胆酸含量可达 80% 以上。

2）牛黄胆酸综合利用技术

正常胆汁中的胆汁酸按结构不同可分为两大类：一类是游离胆汁酸，包括胆酸、脱氧胆酸等；另一类是结合型胆汁酸。结合型胆汁酸包括各种游离胆汁酸分别与甘氨酸或牛黄酸通过酰胺键（肽键）结合的产物。一般结合型胆汁酸的水溶性较游离型大，pK 值降低，这种结合使胆汁酸更稳定，在酸或 Ca^{2+} 存在时不易沉淀出来。胆汁中所含的胆汁酸绝大部分是结合型胆汁酸，无游离型胆汁酸或极微量。牛黄胆酸就是一种结合型胆汁酸。

（1）牛黄胆酸粗品的提取（乙醇提取法）。取新鲜羊胆汁 400 mL，双层纱布过滤后，加入相当于胆汁体积 4 倍量的 95% 乙醇溶液均匀搅拌，静置 30 min 后，以 2000 r/min，4 ℃下离心 10 min。除去蛋白和部分色素，得到黄绿色的上清液。按 15 g/100 mL 量加活性炭至上清液，低温搅拌 10 min，使其充分溶解。以 2000 r/min，4 ℃下离心 10 min 除去色素，得到无色上清液。用旋转蒸发仪浓缩回收乙醇，旋转速度为 75 r/min，温度控制在 90 ℃以内，除去乙醇和胆汁中的部分水。浓缩液静置放凉后，用稀盐酸调节溶液 pH 至 6.0~6.2，过滤除去沉淀。再用氢氧化钠水溶液调节溶液 pH 为 7.4，加入过量的 NaCl，充分搅拌至出现黏状的白色沉淀物，4 ℃冰箱过夜。除去脱氧胆酸，并生成更为稳定的结合胆酸盐。用适量的氯仿和甲醇（体积比 2∶1）充分溶解上述盐析物后，置于分液漏斗中，加入氯仿甲醇以及少量水，用浓盐酸调节水相的 pH 至 1 以下。用分液漏斗反复萃取多次，收集有机相。除去胆汁中的水分。将所得有机相旋转蒸发浓缩回收氯仿和甲醇，浓缩至黏稠液体。其中少量的水分用无水硫酸钠过滤除去。4 ℃保存备用。

（2）牛黄胆酸的纯化。将牛黄胆酸粗品加入长 60 cm、内径 5 cm 的硅胶层析柱上，固定相为大颗粒硅胶，流动相为体积比为 2∶1 的氯仿和甲醇。在常温常压下，线速度为 10.5 mL/min。上样后，用紫外分光光度计在牛黄胆酸最大吸收值 $\lambda = 460$ nm 处进行检测，收集有吸收值的液体，用薄层层析板进行定性检测，用微量进样器吸取 5~10 μL 牛黄胆酸标准品及待测液进行点样（以硅胶为固定相，展开剂为氯仿∶异丙醇∶醋酸∶水 = 30∶30∶4∶1，上行展开，显色剂为 20% 硫酸和 3.5% 磷钼酸，110 ℃烘干，3~8 min 可显色），斑点为蓝紫色，出现两个或两个以上斑点表明不纯，约 4 h 后出现一个点，以标准品为对照，收集只有一个点的液体，旋转蒸发浓缩，回收流动相氯仿和甲醇，直到出现白色结晶。收集白色结晶冷冻保存，即为牛黄胆酸纯品。

5.3　肉羊其他副产品利用的关键技术

5.3.1　肉羊血液的加工利用

1. 血液综合利用途径

肉羊血液由血细胞（红细胞、白细胞、血小板）、血浆和水分组成，其中血细胞占 13%，血浆中的有机物占 8%、无机物占 1%、水分占 78%。羊的血液占其体重的 3.5%，是肉羊产品中数量比较大的副产品。

在我国，畜禽血液大多是被制成血粉，一般只能作为饲料用。要进行其他的利用，必须要把血浆、血细胞等成分进行分离。目前血液的利用主要在以下四个领域。

（1）医药用。从血液中分离出血液纤维蛋白，制成喷雾用泡沫状或涂在透明通气性胶带膜上用于止血；用血液中分离出的血清白蛋白制成血浆粉末，涂抹在较大的外伤表面，起缓冲伤口的冲击和促进愈合的作用，作为外伤性处理用；血细胞粉末，是血液中分离出的红细胞成分，经过水解等处理后干燥成粉末状，再制成片剂的血红蛋白，用于治疗缺铁性贫血等疾病。

（2）食用。为防止血液凝固，事先将促凝作用的纤维蛋白除去，即为脱纤维蛋白血液，制成抗凝血液，可用于各种香肠的加工；冷冻血浆，可作为肉食品加工中火腿、香肠等的黏着剂；血浆粉末，用于蛋糕、面包及各种点心的营养性添加剂，以及啤酒工业中的澄清剂；血细胞着色剂，含有天然的红色素（血红素），可作为各种食品的着色剂，同时，血红蛋白又是发泡剂和乳化剂。

（3）工业用。主要利用血浆成分和血细胞成分，开发成黏合剂、消化剂、化妆品中的填充乳化剂和工业用的脱色剂。

（4）农业及饲料用。主要形式有冷冻血粉、干燥血粉、发酵血粉等，用于动物的饲料添加剂或作肥料。

2. 血液加工技术

血液的加工有其独特性，即血液自身存在的凝固特性。血液在血管内是流动的液体，当它从血管中放出后，不久就会凝固成块。血液一旦凝固，就非常难于恢复原状，直接影响血液的深加工。如果血液在凝固状态下加工成血粉或其他产品，将会严重降低产品的消化率和吸收率。血液的凝固是在 12 种凝血因子和游离子的参与下，最后血液中的纤维蛋白原被分解成纤维蛋白。纤维蛋白之间构成架桥而形成不溶性的网状胶体，称为血液凝块。

1）血液的回收

（1）回收池或回收罐回收。这种方法比较原始，但在我国大部分屠宰厂特别是中小型屠宰厂应用极为普遍。

（2）真空刀回收。真空刀是为了回收大型动物如牛、羊等的血液而开发的一种屠宰工具。它可以通过真空的作用，从动物的心脏或动脉在完全密封的状态下将血液放出，并回收到特定的容器中。这种方法能很好地防止微生物的污染和其他异物、杂质的进入，适宜食品及其添加剂、医药品用血液的加工和生产。

2）血粉的加工

制作血粉的方法很多，最简便易行的有以下几种。

（1）日晒法：晒干的血粉很脆酥，用手一捏即成粉碎，将其用木棒打碎过筛即成紫黑色的血粉。

（2）煮压法：磨细即成血粉。

（3）发酵血粉：发酵血粉的营养价值较高，含干物质 87.8%，可消化粗蛋白质 32.1%，可消化养分总量为 74%，可消化能量为 3.621 MJ/kg；其消化率：粗蛋白质为 83% ± 22%、粗脂肪为 81.6% ± 0.6%、无氮浸出物为 82.7% ± 1.7%。

　　3）血浆与血细胞的分离

　　抗凝处理后回收的血液，由于血细胞和血浆成分的比重不同，可用离心分离的方法将血浆和血细胞分离。分离出的血浆和血细胞可以加工出多种产品。

　　血浆蛋白粉及冷冻血浆蛋白：血浆中营养非常丰富，含有上百种蛋白质和多种矿物质及微量元素，是比较全价的食品素材。分离除臭后的血浆蛋白经过喷雾干燥或浓缩后冷冻干燥，制成血浆蛋白粉。将浓缩后的血浆冷冻制成冷冻血产品，这类产品主要是作为肉食品加工中（如香肠、火腿、汉堡包等）增量剂与黏着剂的添加，如面包、蛋糕、各类点心的添加。

　　血浆蛋白单成分的分离：作为特殊的加工材料，可以从上百种血浆蛋白质中选择性地将某些具有特殊性的蛋白质分离。目前常用的方法是离子交换树脂分离法。它是利用蛋白质具有电荷不同的性质，用离子交换树脂将其吸附，然后再用盐溶液溶解出来。如用阴离子交换树脂 DEAE，可以分离得到 γ-球蛋白（血细胞素）、转铁蛋白、球蛋白和血清白蛋白。

　　4）血红蛋白复合体（食用着色剂）

　　血红蛋白复合体含有天然的色素成分，营养元素也非常丰富，目前广泛应用于各种食品的着色剂和添加剂。

　　5）亚铁血红素的加工工艺及其保健功能的开发

　　亚铁血红素是血液中血细胞部分的血红蛋白通过食用蛋白酶的分解后，将一部分蛋白成分血细胞去掉，得到含铁量较高的卟啉铁蛋白复合体。

　　亚铁血红素和血液中的铁与其他化学合成的有机铁或无机铁，在治疗、预防缺铁性贫血和作为铁粉补充添加剂的目的虽然相同，但二者在吸收率和安全性上却有很大的差异。因为二者的吸收过程及原理不同，卟啉铁蛋白复合体不受障碍物质的影响，明显优于其他补铁剂，这在营养学上意义重大。它没有其他药品那样的副作用，为其在保健食品中的应用奠定了基础。

5.3.2　羊皮的加工技术

　　我国是养羊大国，羊皮产量居世界前列。羊皮的价值很高，一张好羊皮的价值占活羊总值的 45%～50%，做好羊皮（山羊皮、绵羊皮）的加工，是增加收入，提高经济效益的重要环节。

1. 羊只宰杀

　　屠宰方法：在羊只的颈部将皮肤纵向切开 15 cm 左右，然后用力将刀子插入切口内挑断气管，再把颈部大动脉切断放血。注意不要让血液污染了毛皮，放完血后，要马上进行剥皮。

2. 剥皮

　　最好趁羊体温未降低时进行剥皮。目前一般采取拳剥和挂剥两种方法。

　　（1）拳剥法：把羊只放在一个槽型的木板上，用刀尖在其腹中线先挑开皮层，继续向前沿着胸部中线挑至下颚的唇边，然后回手沿中线向后挑至肛门处，再沿两前肢和两后肢内侧切开两横线，直达蹄间，垂直于胸腹部的纵线。接着用刀沿着胸腹部挑开的皮层向里剥开 8 cm 左右，一手拉开胸腹部挑开的皮边，一手用拳头捶肉，一边拉，一边捶，很快羊皮即可剥下。

(2) 挂剥法：用铁钩将羊只的上颚钩住，挂在木架上进行剥皮，从剥开的头皮开始，按顺序拉剥到尾部，最后抽掉尾骨。

在以上两种剥皮过程中，要随时用刀将残留在皮上的肉屑、油脂刮掉。剥下的皮毛，形状必须完整，特别是羔羊，要求保持全头、全耳、全腿，并去掉耳骨、腿骨、尾骨。公羔的阴囊皮要尽可能留在羔皮上。剥下的鲜皮，可暂时放在干净的木板或草席上，以免鲜皮沾上血污、泥土、羊粪等。如果皮上沾上血污，可以用麻布擦去，千万不要用清水洗，因为用水洗过的皮会失去油亮光泽，成为"水浸皮"，降低羊皮价值。

3. 加工整理

剥下的鲜皮应及时加工整理。按照皮张的自然形状和伸缩性，把皮张各个部位平展开，使皮形均匀方正，成自然形状。皮张腹部和左右两肋处较薄，不要用力抻拉。母羊皮腹部较松，要适当向里推一推。公羊的颈部皮厚，可以适度抻拉。

4. 毛皮的盐腌法和干燥法

把剥下的毛皮（也叫生皮）用盐进行腌制和晾晒，其目的是为了防止毛皮腐败变质。

1）盐腌法

干盐腌法：把纯净干燥的细盐均匀地撒在鲜皮内面上，细盐的用量可为鲜皮重量的 40%。食盐撒在皮板上需要腌制 7d 左右。为了更好地防腐，保证生皮的质量，食盐中加入萘效果更好（萘占盐重的 2%）。

盐水腌法：先用水缸或其他容器把食盐配成 25% 的食盐溶液，将鲜皮放入缸中，使食盐逐渐渗入皮中，缸中的食盐溶液浓度不断降低，因此，应每隔 6 h 加食盐 1 次，使其浓度再恢复到 25% 为止。盐液的温度应保持在 15～20 ℃。整个过程可加盐 4 次，浸泡 24 h 后即可将鲜皮捞出，搭在绳子或棍子上，让其滴液 48 h，再用占鲜皮重量 25% 的食盐撒在皮板上堆置。此法使鲜皮渗盐迅速而均匀，不容易造成掉毛现象，使皮更耐贮藏。

2）干燥法

鲜皮经加工整理后，要及时晾晒。晾晒时要把皮的毛面向下，板面向上，展开在木板上（席、草地、平坦的沙土地上）。鲜皮干燥最适宜的温度为 25 ℃。在炎热的夏天晾晒生皮时，切记不要在烈日下暴晒，以防变成"油浸板"；也不要放在灼热的石头上或水泥板上晾晒，避免造成"石灼伤"。冬天晾晒皮张，要注意防止冰冻，避免皮面结冰，也不要放在火旁烘烤，以防变成"焦板"或"烟熏板"，而降低皮张的质量。因此，冬天晾晒皮张应选在天气晴朗，有阳光的日子。如果当日晒不干，可将皮收起来散放，次日再接着晒。经过一系列的加工、晾晒、干燥后，最好及时出售。如果贮藏，库内要保持干燥、通风、阴凉。

5.3.3　羊皮革的加工技术

制裘绵羊皮种类很多，根据毛的粗细可分为粗毛羊皮类、半细毛羊皮类和细毛羊皮类。蒙古羊皮、西藏羊皮、哈萨克羊皮、滩羊皮等属于粗毛羊皮类；寒羊皮、同羊皮和闻羊皮等属于半细毛羊皮类；美奴利羊皮、我国改良三代以上的细毛羊皮等属于细毛羊皮类。制裘用的山羊皮主要是一些小羊皮、猾子皮及少量绒山羊皮。马海毛山羊是我国山羊中的新品种，其皮既可以制革，也可以制裘，其毛被丝一般的光泽是其他皮不可比拟的。

1. 工艺流程

羊皮革加工工艺流程如图 5-2 所示。

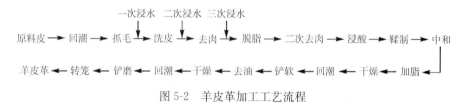

图 5-2　羊皮革加工工艺流程

2. 工艺要点

（1）选皮分路：对原料皮按照华北、西北、内蒙古三大路分路，细毛羊皮（含三代以上改良羊皮）与普通羊皮分别投产。对皮张不整、有脱毛、烂板、油煎、顶绒、癣等缺陷的皮张做好标记和统计。将严重伤残和无使用价值的皮挑出。破皮缝好（5～7 针/寸），线头打紧无脱落为准。

（2）剁腿：四腿剁至膝盖，头部剁至耳根。

（3）回潮：夏季用常温水，冬季用 45 ℃热水，均匀地刷到皮板上，板对板平置堆放过夜。防止霉烂变质。夏季在水中可加入适量防腐材料，边缘润到，头尾润软。

（4）抓毛、剪毛：用刮毛机将毛被上的草刺、粪便污物等刮掉，毛被刮通、刮散，一次刮不好的可在剪毛后再刮，小片锈毛用梳子梳开。用剪毛机将毛按照要求长度剪齐。剪毛与抓毛可交替进行，但不能剪伤毛被，必要时配合手工梳理。经过以上四道工序后，要求毛被光洁、通顺、平齐、无剪伤、无血污、无草刺、无浮毛、无破皮、无锈毛、毛长短符合要求。

（5）一次浸水：调好水量，将皮逐张投入池中滑动搅匀，每隔 2 h 划动一次，每次划动 3～5 min。根据情况可加入防腐剂（0.1 g/L 漂白粉或 0.2 mL/L 甲醛）。过夜的洗皮旧液不能用来浸水。

（6）脱脂洗皮：调好水量，加热到 42～44 ℃，下皮划匀，加入洗衣粉和纯碱，划洗 1 h 出皮。

（7）二次浸水：调好水量，根据情况加入防腐剂，下皮划匀，浸泡。每隔 2 h 划一次，每次 3～5 min，浸水时间超过 24 h 必须换新水。

（8）去肉：用去肉机边淋水边去肉，用力适当以防出刀花，脖头处横拉，背脊铲开，去肉后，边检查边入浸水池三次浸水。

（9）三次浸水：同第一次、第二次浸水。随浸水、脱脂和去肉操作的完成，皮充水度逐步提高，浸水作用步步深入。

（10）脱脂：放水，加温，投皮划匀，加脱脂剂和纯碱，划洗 40 min，控水，清水漂洗一次。脱脂液温度不能太高，否则可能引起毛根松动，但当温度低于 35 ℃时，脱脂效果就不好。脱脂时间太长时，液温降低，可能引起油脂再沉积（即脱下的油脂、脏污物重新沉积在毛被上）。脱脂后用 40 ℃左右的温水漂洗比凉水效果更好。脱脂后将未达到浸水质量要求的皮挑出，二次去肉与下批皮一同处理。

（11）软化、浸酸：放好水，加入食盐、芒硝、硫酸，加温至 40～42 ℃（如果芒硝质量差，杂质多，应先在另一容器中将其溶解，静置，将上面的清液加入软化池中），划匀下皮，划动 0.5 h 后加入已溶化开的酶进行软化。待表皮毛根略有松动，皮板松软，软化即结束，一般约需 6 h。然后在软化浴中补加 0.83 mL/L H_2SO_4 浸酸。每隔 2 h 划动 3～5 min，16 h 后出皮。旧液可循环使用，使用时各种化工材料按分析结果补加到规定要求。

（12）甲醛鞣制：放好水量，加入食盐、芒硝（先溶解，将杂质沉淀除去），加温至 36 ℃，划匀，加入甲醛，划匀后下皮。24 h 后提碱。纯碱 4～5 g/L 用 20 倍温水化开，分四次加入，隔 6 h 加一次。鞣制期间每 2 h 划动 3～5 min，44 h 后出皮。

（13）中和：放水，加硫酸，食盐和硫酸铵，划匀下皮。每隔 2 h 划动 3～5 min。12 h 后出皮甩水，待加脂。质量要求皮板柔软、无缩性，毛被整洁、光亮。

（14）加脂：油水混匀，加热至 55 ℃，调好 pH。将皮铺平，用布类物蘸加脂液均匀涂刷在皮板上，板对板堆制 24 h。

（15）挂晾干燥：夏季自然挂晾干燥，先晾皮板，板上僵后翻过来晾毛被至 8～9 成干。

（16）回潮静置：用 35～40 ℃热水均匀喷洒在皮板上，平置 2～3 d。

（17）产软磨里：先用钩软机将皮板钩软，厚硬处多钩几次。再用磨里机磨里。把破皮挑出缝好。油大的皮挑出在转鼓中去油。

（18）转鼓去油：在皮板上有油部位刷上轻汽油，皮板朝外装入转鼓，每 100 张皮约加滑石粉 45 kg，转动 3 h，再把一鼓皮分两次转笼，将滑石粉抖净。转 2 h 后取出皮检查，油脂仍然大的可二次去油，直到合格为止。

（19）打剪毛：用打毛机将锈毛打开或手工梳开，再用剪毛机按要求尺寸将毛剪齐。

（20）漂洗：放水，加温，加料划匀下皮，划洗 15～20 min，出皮甩水。漂洗废液可用于生皮浸水。

（21）中和水洗：调整皮板 pH，使其符合成品要求。

（22）甩水、干燥：室内挂晾，室温 45 ℃，皮板干至 8～9 成为宜。

（23）回潮静置：用 45 ℃水均匀喷洒在皮板上，平置 24 h 以上。

（24）铲软磨里：用钩皮机将皮板拉开，使皮伸展。磨净肉里。检验合格后晒晾。

（25）转笼：使皮板柔软，毛被松散。干转笼转 40～45 min。破皮缝好。

（26）验收、量尺、入库。

5.3.4　羊软骨综合利用技术

羊软骨的利用主要有三个方面：①直接食用，将羊软骨用不同的烹饪方式进行处理。但其具有咀嚼困难、韧性较大、消化率低等缺点。②将羊软骨制成骨味保健品如骨松、骨味素等，也可将其制成粉末添加到糖果、糕点、肉制品与乳制品中，这种食品被许多西方国家称之为 21 世纪功能性食品。③粉碎再利用，将羊软骨同羊骨一起粉碎与其他营养成分混匀加入饲料中进行利用。

以羊软骨为原料，利用胃蛋白酶提取 Ⅱ 型胶原蛋白，然后对其进行酶解制备胶原蛋白肽，是一条优化利用骨蛋白的途径，可大大提高羊软骨的营养价值，从而变废为宝，为企业减少经济损失、提高经济效益。因此，运用酶解回收利用骨蛋白极具研究意义。

1. 羊软骨 Ⅱ 型胶原蛋白的提取工艺流程

提取羊软骨 Ⅱ 型胶原蛋白的工艺流程：羊软骨→前处理→洗涤→脱脂→脱钙→去杂蛋白→洗涤→提取→盐析纯化→透析→羊软骨胶原蛋白成品。

2. 工艺要点

（1）羊软骨前处理：羊软骨用水：氯仿：乙醇（0.8：1：2）脱脂溶液脱脂的手术刀切除脂肪组织、残留肌肉组织与筋膜等。切软骨时注意其下层有白色的骨质（Ⅰ 型胶原），因此在用手术刀切削时不要过深，因为一旦混入 Ⅰ 型胶原便难以通过后续操作将其从 Ⅱ 型胶原中去除。切好后用蒸馏水冲洗三遍，处理完的羊软骨用纱布裹住吸取剩余水分后自然干燥。称取 10 g 羊软骨，再用脱脂后的手术刀将其切成 2 mm 左右的小块。

（2）洗涤：采用一定量的 10% NaCl 溶液冲洗羊软骨表面血液、其他可溶性蛋白和盐溶性蛋白。在 4 ℃条件条件下搅拌 24 h，每 8 h 换一次溶液。在 4 ℃下 10000 r/min 离心 15 min，沉淀用纱布裹去剩余水分后自然干燥。

（3）脱脂：以羊软骨重量加入 10 倍体积的脱脂溶液（氯仿：乙醇：水＝1：2：0.8），在 4 ℃条件下搅拌 48 h，每 8 h 换一次溶液，直至完全脱脂。4 ℃条件下 10000 r/min 离心 15 min，取沉淀。此时羊软骨表面上的其他组织基本洗掉，呈干净的乳白色。

（4）脱钙：以羊软骨重量加入 10 倍体积的 0.5 mol/L EDTA 溶液中，在 4 ℃条件下搅拌 48 h，每 8 h 换一次溶液。4 ℃条件下 10000 r/min 离心 15 min，取沉淀。EDTA 与 Ca^{2+} 可以形成稳定的络合物，由于钙为软骨中主要成分，若不进行脱钙，那么在提取过程中 Ⅱ 型胶原很难溶出。

（5）去除杂蛋白：以羊软骨重量加入 10 倍体积的 4 mol/L 盐酸胍溶液，脱去羊软骨中不溶性糖蛋白杂质，在 4 ℃条件下搅拌 48 h，每 8 h 换一次溶液。4 ℃条件下 12000 r/min 离心 30 min，取沉淀。

（6）洗涤：将离心后的沉淀用 0.05 mol/L Tris-HCl（pH 7.4）缓冲溶液和 0.5

mol/L 乙酸溶液分别洗涤 2 次，并用冷冻离心机在 4 ℃条件下 12000 r/min 离心 30 min，取沉淀。洗去黏附在软骨上的剩余溶液和其他杂质。

（7）提取：以羊软骨重量加入 10 倍体积的含有 3%（w/w）胃蛋白酶的 0.5 mol/L 乙酸消化溶液，4 ℃下搅拌酶解 24 h。用冷冻离心机在 4 ℃条件下 12000 r/min 离心 30 min，取上清液，再将沉淀放入 5 倍体积的含有胃蛋白酶的乙酸消化溶液中酶解一次，收集上清液。

（8）盐析纯化：将离心得到的上清液用 2 mol/L NaOH 溶液调节 pH 为 7.4，将 3 mol/L NaCl 分三次缓慢加入并搅拌均匀后在 4 ℃条件下盐析过夜。再用冷冻离心机在 4 ℃条件下 12000 r/min 离心 30 min，取沉淀。

（9）透析：用 0.5 mol/L 乙酸溶液溶解沉淀，用 2 mol/L NaOH 溶液迅速调节 pH 至 7.4，用 0.05 mol/L Tris-HCl（pH 7.4）缓冲溶液透析 48 h，再用双蒸水透析 24 h，对提取得到的 Ⅱ 型胶原蛋白进行纯化。

（10）冷冻干燥：将透析纯化后的羊软骨胶原蛋白溶液倒入干燥好的培养皿中，用封口膜封好（牙签扎孔）。在 −80 ℃冰箱冷冻过夜，冷冻干燥 24 h 后得到成品。

5.3.5　相关生化制品综合利用

利用肉羊加工大宗副产物、提取生化制品，是与现代生物科技紧密结合的一项产业，具有科技含量高、附加值高等特点，已成为肉羊加工副产品的重点研发方向。

1. 羊胎素

羊胎盘作为滋补药材在我国的应用已有悠久的历史。胎盘中富含各种物质，其中羊胎脑富含脑活素、脑磷脂、卵磷脂，能激发人大脑的活力，延缓衰老，也能增加人体免疫球蛋白、血红蛋白和红细胞，使人保持青春活力。羊胚胎中的眼、皮肤和脐带中丰富的透明质酸 HA，能较好地保存人肌肤里的水分，具有保温、去皱的作用。羊胚胎的结缔组织内含黏多糖，能保持血管壁的弹性和通透性，预防对人体危害最大的心脑血管疾病。羊胎肺、肠、黏膜富含肝素，对肝脏、肺脏、肾脏有保健作用；同时，对人体微循环有明显的改善作用，使人脸色红润，精神饱满，还能降低胆固醇和甘油三脂，对治疗肥胖病有一定功效。羊胎胸腺和脾脏中含有胸腺肽，能增强人体免疫力和抗病力，使人保持健康活力，在清除色斑、防止皮肤粗糙、减少皱纹、增白嫩肤等方面有明显作用。羊胎脑垂体、颌下腺含有人体生长发育不可缺少的多种活力生长因子，能促进人体生长激素的分泌。羊胎胰脏中的胰岛素，含有调整血糖作用的多肽激素，对肥胖、糖尿病有预防作用。羊胎盘、卵巢、蹄甲能补充和平衡人体的雌性激素，调经活血。其中促红细胞素使人面色红润；催乳素能促进产后乳汁分泌，刺激乳腺分泌，有效丰乳，强化卵巢功能，延缓更年期的到来，还能使肌肤保持较好的弹性、色泽和润滑度。羊胎喉骨、鼻软骨、气管等富含软骨组织，属黏多糖成分，可预防冠心病、神经性头痛、关节病、偏头痛、动脉硬化等疾病，并可强化皮肤的再生能力。

由于羊胎盘有上述功能，其生理活性成分用于化妆品有显著的促进细胞新陈代谢和赋活作用，从而达到防止皮肤产生皱纹和老化的效果，对面部皮肤色素沉积有明显的抑制作用。此外，羊胎盘提取物中还含有与胶原水解物相似的蛋白质水解多肽，能起到护发护肤效果。同时对毛发乳头、毛细胞有营养效能，经头发渗透吸收后，可促进末梢血管扩展和血液循环，赋予头发活力，使之变得滋润光泽。

2. 促肾上腺皮质激素

促肾上腺皮质激素（ACTH），是从羊脑下垂体前叶中提取的一种激素类药物。它能刺激肾上腺皮质分泌多种肾上腺皮质激素。

制剂：一种为注射用促皮质激素和促皮质素锌注射液。其用途能促使肾上腺皮质激素的分泌，用于活动性风湿病、类风湿性关节炎、红斑性狼疮等胶原性疾病；也用于严重的支气管哮喘、严重皮炎等过敏性疾病，急性白血病及何杰金氏病等。

3. 垂体后叶素

垂体后叶素为催产素与加压素两种激素的混合物，这两种激素均为八肽类化合物，有相似的理化性质，易溶于水、冰醋酸，不溶于醚、石油醚，在酸性下较稳定。

制剂：一种为垂体后叶注射液，属子宫收缩药与抗利尿药，用于产后止血和尿崩症等，高血压和冠状动脉病患者慎用。另一种制剂是尿崩停，为抗利尿药，有解除口干烦渴、减少排尿和排尿次数等作用，适用于尿崩病。

4. 胆固醇

胆固醇为无色或微黄色晶体，微溶于水，难溶于冷乙醇，易溶于热乙醇。溶于丙醇、乙醇、氯纺、苯、吡啶和植物油中是制造激素、合成人工牛黄的重要原料，并可用作乳化剂。还可用于配制化妆品中的"生发剂"。

胆固醇提取通常都以动物大脑和脊髓为原料，以丙酮为溶剂，采用冷浸提工艺。

5. 脑磷脂

脑磷脂为磷脂乙醇胺，微黄色，非结晶体，无定形粉末，无一定溶点，有旋光性，在空气中极易氧化，临床上用于治疗肝炎、神经衰弱等。

6. 卵磷脂

卵磷脂是一种类脂肪化合物，因磷酸基所连碳原子位置的不同又分为 α-卵磷脂、β-卵磷脂两种。卵磷脂易溶于醚和醇，不溶于丙酮。纯品为微黄色或无色固体，露天置空气中则氧化变为黄色或橙黄色。

制剂：复方磷脂，是神经衰弱、肝病及动脉硬化的辅助治疗剂；还可用于化妆品配制"生发剂"。

7. 血红素

提取血红素的方法很多，但目前多使用醋酸钠法和鞣酸法提取，用后者提取的产品为红紫色晶体，在显微镜下呈针状结晶，容易鉴定。这一特点使鞣酸法较其他方法更优越。

8. 超氧化物歧化酶（SOD）

超氧化物歧化酶是广泛存在于生物体内的一类金属酶。在医学上具有抗炎症（类风湿性关节炎）、抗衰老（广泛用于化妆品）、防辐射、治疗免疫性疾病（红斑狼疮、皮肌炎）等作用。可从羊血、羊肝中提取。

9. 肝素钠（肝素钙）

肝素能阻抑血液的凝结过程，用于防止血栓形成，在降血脂和增进人体免疫功能方面也有一定的作用。临床上用的为肝素钠（白色粉末），主要用于治疗急性心肌梗塞症和肾脏病患者的渗血治疗。国内报道用肝素治疗病毒性肝炎，与核糖核酸合用可增加对乙型肝炎的疗效；配合化疗，有利于防止癌细胞转移。

10. 胃蛋白酶

胃蛋白酶临床上主要用作消化药。我国医药临床上使用的胃蛋白酶，主要以动物胃黏膜为原料提取的粗酶制剂，最常用的是胃蛋白酶合剂。常用制剂有含糖胃蛋白酶、柠檬胃蛋白酶。

11. 磷酸氢钙骨制品

磷酸氢钙为无臭、无味、白色粉末。在水中几乎不溶，在醇中不溶，在稀盐酸中易溶。

制剂：维丁钙片，用于补充人体内的钙和磷，能促进发育，适用于佝偻病和软骨病的预防和治疗，补充妇女妊娠期、哺乳期钙质的不足。

12. 蛋白胨

蛋白胨是蛋白质水解产物，其中含有多肽类化合物及一些氨基酸，由蛋白质经酶水解制成。从综合利用出发，利用各种弃物及不作食用的内脏，如肺、脾、骨、肠黏膜及血等制造蛋白胨，但成品只能作培养基用，不能作药用蛋白胨。

13. 胱氨酸

胱氨酸是一种无色或白色晶体，不溶于乙醇、乙醚，难溶于水，易溶于酸、碱溶液，但在热碱溶液中可被分解。

胱氨酸在医疗上可用作治疗膀胱炎、秃顶脱发、神经痛、中毒性病症等。胱氨酸是氨基酸中最难溶于水的一种。因此，可利用这种特性，通过酸性水解，从动物废杂毛、人发、鸡毛等角蛋白中分离提取胱氨酸。我国废杂毛资源广、利用率低，提取胱氨酸具有现实意义。提取胱氨酸投资少，成本低，产品可出口创汇，利润可观。

14. 肝膏

肝膏是用羊的鲜肝脏或冻肝脏经加工而制得的一种棕褐色黏稠膏状物。

肝浸膏片：本品适用于巨红血细胞性贫血，如恶性贫血等。

肝 B$_{12}$ 糖衣片：本品为抗贫血药，如恶性贫血、周期或营养性巨红血细胞贫血等。

复方肝片：本品适用于巨红血细胞性贫血、缺铁性贫血，有助消化、增进食欲的作用。

肝注射液：抗贫血药，用于恶性贫血和其他巨细胞性贫血。

15. 细胞色素 C

细胞色素 C 是一类以铁卟啉和多肽组成的生物高分子化合物，广泛存在于所有需氧的动物组织细胞内，担负着细胞的呼吸作用。

在医学临床上，细胞色素 C 为细胞呼吸激活剂，多用于组织缺氧所引起的各种疾患的急救用药和辅助用药。如用于一氧化碳中毒、安眠药中毒、脑血管障碍、中风后遗症、脑震荡后遗症、乙型脑炎后遗症、脑出血、脑栓塞、脑外伤、心肌炎、心绞痛、心肌梗塞、心代偿不全、肺心病、肺炎、肺气肿以及支气管扩张引起的呼吸困难。对因放射治疗和化疗所引起的白细胞降低等有明显的改善作用。对肝病、肾炎等都有较好的治疗作用。

16. 甲状腺粉

甲状腺是一种内分泌腺体，主要分泌甲状腺素。甲状腺素是一种含碘的化合物。制剂有甲状腺片，本品能维持机体的正常代谢与发育，用于甲状腺功能不足性疾病。

我国是肉羊生产和消费大国，肉羊加工副产物的利用尤为重要。如何合理开发这些宝贵资源，应该引起社会各界的高度重视。肉羊加工副产物的综合利用程度将影响肉羊产业及食品、医药等相关产业的健康发展。为此，国家应该在政策等方面给予支持，科研院所应该加强科技攻关，同时开展与企业的合作，力争尽快发展高附加值产品。随着社会经济和科学技术的发展，肉羊副产物资源一定会得到更好的综合利用。

第6章 优质安全羊肉及制品的质量保障技术

6.1 羊肉食用品质评价技术

6.1.1 羊肉食用品质

1. 羊肉食用品质概念

羊肉的综合品质是指鲜肉或加工肉的外观、适口性和营养价值等有关物理特性和化学特性的综合体现，主要包括五个方面：①食用品质（eating quality），包括色泽、嫩度、风味、多汁性；②营养品质（nutritional quality），即六大营养素（水分、蛋白质、脂肪、维生素、矿物质、碳水化合物）的含量和存在形式（主要指脂肪酸的组成）等；③技术品质或加工品质（technological quality），包括肉的状态（僵直、解僵、冷收缩、热收缩等）、系水力、pH、蛋白质变性程度、结缔组织含量、抗氧化能力；④安全品质（safety quality）或卫生品质，包括新鲜度（肉的腐败与酸败程度）、致病微生物及其毒素含量、药物残留（抗生素、激素、生长促进剂）、农药残留和重金属残留等；⑤人文品质（humanity quality），主要是指动物福利，包括饲养方式（粗放式散养、集约化囚禁式饲养）和饲养环境（有机畜牧、绿色畜牧）等（Warriss，2000）。

羊肉食用品质是指当消费者在食用羊肉及其产品时所感受到的各种品质属性的综合，是决定羊肉及其产品价值的重要因素之一，主要包括嫩度、硬度、多汁性、风味及外观等。2015年5月，我国第一个肉品食用品质评价标准《肉的食用品质客观评价方法》（NY/T 2793—2015）发布，该标准将肉品的食用品质定义为反映肉质量优劣的属性，鲜肉的食用品质指标包括肉的pH、颜色、剪切力和保水性等。

羊肉颜色是指肌肉中肌红蛋白的含量和氧化/氧合状态及其分布的一种综合光学特征，通常采用国际照明委员会（CIE）L^* a^* b^*颜色空间。其中，L^*称为明度系数、a^*为红度值、b^*为黄度值。剪切力指测试仪器的刀具切断被测羊肉样品时所用的力，反映羊肉的嫩度。保水性也叫持水性，指鲜羊肉在加压、加热、重力等作用下保持其原有水分的能力。衡量肌肉保水性的指标主要有贮藏损失、汁液流失、蒸煮损失、加压失水率和离心损失。

2. 影响羊肉食用品质的因素

（1）品种对羊肉食用品质的影响。品种对羊肉食用品质的影响非常显著，主要原因是不同品种的羊肉中饱和脂肪酸和不饱和脂肪酸的含量及组成差异较大。脂肪含量及脂肪酸的组成直接影响羊肉的嫩度、风味和多汁性等食用品质，脂肪含量过低，肉质会明显粗糙，脂肪含量越高，肉的嫩度越好，但脂肪含量过高就会因油腻而影响口感。因此，适度的脂肪含量能够改善羊肉的嫩度和口感。另外，品种对羊肉的水分含量、MFI、pH、失水率和系水力有显著的影响，而这些指标均影响羊肉的嫩度和口感。其中，水分含量、MFI及失水率与羊肉的嫩度呈正相关，而pH和系水力与羊肉的嫩度呈负相关。

（2）部位对羊肉食用品质的影响。解剖学部位对羊肉的食用品质也有一定影响，羊身体不同部位肌肉的粗脂肪、粗蛋白、水分、灰分以及结缔组织含量不同，则羊肉的口感和风味也不同。研究表明，羊肩肌的pH和剪切力均大于股二头肌和背最长肌的，而且差异显著。不同部位肌肉颜色中，背最长肌的 a^* 值、b^* 值、L^* 值和C值均高于肩肌和股二头肌，而 a^*/b^* 值小于肩肌和股二头肌。一般 a^*/b^* 越小，肉色越鲜红，C值越大肉色越鲜艳，说明背最长肌的颜色较肩肌和股二头肌鲜红。

（3）饲养条件对羊肉食用品质的影响。饲料对羊肉的食用品质影响较大，如用紫花苜蓿和亚麻籽混合（70∶30）饲养的羊，其胴体重、嫩度及色泽亮度等比放牧羊的好，而瘦肉率和色泽红度值（a^*）比放牧羊差。另据研究报道，维生素E可以显著降低肉品脂肪的氧化、滴水损失，并且能维持肉的红度；维生素 D_3 可以改善羊肉的品质，尤其是嫩度，并且不会影响羊的健康状况和生产性能。

（4）屠宰过程对羊肉食用品质的影响。在加工过程中环境因素对羊肉食用品质的影响显著，羊在宰杀前的禁食会引起血浆中自由脂肪酸的含量升高，造成脂肪品质偏低（Warner，1998），进而对嫩度产生影响。而宰前运动可以减缓pH降低的速率并且使得最终的pH变高，还可以降低肉的表面亮度值（L^*），提高水溶性物质的含量，增加肉的滴水损失（Warner et al.，2005）。冻藏对羊肉的滴水损失有显著的改善，但当肉品在 $-20\,℃$ 环境下贮藏很久时，就不会有明显的改善效果。因此，在胴体加工过程中优化各种加工条件有利于提高肉品食用品质。当温度对羊肉的食用品质影响作用不大时，可以用电刺激改善羊肉的食用品质，比如羊在宰后 30 min 内用高压电（ES；800VRMS，1140 V peak at 14.3 Hz）刺激 1~2 min 会使肉的剪切力值达最大，但羊肉以不同的速率冷冻后再以高压电处理会降低剪切力值。但是，电刺激对肥羔肉的色泽有不利影响，电刺激会降低肉的初始 pH（pH＝0.5），并导致 pH 降得很慢，提高了肉僵直的温度，降低了风味和多汁性。致昏方式会对羊肉的滴水损失、持水力和剪切力值产生影响。气体致昏的羊肉多汁性更好，嫩度更好，滴水损失也更小。

（5）宰后成熟时间对羊肉品质的影响。宰后成熟时间与肌肉的剪切力、水分、粗脂肪、结缔组织滤渣、总胶原蛋白含量、pH、MFI、失水率和系水力均有相关性。宰后成熟过程中，肌肉水分含量、总胶原蛋白含量和 pH 增加，肌原纤维断裂成小片，肌内膜的完整性被破坏，肌纤维变细，结缔组织变得松软，使肌肉变嫩。

6.1.2　羊肉食用品质评价技术

羊肉食用品质的评价主要包括外观、质构和风味特征三个方面。其中，外观指标主要包括湿润度、色泽；质构的主要指标包括硬度、嫩度、多汁性；风味指标主要有肉香味和膻味。

羊肉食用品质的评价方法分为感官品尝法和客观测定法。感官品尝法简单、易于操作，但带有一定人为主观性；客观测定法可准确定量某一个或几个指标。

1. 感官评价法

感官评价法，就是通过人的视觉、嗅觉、味觉和听觉的感知，结合心理、生理、物理、化学及统计学方法等，对食品进行定性、定量的综合评价与分析。感官评价是由培训合格的评价员在专业的感官评价实验室进行的，避免外界干扰对评价员心理、生理及样品品质产生影响，评价员个人没有特别的嗜好和偏爱，并经专业培训取得资格证。被评价的样品应密码随机编号，每个评价员单独坐在类似电话亭的隔间里，每个隔间配备白炽灯和漱口水等实验必需品，实验过程中评价员之间不能有任何交流，以保证结果的真实性。

目前，国内很少用感观评价法评价肉类的食用品质，而在国外应用较为普遍。在澳大利亚主要采用嫩度（tenderness）、多汁性（juiciness）、风味（flavour）、总体可接受性（overall liking）、香气的强度（strength of aroma）等指标对羊肉的食用品质进行感官评价。欧洲用于羊肉食用品质评价的指标主要包括硬度（hardness）、黏性（springiness）、多汁性（juiciness）、润滑性（fat sensation）（onega）。美洲羊肉食用品质评价指标包括柔软性（softness）、初始嫩度（initial tenderness）、咀嚼性（chewiness）、多汁性（juiciness）、残渣剩余量（rate of breakdown）、香味浓度（flavour intensity）、异味（off-flavour）、油腻性（mouthcoating）、可接受的结缔组织量（amount of perceptible connective tissue）。其他国家如尼日利亚主要使用颜色（colour）、嫩度（tenderness）、多汁性和风味（juiciness and flavour）来评价羊肉的食用品质。

但不同国家的评定方法存在一定差异，如美国，评价指标为初始多汁性和持续多汁性、初始嫩度和持续嫩度、风味强度。每个指标都采用 8 分制，1 分最差、8 分最好。欧洲国家肉品感官评价参数等级的设置及所用参照物见表 6-1。

表 6-1　欧洲国家肉品感官评价参数等级的设置及所用参照物

参数	等级评分	等级定义	参照食物	评分范围
硬度	1	非常软	费城干酪	0.00～1.11
	2	软	软干酪	1.12～2.22
	3	微软	法兰克福肠	2.23～3.33
	4	有点硬	半硬干酪	3.34～4.44
	5	硬	橄榄	4.45～5.55
	6	非常硬	腰果	5.56～6.66
	7	有点坚硬	烤杏仁	6.67～7.77
	8	坚硬	炒杏仁	7.78～8.88
	9	非常坚硬	冰糖	8.89～10.00
弹性	1	无弹性	人造奶油	0.0～2.0

续表

参数	等级评分	等级定义	参照食物	评分范围
	2	稍有弹性	荷兰干酪	2.1~4.0
	3	有弹性	棉花糖	4.1~6.0
	4	很有弹性	鱿鱼	6.1~8.0
	5	特别有弹性	Gominola^{TMa}	8.1~10.0
多汁性	1	干	意大利式脆饼	0.0~2.0
	2	有点湿	香蕉	2.1~4.0
	3	湿润	苹果	4.1~6.0
	4	水淋淋	橘子	6.1~8.0
	5	多汁	西瓜	8.1~10.0
润滑性	1	无油腻	鸡胸肉	0.0~2.0
	2	有点油腻	—	2.1~4.0
	3	油腻	法兰克福肠	4.1~6.0
	4	非常油腻		6.1~8.0
	5	特别油腻	Foie-gras	8.1~10.0

资料来源：Huidobro F R, Miguel E, Blazquez B, et al. A comparison between two methods (Warner-Bratzler and texture profile analysis) for testing either raw meat or cooked meat[J]. Meat Science, 2005, 69: 527-536.

2. 客观评价法

1) 颜色评价

颜色能反映羊肉的新鲜程度，对羊肉颜色的评价，目前国内外普遍采用色差法和比色法。色差法即用数值的方法来表示颜色的差别，常用色差计来测试，其成本低、携带方便、分析结果不受人的生理和心理影响，结果客观可靠，因此使用比较广泛。色差计是根据光学的原理，依照人眼感色原理，由照明系统、探测系统和数据系统3部分组成，将原始的国际照明委员会（CIE）三值通过一系列数学关系的转换，表示成易于理解的数值，如 L^* a^* b^* 颜色空间，L^* 称为明度系数，$L^*=0$ 表示黑色，$L^*=100$ 表示白色；a^* 为红度值，a^* 值为正时表示红色、负时表示绿色；b^* 为黄度值，b^* 值为正时表示黄色、负时表示蓝色。我国《肉的食用品质客观评价方法》（NY/T2793－2005）中规定，生鲜羊肉的颜色的正常范围：L^* 值介于 30 和 45 之间，a^* 值介于 10 和 25 之间，b^* 值介于 5 和 15 之间。在此范围之内的羊肉食用品质正常，超出范围的羊肉食用品质较差。

2) 风味评价

羊肉风味评价包括对香味的评价和滋味的评价，其中，香味的呈味物质主要为肌肉在受热过程中产生的挥发性物质，如不饱和醛和酮、含硫化合物及一些杂环化合物，要靠人的嗅觉器官来感知。目前，主要采用气相色谱－质谱联用法（GC-MS）、高效液相色谱－质谱法（HPLC-MS）、色相色谱－嗅闻技术（GC-O）及电子鼻法等对香味物质进行测定评价。滋味的呈味物质为非挥发性的无机盐、游离氨基酸、小肽和核酸代谢产物等，要靠人的味觉器官来感知。电子舌就是通过模仿人体味觉机理制成的一种分析、识别液

体 "味道" 的新型检测仪器，由传感器阵列获得样品信息，通过适当的多元统计，实现对样品滋味物质的分析。该方法具有快速、准确、重复性好等优点，得到了广泛的应用。另外，近年来核磁共振法、指纹图谱法等在肉品风味物质的分离与评价中也有广泛应用。

3）嫩度评价

嫩度指羊肉在食用时的口感，反映了肉的质地。对嫩度的客观评价方法主要有剪切力法（shear force）、穿透法（penetration）、TPA 法（texture profile analysis）、扭曲法（temsion force）、压缩法（compression force）和在线嫩度预测法等。最常用的是剪切力法，也是国际通用的评价羊肉嫩度的方法。美国肉类科学协会（AMSA）制定了肉类剪切力值测定标准。我国 2015 年颁布的《肉的食用品质客观评价方法》（NY/T2793—2005）中也规定了肉类剪切力的测试方法。羊肉剪切力的测定最常采用的是 Wrner Bratzler 剪切仪，取原料羊肉块，厚度 2.45 cm，水浴加热或烤至肉块中心温度为 70～72 ℃，自然冷却，沿肌纤维方向取 5 个以上直径 1.0 cm 的肉柱，然后用剪切力仪沿肌纤维垂直方向切断肉柱，记录切断肉柱时所用的力，剪切力的单位是千克力（kgf）或牛顿（N），两个单位可相互转换，转换关系为 1.0 kgf 等于 9.8N。羊肉剪切力的正常范围：宰后 72 h 不超过 60N。

4）保水性能评价

保水性能对羊肉的多汁性和加工特性都有重要影响。羊肉的保水性能是一个综合指标，包括贮藏损失、汁液流失、蒸煮损失、加压失水率和离心损失等。其中，汁液损失的评价是将羊肉切成 2.0 cm×3.0 cm×5.0 cm 的肉条在—1.5～7.0 ℃冷库条件下吊挂 24 h 所发生的重量损失。贮藏损失的评价是将 2.5 cm 厚的肉块真空包装后，在—1.5～7.0 ℃下放置 48 h 所发生的重量损失。蒸煮损失指一定大小的肉块在 72 ℃水浴中加热至肉块中心温度达到 70 ℃时发生的重量损失。加压损失指厚 1.0 cm、直径 2.5 cm 的圆形肉柱在 35 kg 压力下保持 5 min 所发生的重量损失。离心损失指 2.0 cm 厚的肉块在 4.0 ℃下，9000r/min 离心 10 min 所发生的重量损失。羊肉保水性能的正常范围：贮藏损失不超过 3.0%、汁液流失不超过 2.5%、蒸煮损失不超过 35.0%、加压失水率不超过 35.0%、离心损失不超过 30.0%。

6.2　优质安全羊肉生产质量认证体系

6.2.1　无公害羊肉生产认证

1. 概念

无公害是指对环境和人的健康无损害，也就是生产过程无污染、无农药残留、无兽药残留的农产品、畜产品、蜂产品和水产品及其制品，同时，生产和加工全过程不对环境造成任何污染与危害。

无公害羊肉指产地环境、生产过程和产品质量符合国家有关标准和规范要求，经认证合格，获得认证证书并允许使用无公害农产品标志的羊肉及其制品。其特点是产地必须具备良好的生态环境，实行产品全程质量监控；生产过程中必须科学合理地使用限定的兽药、饲料药物添加剂，禁止使用对人体和环境造成危害的物质；产品中的污染物和有害物质含量必须在国家法律法规以及国家或相关行业标准规定的允许范围内；符合产地和产品认证管理。

2. 无公害羊肉产地环境要求

羊场或养殖企业应设在生态环境良好、不受工业"三废"及农业生产、城镇生活及医疗废弃物污染的区域，避开风景名胜区、人口密集区和水源保护区等，符合环境保护、兽医卫生防疫要求的区域。羊场的规划布局合理，防止交叉污染，羊场的污水、污物处理应符合国家环保要求，环境卫生质量应达到《畜禽场环境质量标准》（NY/T 388—1999）的规定，空气质量应符合《农产品安全质量　无公害畜禽肉产地环境要求》（GB/T18407.3—2001）的规定，饮用水应符合《无公害食品　畜禽饮用水水质》（NY 5027—2001）要求。无公害羊场养殖污染防治应符合《畜禽养殖污染防治管理办法》和《畜禽养殖业污染防治技术规范》等规定，废弃物排放应按《粪便无害化卫生要求》（GB 7959—2012）、《恶臭污染物排放标准》（GB 14554—1993）、《畜禽养殖业污染物排放标准》（GB 18596—2001）、《污水综合排放标准》（GB 8978—1996）要求执行，病、死羊及其产品无害化处理按《畜禽病害肉尸及其产品无害化处理规程》（GB 16548—1996）执行。

3. 羊的无公害养殖要求

1）羊只引入

养殖企业引入羊只时，应当严格按国务院颁布的《种畜禽管理条例》执行，应选择符合无公害标准的羊场购买，严禁从疫区买羊。引进的羊只严格按照《种畜禽调运检疫技术规范》（GB16567—1996）检疫和运输，羊只购入后应隔离饲养至少30d，待确认健康后可混群饲养管理。

2）饲料与饲料添加剂

（1）首先要保证饲料原料产自无公害农产品生产区域，其农药残留、重金属污染及其他有毒有害物质和微生物含量应符合《饲料卫生标准》（GB 13078—2001）且无霉变、无异味、无变质，品质安全。在羊的饲料中禁止使用除蛋、乳制品之外的动物源性饲料，不得添加抗生素和抗生素滤渣。

（2）羊用饲料添加剂应符合农业部相关规定，是农业部允许使用的饲料添加剂品种名录当中所规定的品种和取得批准文号的新饲料添加剂品种。添加剂所使用的原料应当是正规厂家所生产的，具有产品批准文号的产品，添加剂中有毒有害物质应符合《饲料卫生标准》（GB 13078—2001）。

（3）羊用浓缩料、精料补充料和添加剂预混料感官要求色泽一致、无霉变、无结块、无异味。有毒有害物质应符合《饲料卫生标准》（GB 13078—2001）。配合饲料中的饲料添加剂应符合农业部《饲料药物添加剂使用规范》要求。饲料中不得使用农业部《禁止在饲料和动物饮水中使用的药物品种目录》中规定的违禁药物。

3）饲养管理

羊的饲养管理按《无公害食品肉羊饲养管理准则》（NY/T5151—2002）等规定执行，禁止饲喂发霉变质的饲料和动物源性饲料，使用饲料添加剂时要符合农业部《饲料药物添加剂使用规范》要求，使用抗生素添加剂时，严格按照《饲料和饲料添加剂管理条例》的规定执行休药期。禁止在羊体内埋置或者在饲料中添加镇静剂、激素等违禁药物。

4）兽医防疫

羊场或养殖企业的兽医防疫应遵照《中华人民共和国动物防疫法》和《无公害食品肉羊饲养兽医防疫准则》（NY5149—2002）执行。

（1）疾病预防。羊是喜欢群居的动物，特别是规模饲养场，如果发生疾病后未及时发现并采取措施，很可能导致大面积传染。羊的疾病来源主要有两方面，一方面来自环境因素的影响，如圈舍不洁、温度过高，会导致微生物、细菌加速生长蔓延；另一方面来源于引种时自带的疾病，或者由于转换生活环境后引起的应激反应。对于由于环境因素引起的疾病，预防时应当制定消毒制度，定期对羊舍、饲喂工具进行消毒，饲养员也应当注意自身卫生条件，进出羊舍前消毒并更换工作服。对于引种时自带的疾病或由于环境变换引发应激反应而造成的疾病的预防措施为：羊场尽量遵循自繁自养的原则，如需引进羊只时必须从非疫区引进，并有动物检疫合格证，制定免疫计划和免疫程序，使用适宜的疫苗和免疫方法，有选择地进行疫病的预防接种。

（2）疾病监测及控制。羊场严格按照《中华人民共和国动物防疫法》规定，结合当地情况，制定合理的疫病监测控制制度，在羊饲养管理的各个环节如收购、运输、屠宰等都应进行监测、检疫和控制，常规监测的疾病包括羊痘、炭疽、布氏杆菌病、口蹄疫、蓝舌病、小反刍兽疫等。同时还应注意监测痒病、梅迪—维斯纳病、山羊关节炎—脑炎等疫病的传入。在羊发生疾病时，应及时隔离，尽快与当地兽医卫生部门联系，按要求封锁现场，快速确诊并采取有效措施进行控制和扑灭，防止疫病扩散和蔓延。病死或淘汰羊的尸体按《畜禽病害肉尸及其产品无害化处理规程》（GB 16548—1996）进行无害化处理。

5）兽药使用

当羊发生疾病时应及时确诊治疗，尽量不使用药物，如必须用药时，所用兽药必须来自具有兽药生产许可证和产品批准文号的生产企业，或者具有相关兽药许可证的供应商，并严格按照《中华人民共和国兽药典》《中华人民共和国兽药规范》《兽药质量标准》《中华人民共和国兽用生物制品质量标准》《进口兽药质量标准》执行。所用药物的标签应符合国务院发布的《兽药管理条例》的规定。预防、治疗和诊断羊病所用的疫（菌）苗、抗菌药和抗寄生虫药等兽药以及消毒用药，应遵守《无公害食品　畜禽饲养兽药使用准则》（NY 5030—2006）的规定。

（1）允许使用的兽药。

①无公害羊场允许使用消毒防腐剂对饲养环境、圈舍和饲养器具进行消毒，但是，使用的消毒防腐剂应符合《无公害食品　肉羊饲养兽医使用准则》（NY 5030—2006）的规定。

②无公害羊场疫病防控使用的疫（菌）苗，应选择符合《中华人民共和国兽用生物制品质量标准》《进口兽药质量标准》规定的产品。

③无公害羊场允许使用《中华人民共和国兽药典》和《中华人民共和国兽药规范》收载的用于羊的兽用中药材、中成药方制剂。

④无公害羊场允许使用国家畜牧兽医行政管理部门批准的微生态制剂。

⑤无公害羊场允许使用《无公害食品　肉羊饲养兽医使用准则》（NY5030—2006）规定的抗菌药和抗寄生虫药，并应严格按照规定的用途、用法、用量、休药期及注意事项使用。

⑥无公害羊场允许使用微量元素等补充药、酸碱平衡药、体液补充药、电解质补充药、营养药、血容量补充药、抗贫血药、维生素类药、吸附药、泻药、润滑剂、酸化剂、局部止血药、收敛药和助消化药。

（2）禁止使用的兽药

无公害羊场禁止使用未经过国家畜牧兽医性质管理部门批准的兽药、已经被淘汰的兽药和农业部《食品动物禁用的兽药及其他化合物清单》中的药物。

6）卫生消毒

无公害羊场必须建立消毒制度，按规定定期定时对羊场环境、羊舍、仓库、车间、设备、工作服等进行消毒，特别是在发生疫病之后，必须彻底消毒。消毒用药必须安全、高效、低毒和低残留，且符合《无公害食品　肉羊饲养兽药使用准则》（NY 5030—2006）的规定。

（1）环境消毒。羊舍周围环境定期用2%火碱液或撒生石灰消毒，羊场周围及场内污水池、排粪坑、下水道出口，每月用漂白粉消毒一次。在羊场、羊舍入口设消毒池，并定期更换消毒液。

（2）羊舍消毒。定期对羊舍进行消毒，特别是羊群进行羊舍调换或者每批羊只出栏后，要彻底清扫羊舍，选择使用规定浓度的次氯酸盐，或过氧乙酸，或有机碘混合物，或新洁尔灭，或煤酚等，采用喷雾等方法进行严格消毒；也可在羊舍周围、入口、产房和羊床下面撒生石灰或用火碱液进行消毒；每年对羊只经常出入的地方、产房、培育舍，用喷灯进行1~2次火焰瞬间喷射消毒。在发生疫病后也可采取此方法对羊舍进行消毒。

（3）用具消毒。定期对分娩栏、补料槽、饲料车、料桶等饲养用具进行消毒。消毒方法可采用甲醛进行熏蒸消毒；或者用规定浓度的次氯酸盐、过氧乙酸、有机碘混合物、新洁尔灭、煤酚等喷雾消毒；用喷灯对这些器具进行火焰消毒。

（4）带羊消毒。定期进行环境带羊消毒，减少环境中的病原体。可采用规定浓度的次氯酸盐、过氧乙酸、有机碘混合物、新洁尔灭、煤酚等进行喷雾消毒，或者用甲醛熏蒸消毒，也可在羊舍周围、入口、产房和羊床下面撒生石灰或用火碱液进行消毒。

（5）人员消毒。所有人员进入生产区通道和羊舍，需更换工作服和工作鞋，并经紫外线照射消毒，为保证照射时间，可将紫外线照射房间的通道修筑成"N"字形。用规定浓度的新洁尔灭、有机碘混合物或煤酚的水溶液洗手和对工作服消毒。

7）记录及存档

无公害羊场应该建立完善的记录存档制度，包括羊只引入（繁殖）记录，饲料采购、验收、使用记录，疫病记录，用药记录，死亡记录，尸检记录，无害化处理记录，出栏记录及消毒记录等。

每种记录应该详细记录真实的情况，内容全面客观，如用药记录应包括：发病时间、症状、用药名称（商品名、有效成分、生产单位和批号）、给药剂量和治疗时间等。

4. 无公害羊肉的加工要求

1）工厂卫生

肉羊屠宰场和羊肉加工企业必须远离垃圾场、养殖场、医院及其他公共场所和排放工业"三废"的企业。无公害羊肉屠宰加工场和肉类加工企业的设计与设施、卫生管理、加工工艺、成品贮藏和运输应遵守《食品安全国家标准　食品生产通用卫生规范》（GB 14881—2013）、《肉类加工厂卫生规范》（GB 12694—1990）和《畜类屠宰加工通用技术条件》（GB/T 17237—2008）中的有关规定。

2）待宰羊要求

屠宰前的活羊必须来自无公害生产企业或者养殖基地，且无疫情和发病症状，其饲养管理、疫病用药等均符合《无公害食品　畜禽饲养兽药使用准则》（NY 5030—2006）、《无公害食品　肉羊饲养兽医防疫准则》（NY 5149—2002）、《无公害食品　畜禽饲料和饲料添加剂使用准则》（NY 5032—2006）和《无公害食品　肉羊饲养管理准则》（NY/T 5151—2002）的要求，并有产地检疫与宰前检验合格证。羊宰前必须按规定程序执行静养休息、停饲禁饮等管理。

3）生产加工用水

屠宰过程中需要的生产性用水应符合《无公害食品　畜禽产品加工用水水质》（NY 5028—2008）要求。胴体分割、羊肉初加工及羊肉制品加工过程的用水水质必须符合《生活饮用水卫生标准》（GB 5749—2006）的规定。

4）屠宰加工

屠宰过程严格按照送宰—刺杀放血—剥皮去蹄—开膛去内脏—胴体休整—检验—冷却的程序操作。屠宰加工条件、卫生和屠宰加工后的胴体质量应符合《鲜、冷胴体羊肉》（GB/T 9961—2008）的规定。屠宰加工过程严格实施同步卫生检验，确保不漏掉任何一个有质量问题的胴体，确保屠宰加工后提供的每一个胴体都是健康安全的。

5）羊胴体分割

羊胴体分割方法分为冷分割和热分割。冷分割是将羊胴体冷却后再进行分割与剔骨，要求分割间的温度不得高于 15 ℃。热分割是屠宰、分割连续进行，从屠宰到分割完毕进入冷却间，时间应控制在 1.5～2 h 之内，分割间的温度不得超过 20 ℃。分割后的羊肉质量应符合《无公害食品　羊肉》（NY 5147—2008）的要求。

6）羊肉的包装

无公害羊肉的包装材料应采用无污染、易降解且符合 GB 9687《食品包装用聚乙烯成型品卫生标准》和《食品接触用纸和纸板材料及制品》（GB 4806.8—2016）的规定。

7）贮存

无公害羊肉及其产品的贮存场所应保持清洁卫生，不得与有毒、有害、有异味、易挥发、易腐蚀的物品混存混放。冷冻羊肉应吊挂在－1～0 ℃、相对湿度 75%～84% 的冷却间，胴体之间的距离保持在 3～5 cm。冻羊肉应贮存在－18 ℃以下、相对湿度 95%～100% 的冷藏间，库房温度每昼夜升降幅度不得超过 1 ℃，产品保质期一般为 8～10 个月。

5. 无公害羊肉的质量认证与管理

无公害食品认证工作主要由农业部、国家质量监督检验检疫总局负责，各省份成立相关认证认可机构，实行产地认定和产品认证。无公害羊肉生产过程符合无公害羊肉及其产品的生产技术标准要求；有完善的质量控制措施以及完整的生产和销售记录档案；有相应的专业技术和管理人员；生产中严格按照规定使用投入品，禁止使用国家禁用和淘汰的投入品和食品添加剂。

省级农业行政主管部门根据国家质检总局《无公害农产品质量管理办法》的规定，负责组织实施本辖区内羊产品产地的认定工作。认定程序如下。

1）申报

申请无公害羊产品产地认定的单位或者个人（即申请人）首先向所在地县级农业行政主管部门提交认定书面申请。

2）初审

县级农业行政主管部门自收到申请之日起，在 10 个工作日内对书面材料进行初审，对符合要求者上报至省级农业行政主管部门；不符合要求的，应当书面通知申请人。

3）审核、现场检查和环境检测

省级农业行政主管部门自收到推荐意见和有关材料之日起，在 10 个工作日内对有关材料进行审核。对符合要求的，组织相关人员对产地环境、区域范围、生产规模、质量控制措施、生产计划等进行现场检查。符合要求的，应当通知申请人委托具有资质的检测机构，对产地环境进行检测，出具产地环境检测报告。审核、现场检查、环境检测不符合要求的，应当书面通知申请人。

4）认定

符合要求的，由省级农业行政主管部门颁发无公害农产品产地认证证书，并上报农业部和国家认证认可监督管理委员会备案。不符合要求的，应当书面通知申请人。

5）标志管理

农业部和国家认证认可监督管理委员会联合制定了《无公害农产品标志管理办法》，凡获得无公害农产品认证证书的羊场、养羊企业、屠宰加工企业等单位和个人，均可以向认证机构申请无公害农产品标志。获得批准使用"无公害农产品"标志的企业或个人，允许在其产品或包装上加贴无公害农产品标志。

无公害农产品标志由农业部和国家认监委联合制定并发布，是加贴于获得无公害农产品认证的产品或包装上的证明性标识。该标志的使用涉及政府对无公害农产品质量的保证和对生产者、经营者及消费者合法权益的维护，是国家有关部门对无公害农产品进行有效监督和管理的重要手段。因此，要求所有获证产品以"无公害农产品"称谓进入市场流通，均需在产品包装上加贴标志。

无公害农产品标志图案主要由麦穗、对勾和无公害农产品字样组成（图 6-1）。麦穗代表农产品、对勾表示合格、金色寓意成熟和丰收、绿色象征环保和安全。标志规格以直径大小分为五种，1～5 号直径分别为 10mm、15mm、20mm、30mm、60mm。

图 6-1　无公害农产品认证标志

6.2.2　绿色羊肉生产认证

1. 概念

绿色羊肉及其产品是指遵循可持续发展原则，按照绿色食品标准生产，经专门机构认定，许可使用绿色食品标志的羊肉及其产品。绿色羊肉的所有原料产地必须具备良好的生态环境，包括羊的养殖环境、饲草料生产加工环境等。生产加工过程不使用任何有害化学合成物质，且按特定的操作规程生产、加工，产品质量及包装经检验符合特定产品标准。绿色羊肉产品分为 AA 级和 A 级。其中，AA 级绿色羊肉产品要求生产中禁止使用任何化学合成生产资料、基因工程技术和胚胎移植技术；A 级绿色羊肉产品要求生产中限量使用限定的化学合成生产资料，严格遵守使用方法、使用剂量、使用时间和休药期规定。

2. 绿色羊肉生产的基本要求

生产绿色羊肉的羊场、养羊企业、屠宰加工企业以及为绿色肉羊饲养场提供饲料等原料的企业或生产基地，必须选择在无污染和生态环境良好的地区，且应远离工业区、矿区和公路铁路干线，远离工业"三废"和城市污染源，避免人类生产、生活垃圾及废弃物对产地环境造成的影响，以保证绿色食品最终的无污染、安全可靠，而且生产基地应具有可持续发展的生产能力，绿色羊肉生产企业的废弃物和污水处理应符合可持续发展的要求。根据绿色食品质量要求，绿色羊肉生产主要有自然放牧生产法、休药期生产法、生物学生产法三种。

3. 绿色羊肉的生产要求

1）羊场规划和布局

羊场的选址应选择地势较高、相对干燥、向阳、水源充足、无污染和生态条件良好的地区，远离铁路、公路、城镇、居民区和公共场所 2km 以上，远离垃圾处理场和风景旅游区 5km 以上。羊场入口处应设置能够满足运输工具消毒的设施，人员入口设置消毒池，并设置消毒间和沐浴更衣室。羊场内应设置排泄物、污染物等无害化处理的设施。羊舍窗户及进风口上加装防蚊蝇纱网或物理灭蚊蝇设施，谨慎使用杀虫剂，及时清除场内杂草和污水池，减少蚊蝇滋生，羊舍内设置防鼠设施。

羊场环境卫生、大气环境和饮用水水质以及污水、污物排放和废弃物处理应符合《绿色食品　产地环境质量》（NY/T 391—2013）的要求，羊场内植被的农药使用应符合《绿色食品　农药使用准则》（NY/T 393—2013）的要求。

2）羊场的设施设备

构建厂房的材料，特别是建设羊舍及饲养设施的材料应对羊的健康无害，且易于清洗和消毒。房舍的隔离、加热和通风设施，应保证空气流通、防尘、温度和空气相对湿度适宜。羊舍应具有适宜的光照，并和气候条件相适应。光照可采用自然光或人工光，光照时间和自然光照时间大致相同，维持在上午 9 时至下午 5 时。此外，光线应具有足够的强度，以便对羊只实施检查，羊舍地面应平整光滑，以防对羊只造成伤害。舍内的垫草，应洁净、干燥、无毒，经常更换。使用漏缝地板的羊舍，也应充分考虑上述保护措施。

羊场应备有良好的清洗消毒设施，防止疫病传播，并对羊场及其相应设施进行定期清洗消毒；应具备良好的防害虫防护设施；具备有效的粪便和污水处理系统，羊场的卫生条件应满足《绿色食品　畜禽卫生防疫准则》（NY/T 473—2016）的要求。

3）育肥羊选择

选择肉质好、生长健康、抗病能力强、适应当地生态条件的优良品种。可以通过引进种羊与当地品种进行经济杂交的方式，利用优良杂交组合的后代进行育肥。但在羊只购入时应从经过绿色食品认证的畜禽养殖场购买，不从疫区购羊，并且准备选购的羊及其同区域内至少 3 个月内无口蹄疫，30d 内没有发生过动物防疫法规定的一、二、三类病，购的羊应是在原产场饲养 6 个月以上的羊只，选购回的羊只应隔离观察 15d 以上，证实无病后才可混群饲养。

4) 饲料与饲料添加剂

生产绿色羊肉产品的养殖场的饲料和饲料添加剂的使用应严格按照《绿色食品　畜禽饲料及饲料添加剂使用准则》（NY/T 471—2010）执行。

（1）饲料和饲料添加剂质量卫生要求。

饲料和饲料添加剂应符合绿色产品质量标准的规定，其中，单一饲料也应符合单一饲料产品目录的要求。饲料添加剂和添加剂预混合饲料应来源于有生产许可证的企业，并且具有产品标准及其文号。进口饲料和饲料添加剂应具有进口产品许可证及配套的质量检验手段，并是国家进口检验检疫部门鉴定合格的产品。饲料应具有绿色产品应有的色泽，气味及组织形态特征，质地均匀，无发霉、变质、结块、虫蛀现象，无异味、异物。配合饲料应营养全面，各营养素间相互平衡。饲料和饲料添加剂的卫生指标应符合《饲料卫生标准》（GB 13078—2001）的规定，且生产过程中必须符合《绿色食品　农药使用准则》（NY/T 393—2013）的要求。

（2）饲料和饲料添加剂使用要求。

饲料使用要求：饲料原料应是通过认定的绿色食品，也可以是来源于绿色食品标准化生产基地的产品，或者按照绿色食品生产方式生产，达到绿色食品标准的自建基地生产的产品；不应使用转基因方法生产的饲料原料、以哺乳动物为原料的动物性饲料产品（不包括乳及乳制品）、工业合成的油脂、畜禽粪便。

生产 AA 级绿色食品时，畜禽产品的饲料原料，除须满足上述要求外，还不应使用化学合成的饲料原料，原料生产过程中应使用有机肥、种植绿肥、作物轮作、生物或物理方法等技术培肥土壤、控制病虫害，以达到绿色产品要求。

饲料添加剂使用要求：饲料添加剂品种应是农业部《饲料添加剂品种目录》中所列的饲料添加剂和允许进口的饲料添加剂品种，或是农业部批准使用的饲料添加剂品种，不能使用《绿色食品　畜禽饲料及饲料添加剂使用准则》（NY/T 471—2010）附录 A 中规定的饲料添加剂品种；饲料添加剂的性质、成分和使用量应符合产品标签；矿物质饲料添加剂的使用按照营养需要量添加，尽量减少对环境的污染；不应使用任何药物饲料添加剂；天然植物饲料添加剂应符合《天然植物饲料添加剂通则》（GB/T 19424—2003）的要求；化学合成维生素、常量元素、微量元素和氨基酸在饲料中的推荐量以及限量参考农业部《饲料添加剂安全使用规范》的规定（表 6-2）。

生产 AA 级绿色畜禽产品的饲料添加剂除须满足上述要求外，还不应使用化学合成的饲料添加剂。

表6-2　生产绿色羊肉及其产品不应使用的饲料添加剂品种

种类	品种
矿物元素及其络合物	稀土（铈和镧）壳糖胺螯合盐
非蛋白氮	尿素、古本氢铵、硫酸铵、液氮、磷酸二氢铵、缩二脲、异丁叉二脲、磷酸脲
抗氧化剂	乙氧基喹啉、二丁基羟基甲苯、丁基羟基茴香醚
防腐剂	苯甲酸、苯甲酸钠
着色剂	各种人工合成的着色剂
调味剂和香料	各种人工合成的调味剂和香料
黏结剂、抗结块剂和稳定剂	羟甲基纤维素钠、聚氧乙烯、聚丙烯钠

注：本表所列饲料添加剂品种，以及不在农业部《饲料添加剂品种目录》中的饲料添加剂品种均不允许在绿色食品畜产品生产中使用。

5）绿色养殖管理要点

羊场应该提供足够的羊舍空间，确保羊群能够自由的平躺、休息和站立，并且有足够的自由活动的运动场。所饲喂的饲料应考虑到羊只的年龄、体重、行为和生理阶段，保证满足其维持正常生理功能和生长发育的要求。应提供足够的清洁饮水，或通过引用其他液体食物保证羊只的日常需水量。羊场应备有良好的清洗消毒设施，防止疫病传播，并对羊场及其相应设施等进行定期清洗消毒，以防交叉感染和病原微生物积聚。粪、尿和饲料残渣应经常清除，以防异味以及苍蝇和啮齿动物滋生。

羊场内不得饲养其他家畜或者动物，禁止任何人携带禽鸟、宠物或其他畜禽产品进入羊场内。每批羊出栏后应进行清洗、消毒，并实施空舍期，或者全场实施全进全出的原则。

饲养人员应定期进行体检，确保身体健康，禁止患有人畜共患传染病的人员从事饲养管理工作，并对羊场饲养管理人员进行定期培训。一般情况下不允许外来人员随意进入饲养区，特殊情况下准许外来人员进场参观时，必须穿戴工作服、鞋，并严格消毒后，在兽医人员的引导下进入场区。

6）消毒和防疫

每天打扫羊舍卫生，保持羊舍、料槽、水槽、用具及其他配套设施清洁卫生；定期对地面和料槽、水槽等饲喂用具进行消毒，定期对羊舍空气进行喷雾消毒，在冬季疫病高发季节，应适当增大消毒频率；羊场内道路、污水池、排粪坑、下水道至少半月消毒1次；羊转舍、出栏后对空舍、料槽、水槽、用具等进行彻底清扫，冲洗，浸泡消毒，并进行地面喷洒消毒。羊舍消毒使用的药物应符合《绿色食品　兽药使用准则》（NY/T 472—2013）要求，消毒方法和程序参照《畜禽产品消毒规范》（GB/T 16569—1996）的要求执行。

羊场应根据《中华人民共和国动物防疫法》及其配套法规的要求，结合当地畜禽疫病流行的情况制定计划，有针对性地进行疫病预防接种；对国家兽医行政管理部门不同时期规定需要强制免疫的疫病，如口蹄疫等疫病的免疫密度应达到 100%，选用的疫苗应符合《中华人民共和国兽用生物制品质量标准》，并选择科学的免疫程序；免疫后要定期对免疫羊进行抗体水平动态监测，根据抗体水平及时进行补充或强化免疫。

7）疫病监测与控制

羊场应依照《中华人民共和国动物防疫法》及其配套法规以及当地兽医行政管理部门有关要求，并结合当地疫病流行的实际情况，制订疫病监测方案。监测方案由本场兽医实验室或当地动物疫病预防控制机构兽医实验室实施，监测结果应及时报告当地兽医主管部门。按照《绿色食品畜禽卫生防役准则》（NY/T 473—2016）的要求对羊进行定期的常规监测或非常规监测，在进行绿色认证或者年度抽检时，应对口蹄疫等重大疫病和结核病、布鲁斯菌病等人畜共患病进行病原学或血清学监测。

当羊场发生疫病或怀疑发生疫病时，应依照《中华人民共和国动物防疫法》，先通过本场兽医实验室和当地动物疫病预防控制机构兽医实验室进行临床和实验室诊断，得出初步诊断结果。当怀疑羊发生重大疫病或人畜共患病时，应送到省级有资质的实验室进行确诊。当发生国家规定无须扑杀的病毒病、细菌病、寄生虫病或其他疾病时要开展积极的药物治疗，对易感羊群进行紧急免疫接种，做到早诊断、早治疗、早痊愈，减少损失，用药时应按照《绿色食品　兽药使用准则》（NY/T 472—2013）的规定使用治疗性药物。

当确诊发生国家或地方政府规定应采取扑杀的疫病时，依照重大动物疫情应急条例，羊场应配合当地兽医主管部门，对发病羊实施严格的封锁、隔离、扑杀、销毁等措施。

8）记录存档

每群羊都应有相关的资料记录，具体内容包括羊品种及来源、耳号标识、生产性能、饲料及饲料添加剂来源及使用情况、兽药使用及免疫接种情况、日常消毒措施、发病情况、实验室检查及结果、死亡原因及死亡率、治疗措施、扑杀及无害化处理情况等。所有记录应有相关负责人员签字并妥善保管，至少应在羊出栏后保存 2 年以上。

4. 绿色羊肉的加工要求

1）工厂卫生规范

肉羊屠宰场或肉类加工企业、羊肉分割厂和冷库的厂址选择与建筑布局、厂房设备卫生、卫生管理和个人卫生应符合《绿色食品畜禽卫生防役准则》（NY/T 473—2016）规定的卫生要求。

2）屠宰加工卫生要求

待宰羊必须来自非疫区，并有兽医检疫合格证，经宰前检疫合格后，停食静养 12～14 h，充分饮水，送宰前 3 h 停止饮水；送宰前要将待宰羊冲洗干净，体表不得有灰尘、污泥、粪便等；送宰时应有兽医人员签发送宰合格证。

肉羊屠宰过程中的卫生安全应符合《绿色食品畜禽卫生防役准则》（NY/T 473—2016）要求，屠宰过程严格按照该标准要求进行电麻击昏、刺杀放血、剥皮、开膛、冲洗胸腔与腹腔、修整、副产品处理等操作，并要严格执行宰前检验和宰后检验，特别是宰后检验人员业务必须熟练，人员数量满足屠宰流水作业中的实时监测，确保不漏掉一个有问题的胴体和所有羊产品，确保宰后提供的羊肉及副产品符合《鲜（冻）畜肉卫生标准》（GB 2707—2005）和《绿色食品　畜肉》（NY/T 2799—2015）、《绿色食品　畜禽可食用副产品》（NY/T 1513—2007）要求。不得检出大肠杆菌、李氏杆菌、布氏杆菌、肉毒梭菌、炭疽杆菌、结核分枝杆菌；农药、兽药残留量应符合《绿色食品　农药使用准则》（NY/T 393—2013）和《绿色食品　畜禽饲料及饲料添加剂使用准则》（NY/T 471—2010）的要求；重金属残留量应符合《食品安全国家标准　食品中污染物限量》（GB 2762—2017）的要求。

3）鲜肉分割卫生

分割车间和分割过程的卫生安全应符合《绿色食品畜禽卫生防役准则》（NY/T 473—2016）要求。分割肉的原料应经兽医卫生检验合格后，置于温度低于 7 ℃的条件下冷却。分隔间的温度不得超过 12 ℃，经分割与剔骨，再修整，然后冷却。分割过程要严格执行卫生监督制度，包括人员卫生、设施器具卫生及分割肉流转过程的卫生。

4）鲜肉贮藏与运输

鲜肉入库时，应有兽医检验合格章，无血、无毛、无污染，不带头、蹄，符合内外销要求，否则不得入库。羊肉冷却达到 20～24 h，肉温达到 0～4 ℃，冷冻 20 h，肉温达 −15～12 ℃，方能转库贮藏。

分割肉应采用保温车运输，运输过程应保持一定的温度，确保羊肉保持冻结状态，运输车内与肉直接接触的部位应用安全、无害的防腐材料制成，运输羊肉的车辆应专车专用，不得同车运载其他物品或者肉类，发货前车辆应经严格消毒处理，并经当地兽医检疫部门检验合格签发证明后方可装车。

羊肉冷藏库的温度应为 −18 ℃，一昼夜温度升降不得超过 1 ℃，没有冻结的羊肉不得进入冷藏库。冷藏库的卫生应符合《绿色食品畜禽卫生防役准则》（NY/T 473—2016）要求。

5. 绿色羊肉的质量认证与管理

1）申请

申请人向中国绿色食品发展中心（以下简称"中心"）及其所在省（区、市）绿色食品认证食品办公室、绿色食品发展中心（以下简称"省绿办"）领取《绿色食品标志使用申请书》《企业及生产情况调查表》及有关资料，也可从中心官方网站下载。

申请人填写并向所在地省绿办递交《绿色食品标志使用申请书》《企业及生产情况调查表》及以下材料。

（1）保证执行绿色食品标准和规范的声明。

（2）生产操作规程（种植规程、养殖规程、加工规程）。

（3）公司对"基地＋农户"的质量控制体系（包括合同、基地图、基地和农户清单、管理制度）。

（4）产品执行标准。

（5）产品注册商标文本（复印件）。

（6）企业营业执照（复印件）。

（7）企业质量管理手册。

（8）要求提供的其他材料（通过体系认证的，附证书复印件）。

2）受理及文审

（1）省绿办收到上述申请材料后，进行登记、编号，5 个工作日内完成对申请认证材料的审查工作，并向申请人发出《文审意见通知单》，同时抄送中心认证处。

（2）申请认证材料不齐全的，要求申请人收到《文审意见通知单》后 10 个工作日内提交补充材料。

（3）申请认证材料不合格的，通知申请人本生长周期不再受理其申请。

（4）申请认证材料合格的，通知进行现场检查和产品抽样。

3）现场检查、产品抽样

（1）省绿办应在《文审意见通知单》中明确现场检查计划，并在计划得到申请人确认后委派 2 名或 2 名以上检查员进行现场检查。

（2）检查员根据《绿色食品检查员工作手册（试行）》和《绿色食品产地环境质量现状调查技术规范（试行）》中规定的有关项目进行逐项检查。每位检查员单独填写现场检查表和检查意见。现场检查和环境质量现状调查工作在 5 个工作日内完成，完成后 5 个工作日内向省绿办递交现场检查评估报告和环境质量现状调查报告及有关调查资料。

（3）现场检查合格，可以安排产品抽样。凡申请人提供了近一年内绿色食品定点产品监测机构出具的产品质量检测报告，并经检查员确认，符合绿色食品产品检测项目和质量要求的，免产品抽样检测。

（4）现场检查合格，需要抽样检测的产品安排产品抽样。

①当时可以抽到适抽产品的，检查员依据《绿色食品产品抽样技术规范（试行）》进行产品抽样，并填写《绿色食品产品抽样单》，同时将抽样单抄送中心认证处。特殊产品（如动物性产品等）另行规定。

②当时无适抽产品的，检查员与申请人当场确定抽样计划，同时将抽样计划抄送中心认证处。

③申请人将样品、产品执行标准、《绿色食品产品抽样单》和检测费寄送绿色食品定点产品监测机构。

（5）现场检查不合格，不安排产品抽样。

4）环境监测

（1）绿色食品产地环境质量现状调查由检查员在现场检查时同步完成。

（2）经调查确认，产地环境质量符合《绿色食品产地环境质量现状调查技术规范

（试行）》规定的免测条件，免做环境监测。

（3）根据《绿色食品产地环境质量现状调查技术规范（试行）》的有关规定，经调查确认，必要进行环境监测的，省绿办自收到调查报告2个工作日内以书面形式通知绿色食品定点环境监测机构进行环境监测，同时将通知单抄送中心认证处。

（4）定点环境监测机构收到通知单后，40个工作日内出具环境监测报告，连同填写的《绿色食品环境监测情况表》，直接报送中心认证处，同时抄送省绿办。

5）产品检测

绿色食品定点产品监测机构自收到样品、产品执行标准、《绿色食品产品抽样单》、检测费后，20个工作日内完成检测工作，出具产品检测报告，连同填写的《绿色食品产品检测情况表》，报送中心认证处，同时抄送省绿办。

6）认证审核

（1）省绿办收到检查员现场检查评估报告和环境质量现状调查报告后，3个工作日内签署审查意见，并将认证申请材料、检查员现场检查评估报告、环境质量现状调查报告及《省绿办绿色食品认证情况表》等材料报送中心认证处。

（2）中心认证处收到省绿办报送材料、环境监测报告、产品检测报告及申请人直接寄送的《申请绿色食品认证基本情况调查表》后，进行登记、编号，在确认收到最后一份材料后2个工作日内下发受理通知书，书面通知申请人，并抄送省绿办。

（3）中心认证处组织审查人员及有关专家对上述材料进行审核，20个工作日内做出审核结论。

（4）审核结论为"有疑问，需现场检查"的，中心认证处在2个工作日内完成现场检查计划，书面通知申请人，并抄送省绿办。得到申请人确认后，5个工作日内派检查员再次进行现场检查。

（5）审核结论为"材料不完整或需要补充说明"的，中心认证处向申请人发送《绿色食品认证审核通知单》，同时抄送省绿办。申请人需在20个工作日内将补充材料报送中心认证处，并抄送省绿办。

（6）审核结论为"合格"或"不合格"的，中心认证处将认证材料、认证审核意见报送绿色食品评审委员会。

7）认证评审

（1）绿色食品评审委员会自收到认证材料、认证处审核意见后10个工作日内进行全面评审，并做出认证终审结论。

（2）结论为"认证合格"，颁发绿色食品认证证书。

（3）结论为"认证不合格"，评审委员会秘书处在做出终审结论后2个工作日内，将《认证结论通知单》发送申请人，并抄送省绿办，本生产周期不再受理其申请。

8）颁证及标志

中心在5个工作日内将办证的有关文件寄送"认证合格"申请人，并抄送省绿办。

申请人在 60 个工作日内与中心签订《绿色食品标志商标使用许可合同》，中心主任签发认证证书，准许使用绿色食品标志。

绿色食品标志为正圆形图案，图案的上方为太阳，下方为叶片，中心为蓓蕾，描绘了一幅明媚阳光照耀下的和谐生机，表示绿色食品是出自优良生态环境的安全无污染食品，并提醒人们必须保护环境，改善人与环境的关系，不断地创造自然界的和谐状态和蓬勃的生命力。其中，A 级标志为绿底白字，AA 级标志为白底绿字（图 6-2）。

绿色食品标志是中国绿色食品发展中心在国家工商行政管理局商标局正式注册的质量证明商标。该商标的专用权受《中华人民共和国商标法》保护，一切假冒伪劣产品使用该标志，均属违法行为，各级工商行政部门均有权依法予以处罚。

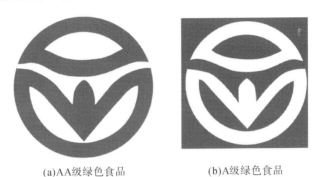

(a)AA级绿色食品　　　　　　　　　(b)A级绿色食品

图 6-2　绿色食品标志

6.2.3　有机羊肉生产与认证

1. 概念

有机食品（organic food）也叫生态或生物食品，是国际上对无污染天然食品的统称。有机食品通常来自有机农业生产体系，根据国际有机农业生产要求和相应的标准生产加工。生产过程严格禁止使用农用化学品、基因工程产品，提倡用自然、生态平衡的方法从事生产和管理，并按照国际有机农业技术规范从事生产所获得并通过认证的直接产品和加工制品称为有机食品。

有机产品必须具备四个条件：①原料必需来自已经建立或正在建立的有机农业生产体系，或采用有机方式采集的野生天然产品；②产品在整个生产过程中必须遵循有机产品的加工、包装、贮藏、运输等要求；③生产者在有机产品的生产和流通过程中，有完善的跟踪审查体系和完整的生产和销售的档案记录；④必须通过合法的、独立的有机产品认证机构的认证。

羊肉是非常重要的肉食品，有机羊肉是指从羊的引入繁殖、饲草料的采购、饲养管理、疾病防治以及运输、屠宰、加工等必须按照《有机产品　第 1 部分：生产》（GB/T 19630.1—2011）的要求执行。生产过程不使用任何化学合成的农药、化肥、促生长调节剂、兽药、食品添加剂、防腐剂等，不采用辐照处理，也不使用基因工程生物及其产品。生产及加工过程添加剂的使用严格按照《有机产品　第 2 部分：加工》　（GB/T

19630.2—2011）的要求执行。羊肉产品严格按照《有机产品　第 3 部分：标识与销售》（GB/T 19630.3—2011）进行标识和销售，生产过程各环节严格按照《有机产品　第 4 部分：管理体系》（GB/T 19630.4—2011）进行管理，并经过相关注册认证机构的认证，取得合格证明的羊肉及其产品。

2. 有机羊肉的生产要求

　　1）羊的有机养殖

羊的有机养殖是指在羊的养殖过程中遵循自然规律和生态学的原理，按照《有机产品　第 1 部分：生产》（GB/T 19630.1—2011）要求，饲喂有机饲料并限制使用常规兽药、抗生素、饲料添加剂等物质，关注动物福利健康，满足动物自然行为和生活条件的一种畜禽生产方式。有机养殖体系包括转换期、平行生产、羊只引入、饲料及饲料添加剂、饲养条件、疾病防治、非治疗手术、繁殖、运输屠宰及环境影响等环节。

　　（1）转换期。

转换期（conversion period）是指从开始有机管理至获得有机认证之间的时间。

饲料生产基地的转换期必须符合有机农场的要求，一年生牧草的转换期一般不少于 24 个月，多年生作物的转换期一般不少于 36 个月，新开荒地或撂荒多年的土地也要经过至少 12 个月的转换期，如果能够证明从未使用过禁用物质，转换期则可以缩短到 6 个月。肉羊转换期为 6 个月。

　　（2）羊只引入。

应当从经有机认证的羊场引羊，当有机羊不足或者买不到时，可引入常规羊，但必须符合以下条件。

①羊场或企业每年引入的常规羊不能超过有机食品发展中心（OFDC）认证的同类成年羊数量的 10%，在特定情况下，颁证委员会可以允许引入的常规羊只超过 10%，任何情况下不得超过 40%，而且引入的常规羊只必须经过相应的转换期。

②引入品种羊只要能适应当地的自然环境，抗逆性强，并且在当地可获得足够的生产资料。从无病害的种畜场选择 6 月龄以下，已断奶的健壮羊只，使用清洁的运输工具和合理的运输方式运到饲养场。更应该有设计合理的饲养程序和与之相配套的饲粮配方。

③可从任何地方引入种公羊、母羊，但是引入之后必须按照有机方式饲养。所有引入羊只都不能受到来自基因工程（genetic engineering）产品的污染，包括涉及基因工程的育种材料、药物、代谢调节剂和生物调节剂、饲料和饲料添加剂。

　　（3）饲料和饲料添加剂。

饲料原料必须来自有机农业生产体系，符合有机农业种植要求。自然生长的牧草也要来自有机管理体系或经认证机构认可，禁止使用动物源性产品喂羊，不能使用转基因生物及其产品。有机饲草料生产过程中禁止使用动物制品及动物废料（如屠宰场废物）、未经加工或经过加工的任何形式的动物粪便、经化学溶剂提取的或添加了化学合成物质的饲料、化学合成的生长促进剂（包括用于促进生长的抗生素、激素和天然物质）、化学合成的开胃剂、人工合成的镇静剂、防腐剂（作为加工助剂时除外）、化学合成色素、非蛋白氮（如尿素）、化学提纯的氨基酸及转基因生物或其产品。必须保证羊每天都能得到满足其基础营养需要的粗饲料，在其日粮中，粗饲料、鲜草、青干草，或者青贮饲料所占比例不能低于 60％（以干物质计），对于 3 个月的羔羊，此比例可降低为 50％，初乳期的羔羊应由母羊带养，并能吃到足够的初乳。如果母羊无奶或者死亡，可用同类的有机奶喂养羔羊，不应早期断奶或用代乳料喂养羔羊，在紧急情况下可使用代乳粉补饲，但其中不得含有抗生素、化学合成的添加剂或动物源性产品，羔羊断奶期不能少于 45 日龄。

羊只应以 OFDC 认证的，或 OFDC 认可的，或其他认证机构认证的有机饲草料饲养，其中至少 50％的饲草料必须来自本农场或相近农场。生产过程中应尽量在当地建立自己的饲草料基地或与当地的有机饲草料生产基地建立合作关系，以确保有机饲草料的供应。在羊场实行有机管理的第一年，羊场生产的饲草料可以作为有机饲草料饲养本场的羊，但不能作为有机饲草料出售，在有机饲草料供应短缺时，经颁证委员会许可可以购买常规饲草料。饲喂常规饲草料时必须详细记载，但常规饲草料消费量在全年消费量中所占比例不得超过 10％（以干物质计），且日最高摄食常规饲草料量不超过每日总饲草料量的 25％。

可以使用氧化镁、绿砂等天然的矿物、天然的微量元素和天然来源的维生素（来自发芽的粮食、鱼肝油、酿酒用酵母或其他天然物质）作为有机饲料添加剂，但不允许使用人工合成的上述物质。禁止使用化学合成物质或用化学溶剂提取（提纯）的物质。当不能满足羊的营养需要时，允许使用表 6-3 中列出的矿物质和微量元素。

表 6-3　允许使用的饲料添加剂

物质名称	使用条件	物质名称	使用条件
贝壳粉		鱼肝油	
海草		海盐	
石灰石		粗岩盐	
白云石		乳清	
泥灰石		糖	
氧化镁		甜菜浆	
绿砂		面粉	
硒	根据推荐剂量注射或由畜禽摄入	糖蜜	
发芽的粮食		酶	

续表

物质名称	使用条件	物质名称	使用条件
人工合成的维生素和微量元素	只限在冬季时间长、山区或由于气候恶劣或牧草供应不足，无法满足畜禽营养需求的情况下，才允许使用，必须得到 OFDC 的许可	酵母 蚁酸菌、乙酸菌、乳酸菌、丙酸菌 蚁酸、蚁酸乳酸、丙酸	饲料发酵 只限于天气条件不适合发酵时使用

配合饲料中的配料加上添加的矿物质元素和维生素量不能低于 95%，添加的矿物质元素和维生素可以来自天然或合成产物，但不能含有禁止使用的添加剂或保护剂。

（4）饲养管理。

羊的圈舍、围栏等饲养环境必须满足羊的生理和行为需要，应当有足够的活动空间和休息场所；空气流通，自然光线充足；避免过度的太阳照射及难以忍受的温度、风和雨；避免使用对人和羊的健康明显有害的建筑材料和设备。必要时可以用人工照明来延长光照时间，但一般每天不超过 16 h。

羔羊的环境适应能力较弱，容易遭受外界环境不良因素影响而死亡，因此羔羊要早喂初乳，以获得抗体，增强抵抗力，及早补饲。成年羊实行分阶段饲养，保证充足的营养和饮水。在羊的饲养过程中实行全程质量控制，除选用抗病力强的品种外，尽量为羊提供适宜的生活条件，舍饲的羊要提供足够的运动场，使羊按照自身生物习性生活，尽最大可能减少因为饲养管理给羊带来的应激反应，禁止采用羊无法接触土地的饲养方式和完全圈养、舍饲、拴养、笼养等限制羊自然行为的饲养方式。羊不能单独饲养，在不影响羊健康的条件下同一圈舍至少要饲养 2 只羊。但患病的羊，或待产的羊应单栏饲养。应做好全年的饲草料供应计划，禁止强迫喂食。

必须保证羊粪便的储存设施有足够多的容量，以免羊粪通过直接排放、地表径流或土壤渗滤污染水体。含有大量氮、磷、有机悬浮物的羊粪尿，如果不妥善处理和利用，会对水质、空气、土壤造成严重的污染，甚至会引起疾病的蔓延和传播，因此要做好羊排泄物的高温发酵和其他无害化处理，以免污染环境。

提倡自然繁殖，允许采用不对绵羊、山羊的遗传多样性产生严重限制的各种繁殖方法，但禁止采用胚胎移植技术和转基因技术。

（5）疫病防治。

卫生消毒：允许在饲养场所使用国家环保部《OFDC 有机认证标准》附录 E 所限定的清洁剂和消毒剂，以及附录 B 中的物质。消毒处理时，应将羊全部赶出处理区。

兽药使用：限制使用常规兽药，当必须使用时须经过该药物降解期（半衰期）的两倍时间之后，这些羊及其产品才能作为有机产品出售。禁止为了提高羊群体的生产力而使用抗生素、抗寄生虫药和其他生长促进剂。禁止使用激素控制羊的生殖行为（如诱导发情、同期发情、超数排卵等），但激素可在兽医的监督下用于对个别羊进行疾病治疗。

预防接种：当羊场发生某种疾病而又不能用其他方法控制时，允许采用预防接种（包括为了促使母体产生抗体物质而采取的接种措施）技术。

自然疗法：羊群疾病的防治，主要采用中兽药、顺势疗法、微生态制剂和家畜管理实践经验等方法。一旦发生疾病，应对症下药，优先使用天然药品和方法或选择毒副作用小的药物，并通过改变管理措施防止疾病复发。允许采用自然疗法，如使用植物制剂、针灸和顺势疗法（homeopathy）医治羊的疾病。

标记与档案记录：对于接受过常规兽药治疗的羊只应逐个标记，饲养者必须对所有物质以及疾病诊断结果、用药剂量、给药方式、给药时间、药物降解期等进行记录。

非治疗性手术：为了保持产品质量和传统生产习惯而进行的阉割、断角，以及防止蝇蛆病而进行的羔羊断尾等情况下，允许采用非治疗性手术，但应尽量减少给动物带来的痛苦，必要时可使用麻醉剂。

2）有机羊肉加工要求

（1）运输。应就近屠宰，如果养殖场到屠宰场距离太远，可以运输，但时间不应超过 8 h。用于生产有机羊肉的羊的运输过程，包括羊的检疫检查、运输工具清洁消毒、运输过程管理等，在装卸、运输过程，应给羊提供适宜的条件，不可与常规羊接触，避免饥渴，或羊通过视觉、听觉和嗅觉接触到正在屠宰或已死亡的羊。提供适宜的温度和湿度，并准备足够的饲草料。装载和卸载时应给羊提供缓解应激及充分休息的时间，减小应激反应，严禁运输过程给羊注射镇静剂。

（2）屠宰。屠宰过程除遵照绿色羊肉生产的屠宰操作外，用于生产有机羊肉的羊的宰杀过程力求平和，并符合动物福利的要求，不应使用电棍及类似设备驱赶羊。不应在羊失去知觉前就捆绑、悬吊和宰杀。如果因宗教原因不允许在屠宰前先使羊失去知觉而需直接屠宰的，应在平和的环境下以尽可能短的时间进行。另外，用于生产有机羊肉的羊应与常规羊分开屠宰，宰后的产品分开储藏且标记清楚，用于标记的颜料应符合国家食品卫生规定。

（3）加工。有机羊肉加工除遵循绿色羊肉的加工要求外，加工过程使用的添加剂应符合《有机产品　第 2 部分：加工》（GB/T 19630.2—2011）的要求，禁止使用人工合成及来自基因工程的配料、添加剂和加工助剂。有机羊肉加工企业的管理应符合《有机产品　第 4 部分：管理体系》（GB/T 19630.4—2011）的要求，有机羊肉产品标识和销售应符合《有机产品　第 3 部分：标识与销售》（GB/T 19630.3—2011）的要求。

3. 有机羊肉生产认证

1）申请

（1）申请人向有机食品认证机构提出正式申请，领取《有机食品认证申请表》和交纳申请费。

（2）申请人填写《有机食品认证申请表》，同时领取《有机食品认证调查表》和《有机食品认证书面资料清单》等文件。

（3）有机食品认证机构要求申请人按《有机产品第1部分：生产》（GB/T 19630.1—2011）的要求，建立本企业质量管理体系、质量保证体系的技术措施和质量信息追踪及处理体系。

2）预审并制定初步的审查计划

（1）有机食品认证机构对申请人提出的申请进行预审。预审合格，根据申请提供的项目情况，估算检查时间。

（2）认证中心根据检查时间和认证收费管理细则，制定初步检查计划和估算认证费用。

（3）认证中心向企业寄发《受理通知书》《有机食品认证检查合同》。

3）签订有机食品认证检查合同

（1）申请人确认《受理通知书》后，与认证中心签订《有机食品认证检查合同》。

（2）根据《有机食品认证检查合同》的要求，申请人交纳相关费用的50%，以保证认证前期工作的正常开展。

（3）申请人委派内部检查员配合认证工作，并进一步准备相关材料，所有材料均需书面文件和电子文件各一份。

4）初审

（1）有机食品认证机构对申请者材料进行初审，对申请者进行综合审查。

（2）有机食品认证机构审查并做出"何时"进行检查的决定。

（3）当审查不合格，有机食品认证机构通知申请人且当年不再受理其申请。

5）实地检查评估

（1）全部材料审查合格以后，认证机构派出有资质的检查员，检查员依据《有机食品认证技术准则》要求，对申请人的质量管理体系、生产过程控制体系、追踪体系以及产地、生产、加工、仓储、运输、贸易等进行实地检查评估。

（2）必要时，检查员需对土壤、产品抽样，由申请人将样品送指定的质检机构检测。

6）编写检查报告

（1）检查员完成检查后，按认证中心要求编写检查报告。

（2）检查员在检查完成后两周内将检查报告送达认证中心。

7）综合审查评估意见

（1）认证中心根据申请人提供的申请表、调查表等相关材料以及检查员的检查报告和样品检验报告等进行综合审查评估，编制颁证评估表。

（2）提出评估意见并报技术委员会审议。

8）颁发证书

技术委员会对申请人的基本情况调查表、检查员的检查报告和认证中心的评估意见等材料进行全面审查，做出同意颁证、有条件颁证、有机转换颁证或拒绝颁证的决定，证书有效期为一年。

（1）同意颁证：申请内容完全符合有机食品标准，颁发有机食品证书。

（2）有条件颁证：申请内容基本符合有机食品标准，但某些方面尚需改进，在申请人书面承诺按要求进行改进以后，可颁发有机食品证书。

（3）有机转换颁证：申请人的基地进入转换期一年以上，并继续实施有机转换计划，颁发有机转换基地证书。从有机转换基地收获的产品，按照有机方式加工，可作为有机转换产品，即"转换期有机食品"销售。

（4）拒绝颁证：申请内容达不到有机食品标准要求，技术委员会拒绝颁证，并说明理由。

9）标志及使用

申请人根据证书和《有机食品标志使用管理规则》的要求，签订《有机食品标志使用许可合同》，并办理有机食品商标的使用手续。

有机食品标志采用人手和叶片为创意元素，有两种寓意，其一是一只手向上持着一片绿叶，寓意人类对自然和生命的渴望；其二是两只手一上一下握在一起，将绿叶拟人化为自然的手，寓意人类的生存离不开大自然的呵护，人与自然需要和谐美好的生存关系（图6-3）。

图6-3　有机食品标志

6.3　GAP在羊肉生产中的应用

6.3.1　GAP认证的起源和发展

GAP是"good agricultural practices"的缩写，中文意思是"良好农业规范"。从广义上讲，良好农业规范作为一种适用方法和体系，通过经济的、环境的和社会的可持续发展措施来保障食品安全和食品质量。

GAP认证起源于欧洲。1997年，欧洲零售商协会农产品工作组（EUREP）在零售商的倡导下提出良好农业规范（GAP）概念，即EUREPGAP。EUREPGAP作为一种评价用的标准体系，涉及水果蔬菜、观赏植物、水产养殖、咖啡生产和综合农场保证体系（IFA）。EUREPGAP作为大型超市采购农产品的评价标准，不仅在欧洲零售商业内受到青睐，而且受到越来越多的政府部门的重视。目前，GAP主要针对初级农产品生产的种植业和养殖业，分别制定和执行各自的操作规范，鼓励减少农用化学品和药品的使用，关注动物福利、环境保护以及工人的健康、安全和福利，保证初级农产品生产安全的一套规范体系。它以危害预防（HACCP）、良好卫生规范、可持续发展农业和持续改良农场体系为基础，避免在农产品生产过程中受到外来物质的严重污染和危害。该标准主要涉及大田作物种植、水果和蔬菜种植、牛羊养殖、奶牛养殖、生猪养殖、家禽养殖、畜禽公路运输等农业产业。

6.3.2　中国良好农业规范（ChinaGAP）

2003 年 4 月国家认证认可监督管理委员会首次提出在我国食品链源头建立"良好农业规范"体系，并于 2004 年启动了 ChinaGAP 标准的编写和制定工作。ChinaGAP 标准起草主要参照 EUREPGAP 标准的控制条款，并结合中国国情和法规要求编写而成。目前，ChinaGAP 标准为系列标准，国家认证认可监督管理委员会和 FoodPLUS GmbH（为 GLOBALGAP 秘书处）正在将 ChinaGAP 与 GLOBALGAP 进行基准比较，以期获得 EUREP 秘书处对 ChinaGAP 的认可。ChinaGAP 标准的发布和实施必将有力地推动我国农业生产的可持续发展，提升我国农产品的安全水平和国际竞争力。

ChinaGAP 认证分为两个级别的认证：一级认证要求符合适用良好农业规范相关技术规范中所有适用一级控制点的要求，并且至少符合所有适用良好农业规范相关技术规范中适用的二级控制点总数的 95% 的要求，不设定三级控制点的最低符合百分比；二级认证要求所有产品应至少符合所有适用模块中适用的一级控制点总数的 95% 的要求，不设定二级控制点、三级控制点的最低符合百分比。

6.3.3　肉羊 GAP 认证标准

良好农业规范系列标准中有一项专门针对牛、羊养殖企业的认证规范——《良好农业规范　第 7 部分　牛羊控制点与符合性规范》（GB/T 20014.7—2013）。该标准根据肉羊的生产方式和特点，对养殖场选址、饲料和饮水的供应、场内的设施设备、肉羊的健康、药物的合理使用、养殖方式、肉羊的公路运输、废弃物的无害化处理、养殖生产过程中的记录和追溯以及对员工的培训等提出了要求。同时提出了环境保护的要求，员工的职业健康、安全和福利要求，以及动物福利的要求。该标准将内容条款的控制点划分为 3 个等级，并遵循表 6-4 的原则。

表 6-4　控制点等级划分原则

等级	等级内容
1	基于危害分析与关键控制点（HACCP）和食品安全直接相关的动物福利的所有食品安全要求
2	基于 1 级控制点要求的环境保护、员工福利、动物福利的基本要求
3	基于 1 级和 2 级控制点要求的环境保护、员工福利、动物福利的持续改善措施要求

要进行肉羊 GAP 养殖认证，就必须符合《良好农业规范》（BG/T 20014—2013）中农场养殖场基础、畜禽基础、牛羊和畜禽公路运输 4 个模块内的控制点要求。

6.3.4　GAP 认证

1. 认证依据

《良好农业规范　第 2 部分　农场基础控制点与符合性规范》（GB/T 20014.2—

2013)、《良好农业规范　第6部分　畜禽基础控制点与符合性规范》（GB/T 20014.6—2013)、《良好农业规范　第7部分　牛羊控制点与符合性规范》（GB/T 20014.7—2013）以及《良好农业规范认证实施规则》。

2. 申请

申请者应根据良好农业规范中相关技术规范要求，每年至少进行一次完整的内部检查，并做好记录。选择一家经国家认监委批准的认证机构，进行认证申请。申请文件应包括以下内容。

（1）申请人的名称，联系人姓名。

（2）最新的地址（地址和邮编）。

（3）其他身份证明（营业执照等）。

（4）联络方式（电话传真及电子邮件地址）。

（5）企业名称。

（6）当年的生产规模。

（7）申请的和不准备申请的作物名称（作物类）。

（8）申请选项（个人或企业）、申请级别（一级或二级）。

（9）申请认证的标准名称和版本。

（10）原认证注册号（如有）。

（11）认证机构要求提交的信息。

（12）产品可能的消费国家/地区的声明。

（13）产品符合产品消费国家/地区的相关法律法规要求的声明和产品消费国家/地区适用的法律法规清单（包括申请认证产品适用的最大农药残留量 MRL 法规）。

2）合同

认证机构收到申请人的认证申请后，应与申请人签署认证合同，明确认证级别（一级认证/二级认证）、产品范围、检查时间及双方权利和义务等事项。

3）授予注册号

申请人与认证机构签署合同后，认证机构应授予申请人一个认证申请的注册号码，只有在取得注册号后才能开始检查/审核。注册号编码规则：ChinaGAP＋空格＋认证机构名称的字母缩写＋空格＋申请人的流水号码。

3. 检查/审核

（1）认证机构派具有认证资格的检察员，对申请人进行外检和现场确认，对不符合项提出整改意见（认证机构在认证有效期内可选择任何时间进行检查和抽检）。

（2）现场确认：作为审核活动的一部分，必须检查肉羊养殖场所。

（3）检查/审核时间安排：①初次认证检查和复评时，肉羊必须在养殖状态；②复评应在上一次检查6个月后，证书有效期之前完成；③如果在规定的复评时间内，没有养殖状态的羊供检查，认证机构可将牛、羊模块认证证书有效期延长 6 个月（认证证书有效期的延长必须在证书有效期之前提出，并被认证机构批准，否则认证证书将被撤销）。

4. 认证的批准

（1）当认证机构确认申请人满足所有适用条款时，即签发认证证书。

（2）认证证书由认证机构颁发，有效期为 12 个月。证书持有人若要延长证书的有效期，在证书失效前应向认证机构进行年度再注册，否则，证书状态将由"有效"变为"证书未更新或未再注册"。

（3）认证机构和申请人的认证合同期限最长为 3 年，到期后可续签或延长 3 年。

（4）当颁发或再次颁发认证证书时，证书上的颁证日期是认证机构做出认证决定的日期。

5. 认证证书、标志及其使用

1）认证证书应包括的信息

（1）中国良好农业规范认证标志（图 6-4）。

（2）签发证书的认证机构名称和认证机构的标识。

（3）该认证机构的认可机构的名称和/或标识（如果获得认可）。

（4）认证证书持有人的名称和地址。

（5）养殖场名称和地址。如果获证的是合作组织，应在证书或附件中列出组织的所有成员。

（6）认证选项、认证级别。

（7）注册号。

（8）证书号。

（9）认证产品范围。

（10）认证依据的良好农业规范相关技术规范的名称及版本号。

（11）发证时间。

（12）证书有效期。

2）认证证书、认证标志的使用

（1）认证证书、认证标志的使用应符合国家质检总局《认证证书和认证标志管理办法》的规定。

（2）申请人在获得认证机构颁发的认证证书后可以在非零售产品的包装、产品宣传材料、商务活动中使用认证标志。认证标志使用时可以等比例放大或缩小，但不允许变形、变色；在使用认证标志时，必须在认证标志下标认证证书号。

（3）认证证书持有人应对认证证书和认证标志的使用和展示进行有效的控制。

（4）认证证书持有人不得利用认证证书或认证标志混淆认证产品与非认证产品误导公众。

图 6-4　中国 GAP 认证标志及颜色应用

6.4　HACCP 在羊肉生产中的应用

6.4.1　HACCP 在羊肉生产中的应用

1. 羊肉生产中的危害分析

羊肉中存在的危害是指羊肉产品中所含有的对人体健康有潜在不良影响的生物、化学和物理因素。羊肉中的这些危害因素主要来自肉羊养殖、加工、运输、贮存、销售过程中受到外界有毒有害物质的污染。造成这些污染的原因：一是环境污染，如水源污染、大气污染等；二是养殖源头污染，如农药、兽药和饲料添加剂等；三是羊肉生产加工过程中卫生质量控制不当造成的污染，如加工过程中温度、湿度、消毒措施控制不当，或者化学药品使用不当以及包装材料等引起的污染。这些危害对人体造成的影响可归结为：影响食品的感官性状，造成急性食物中毒，或者引起机体的慢性病变，甚至导致发育畸形、突变或致癌等。

2. 羊肉中可能存在的危害分析

1）生物性危害

羊肉中的生物性危害是指生物尤其是微生物及其代谢过程、代谢产物污染羊肉后引起的危害，如细菌病原体、病毒和寄生虫等。

从危害性的大小以及传播的强弱将常见的羊肉产品生物性危害分为高危险性生物危害因素、中等危险性生物危害因素及危险性生物危害因素（表 6-5）。

表 6-5　影响羊肉产品质量安全的常见生物性因素

高危险性生物危害因素	中等危险性生物危害因素（有广泛传播的可能）	危险性生物危害因素（扩散范围有限）
肉毒梭菌	李斯特菌	蜡样芽孢杆菌
志贺痢疾杆菌	肠炎沙门氏菌	空肠弯曲杆菌
伤寒沙门氏菌	致病性大肠杆菌	产气荚膜梭菌
甲型、戊型肝炎病毒	链球菌	金黄色葡萄球菌
布鲁氏菌	轮状病毒	副溶性弧菌
霍乱弧菌	Norwalk 病毒	小肠结肠炎耶尔森菌

高危险性生物危害因素	中等危险性生物危害因素 （有广泛传播的可能）	危险性生物危害因素 （扩散范围有限）
创伤弧菌	溶组织内阿米巴原虫	兰氏贾第鞭毛虫
链状带绦虫	阔节裂头绦虫	肥胖带绦虫
旋毛虫	蛔虫	隐孢子虫

这些生物危害因素通常随着人员或者原材料进入羊肉生产过程，细菌性病原体主要源自环境，而病毒可能源自饲料、水或者羊体本身，寄生虫大多来自羊体及其他动物，甚至包括人。

（1）致病菌。

致病菌是引起人类食源性疾病的重要原因，也是人畜共患病的主要病原体。在已鉴别出病原由食品传染的疾病中，由致病菌引起的疾病约占食源性疾病的80%。

①细菌。

细菌危害因素是指羊肉产品中细菌及其毒素所产生的生物性危害。细菌是人类食品链中最常见的病原。食品中的细菌主要来自人类生存的环境，通过空气、水等媒介污染食品生产的各个环节。

羊肉产品中的细菌可分为两类，一类是腐败细菌，主要有葡萄球菌属、微球菌属、肠杆菌、弧菌属科、假单胞菌属、芽孢杆菌属、产碱杆菌属和乳杆菌属等，这些腐败细菌在自然界分布很广，极易污染羊肉产品，导致羊肉产品发生腐败变质，产生有害物质或出现特异性的颜色、气味等。另一类是致病菌，主要有沙门氏菌、致病性大肠杆菌、金黄色葡萄球菌、布鲁氏菌、弯曲菌、分枝杆菌、肉毒梭菌、产气荚膜梭菌等，这些致病菌可通过羊肉产品引起人类发生传染病或导致食物中毒，严重影响人体健康。

②真菌。

真菌危害因素是指羊肉产品中真菌及其毒素所产生的生物性危害。真菌常被称为霉菌，某些霉菌的产毒菌株污染食品后，会产生霉菌毒素，当人们食用被霉菌及其毒素污染的食品后，健康会受到直接危害。常见的真菌毒素有黄曲霉毒素、青霉素、棒曲霉素等。

黄曲霉毒素是一种剧毒物质，毒性比氰化钾大10倍，比砒霜大68倍，仅次于肉毒毒素。黄曲霉毒素可对任何动物产生毒害作用，主要病变在肝脏，呈急性肝炎、肝脏出血性坏死和肝细胞脂肪变性。胆管脾脏和胰脏也有轻度的病变。

由于青霉素中所含的内酰胺类作用于细菌的细胞壁，而人类只有细胞膜无细胞壁，故对人类的毒性较小，是化学治疗药物指数最大的抗生素。但因应用青霉素而导致的过敏反应在各种药物中居首位，发生率最高可达5%～10%，表现为皮疹、血管性水肿，最严重者为过敏性休克，多在注射后数分钟内发生，症状为呼吸困难、发绀、血压下降、昏迷、肢体僵直，最后惊厥，抢救不及时可造成死亡。

（2）病毒。

病毒一般来源于排泄物污染，羊肉中常见的病毒有甲型肝炎病毒、诺瓦克样病毒、口蹄疫病毒、高致病性流感病毒、狂犬病毒等。甲型肝炎病毒和诺瓦克样病毒在病毒导致的传染病中占有很大的比例，通过食品和带病毒的人、畜传播。

（3）寄生虫风险因素。

寄生虫是指专门从其寄主体内获取营养的有机体。能够引起羊肉产品质量安全问题的寄生虫很多，常见的有囊虫、旋毛虫、弓形虫等。昆虫也是生物性风险的重要因素之一，主要包括蝇、蛆、螨、甲虫等。食用这些带有寄生虫的产品可造成食源性寄生虫病。食源性寄生虫病严重危害人的健康和生命安全。

2）化学性危害

造成羊肉产品质量安全问题的化学性污染物主要包括在饲养过程中所引起的兽药残留、饲料添加剂残留、农药残留、"三废"污染，以及加工流通过程中的食品添加剂残留、包装物污染等。

（1）兽药及其残留。

兽药是用于预防、治疗、诊断动物疾病或者有目的地调节动物生理机能的物质（含药物饲料添加剂），主要包括血清制品、疫苗、诊断制剂、微生态制品、中药材、化学药品、抗生素、生化药品、放射性药品及外用杀虫剂、消毒剂等。兽药在防治动物疾病、提高生产效率、改善羊肉产品质量等方面起着十分重要的作用。由此，一些养殖人员缺乏科学知识以及一味地追求经济利益，致使滥用兽药现象在当前畜牧业中普遍存在。滥用兽药极易造成动物源食品中有害物质的残留，这不仅对人体健康造成直接危害，而且对畜牧业的发展和生态环境也会造成极大危害。

兽药残留是指用药后蓄积或存留于羊体或产品中的原型药物或其代谢产物，包括与兽药有关的杂质残留。兽药残留成分主要有抗生素、合成抗菌药、抗寄生虫药和促生长剂。兽药残留会引起人体肠道菌群失衡，产生毒性反应、过敏反应等，对人体健康产生很大的影响。

（2）饲料及饲料添加剂及其残留。

这里的饲料指工业化加工制作而成，供动物食用的饲料，包括单一饲料、添加剂预混合饲料、浓缩饲料、配合饲料和精料补充料。饲料添加剂是指在饲料生产加工、使用过程中添加的少量或微量物质，在饲料中用量很少但作用显著，包括营养性饲料添加剂和一般饲料添加剂。

饲料及饲料添加剂造成污染的途径主要有三种：产生霉菌毒素、传播传染性病原、饲料添加剂残留。

霉菌毒素是指霉菌在饲料中生长繁殖而产生的有毒代谢产物，种类繁多，对人体危害各异。传播传染性病原是指饲料可以成为羊某些传染病的传播媒介，其中一些传染病又可经羊肉产品传播给人，这些传染性病原主要有沙门氏菌、炭疽芽孢杆菌以及旋毛虫等。

饲料添加剂残留包括激素残留、兴奋剂残留等。激素残留对人的生殖系统和生殖功能造成严重影响，还会诱发癌症，对人的肝脏有一定的损害作用。人食用了兴奋剂残留高的动物食品后，会出现心跳加快、头晕、呼吸困难、头痛等中毒症状。

（3）农药及其残留。

农药残留是农药使用后一个时期内没有被分解而残留于生物体、土壤、水、大气中的微量农药原体、有毒代谢物、降解物和杂质的总称。

农药按其防治对象可分为杀虫剂、杀螨剂、杀菌剂、除草剂、杀鼠剂和植物生长调节剂等。杀虫剂包括有机磷杀虫剂、有机氯杀虫剂、氨基甲酸酯类杀虫剂、拟除虫菊酯类杀虫剂等。

一般，农药通过食物链直接或间接地影响羊肉产品的质量安全，如通过饲草、饲料、作物秸秆中的农药残留，或通过被农药污染的水源污染羊肉产品。食用含有大量高毒、剧毒农药残留的羊肉食品会导致急性中毒事故。长期食用农药残留微量超标的羊肉产品，虽然不会导致急性中毒，但可能引起慢性中毒，因蓄积中毒而导致疾病的发生，甚至影响到下一代。

（4）重金属污染。

影响羊肉产品质量安全的重金属主要包括镉、汞、铅、砷、锌等。研究表明，重金属污染以镉最为严重，其次是汞、铅、砷、锌等。重金属污染羊肉产品的途径主要为受污染的自然环境、含金属化学物质的使用等。

含有重金属的工业"三废"排入大气或水体，均可直接或间接污染食物，而通过生物富集作用，重金属在食物中的含量还会显著增加，通过食物链对人体造成更大的危害。如羊肉产品中的镉主要来自自然环境，在某些条件下，镉在生物体内产生明显的生物积蓄。镉的慢性中毒表现为对肾脏的损害，同时引起贫血、高血压、动脉硬化等。汞污染所引起的急性食物中毒，可损害肾脏和肠胃系统，引起肠道薄膜发黏，并引发剧痛和呕吐，导致虚脱。铅污染所引起的食物慢性中毒，主要表现为对神经系统、消化系统和血液系统的损害，导致血红蛋白合成障碍，引起贫血。砷能够引起人体的急性和慢性中毒，急性中毒通常是由于误食引起的，可引起消化道的糜烂、溃疡、出血，表现为口渴、上腹部有烧灼感，摄入量大时，可出现中枢神经系统麻痹、四肢疼痛性痉挛，意识丧失而死亡。慢性中毒是由于长期摄入含有少量砷的食物所致，表现为食欲下降、肠胃障碍、体重下降、末梢神经炎、角膜硬化和皮肤发黑等。

（5）有机污染。

有机污染主要包括多环芳烃、杂环胺、二噁英及其他一些有机物。

多环芳烃是指具有多环结构的芳香烃类化合物，如联苯、苯并芘等，是一类广泛存在于自然环境中的有机污染物。杂环胺是一类带杂环的伯胺，据其化学性质可分为两类：氨基咪唑氮杂环芳烃和氨基咔啉。二噁英的全称是 2，3，7，8-四氯二苯并二噁英。其他有机污染物包括甲醛、氯丙醇、丙烯酰胺等。

苯并芘是一类强致癌性化合物，在羊肉产品中含量高。究其原因，一是由于环境污染所致；二是来自加工过程中的烤制和熏制，当温度达到 400～500 ℃时，极易有苯并芘的产生，所以羊肉的加工温度不宜超过 350 ℃。

3）物理性危害

羊肉产品的物理性风险因素是指可以导致羊肉产品质量不安全的物理性污染物。有的物理性污染物可能并不直接危害消费者的健康，但是严重影响羊肉产品的感官性状和营养价值，使羊肉产品质量得不到保证。羊肉产品物理性污染物按其性质可分为两类，即污染羊肉产品的异物和放射性物质。

羊肉产品中的物理性污染异物，来源复杂，种类繁多。一是羊肉产品在生产、加工、贮藏、运输以及销售过程中，无意间导致的物理性异物污染（如沙子、血污、毛发、玻璃碎片、木料、石子、金属异物等），以及其他意外污染物（如抹布、线头等）。二是掺杂掺假所引起的羊肉产品异物污染，指故意向羊肉产品中加入异物，如注水肉中的水。

放射性核素产生污染的途径有三种：核试验沉降物产生的污染、核电站和核工业废弃物排放产生的污染、意外事故泄漏导致的局部污染。由此释放到环境中的放射性核素，通过水、土壤及农作物、饲草、饲料等，直接或间接地污染羊肉产品。环境中的放射性物质，大部分会沉降或直接排放到地面，导致地面土壤和水源的污染，然后通过作物、饲料、牧草等进入羊体内，最终进入人体。进入人体的放射性物质，在人体内继续发射多种射线引起内照射。当放射物质达到一定浓度时，便能对人体产生损害，其危害性因放射性物质的种类、人体差异、浓集量等因素而有所不同，可引起恶性肿瘤、白血病，或损害其他器官。

3. 羊肉生产过程关键控制点及其纠偏措施

1）羊养殖过程关键控制点

（1）肉羊饲养流程见图 6-5。

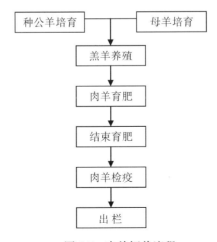

图 6-5　肉羊饲养流程

（2）羊养殖过程关键控制点分析及针对关键控制点所采取的纠偏措施见表6-6。

表6-6 羊养殖过程关键控制点及纠偏措施

控制点	可能存在的危害	关键控制点	显著性判断依据	用什么方法来防止危害
引种	病原菌、病毒、寄生虫	是CCP1	种羊饲养、运输过程造成感染	从具有种羊经营许可证的羊场引种；索取每只羊的检疫合格证，不从疫区引进种羊和商品羊；引进后隔离观察30d以上经检疫合格后方可使用
饲料验收	病原菌、病毒、寄生虫	是CCP2	饲料生产、保存过程造成污染	按NY 5032—2006执行；饲料添加剂须从具备饲料添加剂生产许可证和产品批准文号的供应商采购；向饲料供应商索要不含违禁药物的承诺书；不使用发霉变质、生虫或被污染的饲料；不使用未经无公害处理的泔水、动物副产品及工业副产品
兽药验收	违禁药物	是CCP3	羊用药与休药期的执行过程不符合法律法规的相关规定	按农业部《饲料药物添加剂使用规范》执行；从具备"兽药生产许可证"、"产品批准文号"、兽药生产GMP证书，或者"进口兽药许可证"的供应商采购；兽药标签应符合国务院《兽药管理条例》的规定
饲料贮存加工	病原菌、病毒、寄生虫、农药、重金属	是CCP4	不符合相应的贮存条件、操作失误造成污染	提供洁净、干燥、无污染的贮存条件；加工过程按NY 5032—2006执行；按标签所规定的用法和用量使用、饲料中不直接添加兽药；微量和极微量饲料组分应在专门配料室中进行预稀释。饲料应分类储藏、标识明确，防止交叉污染
羊育肥管理	病原菌、病毒、寄生虫、兽药、激素	是CCP5	饲养过程发生交叉感染、未按操作规范造成残留	按NY5033执行；提供良好的环境、饲料、管理，提高机体抗病力；实施全进全出饲养；需要用药时，严格按标签及休药期规定使用，严禁使用违禁药物和添加剂；严格执行病羊隔离
销售装车	病原菌、病毒、寄生虫	是CCP6	检疫不合格	根据GB16549—1996执行，并出具检疫合格证，不出售病羊、死羊

2）羊屠宰过程关键控制点及纠偏措施

（1）羊屠宰流程见图6-6。

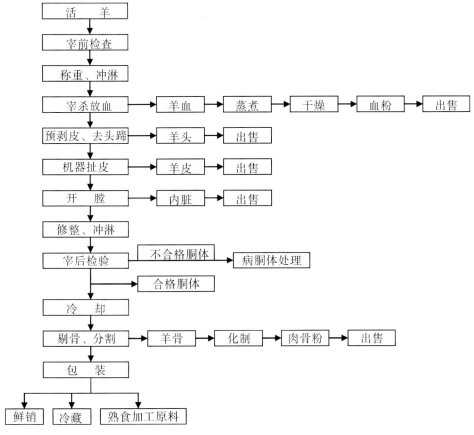

图 6-6　羊屠宰流程

（2）羊屠宰过程关键控制点分析及针对关键控制点所采取的纠偏措施见表 6-7。

表 6-7　羊屠宰过程关键控制点分析及纠偏措施

加工步骤	可能存在的危害	关键控制点	显著性判断依据	用什么方法来防止危害
活羊验收	病原菌、病毒、兽药	是 CCP1	饲养过程可能存在的传染病、感染细菌或病毒	来自非疫区，凭动物检疫合格证、动物运载工具消毒证、用药证明、非疫区证明验收活羊
待宰检查	病原菌、病毒、寄生虫	是 CCP2	饲养过程可能存在的传染病、感染细菌或病毒阴性感染	羊来自无污染且经国家检验检疫注册的具有一定规模的养殖场
去头，头部检验	病原体（炭疽病）	是 CCP3	饲养过程可能存在的传染病、感染细菌或病毒阴性感染	具有资质的检验员全程检验、处理
开腔，内脏检验	细菌、病毒性病原	是 CCP4	饲养过程可能存在的传染病、感染细菌或病毒阴性感染	具有资质的检验员全程检验、处理

加工步骤	可能存在的危害	关键控制点	显著性判断依据	用什么方法来防止危害
胴体检验	细菌、病毒	是 CCP5	饲养过程可能存在的传染病、感染细菌或病毒阴性感染	具有资质的检验员全程检验、处理
包装	化学有机物、物理性杂物	是 CCP6	包装材料污染、加工过程产生金属碎片或其他杂物	严格执行包装材料采购验收，索取包装材料无公害证明；包装前严格检查物理性杂物

6.4.2 HACCP 体系认证

1. HACCP 体系认证的特点

（1）HACCP 体系不是一个孤立的体系，而是建立在企业良好的食品卫生管理基础上的，如 GMP、职工培训、设备维护保养、产品标识、批次管理等都是 HACCP 体系实施的基础。如果企业的卫生条件很差，那么便不适于实施 HACCP 管理体系，而需要企业首先建立良好的卫生管理规范。

（2）HACCP 体系是预防性的食品安全控制体系，要对所有潜在生物的、物理的、化学的危害进行分析，确定预防措施，防止危害发生。

（3）HACCP 体系是根据不同食品加工过程来确定的，能反映出某一种食品从原材料到成品、从加工场到加工设施、从加工人员到消费方式等各方面的特性。其原则是具体问题具体分析，实事求是。

（4）HACCP 体系强调关键控制点的控制，在对所有潜在生物的、物理的、化学的危害进行分析的基础上确定哪些是显著危害，找出关键控制点，在食品生产中将精力集中在解决关键问题上，而不是面面俱到。

（5）HACCP 体系是一个基于科学分析建立的体系，需要强有力的技术支持，当然也可以寻找外援，吸收和利用他人的科学研究成果，但最重要的还是企业根据自身情况所做的实验和数据分析。

（6）HACCP 体系并不是没有风险，只是能减少或者降低食品安全中的风险。作为食品生产企业，仅有 HACCP 体系是不够的，还要与严格的检验及卫生管理共同配合来控制食品的生产安全。

（7）HACCP 体系不是一种僵硬的、一成不变的、理论教条的、一劳永逸的模式，而是与实际工作密切相关的发展变化和不断完善的体系。

2. 认证程序

1）认证申请

（1）申请人资格。

申请人应取得国家工商行政管理部门或有关机构注册登记的法人资格（或其组成部分）；按照认证依据，建立和实施了文件化的 HACCP 体系，且体系有效运行 3 个月以上。

一年内未发生违反我国和进口国（地区）相关法律、法规的食品安全卫生事故。

（2）申请人应提交的文件和资料。

①认证申请书。

②法律地位证明文件复印件，组织机构代码证书复印件。

③HACCP 手册（包括良好生产规范（GMP））。

④组织机构图与职责说明。

⑤厂区位置图、平面图；加工车间平面图；产品描述、工艺流程图、工艺描述；危害分析单、HACCP 计划表。

⑥添加剂使用情况说明，包括使用的添加剂名称、用量、适用产品及限量标准等。

⑦提供适用的我国和进口国（地区）相关法律、法规、标准和规范的文件清单；产品执行企业标准时，提供加盖当地政府标准化行政主管部门备案印章的产品标准文本复印件。

⑧生产、加工主要设备清单和检验设备清单。

⑨承诺遵守相关法律、法规、认证机构要求及提供材料真实性的自我声明。

2）认证受理

认证机构应向申请人公开认证范围、认证工作程序、认证依据、证书有效期、认证收费标准等信息。

3）申请评审

认证机构在申请人提交材料后 10 个工作日内对提交的申请文件和资料进行评审并保存评审记录。

4）审核的策划

认证机构根据受审核方的规模、生产过程和产品的安全风险程度等因素，对认证审核全过程进行策划，制定审核方案。

5）审核的实施

HACCP 体系初次认证审核应分两个阶段实施，第一阶段审核的目的是调查申请人是否已具备实施认证审核的条件和确定第二阶段审核的关注点；第二阶段审核的目的是评价受审核方 HACCP 体系实施的符合性和有效性。

6）认证决定

认证机构根据审核过程中收集的信息和其他有关信息，特别是对产品的实际安全状况和企业诚信情况进行综合评价，做出认证决定。

对于符合认证要求的受审核方，认证机构应颁发认证证书；对于不符合认证要求的受审核方，认证机构应以书面形式告知其不能通过认证的原因。

7）认证标志及证书

（1）HACCP 认证标志及证书样本见图 6-7。

图 6-7　HACCP 质量体系认证标志证书样本

（2）认证证书有效期。

HACCP 体系认证证书有效期为 3 年。认证证书应当符合相关法律、法规要求。认证证书应涵盖以下基本信息（但不限于）：证书编号、组织名称和地址、证书覆盖范围（含产品生产场所、生产车间等信息）、认证依据、颁证日期、证书有效期、认证机构名称和地址。

（3）认证证书的管理。

认证机构应当对获证组织认证证书使用的情况进行有效管理。有下列情形之一的，认证机构应当暂停其使用认证证书，暂停期限最长为 6 个月。

①获证组织未按规定使用认证证书的。

②获证组织违反认证机构要求的。

③获证组织发生食品安全卫生事故；质量监督或行业主管部门抽查不合格等情况，尚不需立即撤销认证证书的。

④获证组织 HACCP 体系或相关产品不符合认证依据、相关产品标准要求，不需要立即撤销认证证书的。

⑤获证组织未能按规定间隔期实施监督审核的。

⑥获证组织未按要求对信息进行通报的。

⑦获证组织与认证机构双方同意暂停认证资格的。

6.5　羊肉品质检测技术

随着"健康饮食"观念的深入人心，采取有效的技术手段，实现高效、快速检测羊肉品质是当前有待解决的问题。传统的检测方法有理化检验、感官检验、微生物检验等，但这些方法存在样品前处理烦琐、检测过程费时费力、损伤样品等缺点，难以满足企业批量羊肉在线快速检测的生产需求。

6.5.1　近红外光谱技术

近红外光谱是一种具有同时对大量肉样的化学组成进行检测并对肉样进行质量分级的检测技术，它可以代替那些耗费时间、代价昂贵，同时还危害人体健康或污染环境的检测器（工）具或检测技术，还能对肉的物理性质和感官品质进行分析。

1. 基本原理及特点

近红外光（near infrared，NIR）是指波长介于可见光区与中红外区之间的电磁波，波长为 780～2526nm，该光区的吸收带主要是由低能电子跃迁、含氢原子团（如 N-H、O-H、C-H）的伸缩、弯曲振动的倍频及组合频吸收产生。当有机物中的物质分子受到近红外线照射时，其中的含氢基团产生振动使光的部分能量被吸收，由于吸收带波长位置与吸收谱带的强度反映了分子结构的特点，因此近红外光谱法可用于鉴定未知物的结构组成，同时吸收谱带的吸收强度与分子组成或化学基团的含量有关，还可用以进行定量分析或纯度鉴定（张小超等，2012）。对某些无近红外光谱吸收的物质，也能够通过其共存的本体物质的近红外光谱变化，间接地反映其信息。但由于近红外光谱承载的复杂样品信息具有多元性特征，形成了光谱的复杂、重叠与变动，使得从中提取待测量的弱信息变得困难。因此，运用化学计量学算法建立与应用待测量样品与光谱特征间具有容变性的关系模型是近红外光谱分析技术的关键。

由于肉类产品中的大多数有机化合物，如蛋白质、脂肪、有机酸、碳水化合物等都含有不同的含氢基团，所以通过对其进行近红外光谱分析可测定这些化学成分的含量，并可以此为依据，得到更多的与羊肉品质相关的信息。由于近红外光谱分析技术具有检测速度快、非破坏性、简单无污染、可检测多种化学成分含量及其特性、适于大规模产业化生产的在线检测等优点，近年来在食品行业发展较快，它不仅能实现肉类产品的化学成分检测，同时也可用于感官品质评价、物理特性评价、品种鉴别与安全评定及在线分级分拣等。

通过近红外光谱技术，能够实现肉品的快速、无损和在线检测。将近红外光谱技术在肉类工业中进行推广应用，将能够更好地完善肉及肉制品行业的安全监控，具有重要的现实意义。特别是近期，研究人员正在积极开发一些能够显著提高近红外光谱技术检测效率和精度的配套器械，将为近红外光谱技术的推广打下坚实的基础。随着近红外光谱技术越来越受到人们的关注，降低参照方法的检测误差，使用变化范围更大的样品和更合理的检测方法，以及与其他检测技术进行综合，利用多重信息对肉品进行全面评价，可使提取有效信息的效率不断提高，光谱的信噪比逐步增大，其在肉品工业中的应用将会更加高效而广泛。

2. 近红外光谱技术在羊肉品质检测中的应用

1）近红外光谱技术应用于羊肉化学成分分析

肉品的化学成分对肉的食用品质和营养品质有较大的影响，如羊肉中的水分含量关系到羊肉的品质和风味，肌内脂肪含量影响羊肉的多汁性和嫩度等。传统的化学分析方法具有破坏性大、花费时间长，不适于在线即时检测，而 NIR 技术应用于羊肉化学成分分析，可以快速、无损测定原料羊肉及其制品中多种组分的含量，以评定其品质。早在20 世纪 70～80 年代，国外已有研究者开始关注近红外反射光谱与水分、蛋白质、脂肪之间的相关性研究（Lanza，1983），这为深入挖掘近红外光谱在肉品快速检测方面的应用与发展打下了基础。近年来，近红外光谱技术在羊肉的化学成分快速检测方面取得了诸多进展，已广泛应用于羊肉及其制品的蛋白质、脂肪、水分、脂肪中脂肪酸的组成和含量以及羊肉微量元素含量等分析研究中。

2）近红外光谱技术应用于羊肉产品感官评价的分析

肉类的感官指标主要指肉品的颜色、纹理、风味、嫩度、多汁性等，近红外光谱技术利用这些指标与羊肉其他物化性质的关联性可对其进行检测。张德权等（2008）应用傅里叶变换近红外光谱技术，采用偏最小二乘法（MPLS）定量分析了羊肉嫩度，建立的羊肉嫩度模型相关系数达到 86.2%。侯瑞峰等（2006）通过近红外漫反射光谱法建立了挥发性盐基氮（TVB-N）的预测模型，并通过聚类分析方法对光谱数据进行了分类处理，实现了对羊肉的新鲜度的非破坏性快速检测。

3）近红外光谱技术应用于羊肉物理特性的分析

NIR 技术对羊肉物理特性的检测主要包括 pH、系水力、剪切力等。羊肉系水力（WHC）是肌肉组织保持水分的能力，多用滴水损失（drip lose）表示羊肉的保水性。若羊肉系水力不良，在生产、运输过程中将造成严重的重量损失。

使用近红外光谱技术快速检测羊肉主要感官指标是可行性的，但由于肉类多不均匀，造成研究肌肉部位受到限制，使得预测模型往往不容易重复，若近红外光谱技术能与目前应用最为广泛的机器视觉技术等方法进行融合，既可提高羊肉的感官评定精度，又可综合评定多种羊肉品质指标，则在一定程度上可提高在线检测效率和实际的经济效益。从当前的研究看，基于近红外光谱预测羊肉滴水损失存在一定的局限性，但由于其他评价系水力的方法都存在破坏样品、耗时长、样品准备复杂等诸多问题，而近红外光谱分析技术更具有在线无损检测的实际应用价值。因此，更好地防止外在因素对光谱获取的影响及改善参考方法，提高近红外光谱法对肉品滴水损失的预测精度，具有一定的现实意义。

4）近红外光谱应用于羊肉品种判断和安全鉴定

在肉类品种鉴别过程中，作为原料肉首先应明确其来源，这对于食品的安全检测非常重要。以近红外光谱技术对羊肉的化学成分和含量分析、以品质评定为依据，可进一步实现羊肉的品种判断和安全鉴定。由于肉品成分复杂，掺杂后外观、组成比较接近，采用一般的化学方法鉴别真伪花费的时间较长，这使得近红外光谱技术能快速对肉类掺假进行鉴别的意义重大，可应用于原料羊肉品质的快速定性与鉴别分析。

6.5.2 低场核磁共振技术

低场核磁共振技术（low field nuclear mangenetic resonance，LF-NMR）是一种快速

的无损检测方法，无需对样品进行预处理，主要针对样品的物理性质进行检测。

1. 基本原理及特点

低场氢质子核磁共振技术的基本原理：样品中的氢质子由水和有机物构成，在有电荷绕氢质子核旋转的同时氢质子核又不停地自转，因此氢质子核周围就会产生磁场。如果把每个氢质子核看作是一个小磁铁，那么样品就是是由无数个微小的磁铁构成的。对处于恒定磁场中的样品施加一定频率的射频脉冲，激发氢质子发生共振，氢质子由低能态跃迁到高能态，停止射频脉冲后，已被激化的氢质子，将不能维持高能态回复到原来磁场中的状态，以射电信号的方式释放所吸收的射频波能量从而达到玻尔兹曼平衡，氢质子从激化状态回复到原来状态的过程称为弛豫过程，将这个过程所需要的时间称为弛豫时间。弛豫过程有两种形式：纵向弛豫和横向弛豫，分别用 T_1 和 T_2 表示。氢质子所处的物理化学环境及存在状态都会对弛豫时间产生影响。由于样品的不同及样品间组分的不同导致氢质子所处的理化环境及存在状态存在较大差异，样品的 T_1 和 T_2 也不相同，当水和底物紧密结合程度高时，它所处的水分状态越稳定，弛豫时间越短；反之，弛豫时间越长，说明水的自由度越高，流动性就越好。所以可以基于核磁共振弛豫时间来反映水分的自由度，从而研究羊肉中水分的分布状态和流动情况，进而研究羊肉及其制品的持水特性。

核磁共振技术在食品科学领域应用的优势主要有以下几点：①样品制备简单，不需对样品进行物理处理的情况下，可以观察其内部结构状况；需要量少，且不受样品自身因素限制；检测方便，能在最低干扰状态下，测定水分含量；②检测具有速度快、精确度高，横向弛豫时间 T_2 检测仅需 2～5 min，且检测结果受人为因素和外部环境因素的影响小，测量稳定，重现好；③检测不需要使用任何化学试剂，破坏性小、污染少，对样品不会造成物理破坏和化学污染，尤其适合对食品的无损检测研究；④能够实时在线测量，获得样品的弛豫时间和信号信息，且一次测量可获得多个参数，能够实现自动化，高效便捷，可以有效地降低检测成本。核磁共振技术在食品领域的应用中也存在许多不足，需要不断地完善。不足之处在于：①仪器相对较大，成本高，需要专业人员操作，检测费用高，不适用于大规模生产的检测；②信号分析方法烦琐，没有参数设置标准，检测前必须不断尝试，选择合适的参数设置，不同参数设置对样品的影响较大。综上所述，低场核磁共振技术具有显著的技术特点：对样品无损伤、无污染，测量迅速、准确，能够获得样品的信号信息及样品内部不同切层的图像，反映物质的质子活性，实现实时测量，对于研究样品的结构性质有重要意义。相比传统的检测方法，低场核磁共振技术对食品的品质无损检测更具优势。

低场核磁共振技术目前多应用于羊肉及其制品的水分流动性、水分分布与迁移情况的检测，以及研究核磁弛豫特性与羊肉品质建立相关性等，能够实时、快速地在线预测和控制羊肉与羊肉制品的质量。目前，低场核磁共振技术在肉品科学中的应用研究主要包括羊肉及其制品的持水性和水分含量、蛋白质、脂肪和质构特性等方面。

2. 低场核磁共振技术在羊肉品质检测中的应用

1) 低场核磁共振技术应用于羊肉持水性分析

水分在羊肉及其制品中的含量较其他化学组分的更高，占羊肉质量的75%左右。其含量与羊肉及其制品的系水力和保水性等直接相关，并影响羊肉及其制品的食用品质和加工特性。此外，羊肉及其制品在加工储藏过程中，随着水分迁移，水分分布状态及其含量均会发生变化，会直接影响羊肉的品质和货架期。所以，羊肉中水分含量的检测对羊肉安全及加工储藏都有非常重要的指导意义。

核磁共振技术是近年发展起来的一种快速、绿色环保的无损检测方法，样品需要量少，在羊肉品质快速检测中发挥着重要作用，主要应用于羊肉持水性的研究，是国际上用于研究水分分布、流动，进而研究样品的内部物性特征的最有效手段之一（Bertram et al.，2001）。低场核磁共振（NMR）是一种通过分析羊肉及其制品中不同状态水分的分布、含量以及迁移过程，同时可进行成像分析，以获取样品内部水分的空间分布信息，从而更好地分析羊肉及其制品中水分与其他品质特性间的关系的分析检测技术（夏天兰等，2011；Bertram et al.，2004）。

该技术通过检测羊肉中H质子的弛豫时间来获得羊肉中的水分自由度和分布状态等与持水性密切相关的重要信息。弛豫时间越短说明水与底物结合越紧密，弛豫时间越长说明水分自由度越大。所以弛豫时间可以鉴别持水性变化的机理。水分含量和分布状态在冷鲜羊肉储藏过程中呈动态变化，是决定羊肉及其制品质量和货架期的重要因素。低场核磁共振技术能够很好地表征冷鲜羊肉不同形式的水分含量及分布迁移情况。研究者利用LF-NMR对羊肉的水分分布、含量及性质进行研究，发现冷冻温度越低，冻藏时间越长，非冻结水分含量的损失就越多（Engelsen et al.，2001；Mortensen et al.，2006；马斌，2006）。

2) 低场核磁共振技术应用于羊肉嫩度分析

肉品嫩度是消费者评价肉质优劣的重要指标，主要与肉的组织形态学结构、肉中蛋白和脂肪的分布状态及肌纤维中脂肪的数量、动物屠宰前后因素、宰后肉品嫩化因素密切相关（Shackelford et al.，2001；Tao et al.，2012）。因此，如何快速检测肉品嫩度一直是国内外肉品科学研究工作的热点问题之一。目前肉品行业中评估肉品嫩度的方法主要是感官评价和机械测定。感官评价主要依靠人为咀嚼品尝，鉴定往往受主观因素干扰，误差较大；机械测定目前最常用的是质构仪，通过模拟牙齿切割肌纤维的过程测量肉品的剪切力，该方法过程烦琐耗时，对肉具有破坏性，被检测的肉品不能继续用于生产销售。而高光谱成像技术（Gowen et al.，2007；张玉华和孟一，2012；周全等，2010）融合了传统的图像技术和光谱技术，能同时获取待测物的图像和光谱信息，全面地反映了样品的内外品质特征，其在农畜产品品质无损检测领域的应用前景广阔。

3) 低场核磁共振技术应用于羊肉脂肪含量分析

脂肪含量对肉类食品品质和风味有重要的影响，传统脂肪含量测定一般采用酸水解和溶剂萃取，但耗时较长、操作复杂、精确度低且对样品都有一定的破坏性，检测的同时破坏了肉类食品原有的结构和性质。低场核磁共振是一种新型测定脂肪含量的方法，能够实现快速无损检测。研究发现，采用 LF-NMR 直接测定鲜肉、干肉的粗脂肪相比传统的溶剂萃取法测得的粗脂肪的一致性更好，且操作简单，不需要复杂的数据处理方法。在使用低场核磁共振技术检测时，脂肪中的氢原子会发出特殊质子信号，这种信号的强度与氢原子的含量有关，而氢原子的含量与脂肪含量成比例。因此，可以利用 LF－NMR 检测该信号，进而对脂肪含量进行分析测定。有大量研究证实，利用低场核磁共振技术可以检测分析多种食品体系中的脂肪含量和状态变化情况。

6.5.3　超声波技术

超声波技术已广泛应用于化工、医疗、医药等领域。我国发展超声技术起步较晚，但发展迅速，主要应用于两个方面：检测超声和功率超声（冯若和李化成，1992）。检测超声是利用小功率超声在媒质中的传播特性，检测或控制各种非声学量及其变化，频率一般为 0.5～20MHz。功率超声是用较大功率的超声对物质作用，以改变或加速改变物质的一些物理、化学和生物特性或状态的技术，频率一般为数万赫兹至几兆赫兹。近年来超声波在动物性食品检测中的应用不断有各种尝试出现，显示出广阔的发展前景。

1. 基本原理及特点

超声波是指频率在（$2×10^4$）～（$1×10^9$）Hz 的声波，属于机械波的一种，因其超越了人的声阈高限，因此称为超声波。它的频率范围很宽，占声学全部范围的 1/2 以上，其传播遵循声波传播的基本规律，同时也具备以下几个特点：①超声波频率可以很高，传播的方向性较强，在液体、固体中传播时，衰减很小；②超声波在传播过程中介质质点的振动加速度非常大；③在液体介质中，当超声波的强度达到一定值后会产生空化现象。频率高、波长短、定向传播性良好、穿透性很强，这些特性使超声波技术在近几年得到了广泛的应用和迅猛的发展。

在食品检测领域所应用的超声波主要有两种类型：低密度超声波和高密度超声波。低密度超声波即低能量水平的超声波，通常能量密度低于 $1W/m^2$，频率为 $100～200kHz$，不会使物料的物化特性产生改变，因此被作为一种声学特性分析法，运用于食品的无损检测领域。但该类型超声波在被检测物料中传播时，物料的声学特性和内部组织的变化会对其传播产生一定的影响，其基本原理是通过测定超声脉冲信号经过介质时的声速及振幅衰减等参数来了解物料性能和结构变化。高密度超声波，即高能量水平的超声波，通常能量密度超过 $1W/cm^2$，频率为 $18～100kHz$。它能够通过热效应、机械机制和空化效应的共同作用，加速待测物的溶出，缩短体系达到平衡的时间，被广泛应用于食品安全检测领域。用于检测的超声波是高频率（0.5～20MHz）低能量超声波，利用高频声波与物质之间的相互作用以获取被测物质内部的物理化学性质。此技术在医学诊断学中应用较为成熟。用于食品加工方面的超声波是频率高于 20kHz，并且不引起听觉的弹性波。现普遍认为空化效应、热效应和机械作用是超声技术应用的三大理论依据

（冯若和李化茂，1992）。空化效应是指液体中往往存在一些真空的或含有少量气体或蒸汽的小气泡，这些小气泡尺寸不一。当一定频率的超声波作用于液体时，只有尺寸适宜的小泡能发生共振现象，大于共振尺寸的小泡被驱出液体外，小于共振尺寸的小泡在超声作用下逐渐变大。接近共振尺寸时，声波的稀疏阶段使小泡迅速胀大；在声波的压缩阶段，小泡又突然被绝热压缩，直至湮灭。湮灭过程中，小泡内部可达几千度的高温和几千个大气压的高压。上述现象称为空化现象。空化作用被用于清洗、雾化、乳化及促进化学反应等方面。热效应是指超声波在媒质中传播，其振动能量不断被媒质吸收转变为热能而使自身温度升高。声能被吸收可引起媒质中的整体加热、边界外的局部加热和空化形成激波时波前处的局部加热等。超声波的强度愈大，产生的热作用愈强。机械作用是指超声波是机械振动能量的传播，可在液体中形成有效的搅动与流动，破坏介质的结构，粉碎液体中的颗粒，能达到普通低频机械搅动达不到的效果。机械作用常用于击碎、切割、凝集等方面。

2. 超声波技术在羊肉品质检测中的应用

1）超声波技术在羊肉嫩化中的应用

超声嫩化是 20 世纪 90 年代美国的 Solomon 和 Long 提出的一种与其他肉类嫩化原理不同的全新嫩化技术。它利用炸药在水中引爆，产生声波，声波在水中传递至肉时，由于声耦作用，肉受迫振动，快速的压缩和收张使肌肉结构破坏，使肉的嫩度提高了 40%～70%。此过程以秒计，嫩化效果明显，不影响肉的营养和风味。后来国外许多研究发现，低频率高能量的超声波（20～100kHz）可用于提高肉品嫩度；超声波技术能使溶酶体破坏，同时肌原纤维蛋白和结缔组织也受破坏，从而起到嫩化作用（Lyng et al.，1997）。特别是溶酶体的破坏使组织蛋白酶和钙蛋白酶体系释放而发挥嫩化作用。在室温下用 0kHz，$2W/cm^2$ 的超声波处理肉产品 2 h，可以清楚地看到结缔组织的减少。国内也有研究者利用超声波嫩化肉品，用频率为 40kHz，电功率 1000W，强度为 $1.33W/cm^2$ 的超声波水浴处理山羊肉块 3～5 min，发现明显提高了肉块的嫩化速率（李兰会，2003）。超声波处理作为一种加速肉品成熟的新技术，比其他方法更安全、经济，效果明显，有着广阔的应用前景。

2）超声波技术在羊肉解冻中的应用

大块冻结羊肉在空气或水中的解冻过程是非常缓慢的，这不仅增加了羊肉的加工成本，而且为饮食的准备工作带来了很多不便。从羊肉内部加热也许可以加快解冻的速度，但现已采用的微波、高频、低频解冻方法并不能有效地缩短解冻时间，因为漏热和表面过热的问题限制了解冻速度的提高。超声解冻方法则不存在这些问题。超声波在冻结组织中比未冻结组织中的衰减程度更大，而且这种衰减随着温度的增高而显著增加，在起始冷冻点达到最大值。这意味着超声波的大部分能量将被食品中处于解冻临界区域的组织所吸收。利用超声波的这一特性，在羊肉解冻过程中，用超声波加热羊肉，可以有效地缩短解冻时间。从超声波的衰减温度曲线看，超声波比微波更适宜快速稳定地解冻

（Shore et al.，1986）。

3）超声波技术在羊肉品质检测中的应用

利用低能量超声检测技术对产品质量进行检测是当前研究的热点（Henning et al.，2000）。检测关键在于通过对声波信号变化的分析，了解产品的成分或组织结构特性，主要考察的参数是声速，在某些特殊情况下也需要辅以声衰减分析和频谱分析。随着人们科学饮食观念的提高，消费者希望羊肉制品更精瘦、更美味、口感更柔嫩。为了适应这种消费需求，肉制品工业需要寻求快速无损的检测方法对原料肉的品质进行控制。低能量超声检测技术在此显示出突出优势。由于声波在精肉和肥肉中的传播速度存在明显差异，因此能够轻易地检测羊活体或屠宰后羊胴体中精肉的厚度。通过简单的超声成像技术还能检测原料肉中肥瘦相间的肉和有特殊组织结构的区间（麻建国和周建军，1998）。除了对瘦肉厚度的检测之外，超声检测技术还可用于固体脂肪含量的检测。

超声波技术应用于动物性食品行业的研究在国外较多，主要集中于清洗、杀菌和品质检测方面。在国内总体来说将超声波技术应用于食品行业还是一个较新的领域。目前，超声波在动物性食品中的应用研究主要集中在将其作为清洗工具上，检测方面绝大多数仍仅局限于实验室，主要是由于动物性食品组分及其状态的多变性使得对测量结果的认识与分析比较困难。因此，有必要进一步研究动物性食品各组分及其不同状态对超声波性质的影响，研制出适用于食品加工过程的仪器设备。

6.5.4　电子鼻

电子鼻是模拟人的味觉形成过程来识别、分析和检测复杂气味的仪器，它由多个性能彼此重叠的气敏传感器和适当的模式分类方法组成。由于具有客观性强、重现性好、检测速度快、无损伤等特点，电子鼻被广泛应用到肉品科学的研究中，主要用于评价肉与肉制品的风味和品质。

1. 基本原理及特点

电子鼻是一种通过模拟人类嗅觉系统对检测对象进行品质评价的新兴智能感官仪器，主要通过气味指纹图谱对挥发性成分或气体做定性或定量的分析与检测，现已在各行业中得到应用。电子鼻是模仿人类对气味的识别机制而设计研制的一种智能电子仪器（贾宗艳等，2006），它主要由 3 部分组成：①顶空进样器，将装有样品的密封瓶上方气体通过顶空吸入传感器；②传感器，气味作用于传感器阵列，产生瞬间响应，响应由强到弱，最后达到稳定状态；③信号处理系统，就是气体传感器阵列所获得的气味信息经过的信号处理系统，即模式识别系统，它可以预处理并进行特征提取，再利用软件进行系统分析，即可完成对复杂气味的检测分析（Wilson，2012）。

电子鼻的工作原理就是模拟哺乳动物的嗅觉器官对气味进行感知、分析和判断。哺乳动物的嗅觉系统的神经元分为三个层次：一级神经元是由能与气体分子结合的嗅上皮感受器；二级神经元是由嗅小球、僧帽细胞、线粒细胞等组成的，能对嗅上皮和嗅神经传递的信息进行调整；三级神经元是大脑皮层上的嗅觉感受器。电子鼻的气敏传感器阵列、信号处理系统和模式识别系统分别与之对应，起到相同的作用（Loutfi et al.，2015）。气敏传感器阵列如同人的嗅觉细胞，由多个具有不同选择性气敏传感器组成阵列，利用其对多种气体交叉的敏感性，将不同气味分子在其表面产生的作用转化为可测物理信号组。气敏传感器阵列由具有响应广、交叉灵敏度强、灵敏度不同的气敏器件组成，可对气体成分进行吸附、解吸附，或进行反应，产生电信号，进行数据采集。信号处理系统如同人的嗅觉神经系统（周亦斌和王俊，2004），信号预处理单元对信号进行特征提取后，信号进入模式识别单元接受进一步处理，从而得出混合气体的组成成分和浓度。信号处理系统对气敏传感器阵列产生的信号进行放大、转换、采集和传输。模式识别系统相当于动物和人的大脑皮层，对电信号进行模式识别，它需要建立在数据库基础上，做出判断并输出结果，传入气体组分经信号分析后与存储于数据库中的该种气体图案进行比较鉴定后，就能快速进行系统化、科学化的气味监测、鉴别、判断和分析。在测定样品时最重要的是选择合适的气敏传感器，常见的气敏传感器类型及其灵敏度、优缺点和适用样品见表 6-8。

电子鼻在羊肉检测中的应用通常要结合不同的数据分析方式和其他的分析检测仪器。常用的数据分析方式有方差分析、主成分分析、判别因子分析、偏最小二乘回归分析、聚类分析和人工精神网络等。通过合理的数据分析可以对电子鼻测定的各项数据进行合理化归类，分析检测结果之间的内在规律，实现对各类羊肉特征风味图谱的建立，为羊肉种类检测、掺假检测和货架期预测提供技术支持。与电子鼻一起联用的分析检测仪器有气相色谱—质谱联用仪、电子舌、电子眼和红外光谱等。联用技术的发展提高了电子鼻的准确度，也拓宽了电子鼻检测肉品品质的范围，有利于电子鼻在肉品检测领域中的推广。

表 6-8　不同类型气敏传感器的特点

气敏传感器种类	测量方法	灵敏度	优点	缺点	适用样品
金属氧化物	电导率	$(5\times10^{-6})\sim(5\times10^{-4})$	价格合理，速度快，稳定性强	高温下才能正常工作	食品，如猪肉、沙丁鱼、干酪
有机聚合物	电导率，电容	$(1\times10^{-7})\sim(1\times10^{-4})$	常温下即可工作	对湿度敏感	食品、包装材料、大气成分，如醇类、芳香烃
场效应管	电压，电流	只能针对特定气体检测	集成度高	对气体响应程度高	应用范围不广
声表面波	频率	1.0ng	灵敏度高，可在常温下工作	制作复杂，要求高	区分特定气体、食品，如鉴定椰子油掺假
光纤	波长，吸光度	还处于研究阶段	屏蔽噪声能力强，适应性强	价格昂贵	—

2. 电子鼻技术在羊肉品质检测中的应用

在羊肉及其制品的分析检测中，电子鼻系统被用于羊肉新鲜度检测、羊肉制品品质的判定和羊肉掺假检测等方面。

1) 电子鼻技术在羊肉产品加工过程中的应用

新鲜度是反映肉品在贮藏期的品质的重要指标。随着贮藏时间的延长，由于微生物和自身酶的作用，肉品新鲜度会下降，产生很多挥发性物质，使肉制品的气味发生很大的变化，甚至产生异味。国内外很多学者已经利用电子鼻对肉类的新鲜度进行检测，并证实此方法是有效可行的。超过 80% 的检测准确率、不需要对样品进行前处理的优点，为电子鼻在肉品新鲜度检测中的应用提供了可能。微生物是肉品监测的重要指标，传统方法检测费时、操作烦琐，难以在短时间内实现快速检测。研究人员通过电子鼻监测了羊肉及其制品加工过程中的微生物种类和数量的变化，进而推断羊肉的新鲜度；使用电子鼻结合主成分分析法测定了 4 ℃贮藏条件下 10d 内冷却肉的菌相变化，并验证了此方法的可行性；研究也发现电子鼻信号与菌落总数之间存在较好的线性关系，使用电子鼻对羊肉中的微生物进行检测可行性高。大量的研究表明，电子鼻可通过微生物代谢产生的挥发性物质与微生物生长之间的线性关系来预测生鲜羊肉中微生物的数量，进而预测生鲜羊肉的货架期。此方法操作简单、方便快捷，可在短时间内得到羊肉中的微生物污染状况。

研究表明饲养方式对羊肉品质具有一定影响，国内外应用电子鼻研究饲养方式对羊肉品质的影响主要集中在是否去势、去势方式和营养强化养殖。目前，关于去势和不同饲料喂养对羊肉营养品质、理化和感官品质的影响的研究较多，而对于风味物质的影响研究较少，电子鼻主要通过不同处理之间挥发性风味物质的不同来达到区分不同饲养方式的目的。有研究发现，电子鼻能够较好地区分羊肉是否为羯羊地羊肉；区分不同的营养强化方式对肉挥发性风味物质的影响；区分不同养殖方式、不同成熟时间火腿的原料肉的品质，同时还可以检测肉品在加工过程中的风味变化。

2) 电子鼻技术在羊肉产品掺假鉴别中的应用

优质羊肉制品营养价值高，价格也相对较高，在羊肉市场中存在着以次充好、以假乱真的现象。由于不同羊肉的挥发性风味物质不同，为电子鼻快速检测羊肉的种类与掺假提供了可能。电子鼻在检测羊肉的种类和掺假中的应用具有良好的可操作性和可靠性，为肉品快速检测提供了技术支持。

6.5.5　电子舌

电子舌自 20 世纪 80 年代中期起步，发展至今不过数十年，属于较"年轻"的技术手段。但随着研究学者对人体嗅觉、味觉等感觉功能的探索及消费者对感官评价的要求不断加大，模拟人体嗅觉、味觉的电子鼻及电子舌应运而生。目前，电子鼻已在食品研究领域，如监测食品质量安全、食品新鲜度及贮存期预测等方面广泛应用。

1. 基本原理及特点

在生物味觉体系中，舌头味蕾细胞的生物膜与食物中的味觉物质相结合产生的生物信号，转化为电信号并通过神经系统传输至大脑，经分析后获得的味觉信息就是人们感受到的味道。电子舌主要是利用上述原理设计而成，在电子舌的体系中，传感器负责接收味觉信号，再经数据处理分析得到最终结果，它由交互敏感传感器阵列、信号调整电路与模式识别算法组成，电路系统是支撑电子舌的骨架，不同的模式识别算法及模型规则是电子舌系统的灵魂。电子舌仪器依据信号感测原理的不同分为多通道电极味觉传感器电子舌、伏安型传感器电子舌、多频脉冲电子舌系统、生物传感器及膜电位分析传感器等。由日本九州大学 TokoK 研究小组开发的第一台电子舌即为多通道电极味觉传感器系统电子舌，时至今日应用仍然最为广泛。目前，电子舌作为一种基于生物味觉模式建立起来的新型检测技术，逐渐受到研究者的重视。

2. 电子舌技术在羊肉品质检测中的应用

电子舌作为一种现代化的分析仪器，可以对样品的整体滋味进行评定，并可以对复杂的呈味物质进行识别、检测，进而代替感官评定员对食品滋味进行更准确的评定。这不仅可以减少人力资源，而且它得出的结果更快速、更准确，并且操作方法更简便、更安全，应用前景广阔。目前，电子舌在食品行业中主要应用于食品加工过程的监测、食品成分的定量分析和鉴定、食品的新鲜度和货架期研究等方面。目前电子舌主要涉及的应用领域有酒类、乳品类、茶类、饮料类、果蔬类、肉制品等。对电子舌在羊肉及其制品的质量控制方面的应用也有较多研究，并取得很大的进展。羊肉及其制品是人们餐食中不可或缺的一部分，提供着人体所需的能量及脂肪等营养物质。对羊肉及其制品的评价方法主要有感官评价法、理化评价法等，感官评价法会因为个人的习惯及喜好的不同而导致结果缺乏客观性及统一性；理化评价法主要以剪切力来表示肉的弹性、嫩度以及肌肉纤维的密度和直径、风味物质的含量等。虽然理化评价法能够反映出肉制品的部分品质，但具有操作复杂、破坏样品组织结构等不足。所以对生鲜羊肉进行准确的品质评价、新鲜度的有效监测是近年来肉制品领域研究的热点之一。目前，电子鼻在羊肉品质评价及新鲜度监测方面应用较多。电子舌相对电子鼻技术，在国内起步较晚。

6.5.6 分子生物学技术

随着农产品及食品安全分析物质不断的微量化和痕量化以及基质的复杂化，仅使用传统分析技术已难以解决所有的问题。分子生物学技术不仅可以简化前处理过程，而且操作简便、检测成本低、安全可靠，且能进行特异性处理分析，其在产品质量安全分析中占据越来越高的比例（杨大进，2009）。目前在羊肉产品品质检测中常用的技术包括：酶联免疫分析技术（ELISA）、基因芯片技术、分子印迹技术、聚合酶链式反应（PCR）技术、试纸条快速检测技术、流动注射免疫分析技术、生物传感器技术（biosensor）等。分子生物学技术解决了传统方法中产品前处理所不能解决的问题，特别是在产品的有毒有害物质检测中发挥了重要的作用。

1. 酶联免疫分析技术

1）基本原理及特点

ELISA 是免疫技术与现代测试手段相结合而建立的一种超微量的测定技术，其基本原理是：将特异的抗原-抗体免疫学反应和酶的高效催化作用有机结合，以酶促反应的放大作用来显示初级免疫反应，既可检测抗原，也可检测抗体。先用固相载体吸附抗体（抗原），加待测抗原（抗体），再与相应的酶标记抗体（抗原）进行抗原抗体的特异免疫反应，生成抗体（抗原）—待测抗原（抗体）—酶标记抗体（抗原）复合物，最后再与该酶的底物反应生成有色产物。待测抗原（抗体）的量与有色产物的量成正比，根据吸光度值可计算抗原（抗体）的量。在上述反应中，酶促反应只进行一次，而抗原-抗体免疫反应可进行一次或数次。该法既可定性测定，又可定量测定，一般采用商品化的试剂盒进行测定（商博东等，2005）。完整的 ELISA 试剂盒包含 7 个组分：包被了抗原或抗体的固相载体、酶标记的抗原或抗体、酶的底物、阴性和阳性对照品（或参考标准品和控制血清）、结合物及标本的稀释液、洗涤液、酶反应终止液。

常用的标记酶有：辣根过氧化物酶、葡萄糖氧化酶、碱性磷酸酯酶等，这些酶通常满足以下条件：具有较高的催化专一性和活性；与抗原、抗体偶联后不影响自身酶活性和抗原、抗体的免疫活性；催化反应的信号产物易检测；价廉易得，对人体无害（张伟和袁耀武等，2007）。

ELISA 的分类无统一标准，常用的方法有：①间接竞争抑制法；②抗体包被直接竞争法；③抗原包被直接竞争法；④夹心法。

2）酶联免疫分析技术在羊肉品质检测中的应用

酶联免疫分析技术是 20 世纪 70 年代初期由荷兰学者 Weeman 与 Schurrs 和瑞典学者 Engvall 与 Perlman 几乎同时提出的。最初 ELISA 主要用于病毒和细菌的检测，20 世纪 70 年代后期开始广泛应用于抗原、抗体的测定，范围涉及一些药物、激素、毒素等半抗原分子的定性定量检测。它是在 RIA 理论的基础上发展起来的一种非放射性标记免疫分析技术。它利用酶标记物同抗原、抗体复合物的免疫反应与酶的催化放大作用相结合，既保持了酶催化反应的敏感性，又保持了抗原抗体反应的特异性，极大地提高了灵敏度，且克服了 RIA 操作过程中放射性同位素对人体的伤害。酶联免疫分析法在农产品安全检测中最为常用。农兽药残留免疫分析方法的建立包括待测物选择、半抗原合成、人工抗原合成、抗体制备、测定方法建立、样本前处理和方法评价等步骤。ELISA 具有样品前处理简单、纯化步骤少、大量样本分析时间短、适于做成试剂盒现场筛选等优点，使其可实现快速现场监测，是现阶段农产品安全检测领域应用较多的一项检测技术。

在欧美、日本等发达地区和国家，ELISA 技术已广泛应用于动物性产品的兽药残留分析，尤其是在进出口贸易领域更为突出，几乎所有重要的兽药残留都已建立或试图建立 ELISA，如青霉素、链霉素、四环素、磺胺二甲基嘧啶、三甲氧苄氨嘧啶、莫能菌素、盐霉素、阿维霉素等，且已有多种动物性产品兽药残留酶联免疫快速检测试剂盒问世。同时，将 ELISA 分析与理化分析（HPLC、TLC）技术联用于大量的进出口贸易检测工作时，可将免疫技术的高选择性和理化技术的快速分离和灵敏性融为一体，克服了 ELISA 直接测定样本信息量太少、假阳性和理化分析技术选择性低等不足，简化了分析过程。

　　近年来 ELISA 技术在我国的发展较为迅速，这不仅是与国际接轨，同时也是对国民食品安全和动物性产品进出口贸易的强有力保障和技术支持。目前我国已建立 ELISA 残留检测的兽药种类有：磺胺类、氯霉素类、苯并咪唑类、氨基糖苷类、四环素类、大环内酯类、内酰胺类、硝基咪唑类、β-受体激动剂类、喹诺酮类、阿维菌素和聚醚类等，其主要包含的动物性产品有：乳、肉和副产品等。但随着兽药的不断更新和发展，新型高效的兽药不断应用到养殖业中。为此，酶联免疫技术应用于新型高效的兽药在动物性产品中残留检测方面的研究显得尤为重要。

2. 基因芯片技术

1) 基本原理及特点

　　基因芯片技术是 20 世纪 90 年代初期发展起来的一门由分子生物学、微电子学、物理学、化学、计算机学等多学科交叉融合的高新技术。该技术采用原位合成或显微打印手段，将数以万计的核酸探针固化于支持物表面，与标记的样品进行杂交，通过检测每个探针分子的杂交信号强度，进而获取样品分子的数量和序列信息，实现对样品的快速检测。基因芯片技术是基于芯片上的探针与样品中的靶基因片段之间发生的特异性核酸杂交。基因芯片的基本原理与核酸杂交相似，但它将大量按检测要求设计好的探针固化，仅通过一次杂交便可检测出多种靶基因的相关信息，具有高通量、多参数同步分析，快速全自动分析，高精确度、高精密度和高灵敏度分析的特点。

　　由于可对样品的信号进行集约化和平行处理，具有无可比拟的高效、快速和多参量特点，生物芯片技术已广泛应用于疾病诊断和治疗、药物筛选、司法鉴定、食品卫生监督、环境检测、国防、航天等领域。

　　基因芯片分为传统的 cDNA 芯片和寡核苷酸芯片。cDNA 芯片由于基因长短不同以致 Tm 值各异，多个基因在同一张芯片上杂交时，杂交条件很难统一，存在非特异性杂交，使得传统的 cDNA 芯片的应用受到限制。而寡核苷酸芯片的探针制备来自 GEN-BANK 数据库，通过 BLAST 优化筛选得到的寡核苷酸片段代表生物体全基因组，探针退火温度均在较小的范围，同时设立多个严格的对照，最大限度地减少了非特异性杂交。

2) 基因芯片技术在羊肉品质检测中的应用

　　基因芯片技术是鉴别羊肉微生物和转基因成分最有效的手段之一，为全面、快速、准确地进行羊肉安全检测提供了一个崭新的平台。

　　基因芯片可在一次实验中检出所有潜在的致病源，也可用同一芯片检测某一致病源的各种遗传学指标，并且具有较高的检测灵敏度、特异性和快速便捷性，因此在病原微生物检测中具有很好的发展前景。

　　近年来，许多学者利用基因芯片对食品中的常见致病菌进行了分析、检测，可检测各种介质中的微生物，研究复杂微生物群体的基因表达。在食品发酵过程中绝大多数活菌都不能体外培养，难以估计产物中的细菌种类和数量，利用基因芯片可不经培养直接分析发酵产物中的微生物种群。

3. 分子印迹检测技术

1）基本原理及特点

分子印迹技术是指为获得在空间结构和结合位点上与某一模板分子完全匹配的聚合物的实验制备技术。它首先以具有适当功能基的功能单体与模板分子结合形成单体——模板分子复合物，选择适当的交联剂将功能单体互相交联起来形成共聚合物，从而使功能单体上的功能基在空间排列和空间定向上固定下来，通过一定的方法把模板分子从聚合物上洗脱下来。这样就在高分子共聚物中留下一个与模板分子在空间结构上完全匹配，并含有与模板分子专一结合的功能基的三维空穴。这个三维空穴可以选择性地重新与模板分子或与其结构相似的分子结合，具有专一的识别作用。分子印迹技术利用化学手段合成一种高分子聚合物，即分子印迹聚合物（molecularly imprinted polymer，MIP）。MIP 能够作为印迹分子的待测物，在免疫分析中可以取代生物抗体，被科学家誉为"人工抗体"。它具有一定的预定性、识别性和实用性等特点。

固相萃取是目前最常用的样品前处理技术，它利用固体吸附剂将液体样品中的目标化合物吸附，然后用洗脱液洗脱，达到分离纯化目的物的目的。由于该方法不需要大量试剂，萃取过程高效、快速，同时所需要的费用也较少，所以被越来越多的操作人员采用。

分子印迹固相萃取技术是使用分子印迹聚合物作为固相萃取的填料，由于分子印迹聚合物是一种对某种或某类化合物具有特异选择性的聚合物，它可以特异地和待分析物结合，高效地分离纯化分析质。而且该聚合物是通过化学方法合成的，具有耐酸碱、耐离子强度等优点。目前，分子印迹用固相萃取技术已应用于生物及食品样品中有害物质如农药、兽药、食品添加剂和禁用药物的萃取分离。

2）分子印迹检测技术在羊肉产品品质检测中的应用

分子印迹检测技术在羊肉产品品质检测中的潜力已引起了人们的关注，由于农兽药在农产品基质中的痕量残留性以及基质的复杂性，需要对待侧的农兽药物质进行分离，净化和富集。分子印迹固相萃取（MISPE）技术已广泛应用于药物、生物、农产品、环境样品的分析，作为监测药物、生物大分子、烟碱、除草剂、农药等的预富集处理。根据直接竞争免疫分析方法，采用荧光标记示踪物，灵敏度虽不及生物抗体免疫分析得到的结果，但分析时间缩短而且该放生抗体具有上百次的可再生使用次数。使用分子印迹聚合物（MIPs）作为生物传感器的识别元件是另一具有发展前景的应用。较之抗体、受体或酶，MIPs 制成的传感膜有明显的优越性，如适用范围广、稳定性好、耐高温和耐腐蚀等特点。

4. 聚合酶链式反应技术

1）基本原理及特点

聚合酶链式反应（PCR）技术诞生于 1985 年，由美国 Cetus 公司和加州大学联合创建。PCR 技术利用变性与复性原理，在体外使用 DNA 聚合酶，在引物的引导和脱氧核糖核苷酸（dNTP）的参与下将模板在数小时内进行百万倍扩增。该技术可选择性地放大特定的 DNA 序列。

实时荧光定量 PCR 技术是近年发展起来的新型技术。该技术通过直接测定 PCR 过程中荧光信号的变化，利用电脑分析软件对 PCR 过程中产生的扩增产物进行动态监测和自动定量，从而成功地实现了 PCR 从定性到定量的飞跃。而且，使用实时定量 PCR 技术不需要进行凝胶电泳，避免了交叉污染，使反应具有更强的特异性和更高的自动化程度。随着分子生物学技术的不断发展，多重 PCR、标记 PCR 和不对称 PCR 等多种不同的 PCR 技术已成熟地应用于农产品检测中，它们的应用使 PCR 技术拥有了更高的灵敏度和更短的检测周期。

2）PCR 技术在羊肉品质检测中的应用

肉类食品安全是全世界面临的共同问题。如 2013 年涉及 16 个欧洲国家的"马肉风波"震惊整个欧洲；在我国，"挂羊头卖狗肉"的肉类掺假掺杂事件近年来也被媒体多次曝光。不法企业使用相对廉价的马肉、猪肉、鸭肉等肉类原料，通过各种加工手段，冒充牛肉、羊肉制品进行销售以谋取利益，从而严重侵犯消费者的合法权益。传统的依靠感官与经验的肉类形态学鉴别手段已远不能满足对肉类食品掺假进行控制和监管的需求。聚合酶链式反应（PCR）技术的快速发展使其成为食品中肉类种属鉴定的核心方法。目前，基于 PCR 技术的实时荧光定量 PCR 方法检测羊肉产品中的动物源性成分已经得到了较多的关注，国内也已经建立了一系列采用核酸方法进行种属鉴别的国家标准和行业标准。与普通 PCR 技术相比，实时荧光定量 PCR 技术在特异性、灵敏度和准确性方面均显示了巨大优势。然而，普通 PCR 技术和实时荧光定量 PCR 技术针对 1 个靶标基因进行扩增，对于可能混杂多种其他肉品或检测人员尚不明确掺入何种涉假肉品的情况下，应用普通 PCR 技术和实时荧光定量 PCR 检验掺假肉制品往往显得力不从心。多重 PCR 技术可以准确检出羊肉掺假制品中的猪、牛、马、鸭等多种其他动物源性成分。

5. 其他分子生物学技术

1）试纸条快速检测技术（即膜载体免疫分析快速检测技术）

试纸条与试剂盒相比具有更加易于携带、检测更加迅速等优势。在实际检测过程中，特别是现场快速检测，并不一定需要对每个样品都获得定量数据而只需要定性地判别出某个样品是否含有某种农兽药，含量是否超过规定标准既可。因此，只需要几分钟或十几分钟就可以获得结果的快速检测试纸条是最为合适的检测工具。试纸条技术与试剂盒技术类似，其特点是以微孔膜作为固相载体。标记物可用酶或各种有色微粒子，如彩色乳胶、胶体金、胶体硒等，以红色的胶体金最为常用。固相膜的特点在于其类似滤纸的多孔性。液体可穿过固相膜流出，也可以通过毛细管层析作用在膜上向前移行。常用的固相载体膜为硝酸纤维素膜、尼龙膜等。试纸条技术主要包括酶标记免疫检测技术（immunoenzyme labeling technique）和胶体金标记免疫检测技术（immunogold labelling technique）。酶标记免疫检测技术是以酶为示踪标记物；胶体金标记免疫检测技术是以胶体金作为示踪标记物，是应用于抗原抗体反应的一种新型免疫标记技术。酶标记检测技术包括 flow-through 和 dip-stick 两种形式；胶体金标记检测技术包括 flow-through 和 lateral-flow 两种形式。

2）流动注射免疫分析技术

流动注射免疫分析法（FIIA）将速度快、自动化程度高、重现性好的流动注射分析与特异性强、灵敏度高的免疫分析集为一体。这种分析方法具有分析时间短、需要样品量小和操作简便等特点。利用 FIIA 对一些样品分析，测定耗时不足 1 min。FIIA 有均相 FIIA 和非均相 FIIA 两种。流动注射免疫分析主要包括：流动注射脂质体免疫分析技术、流动注射荧光检测、流动注射化学发光检测、流动注射分光光度检测和流动注射电化学检测。FIIA 是一种灵敏性、专一性、准确性好，且检测速度快、成本低的方法，样品也不需要预处理和富集。

3）免疫亲和

免疫亲和（immunoaffinity）是利用生物分子间专一的亲和力而进行分离的一种层析技术。其原理是利用偶联亲和配基的亲和吸附介质为固定相亲和吸附目标产物，使目标产物得到分离纯化的液相层析法。亲和层析已经广泛应用于生物分子的分离和纯化，如结合蛋白、酶、抑制剂、抗原、抗体、激素、激素受体、糖蛋白、核酸及多糖类等；也可以用于分离细胞、细胞器、病毒等。

4）毛细管电泳免疫分析技术

毛细管电泳免疫分析技术是将毛细管电泳技术（CE）与免疫分析技术（IA）相结合的一种新型的免疫分析技术。毛细管电泳免疫分析分为竞争性毛细管电泳免疫分析和非竞争性毛细管电泳免疫分析。毛细管电泳免疫分析的检测器主要有激光诱导荧光和紫外检测器。其中激光诱导荧光检测器因具有较高的检测灵敏度而被广泛使用。此外，还有生物传感器、荧光免疫分析技术、放射免疫分析技术、磁免疫分析技术、蛋白质芯片等。

6.6　羊肉质量安全可追溯体系

近几十年来，随着世界范围内动物疫情的不断爆发和食品安全事故的频频发生，畜产品的质量安全问题已给人们的身心健康带来了严重威胁，沉重打击了消费者对畜产品的信心，现已引起了社会各界的高度重视。因此，建立农产品可追溯体系是世界农业发展的必然趋势，它已成为当今世界农业发展的一个重要方向。

6.6.1　可追溯体系的起源

可追溯体系的产生起因于 1996 年英国疯牛病狂发引发的恐慌，另两起欧盟食品安全事件——丹麦的猪肉沙门氏菌污染事件和苏格兰大肠杆菌事件也引起了欧盟消费者对政府食品安全监管的极大担忧，这些食品安全危机同时也促进了可追溯体系的建立。因此，畜产品可追溯体系首先在欧盟范围内建立，其目的是通过建立食品的可追溯管理为消费者提供所消费食品更加详尽的信息。

6.6.2 可追溯体系的定义

国际食品法典委员会（CAC）与国际标准化组织 ISO（8042∶1994）把可追溯性的概念定义为"通过登记的识别码，对商品或行为的历史和使用或位置予以追踪的能力"。可追溯性是利用已记录的标记（这种标记对每一批产品都是唯一的，即标记和追溯对象有一一对应的关系，同时，这类标记已作为记录保存）追溯产品的历史（包括用于该产品的原材料、零部件的来历）、应用情况、所处场所或类似产品或活动的能力。据此概念，畜产品可追溯管理或其系统的建立、数据收集应包含整个食物生产链的全过程，从原材料的产地信息，到产品的加工过程，直到终端用户的各个环节。畜产品实施可追溯管理，能够为消费者提供准确而详细的有关产品的信息。在实践中，"可追溯性"指的是对食品供应体系中食品的构成与流向的信息与文件记录系统。

实施可追溯性管理的一个重要方法就是在产品上粘贴可追溯标签。可追溯性标签记载了食品的可读性标识，通过标签中的编码可方便地到食品数据库中查找有关食品的详细信息。可追溯性标签也可帮助企业确定产品的流向，便于对产品进行跟踪和管理。

6.6.3 可追溯体系的技术特点

1. 无线射频识别技术

无线射频识别技术（radio frequency identification，RFID），为非接触式的自动识别技术，它利用无线射频信号的空间耦合（电磁感应或电磁传播）特性，实现对被识别对象的自动识别。RFID 的特点是利用无线电波来传送识别信息，不受空间的限制。RFID 系统的基本工作方法是将 RFID 标签安装在被识别对象上，当被识别对象进入 RFID 读写器的读取范围时，标签和读写器之间建立起无线识别的通信链路，标签向读写器发送自身信息，读写器接收信息后进行解码，然后传送给计算机处理，从而完成整个信息处理过程。常用的射频卡主要有以下几种类型。

（1）按载波频率可以分为低频射频卡、中频射频卡和高频射频卡。低频系统主要应用于短距离、低成本的生产，如门禁卡、校园卡等；中频系统用于门禁控制和需传送大量数据的应用系统；高频系统应用于需要较长的读写距离和高读写速度的场合，其天线波束方向较窄且价格较高，在火车监控、高速公路收费等系统中应用。羊肉生产溯源系统管理使用的是 915MHz 的高频射频动物识别标签。

（2）按 RFID 系统能量供应方式的不同可分为有源卡和无源卡。无源卡内无电池，利用波束供电技术将接收到的射频能量转化为直流电源为卡内电路供电，其作用距离相对有源卡短，但体积小、价格低、寿命长且对工作环境要求不高；有源卡是指卡内有电池提供电源，其作用距离较远，但寿命有限、体积较大、成本高，且不适合在恶劣环境下工作。

（3）按调制方式的不同可以分为主动式射频卡和被动式射频卡。主动式射频卡用自身的射频能量主动将数据发送给读写器；被动式射频卡使用调制散射方式发射数据，它必须利用读写器的载波来调制自己的信号，此类技术适合用于门禁和交通中，因为读写器可确保只激活一定范围内的射频卡。

（4）按作用距离可分为超短近程标签（作用距离小于 10 cm）、近程标签（作用距离 10～100 cm）和远程标签（作用距离 1～10m，甚至更远）。

2. 条形码技术

条形码技术最早出现于 20 世纪 40 年代的美国，20 世纪 70 年代开始被广泛应用。它是在信息技术基础上发展起来的一门集编码、印刷、识别、数据采集与处理于一体的综合性技术。条形码是由一组按一定编码规则排列的条、空格符，由宽度不同、反射率不同的条和空，表示一定的字符、数字以及符号组成的信息。条形码系统由条码符号设计、制作和条形码识读器组成。其基本工作方法是由条形码识读器先扫描条形码，它通过识别条形码的起始、终止字符来判断出条形码控制符号的码制以及扫描方向，通过测量脉冲数字电信号 0、1 的数目来判别条和空的数目，通过测量 0、1 信号持续的时间来判断条和空的宽度。这样就得到了正待辨识的条形码符号的条和空的数目以及相应的宽度和所用的码制。然后根据码制所对应的编码规则，便可将条形码符号转换成相应的数字、字符信息，通过接口电路传送给计算机系统进行处理与管理，便完成了条形码辨读的过程。

1）一维条码技术

我国所推行的 128 码是 EAN-128 码，它是根据 EAN/UCC-128 定义标准将信息转变成条码符号，应用标识条码由应用标示符和后面的数据两部分组成，每个应用标示符由 2～4 位数字组成，并且一个条码符号可表示多个条码应用标识。EAN-128 码由双字符起始符号、数据符、校验符、终止符以及左、右侧空白区域组成，它是一种连续型、非定长条码，能较多地标识贸易单元需要表示的内容。

2）二维条码技术

一维条码承载信息是单一方向的，而且信息容量约为 30 个字符，容量非常有限，因此，一维条码只能对"物品"进行标识，而不能进行描述。二维条码则是在一维条码的基础上发展起来的，它用某种特定的几何图案按一定规律在平面上（二维方向上）分布的黑白相间的图形记录数据符号信息。二维条码可以分为堆叠式二维条码和矩阵式二维条码，堆叠式二维条码形态上是由多行短截的一维条码堆叠而成的；矩阵式二维条码以矩阵的形式组成，在矩阵相应元素位置上用"点"表示二进制"1"，用"空"表示二进制"0"，由"点"和"空"的排列组成代码。

（1）堆叠式二维条码：也叫堆积式二维条码或层排式二维条码。其编码原理建立在一维条码基础之上，按需要堆积成两行或者多行。它在编码设计、校验原理、识读方式等方面继承了一维条码的一些特点，识读设备和条码印刷与一维条码技术兼容，但由于行数的增加，需要进行判定，其译码算法与软件与一维条码也不完全相同。比较有代表性的行排式二维条码有：Code16k、Code49、PDF417 等。

（2）矩阵式二维条码：也叫棋盘式二维条码，是建立在计算机图像处理技术、组合编码原理等基础上的一种新型的图形符号自动识读处理码制。它是在一个矩形空间通过黑、白像素在矩阵中的不同分布进行编码。在矩阵相应元素位置上，用点（方点、圆点或其他形状）的出现与否分别表示二进制的"1"和"0"。点的不同排列组合说明了矩阵式二维条码所代表的意义。比较有代表性的矩阵式二维条码有：MaxiCode、QRCode、DataMatrix 等。

二维条码自诞生之时起就得到了世界上很多国家的关注，尤其在美、德、日本等国已得到了广泛应用。与发达国家相比，我国对二维条码技术的研究起步较晚。目前条形码技术已在汽车行业自动化生产线、医疗急救服务卡、高速公路收费管理及银行汇票等方面得到了应用。汉信码的研发成功，实现了我国自主知识产权二维条形码标准零的突破，二维条形码与其他技术的相互融合渗透更使得二维条码技术向更深、更广的领域发展。

由于二维条码不仅具有信息容量大、安全性高、读取率高、纠错能力强等优点，而且可以脱离对数据和通信网络的依赖，真正实现条码与信息之间的直接映射关系，并且它可以方便地对物品进行追溯，非常适合工作人员的现场作业，所以在对物品的追溯上多采用的是二维条码。

3. 数据同步技术

手持设备后台使用的数据库为嵌入式数据库，这种数据库一般采用某种数据复制模式与服务器数据库进行映射，能够满足人们在任意时间、任意地点对任意数据的访问需求。由于存在数据复制，在系统中各个应用前端和后端服务器之间可能需要各种必要的同步控制过程，甚至某些或全部应用前端、中间也要进行数据同步。所以目前在 SQL Server CE 常用的数据同步技术仅为合并复制（Merge replication）和远程数据访问（RDA）。

（1）远程数据访问：使用 SQL Server CE 数据库引擎、SQL Server CE 客户代理和 SQL Server CE 服务器端代理并利用 IIS 进行通信。

（2）合并复制：SQL Server CE 中的合并复制基于 SQL Server 2000 和 SQL Server 2005 的合并复制（merge replication）。合并复制使用 SQL Server CE 数据库引擎、SQL Server CE 客户代理、SQL Server CE 服务器端代理和 SQL Server CE 复制提供者并利用 IIS 进行通信。

6.6.4 可追溯体系在国内的发展现状

在国内，许多地方都对畜禽加工等方面的可追溯体系制定了地方标准，但由于目前肉类加工行业的信息化水平较低，可追溯体系很少付诸实际应用。

随着社会和经济的发展，国家和社会对农产品质量安全提出了更高的要求。国务院商务部在"放心肉"发展规划中，已将可追溯系统作为一项重要的课题。

2009 年，农业部颁发了《农产品质量安全追溯操作规程 畜肉》（NY/T 1764—2009），其中详细地规定了畜肉（包括猪、牛、羊等）质量追溯的术语和定义、要求、信息采集、信息管理、编码方法、追溯标识、体系运行、自查和质量安全问题处置。

2012 年国家质检总局和国家标准委发布的《食品冷链物流追溯管理要求》（GB/T 28843—2012），则针对预包装食品从生产结束到销售之前的运输、仓储、装卸等冷链物流环节中的管理问题，从追溯管理总则，建立追溯体系、温度信息采集、追溯信息管理等方面进行了规定。2013 年由农业部发布的《农产品质量追溯信息交换接口规范》（NY/T 2531—2013）进一步对农产品质量追溯信息系统中的信息交换原则、编码设计、信息交换内容、信息交换格式等方面做出了规定。

可以看出，这些技术标准的实施体现了国家对食品安全的重视，也表明了建立可追溯体系对于提升食品安全的作用。这些标准的颁布和实施对提升我国肉类食品安全体系建设，无疑具有巨大的推动作用。

参 考 文 献

阿茹汗，2016. 羊软骨胶原蛋白肽的理化特性及抗氧化活性的研究[D]. 呼和浩特：内蒙古农业大学.

安迈瑞，李儒仁，韩玲，等，2014. 烹饪方式对肉牛及牦牛肉、心肝中L-肉碱含量的影响[J]. 营养学报，36 (2)：196－198.

白建，孙好学，上官鹏军，2005. 冷却肉保鲜技术的新研究[J]. 肉类研究，(6)：39－42.

白杉，2003. 肉及肉制品的包装[J]. 肉类研究，(2)：35－37.

北京朗诺经贸公司，2006. 胴体清洗消毒技术介绍[J]. 肉类研究，(8)：12－15.

毕于运，高春雨，王亚静，等，2009. 中国秸秆资源量估算[J]. 农业工程学报，25 (9)：211－217.

蔡丽萍，傅力，朱正兰，等，2009. 四种保鲜剂对羊肉保鲜效果的影响[J]. 新疆农业科学，46 (2)：369－374.

蔡丽萍，2009. 冷鲜羊肉贮藏关键技术研究[D]. 乌鲁木齐：新疆农业大学.

蔡青文，谢晶，2013. 微冻保鲜技术研究进展[J]. 食品与机械，29 (6)：248－252.

蔡勇，阿依木古丽，徐红伟，等，2014. 冻融对兰州大尾羊肉品质、营养成分及超微结构的影响[J]. 畜牧兽医学报，45 (2)：243－248.

柴佳丽，2016. 羊肉熏制加工适宜性评价研究[D]. 银川：宁夏大学.

常辰曦，申雷，章建浩，2010. 冷鲜肉气调包装技术的研究进展[J]. 江西农业学报，22 (3)：140－142.

陈明华，郭建平，2005. 牛羊产品加工技术[M]. 北京：中国社会出版社.

陈阳楼，王院华，甘泉，等，2009. 气调包装用于冷鲜肉保鲜的机理及影响因素[J]. 包装与食品机械，27 (1)：9－13.

陈哲敏，万剑真，2012. 魔芋胶、卡拉胶与黄原胶复配胶的特性及在肉丸中的应用[J]. 中国食品添加剂，(4)：191－195.

成亚宁，程文新，王华芳，等，2006. 浅析肉品包装材料与包装技术[J]. 肉类工业，(8)：13－15.

程光明，徐相亭，刘洪波，等，2016. 不同精粗比对黑山羊屠宰性能和肉质品质的影响[J]. 畜牧与兽医，48 (1)：60－63.

杜艳，李兴民，李海芹，等，2005. 可食性生物抑菌涂膜剂对火腿表面防霉的研究[J]. 食品工业科技，(12)：161－163.

杜燕，张佳，胡铁军，等，2009. 宰前因素对黑切牛肉发生率及牛肉品质的影响[J]. 农业工程学报，25 (3)：277－281.

方梦琳，2008. 羊肉对羊肉香肠加工适宜性的品质评价技术研究[D]. 北京：北京林业大学.

冯慧，薛长湖，高瑞昌，等，2008. 多聚磷酸盐在冷冻罗非鱼肉中的降解及其对鱼肉品质的影响[J]. 食品工业科技，(9)：239－241.

冯若，李化茂. 1992. 声化学及其应用[M]. 合肥：安徽科学技术出版社.

冯月荣，樊军浩，陈松，2006. 调理食品现状及发展趋势探讨[J]. 肉类工业，(10)：36－39.

冯治平，左勇，袁先玲，2012. 清真羊肉罐头生产工艺及品质影响研究[J]. 四川理工学院学报（自然科学版），25 (3)：1－4.

高润清，2007. 动植物复合营养羊肉脯的研制[J]. 陕西农业科学，(1)：67－68.

宫春波，杨伟，刘永红，等，2005. 鲜姜汁抑菌效果及其在鲜肉保鲜中的研究[J]. 肉类工业，(4)：29－31.

顾仁勇，唐碧华，傅伟昌，2006. 南瓜浸提液对冷却羊肉的保鲜效果[J]. 食品科学，27 (3)：228－230.

郭海涛，2013. 加工条件对羊肉制品中杂环胺含量的影响[D]. 北京：中国农业科学院.

郭玉华，吴新颖，2010. 调味品在肉制品加工中的应用[J]. 肉类研究，(9)：55－59.

国家质量监督检验检疫总局，国家标准化委员会，2008. GB/T 9961—2008，鲜、冻胴体羊肉[S]. 北京.

国家质量监督检验检疫总局，2001. GB 18393—2001，牛羊屠宰产品品质检验规程[S]. 北京.

韩敏义，刘志勤，刘岳，等，2013. 反复冻融对鸡肉品质的影响[J]. 江苏农业学报，29（1）：167—171.

阎连吉，1992. 肉类食品工艺学[M]. 北京：中国商业出版社.

贺庆梅，2011. 品质改良剂在肉制品加工中的应用[J]. 肉类研究，25（1）：68—71.

侯瑞峰，黄岚，王中义，等，2006. 用近红外漫反射光谱检测肉品新鲜度的初步研究[J]. 光谱学与光谱分析，26（12）：2193—2196.

胡小芳，范定涛，周露，等，2012. 魔芋胶在低脂猪肉丸中的应用研究[J]. 食品工业科技，33（11）：318—320.

黄鸿兵，2005. 冷冻及冻藏对猪肉冰晶形态及理化品质的影响[D]. 南京：南京农业大学.

黄娟，2004. 羊肉发酵香肠的工艺学研究[D]. 保定：河北农业大学.

黄壮霞，2004. 鲜牛肉气调包装及其冷藏货架期保鲜技术研究[D]. 无锡：江南大学.

贾文婷，2013. 宰后不同处理对羊肉品质影响的研究[D]. 石河子：新疆石河子大学.

贾宗艳，任发政，郑丽敏，2006. 电子鼻技术及在乳制品中的应用研究进展[J]. 中国乳品工业，34（4）：35—38

江富强，2015. 调理羊排的研制及品质分析[D]. 兰州：甘肃农业大学.

姜秋，2011. 真空制冷技术在冷鲜肉加工中的应用[J]. 肉类工业，（7）：43—47.

蒋红琴，2015. 番茄红素对巴美肉羊肉品质的影响及其抗氧化机理研究[D]. 北京：中国农业大学，

金文刚，白杰，刘姗姗，等，2008. 肉类冷冻理论与冷冻新技术[J]. 肉类研究，（4）：86—88.

景慧，张艳平，德力格尔桑，2007. 大豆分离蛋白麦芽糊精 NaCl 和亲水胶体对羊肉持水性能的影响[J]. 农产品加工：学刊，（11）：43—45.

敬淑燕，2004. 不同消毒剂在生猪定点屠宰场消毒效果的比较试验[D]. 兰州：甘肃农业大学.

孔保华，2011. 肉品科学与技术（第二版）[M]. 北京：中国轻工业出版社.

孔丰，2016. 不同冻融条件对滩羊肉品质及熟制后风味的影响研究[D]. 银川：宁夏大学.

李桂星，2012. 羊骨素及其衍生化产品提取制备工艺研究[D]. 北京：北京林业大学.

李金平，李春保，徐幸莲，等，2010. 反复冻融对牛外脊肉品质的影响[J]. 江苏农业学报，26（2）：406—410.

李开雄，王俊钢，卢士玲，等，2010. 不同包装材料对冷却羊肉品质的影响[J]. 食品工业，（4）：71—73.

李兰会，2003. 超声波处理对羊肉效果的研究[D]. 保定：河北农业大学.

李利，2003. 不同温度处理对羊肉宰后成熟速度和食用品质的影响[D]. 呼和浩特：内蒙古农业大学.

李林强，高天丽，张兰，等，2016. 煎、炸、烤对横山羊肉食用品质的影响[J]. 食品与机械，（9）：17—21.

李平兰，沈清武，吕燕妮，等，2003. 宣威火腿成熟产品中主要微生物菌相构成分析[J]. 中国微生态学杂志，15（5）：262—263.

李轻舟，王红育，2011. 发酵肉制品研究现状及展望[J]. 食品科学，32（3）：247—251.

李玉辉，章轶锋，谢晶晶，等，2014. 明胶与甜菜果胶的相互作用[J]. 食品科学，35（1）：29—33.

李云飞，2008. 食品高压冷冻技术研究进展[J]. 吉林农业大学学报，30（4）：590—595.

李志新，胡松青，陈玲，等，2007. 食品冷冻理论和技术的进展[J]. 食品工业科技，（6）：223—225.

梁俊文，2004. 肉品保鲜技术——辐照[J]. 山东食品科技，6（12）：28.

廖彩虎，芮汉明，张立彦，等，2010. 超高压解冻对不同方式冻结的鸡肉品质的影响[J]. 农业工程学报，26（2）：331—337.

林春来，2005. 几种防腐剂在肉制品中的应用[J]. 肉类研究，（12）：28—34.

林顿，2015. 猪肉微冻气调包装保鲜技术的研究[D]. 杭州：浙江大学.

林鸿甲，1987. 肉类加工技术[M]. 哈尔滨：黑龙江科学技术出版社.

刘春泉，冯敏，李澧，等，2014. 辐照处理对冷冻羊肉品质的影响[J]. 核农学报，28（6）：1018—1023.

刘珂，2010. 冷却肉的保鲜与包装技术[J]. 养殖技术顾问，（6）：250.

刘楠，彭增起，成巧芬. 1999. 注射嫩化剂及腌制时间对羊肉嫩度的影响[J]. 广西轻工业，（2）：16—20.

刘琴，刘达玉，唐仁勇，等，2013. 烤羊肉加工新工艺及其保藏特性的研究[J]. 食品科技，（5）：145—149.

刘树立，王春艳，邹忠义，2007. 冷却肉的保鲜技术[J]. 肉类工业，（8）：10—12.

刘文营，乔晓玲，王守伟，等，2017. 茶多酚、甘草提取物、维生素 E 和鼠尾草对羊肉肠品质的影响[J]. 食品科学，38（9）：46—52.

刘玺，2000. 乳酸菌发酵中式香肠发色效果研究[J]. 食品研究与开发，（4）：35—37.

刘洋，2014. 微生物发酵剂对四川腊肉特性影响研究[D]. 成都：西华大学.

刘云鹤，何煜波，2002. 肉品发酵剂增殖培养基及培养条件的研究[J]. 湖南农业大学学报（自科版），28（3）：234—236.

刘中科，2011. BHA・BHT・TBHQ 对湿法腌肉工艺的影响[J]. 安徽农业科学，39（5）：3048—3049.

刘子宇，周伟，李平兰，等，2005. 冷却猪肉中主要微生物的分离与初步鉴定[J]. 肉品卫生，（6）：17—19.

卢士玲，李开雄，2004. 冷却肉的保鲜方法[J]. 中国食物与营养，（11）：27—30.

卢智，2005. 物理方法提高冷却羊肉嫩度和延长其保质期方法的研究[D]. 晋中：山西农业大学.

罗鑫，2002. 不同品种（系）肉羊屠宰性能和肉品质的比较研究[D]. 呼和浩特：内蒙古农业大学.

罗玉龙，王柏辉，靳志敏，等，2016. 两种饲养条件对苏尼特羊肉营养品质的影响[J]. 食品科学，37（19）：227—231.

麻建国，周建军，1998. 超声波技术在食品检测中的应用[J]. 食品与发酵工业，24（5）：52—57.

马斌，2006. 运用 NMR 技术对冷冻食品中非冻结水分布情况的研究[J]. 食品科学，67（6）：2251—2254.

马坚毅，2007. 冷却分割羊肉保鲜技术研究[D]. 长沙：湖南农业大学.

贺学林，赵文俊，2010. 不同工艺对风干羊肉感官品质的影响[J]. 农产品加工，223（10）：40—42.

马毅青，龙火生，向伯先，2005. 羊肉香肠制作技术[J]. 四川畜牧兽医，（1）：43—45.

孙来华，李桂荣，2005. 羊肉发酵香肠的研制[J]. 食品科技，（4）：46—48.

刘成江，李德明，李翼新，等，2004a. 羊肉发酵香肠的理化性质的研究[J]. 肉类工业，（10）：22—24.

刘成江，李翼新，李德明，等，2004b. 羊肉发酵香肠的生产工艺[J]. 食品与发酵工业，（5）：129—130.

杨海燕，阿不力米提・克里木，陆晓娜，2007. 乳酸菌发酵羊肉香肠最佳工艺条件的研究[J]. 新疆农业大学学报，30（4）：94—97.

张德权，刘思扬，贺稚飞，等，2007. 5 种发酵菌株生产羊肉发酵肠的发酵特性初步研究[J]. 肉类研究，（2）：18—21.

马俪珍，张琳，王龙龙，2008. 外源酶对发酵羊肉香肠挥发性风味物质的影响[J]. 食品研究与开发，29（1）：134—136.

马俪珍，卢智，朱俊玲，等，2006. 宰后处理方式对羊肉品质的影响[J]. 农业工程学报，22（2）：173—175.

马美容，金凤花，董迪，等，2014. 大叶枸草粉替代部分豆粕对舍饲羔羊生长、屠宰性能与肉质特性的影响[J]. 中国畜牧杂志，50（7）：40—43.

马晓冰，2016. 饲养方式对宰后苏尼特羊肉 AMPK、糖酵解及肉品质的影响[D]. 呼和浩特：内蒙古农业大学.

马艳梅，卢士玲，王庆玲，2016. 羊肉火腿加工过程中理化特性动态变化研究[J]. 食品工业，37（10）：80—84.

米红波，郑晓杰，刘冲，等，2010. 微冻技术及其在食品保鲜上的应用[J]. 食品与发酵工业，（9）：124—128.

纳文娟，朱晓红，2009. 羊肉臊子软罐头生产工艺的研制[J]. 肉类工业，344（12）：22—25.

牛力，2012. 冻结和冻藏对鸡胸肉食用品质的影响[D]. 南京：南京农业大学.

帕提姑・阿布都克热，周光宏，李瑾瑜，等，2012. 冻藏时间对不同部位羊肉品质的影响[J]. 食品科学，33

（24）：325－329.

钱勇，钟声，张俊，等，2015. 南方农区不同饲养方式和类群羔羊胴体品质及肉质比较[J]. 家畜生态学报，36（4）：29－34.

秦瑞升，谷雪莲，刘宝林，等，2007. 不同贮藏温度对速冻羊肉品质影响的实验研究[J]. 食品科学，28（8）：495－497.

全国三绿工程工作办公室，2005. 安全优质肉羊的生产与加工[M]. 北京：中国农业出版社.

莎丽娜，靳烨，席棋乐木格，等，2008. 苏尼特羊肉食用品质的研究[J]. 内蒙古农业大学学报（自然科学版），29（1）：106－109.

鄯晋晓，盛占武，2007. 发酵肉制品中微生物的作用[J]. 肉类工业，（2）：15－18.

商博东，王栩冬，张维，等，2005. 酶联免疫吸附法在食品安全分析中的应用[J]. 中国卫生检验杂志，15（11）：1406－1408.

申江，王晓东，王素英，等，2009. 冰温技术应用实验研究[J]. 制冷学报，30（4）：40－45.

宋宏新，孙斌，薛海燕，等，2012. 气调包装对冷鲜羊肉保鲜效果的影响研究[J]. 食品科技，（5）：98－102.

宋杰，2010. 日粮不同能量水平对绵羊羊肉品质及不同组织中 H-FABP 基因表达的影响[D]. 保定：河北农业大学.

苏宏南，2013. 发酵肉制品中常用的微生物及其对质地的影响[J]. 科技风，（18）：258－258.

孙丹丹，卢士玲，李开雄，等，2017. 贮藏温度对冷鲜羊肉微生物菌群生长变化的影响[J]. 食品工业科技，38（4）：327－331.

孙焕林，张文举，刘艳丰，等，2014. 影响羊肉品质因素的研究进展[J]. 饲料博览，43（1）：8－12.

孙来华，2006. 羊肉发酵香肠微生物特性和理化特性研究[J]. 食品研究与开发，（9）：112－114.

孙爽，罗军，王维，等，2013. 不同蛋白水平日粮对西农萨能羊公羔肥育性能的影响[J]. 畜牧与兽医，45（2）：12－16.

谭属琼，王庭，2010. 大豆蛋白在肉制品中的应用[J]. 肉类研究，（10）：67－69.

汤凤霞，乔长晟，张海红. 1998. 黄焖羊肉软罐头加工工艺[J]. 食品工业科技，（6）：51－52.

汤晓艳，周光宏，徐幸莲，等，2007. 肉嫩度决定因子及牛肉嫩化技术研究进展[J]. 中国农业科学，40（12）：2835－2841.

唐仁勇，窦宇婷，魏榛，等，2014. 不同温度储存冻融羊肉片及对其品质的影响[J]. 食品工业，（2）：124－126.

陶兵兵，邹妍，赵国华，等，2013. 超声辅助冻结技术研究进展[J]. 食品科学，34（13）：370－373.

陶志忠，2006. 肉类食品的包装[J]. 肉类研究，（6）：1－5.

王道营，储永志，徐为民，等，2009. 波杂羊肉嫩化方法的研究[J]. 内蒙古农业科技，（3）：64－65.

王红萍，2010. 肉类嫩化剂[J]. 肉类研究，（12）：72－75.

王继业，刘登勇，宋立，等，2015. 冷却羊肉保鲜技术研究进展[J]. 保鲜与加工，（2）：68－72.

王利民，2009. 排酸处理对羊肉品质的影响[J]. 内蒙古农业科技，（1）：100－112.

王盼盼，2009. 肉及肉制品保藏技术综述[J]. 肉类研究，（9）：60－69.

王盼盼，2011. 肉制品加工中使用的辅料——抗氧化剂[J]. 肉类研究，25（3）：25－31.

王琦，2013. 冰温保鲜技术的发展与研究[J]. 食品研究与开发，34（12）：131－132.

王守经，柳尧波，胡鹏，等，2014a. 不同屠宰工艺对山羊肉品质的影响[J]. 黑龙江畜牧兽医，（8）：14－16，20.

王守经，柳尧波，胡鹏，等，2014b. 屠宰方式对沂蒙黑山羊肉部分经济指标的影响[J]. 山东农业科学，46（4）：114－116.

王微，2015. 宰后不同处理方式对滩羊肉品质的影响研究[D]. 银川：宁夏大学.

王晓香，李兴艳，张丹，等，2014. 宰前运输、休息、禁食和致晕方式对鲜肉品质影响的研究进展[J]. 食品科学，35（15）：321—325.

王燕荣，2007. 冷却肉包装技术的研究[D]. 重庆：西南大学.

王兆丹，唐华丽，韩林，等，2012. 三峡库区肉羊屠宰加工企业 HACCP 管理模式的建立[J]. 农产品加工，（2）：133—137.

王子苑，2015. 日粮精粗比对大足黑山羊生产性能及肉质的影响[D]. 重庆：西南大学.

翁长江，杨明爽，2008. 山羊饲养与羊肉加工[M]. 北京：中国农业科学出版社.

吴素萍，2001. 嫩化羊肉火腿肠的研制[J]. 食品科学，22（2）：55—56.

吴铁梅，闫素梅，荷花，等，2015. 不同饲养方式对阿尔巴斯白绒山羊羯羊肌肉理化指标的影响[J]. 饲料研究，（4）：48—52.

夏安琪，陈丽，李欣，等，2014. 宰前处理对畜禽肉品质影响的研究进展[J]. 食品工业科技，（12）：384—387.

夏安琪，2014. 宰前管理对宰后羊肉品质的影响[D]. 北京：中国农业科学院.

夏静华，2010. 天然保鲜剂对冷却羊肉保鲜效果及其内源性蛋白酶和品质影响的研究[D]. 雅安：四川农业大学.

夏天兰，刘登勇，徐幸莲，等，2011. 低场核磁共振技术在肉与肉制品水分测定及其相关品质特性中的应用[J]. 食品科学，32（21）：253—256.

夏杏洲，洪鹏志，钟灿桦，等，2010. 不同温度冻藏对军曹鱼片品质的影响[J]. 食品科学，31（12）：239—243.

夏秀芳，孔保华，2006. 冷却肉保鲜技术及其研究进展[J]. 农产品加工：学刊，（2）：25—27.

谢安国，2015. 冷冻冷藏过程中猪肉的光谱特性研究及其品质的快速检测[D]. 广州：华南理工大学.

谢媚，曹锦轩，张玉林，等，2014. 高压脉冲电场杀菌技术在肉品加工中的应用进展[J]. 核农学报，28（1）：97—100.

胥蕾，2011. 致晕方法影响肉仔鸡肉品质的机理及脂质过氧化调控[D]. 北京：中国农业科院.

徐桂华，2002. 嫩化羊肉软罐头的研制[J]. 食品工业，（2）：44—45.

徐小春，闫宏，2010. 饲养方式对中卫山羊羯羊产肉性能与肌肉理化特性的影响[C]. 2010 年家畜环境与生态学术研讨会论文集，47—49.

徐中岳，2015. 从单元操作角度研究不同冻结和冻藏方式对猪肉碳足迹和质量的影响[D]. 广州：华南理工大学.

薛丹丹，张德权，陈丽，等，2012. 烤制羊肉食用品质评价指标筛选研究[J]. 食品科技，（10）：114—118.

杨春梅，樊雯霞. 1998. 肉食解冻方法对肉食品质的影响[J]. 现代商贸工业，（9）：43.

杨富民，2003. 国内羊肉品质分析研究进展[J]. 甘肃科技，（19）：33—34.

杨洁琳，王晶，王柏琴，等，1999. 食品安全性[M]. 北京：中国轻工业出版社.

杨树猛，郭淑珍，格桂花，等，2009. 甘南藏羊与滩羊等品种羊肉品质对比研究[J]. 畜牧兽医杂志，28（2）：12—14.

杨涛，王万龙，2015. 茶多酚与海藻酸钠涂膜对羊肉保鲜的影响[J]. 食品工业，36（7）：28—32.

杨远剑，张德权，饶伟丽，2010. 羊肉食用品质评价指标筛选研究[J]. 食品科技，（12）：140—144.

姚笛，于长青，2007. 冷却肉保鲜方法的研究进展[J]. 农产品加工：学刊，（6）：9—12.

姚丽娅，2008. 冷却羊肉微生物保鲜技术的研究与应用[D]. 扬州：扬州大学.

尹靖东，2011. 动物肌肉生物学与肉品科学[M]. 北京：中国农业大学出版社.

余群力，韩玲. 1999. 醋酸喷涂法延长冷却羊肉货架寿命试验研究[J]. 甘肃科学学报，11（1）：63—66.

余小领，李学斌，赵良，等，2008. 常规冷冻冻藏对猪肉保水性和组织结构的影响[J]. 农业工程学报，24（12）：264—268.

湛艳红，郁延军，黄艳梅，2016. 响应面法优化酶解工艺条件提高羊骨泥营养效价的研究[J]. 食品科技，(7)：152－156.

张子仪，2000. 中国饲料学[M] 北京：中国农业出版社.

张丹，孙金辉，王晓香，等，2014. 反复冻融对兔背最长肌肉品质特性和微观结构的影响[J]. 食品科学，35(7)：38－42.

张春晖，李侠，李银，等，2013. 低温高湿变温解冻提高羊肉的品质[J]. 农业工程学报，29(6)：267－273.

张德权，陈宵娜，孙素琴，等，2008. 羊肉嫩度傅里叶变换近红外光谱偏最小二乘法定量分析研究[J]. 光谱学与光谱分析，28(11)：2550－2553.

张德权，王宁，王清章，等，2006a. Nisin、溶菌酶和乳酸钠复合保鲜冷却羊肉的配比优化研究[J]. 农业工程学报，22(8)：184－187.

张德权，王宁，王清章，等，2006b. 真空条件下冷却羊肉的菌相消长规律[J]. 食品科学，27(4)：47－50.

张德权，2016. 羊肉加工与质量控制[M]. 北京：中国轻工业出版社.

张海峰，张英，白杰，2008. 鲜羊肉真空冷冻技术的研究[J]. 肉类工业，(11)：12－16.

张海红，童文胜. 1997. 常见肉食品的包装方法[J]. 宁夏农林科技，(5)：52.

张红梅，哈斯其木格，2015. 不同贮藏温度对羊肉品质影响实验[J]. 食品研究与开发，36(20)：20－22，66.

张宏博，靳烨，2011. 国内外羊胴体分级标准体系的现状与发展趋势[J]. 肉类研究，25(4)：41－45.

张宏博，刘树军，靳烨，等，2014. 反复冻融对巴美羊肉品质的影响[J]. 食品科技，(5)：116－119.

张慧云，孔保华，孙旭，2009a. 丁香提取物的成分分析及对肉品中常见腐败菌和致病菌的抑菌效果[J]. 食品工业科技，30(11)：85－88.

张慧云，孔保华，孙旭，2009b. 几种香辛料醇提物抗氧化活性及稳定性研究[J]. 中国调味品，34(11)：108－111.

张丽萍，李开雄，2009. 畜禽副产物综合利用技术[M]. 北京：中国轻工业出版社.

张嫚，2003. 冷却牛肉保鲜技术研究[D]. 南京：南京农业大学.

张巧娥，扬库，周玉香，2008. 日粮中补充甘草对舍饲滩羊羊肉风味的影响[J]. 黑龙江畜牧兽医，(9)：36－37.

张荣祥，2014. 中药饲料添加剂对安徽白山羊肉质风味的影响[D]. 合肥：安徽农业大学.

张同刚，刘敦华，周静，2014. 手抓羊肉加工工艺优化及挥发性风味物质检测[J]. 食品与机械，(2)：192－196.

张同刚，2015. 香辛料对手抓羊肉挥发性成分的影响及其气相指纹图谱研究[D]. 银川：宁夏大学.

张伟，袁耀武，2007. 现代食品微生物检测技术[M]. 北京：化学工业出版社.

张小超，吴静珠，徐云，2012. 近红外光谱分析技术及其在现代农业中的应用[M]. 北京：电子工业出版社.

张雪晖，王小斌，靳烨，等，2012. 不同排酸方式对巴美肉羊肉品质的影响[J]. 肉类研究，26(5)：14－16.

张艳，柏雪，郭春华，等，2012. 四川省山羊主产区常用饲料营养价值分析[J]. 草业科学，29(2)：285－290.

张翼飞，2011. 冷冻调理食品的质量控制[J]. 安徽农学通报，17(2)：107－109.

张英华，2005. 肉的品质及其相关质量指标[J]. 食品研究与开发，26(1)：39－42.

张瑛，汤天彬，王庆普，等，2005. 我国肉羊业生产现状与发展战略[J]. 中国草食动物，25(3)：46－47.

张玉华，孟一，2012. 肉类品质无损检测技术研究现状与发展趋势[J]. 食品工业科技，33(12)：392－395.

赵电波，陈茜，白艳红，等，2010. 动物屠宰副产物——骨的开发利用现状[J]. 肉类研究，(1)：37－40.

赵国芬，教长金，赵志恭，2007. 沙葱和油料巧实对羊肉中氨基酸组成的影响[J]. 畜牧与兽医，39(7)：24－25.

赵建生，2010. 冷却肉保鲜技术研究[D]. 咸阳：西北农林科技大学.

赵钜阳，于海龙，王雪，等，2015. 油炸时间对鱼香羊肉丝水分分布与品质相关性的研究[J]. 食品研究与开发，

(11)：6—11.

郑佳飞，郇延军，翁梅芬，等，2015. 添加胡萝卜对低温羊肉蒸煮火腿色泽与亚硝酸盐残留量的影响[J]. 食品与发酵工业，41（2）：115—122.

中华人民共和国农业部，2002. NY/T 630—2002，羊肉质量分级[S]. 北京.

中华人民共和国农业部，2007. NY/T 1564—2007，羊肉分割技术规范[S]. 北京.

钟声，钱勇，2000. 肉羊生产关键技术[M]. 南京：江苏科学技术出版社.

周光宏，张兰威，李洪军，等，2000. 畜产食品加工学[M]. 北京：中国农业大学出版社.

周光宏，2002. 畜产品加工学[M]. 北京：中国农业出版社.

周光宏，2008. 肉品加工学[M]. 北京：中国农业出版社.

周国燕，李红卫，胡琦玮，等，2009. 食品的高压冷冻冷藏原理及应用进展[J]. 食品工业科技，（3）：334—336.

周洁，王立，周惠明，2003. 肉品风味的研究综述[J]. 肉类研究，（2）：16—18.

周莉，2008. 纳他霉素在肉制品中的应用[J]. 肉类研究，（8）：50—53，64.

周全，朱大洲，王成，等，2010. 成像光谱技术在农产品/食品检测中的研究进展[J]. 食品科学，31（23）：423—427.

周婷，陈霞，刘毅，等，2007. 加热处理对北京油鸡和黄羽肉鸡质构以及蛋白特性的影响[J]. 食品科学，28（12）：74—77.

周亦斌，王俊，2004. 电子鼻在食品感官检测中的应用进展[J]. 食品与发酵工业，30（4）：129—132.

朱德修，2007. 牲畜屠宰加工中微生物的污染与控制[J]. 肉类工业，（5）：4—6.

朱俊玲，马俪珍，卢智，2006. 低剂量辐射对真空包装冷却羊肉微生物与理化指标的影响[J]. 中国食品学报，6（5）：85—91.

朱晓杰，赵元晖，2010a. 香辛料及其在肉制品中的作用[J]. 肉类研究，（9）：60—64.

朱晓杰，赵元晖，2010b. 着色剂及其在肉制品中的应用[J]. 肉类研究，（11）：69—73.

邹礼根，赵芸，姜慧燕，等，2013. 农产品加工副产物综合利用技术[M]. 杭州：浙江大学出版社.

Agnelli M E，Mascheroni R H，2002. Quality evaluation of foodstuffs frozen in a cryomechanical freezer[J]. Journal of Food Engineering，52（3）：257—263.

Bertram H C，Andersen H J，Karlsson A H，2001. Comparative study of low-field NMR relaxation measurements and two traditional methods in the determination of water holding capacity of pork[J]. Meat Science，57（2）：125—132.

Bertram H C，Engelsen S B，Busk H，et al.，2004. Water properties during cooking of pork studied by low-field NMR relaxation：effects of curing and the RN? —gene[J]. Meat Science，66（2）：437—446.

Bianchi G，Garibotto G，Franco J，et al.，2011. Effect of fasting time and electrical stunning pre-slaughter on lambs performance：meat acceptability[J]. Revista Argentina de Produccion Animal，31（2）：161—164.

Bórnez R，Linares M B，Vergara H，2009. Systems stunning with CO_2 gas on Manchego light lambs：physiologic responses and stunning effectiveness[J]. Meat Science，82（1）：133—138.

Ca? eque V，Pérez C，Velasco S，et al.，2004. Carcass and meat quality of light lambs using principal component analysis[J]. Meat Science，67（4）：595—605.

Chandraratne M R，Kulasiri D，Frampton C，et al.，2006. Prediction of lamb carcass grades using features extracted from lamb chop images[J]. Journal of Food Engineering，74（1）：116—124.

Cheftel J C，Culioli J，1997. Effects of high pressure on meat：A review[J]. Meat Science，46（3）：211—236.

Cui Y，Oh Y J，Lim J，et al.，2012. AFM study of the differential inhibitory effects of the green tea polyphenol（?）—epigallocatechin—3—gallate（EGCG）against Gram—positive and Gram—negative bacteria[J]. Food Microbiology，29（1）：80—87.

Duun A S，Rustad T，2007. Quality changes during superchilled storage of cod（Gadus morhua）fillets［J］. Food Chemistry，105（3）：1067—1075.

Ekiz B，Ekiz E E，Kocak O，et al.，2012. Effect of pre—slaughter management regarding transportation and time in lairage on certain stress parameters，carcass and meat quality characteristics in Kivircik lambs［J］. Meat Science，90（4）：967—976.

Engelsen S B，Jensen M K，Pedersen H T，et al.，2001. NMR—baking and multivariate prediction of instrumental texture parameters in bread［J］. Journal of Cereal Science，33（1）：59—69.

Farouk M M，Wieliczko K J，Merts I，2004. Ultra—fast freezing and low storage temperatures are not necessary to maintain the functional properties of manufacturing beef［J］. Meat Science，66（1）：171—179.

Gowen A A，O'Donnell C P，Cullen P J，et al.，2007. Hyperspectral imaging—an emerging process analytical tool for food quality and safety control［J］. Trends in Food Science & Technology，18（12）：590—598.

Greenwood P L，Finn J A，May T J，et al.，2010. Management of young goats during prolonged fasting affects carcass characteristics but not pre—slaughter liveweight or cortisol［J］. Animal Production Science，50（6）：533—540.

Hamilton D N，Ellis M，Hemann M D，et al.，2002. The impact of longissimus glycolytic potential and short—term feeding of magnesium sulfate heptahydrate prior to slaughter on carcass characteristics and pork quality［J］. Journal of Animal Science，80（6）：1586—1592.

Henning B，Daur P C，Prange S，et al.，2000. Inline concentration measurement in complex liquid susing ultrasonic sensors［J］. Ultrasonics，38（1）：799—803.

Janz J A M，Aalhus J L，Price M A，2001. Blast chilling and low voltage electrical stimulation influences on bison（Bison bison bison）meat quality［J］. Meat Science，57（4）：403—411.

Kaale L D，Eikevik T M，Rustad T，et al.，2011. Superchilling of food：a review［J］. Journal of Food Engineering，107（2）：141—146.

Kanatt S R，Chander R，Sharma A，2008. Chitosan glucose complex—a novel food preservative［J］. Food Chemistry，106（2）：521—528.

Kerry J，Kerry J，Ledward D，2006. 现代肉品加工与质量控制［M］. 任发政，译. 北京：中国农业大学出版社.

Kim Y B，Ji Y J，Su K K，et al.，2013. Effects of various thawing methods on the quality characteristics of frozen beef［J］. Korean Journal for Food Science of Animal Resources，33（6）：72：3—729.

Lanza E，1983. Determination of moisture，protein，fat and calories in raw pork and beef by near infrared spectroscopy［J］. Journal of Food Science，48（2）：471—474.

Li B，Sun D W，2002. Novel methods for rapid freezing and thawing of foods—a review［J］. Journal of Food Engineering，54（3）：175—182.

Li K，Zhang Y，Mao Y，et al.，2012. Effect of very fast chilling and aging time on ultra—structure and meat quality characteristics of Chinese Yellow cattle M. Longissimus lumborum［J］. Meat Science，92（4）：795—804.

Liste G，Miranda—De l L G C，Campo M M，et al.，2011. Effect of lairage on lamb welfare and meat quality［J］. Animal Production Science，51（10）：952—958.

Loutfi A，Coradeschi S，Mani G K，et al.，2015. Electronic noses for food quality：A review［J］. Journal of Food Engineering，144（144）：103—111.

Lyng J G，Allen P，Mckenna B M，1997. The influence of high intensity ultrasound bathsona spects beef tenderness［J］. Journal of Muscle Foods，8（3）：237—249.

Magnussen O M, Haugland A, Hemmingsen A K T, et al. 2008. Advances in superchilling of food—Process characteristics and product quality[J]. Trends in Food Science & Technology, 19 (8): 418—424.

Miller M F, Carr M A, Ramsey C B, et al. , 2001. Consumer thresholds for establishing the value of beef tenderness[J]. Journal of animal science, 79 (12): 3062—3068.

Mortensen M, Andersen H J, Engelsen S B, et al. , 2006. Effect of freezing temperature, thawing and cooking rate on water distribution in two pork qualities[J]. Meat Science, 72 (1): 34—42.

Ouali A, Gagaoua M, Boudida Y, et al. , 2013. Biomarkers of meat tenderness: present knowledge and perspectives in regards to our current understanding of the mechanisms involved[J]. Meat Science, 95 (4): 854—870.

Ouali A, Herrera-Mendez C H, Coulis G, et al. , 2006. Revisiting the conversion of muscle into meat and the underlying mechanisms[J]. Meat Science, 74 (1): 44—58.

Pietrasik Z, Shand P J, 2004. Effect of blade tenderization and tumbling time on the processing characteristics and tenderness of injected cooked roast beef[J]. Meat Science, 2004, 66 (4): 871—879.

Pietrasik Z, Janz J A, 2008. Influence of freezing and thawing on the hydration characteristics, quality, and consumer acceptance of whole muscle beef injected with solutions of salt and phosphate[J]. Meat Science, 81 (3): 523—532.

Puolanne E J, Ruusunen M H, Vainionpaa J I, 2001. Combined effects of NaCl and raw meat pH on water-holding in cooked sausage with and without added phosphate[J]. Meat Science, 58: 1—7.

Rousset-Akrim S L, Young O A, Berdague J L, 1997. Diet and growth effects in panel assessment of sheepmeat odour and flavour[J]. Meat Science, 45 (2): 169—181.

Salgado A, Fontán M C G, Franco I, et al. , 2006. Effect of the type of manufacture (homemade or industrial) on the biochemical characteristics of Chorizo de cebolla, (a Spanish traditional sausage) [J]. Food Control, 17 (3): 213—221.

Sanz Y, Flores J, Toldra F, et al. , 1997. Effect of pre—ripening on microbial and chemical changes in dry fermented sausages[J]. Food Microbiology, 14 (6): 575—582.

Schafer A, Rosenvold K, Purslow P P, et al. , 2002. Physiological and structural events post mortem of importance for drip loss in pork[J]. Meat Science, 61 (4): 355—366.

Shackelford S D, Wheeler T L, Meade M K, et al. , 2001. Consumer impressions of Tender Select beef[J]. Journal of Animal Science, 79 (10): 2605—2614.

Shore D, Woods M O, Miles C A, 1986. Attenuation of ultrasound in post rigor bovine skeletal muscle[J]. Ultrasonics, 24 (2): 81—87.

Straadt I K, Rasmussen M, Andersen H J, et al. , 2007. Aging—induced changes in microstructure and water distribution in fresh and cooked pork in relation to water—holding capacity and cooking loss — A combined confocal laser scanning microscopy (CLSM) and low—field nuclear magnetic resonance relaxation study[J]. Meat Science, 75 (4): 687—695.

Szerman N, Gonzalez C B, Sancho A M, et al. , 2012. Effect of the addition of conventional additives and whey proteins concentrates on technological parameters, physicochemical properties, microstructure and sensory attributes of sous vide cooked beef muscles[J]. Meat Science, 90, 3, 701.

Tabanelli G, Coloretti F, Chiavari C, et al. , 2012. Effects of starter cultures and fermentation climate on the properties of two types of typical Italian dry fermented sausages produced under industrial conditions[J]. Food Control, 26 (2): 416—426.

Tao F, Peng Y, Li Y, et al. , 2012. Simultaneous determination of tenderness and Escherichia coli, contamination of pork using hyperspectral scattering technique[J]. Meat Science, 90 (3): 851—857.

Tornberg E, 2005. Effects of heat on meat proteins-implications on structure and quality of meat products[J]. Meat Science, 70 (3): 493—508.

United States Department of Agriculture, 1992. United States Standards for Grades of Lamb, Yearling Mutton, and Mutton Carcasses[S]. Washington DC, USA: Agricultural Marketing Service.

Velarde A, Gispert M, Diestre A, et al., 2003. Effect of electrical stunning on meat and carcass quality in lambs [J]. Meat Science, 63 (1): 35—38.

Vergara H, Gallego L, 2000. Effect of electrical stunning on meat quality of lamb[J]. Meat Science, 56 (4): 345—349.

Warriss P D, 2000. Meat Science: An Introductory Text[M]. Wallingford: CABI Publishing.

Wilson A D, 2012. Review of electronic—nose technologies and algorithms to detect hazardous chemicals in the environment[J]. Procedia Technology, 1 (10): 453—463.

Wong E, Linton R H, Gerrard D E, 1998. Reduction of Escherichia coli and Salmonella senftenberg on pork skin and pork muscle using ultraviolet light[J]. Food Microbiology, 15 (4): 415—423.

Zhao Y, Flores R A, Olson D G, 1998. High hydrostatic pressure effects on rapid thawing of frozen beef[J]. Journal of Food Science, 63 (2): 272—275.

Zhen S, Liu Y, Li X, et al., 2013. Effects of lairage time on welfare indicators, energy metabolism and meat quality of pigs in Beijing[J]. Meat Science, 93 (2): 287—291.

Zhong R Z, Liu H W, Zhou D W, et al., 2001. The effects of road transportation on physiological responses and meat quality in sheep differing in age[J]. Journal of Animal Science, 89 (11): 3742—3751.

Zhou G H, Xu X L, Liu Y, et al., 2010. Preservation technologies for fresh meat — a review[J]. Meat Science, 86 (1): 119—128.

Zimerman M, Grigioni G, Taddeo H, et al., 2011. Physiological stress responses and meat quality traits of kids subjected to different pre—slaughter stressors[J]. Small Ruminant Research, 100 (2): 137—142.